高等教育“十三五”规划教材·材料科学与工程

CAILIAO HUAXUE

材料化学

主 编 朱 艳
编 者 朱 艳 原 光 原 帅

西北工業大學出版社
西 安

【内容简介】 本书是高等教育"十三五"规划教材，主要内容包括材料的化学基础、材料的结构、材料热力学、熔体材料及模型、材料的相及相变、材料的界面、材料的动力学、材料的力学性能、材料的检测、金属材料、非金属材料、高分子及聚合物材料等，全方位地阐述了材料的制备、检测、力学性能及物理化学性能。材料化学对培养学生从化学角度对材料研究提出问题、分析问题、解决问题的能力具有重要的意义。

本书可作为高等院校材料科学与工程、应用化学等专业本科生或研究生的教材，也可作为从事材料研究和制备的工程技术人员的参考书。

图书在版编目(CIP)数据

材料化学/朱艳，原光，原帅主编．—西安：西北工业大学出版社，2018.10

ISBN 978-7-5612-6330-3

Ⅰ.①材… Ⅱ.①朱… ②原… ③原… Ⅲ.①材料科学—应用化学—高等学校—教材 Ⅳ.①TB3

中国版本图书馆 CIP 数据核字(2018)第 224374 号

策划编辑：雷　军
责任编辑：何格夫　朱晓娟

出版发行：西北工业大学出版社
通信地址：西安市友谊西路 127 号　　邮编：710072
电　　话：(029)88493844　88491757
网　　址：www.nwpup.com
印 刷 者：陕西金德佳印务有限公司
开　　本：787 mm×1 092 mm　1/16
印　　张：22.125
字　　数：538 千字
版　　次：2018 年 10 月第 1 版　　2018 年 10 月第 1 次印刷
定　　价：52.00 元

前　言

能源、信息和材料被认为是当今社会发展的三大支柱，其中材料是科学技术发展的物质基础，在人类发展的历史长河中，每个时期都可以用代表当时生产力发展水平的材料来表示。没有先进的材料，就没有先进的工业、农业和科学技术。材料在人们的生产、生活领域非常重要。

材料化学是一门研究材料的制备、组成、结构、性质及应用的学科，也是一门运用现代化学的基本理论和方法研究材料的制备、组成、结构、性质及应用的学科。它既是材料科学的一个重要分支，也是材料科学的核心内容，在新材料的发现和合成、制备和修饰等领域做出了特殊的贡献。同时它又是化学学科的一个重要组成部分。因此，材料化学是一门材料科学与现代化学、现代物理等多门学科相互交叉、渗透发展形成的新兴交叉边缘学科，具有明显的交叉学科、边缘学科的性质。材料化学在原子和分子水准上设计新材料具有战略意义，其有着广阔应用前景。学习材料化学对培养学生从化学角度对材料研究提出问题、分析问题、解决问题的能力具有重要的意义。

本书不同于其他材料化学书之处在于把化学和材料有机融合，着重阐述材料和化学之间的联系，解决了其他材料化学书籍或偏重于化学或偏重于材料的问题。本书的主要内容包括材料的化学基础、材料的结构、材料热力学、溶体材料及模型、材料的相及相变、材料的界面、材料的动力学、材料的力学性能、材料检测、金属材料、非金属材料、高分子及聚合物材料以及复合材料等，全方位地阐述材料的制备、检测、力学性能及物理化学性能，并简要介绍金属、非金属、陶瓷材料、高分子材料、复合材料等各种材料及其特性。

本书对于高等院校化学、应用化学、化工、材料学专业的学生及从事材料研究和制备的工程技术人员来说是一本重要的基础参考书。

本书是由西安工程大学朱艳教授主持并与西安工程大学原光和浙江大学原帅三人合作完成。在本书的编写过程中参阅了许多著作、文献和资料，在此表示诚挚的谢意。同时，感谢各位人士对本书提供意见和建议。

本书中对于某些问题的考虑有可能欠妥，欢迎各位同行和读者批评指正。

编　者

2017 年 10 月

目　　录

第1章 概 论

1.1 材料化学的定义

材料化学——一门涉及化学和材料的交叉科学。材料化学是一门研究材料的制备、组成、结构和性质及其应用的科学，特别是一门运用现代化学的基本理论和方法研究材料的制备、组成、结构、性质及应用的学科。它既是材料科学的一个重要分支，也是材料科学的核心内容，在新材料的发现和合成、纳米材料制备和修饰工艺的发展以及表征方法的革新等领域所做出了独到的贡献，同时又是化学学科的一个重要组成部分。因此，材料化学是一门材料科学与现代化学、现代物理等多门学科相互交叉、渗透发展形成的新兴交叉边缘学科，材料化学具有明显的交叉学科、边缘学科的性质。材料化学在原子和分子水准上设计新材料的战略意义有着广阔的应用前景。

材料是人类赖以生存的重要物质基础之一，材料的有效性总体上取决于下述三个层次的结构因素：

分子结构，属于原始的基础结构，决定材料所具有的潜在功能；

分子聚集态结构，决定材料所具有的可表现的实际功能；

构筑成材料的外形结构，决定材料具有某种特定的有效功能。

在分子结构层次上研究材料的合成、制备、理论，以及分子结构和聚集态结构、材料性能之间关系的科学，属于材料化学的研究范畴。

1.2 材料与化学

材料是具有使其能够用于机械、结构、设备和产品性质的物质，这种物质具有一定的可以被人类使用的性能或功能。化学试剂在使用的过程中通常被消耗并转化成别的物质，而材料则一般可重复、持续使用，除了正常的损耗，它不会不可逆的转变成其他物质。化学是研究关于物质的组成、结构和性质以及物质相互转变的科学，亦是从微观上研究材料的基础。材料一般按其化学组成、结构进行分类。通常，基本固体材料可分为金属、无机非金属、聚合材料和复合材料四大类。材料也可以按功能和用途划分为导电材料、绝缘材料、生物医用材料、航空航天材料、能源材料、电子信息材料、感光材料等。

1.3 材料发展的历史及在现代社会中的重要地位

人类社会发展的历史证明，材料是人类生存和发展、征服自然和改造自然的物质基础，也是人类社会现代文明的重要支柱。材料技术的每一次重大突破，都会引起生产技术的革命，大大加速社会发展的进程，并给社会生产和人们生活带来巨大变化。因此，材料也成为人类历史发展过程的重要标志。

地球早已存在50多亿年了，史前文明是否存在众说纷纭。一些学者提出史前文明学说，指在人类文明之前在地球上曾经存在过人类文明。这些文明古迹不属于人类所创造，而证据就是许多文明古迹(包括造古迹的材料)我们现在人类技术都无法建造。

人类文明例如半坡文化，距今约6 800年，半坡文化是北方农耕文化的典型代表。半坡是一个没有贫富差别的原始社会，出土的典型材料是多种石器、很粗糙的农具和渔猎工具，陶器有粗砂罐、小口尖底瓶等。彩陶比较出色，红地黑彩，花纹简练朴素，绘人面、鱼、鹿、植物枝叶及几何形纹样。反映半坡居民的经济生活为农业和渔猎并重。当时的材料以石器、天然木材和草等植物及陶器等为主。

唐朝(618—907年)，是中国历史上统一时间最长，国力最强盛的朝代之一，定都长安。对外交流频繁，与很多国家均有往来。政治制度也有所创新与完善，成为后世模板。唐诗、科技、文化艺术极其繁盛，具有多元化的特点。唐朝共历289年，20位皇帝，907年亡于农民战争。唐长安城大明宫是唐代长安最宏伟的宫殿，也是世界古代史面积最大最雄伟的宫殿建筑群，面积为明清北京故宫的4倍多。唐朝的建筑材料多为木质结构，建筑规模雄浑，气魄豪迈。唐朝的钱币反映出唐王朝冶金和金属技术相当成熟。而唐三彩也是唐朝陶瓷的典范。

人类文明的发展说明在人类文明中的遥远古代，人类的祖先的主要工具是石器，他们在寻找石器的过程中认识了矿石，并在烧陶的过程中发展了冶金技术。公元前5 000年，人类进入青铜器时代。公元前1 200年左右，人类进入铁器时代，最初使用的是铸铁。后来，炼钢工业迅速发展，钢铁材料成为产业革命的重要内容和物质基础。可以说，没有钢铁材料的发展就没有现代汽车工业，没有有色金属材料和先进复合材料(一般指比强度大于$4\times10^6\ m^2/s^2$、比模量大于$4\times10^8\ m^2/s^2$的结构复合材料)的发展，就没有现代的航空、航天事业。新材料使新技术得以产生和应用，而新技术又促进新工业的出现和发展，从而促进社会文明的进步。

近200年来，人类经历了4次技术革命，第一次为18世纪后期，以蒸汽机的发明和广泛应用为标志。第二次开始在19世纪后期，以电的发明和广泛应用为标志。第三次技术革命始于20世纪中期，以原子能的应用为标志。第四次始于20世纪70年代，以计算机、微电子技术、生物技术和空间技术为主要标志。进入20世纪，人类的科学发明和创造之和超过了过去2 000年的总和。

随着有机化学的发展，人工合成有机高分子材料的相继问世，有机高分子材料在20世纪迅猛发展。20世纪30年代聚酰胺纤维等的合成使高分子的概念得到广泛的确认。后来，高分子的合成、结构和性能研究、应用三方面保持互相配合和促进，使高分子化学得以迅速发展。各种高分子材料的合成和应用为现代工农业、交通运输、医疗卫生、军事技术以及人们衣食住行各方面，提供了多种性能优异且成本较低的重要材料，成为现代物质文明的重要标志(见图1-1)。高分子工业的发展成为材料化学的重要支柱。树状大分子作为一种在20世纪80年

图1-1 高分子材料制备的零件

代中期出现的新型合成高分子，其具有结构的高度三维有序性、相对分子质量的窄分布性、分子结构的高度规整性，并且是可以从分子水平上控制和设计分子的大小、形状、结构和功能基团的新型高分子化合物。其高度支化的结构、分子内大量的空腔和表面密集的官能团使其在催化剂的方面具有潜在的应用。树枝状高分子具有高度有序的结构，与传统合成的或天然的高分子相比，其优势是显而易见的：①合成产物结构可控，单分散性好，可获得相对分子质量单一的产物。②溶解性好，外部官能团的性质决定其溶解性，可运用宏观调控的手段来合成水溶性、油溶性及两亲性的产物。③产物黏度小，在一般合成过程中会出现一个黏度的极大值后再下降，但不同于传统的聚合物，在合成过程中不会出现凝胶化现象。树枝状大分子的结构是呈树枝状，内部含有大量的空腔，外部含有大量的活性功能基团。分子内部的空腔的大小、外部端基的数目和分子之间的尺寸都可以进行严格控制，催化活性中心可以在树枝状大分子的外部，也可以在内部。树枝状大分子除了分子本身的特殊结构外，还具有纳米尺寸，并能以分子形式溶解。在完成均相反应后，可以通过简单的分离技术将催化剂从反应产物中分离出来，即这类新型催化剂可以实现均相催化剂的固载化。这类新型的催化剂大体可以分为两类：一类是催化活性中心在核附近的树枝状大分子，另一类是表面含催化官能团的树枝状大分子。表面含催化官能团的树状大分子作载体的手性催化剂可以通过采用不同的合成方法设计出具有特定结构的树枝状大分子，再将催化活性中心引入到树枝状大分子的不同位置，得到具有特定结构的催化剂。这类催化剂不但可以实现均相催化剂的固载化，还可以和纳米过滤技术或膜技术相结合来进行回收，克服了传统均相催化剂的缺点。

20世纪是有机合成的黄金时代。化学的分离手段和结构分析方法已经有了很大发展，许多天然有机化合物的结构问题纷纷获得圆满解决，还发现了许多新的重要的有机反应和专一性有机试剂，在此基础上，精细有机合成，特别是在不对称合成方面取得了很大进展。在不对称合成方面，自19世纪Fischer开创不对称合成反应研究领域以来，材料化学的不对称反应技术得到了迅速的发展。其间可分为四个阶段：①手性源的不对称反应(chiralpool)；②手性助剂的不对称反应(chiralauxiliary)；③手性试剂的不对称反应(chiralreagent)；④不对称催化反应(chiralcatalysis或asmmetriccatalyticreaction)。传统的不对称合成是在对称的起始反应物中引入不对称因素或与非对称试剂反应，这需要消耗化学计量的手性辅助试剂。不对称催化合成就是通过使用催化剂量级的手性原始物质来立体选择性地生产大量手性特征的产物。不对称催化合成仅需少量手性催化剂就可将大量前手性底物选择性地转化为特定构型的手性化合物，故在手性化合物合成领域中最受关注亦最有实用前景。它的反应条件温和，立体选择性好，(R)异构体或(S)异构体同样易于生产，且潜手性底物来源广泛，对于生产大量手性化合物来讲是最经济和最实用的技术。对于不对称催化合成，合适的手性催化剂的选择和合成至关重要。近几十年来对过渡金属手性络合物不对称催化反应的研究，为手性化合物的不对称合成及产业化开辟了广阔的前景。因此，不对称催化反应(包括化学催化和生物催化反应)已为全世界有机化学家所高度重视，特别是不少化学公司致力于将不对称催化反应发展为手性技术(chirotechnology)和不对称合成工艺。

人类社会进入20世纪中叶以来，迎来了以硅材料的应用为基础的信息技术革命时代。例如，半导体材料的出现促进了电子工业的迅速发展，基于硅、锗等半导体材料的大型集成电路的问世，使计算机的运算速率大大加快，而体积和质量却大大减少。目前，在大型集成电路中，生产上使用的单晶硅直径已达几十毫米，几乎无晶体缺陷和几乎不含氧杂质。1986年超导材料的研究有了重大突破，使超导温度升高到95～100 K，达到液氮温度以上，这样，超导的实际应用指日可待。现在，世界各国都在致力于超导的生产应用，例如，按美国的计算，若用超导电缆输电，全美每年就可以节约电能750亿千瓦，价值50亿美元。用超导线圈制造的磁悬浮列车也已试验成功，时速可达500 km/h以上。

新近发展起来纳米材料化学和分子纳米技术越来越受到世界各国科技界的关注。从石器时代、铁器时代到信息、纳米材料的新纪元，人类文明史就是材料发展史。可以预见，在21世纪，作为“发明之母”和“产业粮食”的新材料的研制将会更加活跃，新的材料的发展和利用仍旧是新时代的标志。

1.4　材料化学的特点

(1)跨学科性。材料化学是学科交叉的产物。

(2)实践性。材料化学是理论与实践相结合的产物，材料通过试验室的材料和化学的研究工作而得到深入的了解，进而指导材料的发展和合理的使用。

(3)材料的变化和控制。化学对材料的发展起着非常关键的作用。本书将材料和化学合二为一，按照“与材料相关的化学”的编写原则，深入浅出而又系统地介绍了必要的化学基础知识，突出了重点在于材料和化学的结合的目的，有利于化学、非化学专业学生进行材料学学习。

1.5　材料化学的任务

当今国际社会公认，新材料、新能源和信息技术是现代文明的三大支柱。从现代科学技术发展的过程可以看到，每一项重大的新技术发现，都有赖于新材料的出现。

材料是人类赖以生存的物质基础，每种材料的实际功能和用途取决于由分子构成的宏观物体的状态和结构，但其原始基础在于构成他们的功能分子的种类及结构。材料化学在研究开发新材料中的作用，就是用化学理论和方法来研究功能分子以及由功能分子构筑的材料的结构与功能的关系，使人们能够设计新型材料。另外，材料化学提供的各种化学合成反应和方法可以使人们能够获得具有所设计结构的材料。

材料的广泛应用是材料化学与技术发展的主要动力。在试验室具有优越性能的材料，不一定能在实际工作条件下得到应用，必须通过实际应用研究做出判断，采取有效措施进行改进。材料制成零部件以后的使用寿命的确定是材料应用研究的另一方面，这关系到安全设计和经济设计，关系到有效地利用材料和合理选材。另外，材料的应用研究还是机械部件、电子元件失效分析的基础。通过应用研究可以发现材料中规律性的东西，从而指导材料的改进和发展。化学工程的发展基本沿着两条主线进行：一方面，经过归纳、综合，形成了以传递为主的

“三传一反”的学科基础理论；另一方面，随着服务对象和应用领域的不断扩大、学科基础理论与应用领域的交叉渗透，不断产生新的增长点和新的科学分支，特别是随着新能源、新材料、生物技术等新兴产业的出现，化学工程在这些新领域发挥巨大作用的同时也不断推动自身理论水平与技术水平的提高，孵化出材料化学工程、生物化学工程、资源化学工程、环境化学工程等学科分支，为化学工程学科的发展带来了新的活力和更大的发展空间。

总结 20 世纪材料化学所取得的巨大进展，可以证明化学是新型材料的源泉，也是材料科学发展的推动力。从硝酸纤维到尼龙、涤纶，到现在的各种各样的合成纤维，从硅、锗到砷化镓、磷化铟……每一步进步都有一个相同的经过：先是针对已有的问题谋求改进，总结已知材料的结构，研究新的化学反应，然后对不同原料进行选择，找出可行的工艺。在 21 世纪，人类对各种特殊功能的先进材料的需求会越来越大，尽管利用的是材料的物理性质，但性质都是由材料的化学组成和结构决定的，不仅功能分子要用化学方法合成，高级结构也必须通过化学过程来构筑。分子结构一分子聚集体高级结构一材料结构一理化性质一功能之间的关系、合成功能分子与构筑高级结构的理论与方法、生物材料形成过程及结构的模拟仍是材料化学面临的极大挑战。所以，在新的世纪里，材料化学在指导新材料的研究与开发工作中仍将发挥不可替代的重要作用。

1.6　材料化学的用途

化学是新型材料的源泉，也是材料科学发展的推动力。无论是天然材料还是合成材料，特别是新材料的出现和发展将会给人类的生活提供有力的保证和方便。材料化学已渗透到现代科学技术的众多领域，如电子信息、生物医药、环境能源等，其发展与这些领域的发展密切相关。

1. 生物医药领域

材料可植入人体作为器官或组织的修补或替代品。这就要求材料具备良好的生物相容性，要求材料化学与生物学配合，从材料的结构、组织和表面对材料进行改性，以保护人体组织不与人工骨头置换体和其他植入物相排斥。

2. 电子信息领域

先进的计算机、信息和通信技术离不开相关的材料和成型工艺，而化学在其中起了巨大的作用。例如，芯片的制造涉及一系列的化学过程，如光致抗蚀剂、化学气相沉积法、等离子体蚀刻、简单分子物质转化成具有特定电子功能的复杂的三维复合材料。材料化学可通过电子及光学材料的相互渗透及通过光子晶格对光进行模拟操控而实现设计光子电路和光计算。

3. 环境和能源领域

在环境方面，例如，开发新的可回收和可生物降解的包装材料，也将成为材料化学的一个重要任务。而可回收和可生物降解的包装材料都涉及化学反应或化学方面的知识。

在能源方面，发展低资源消耗的清洁能源，例如，在研究光伏电池、太阳能电池，特别是化学电池和燃料电池的过程中，材料化学起了重要作用。

4. 结构材料领域

结构材料是材料化学涉足最广的领域。材料合成和加工技术的发展使现代汽车比以前更安全、轻便和省油。具有防腐、保护、美化和其他用途的特种涂料也要用到材料化学。无论是无机材料(例如,金属、陶瓷、硅、锗-砷化镓、磷化铟),还是有机材料(例如,硝酸纤维、尼龙、涤纶、合成纤维、包括酚醛树脂)的合成都和材料化学密不可分。

1.7 材料化学的重要意义

在人类发展的历史长河中,每个发展时期都可以用代表当时生产力水平的材料来表示。材料在人们的生活领域中非常重要。我们每天所接触到的不同物质都是由不同的材料构成。一种新材料的成功发现带动起一个新兴产业的事例不胜枚举。材料化学是材料科学的一个重要分支学科,在新材料的发现和合成、纳米材料制备和修饰工艺的发展以及表征方法的革新等领域所做出了的独到贡献。材料化学在原子和分子水准上设计新材料有着广阔应用前景。

材料化学可以培养学习者适应社会需要,系统地掌握材料科学的基本理论与技术,具备化学相关的基本知识和基本技能,能运用材料科学和化学的基础理论、基本知识和试验技能在材料科学与化学及其相关领域从事研究、教学、科技研发及相关管理工作的高级专门人才和具有开拓性、前瞻性的复合型高级人才。材料化学对应用化学专业、材料学专业的学生及从事材料研究与制备工程技术人员来说是一门重要的基础知识。学习材料化学对培养学生从化学的角度对材料研究提出问题、分析问题、解决问题的能力具有重要的意义。材料化学专业的毕业生目前是很有"钱"途的,市场需求很大。与化学、化工等专业相比,材料化学专业更注重研究新材料的开发和应用,同时在一些边缘学科诸如环境、药物、生物技术、纺织、食品、林产、军事和海洋等领域,尤其是进入石油行业或煤炭行业的学生,材料化学专业的人才也有较强的用武之地。材料化学专业是化学与工程两种知识结合的专业,在国民经济发展和科学前沿领域中都起着不可替代的重要作用。毕业生可在电子材料、金属材料、冶金化学、精细化工材料、无机化学材料、有机化学材料以及其他与材料、化学、化工相关的专业、医药、食品、环境、能源、分析检验、石油、轻工、日化、制药、冶金、建材等领域和行业的企业事业单位和行政部门从事研究、开发、设计、生产和管理工作,也可在高等院校和科研单位从事化学和应用化学方面的科研工作或者出国深造。在材料科学与工程各专业中,材料化学专业的毕业生就业情况也是不错的,目前能去专业比较对口的国有大中型企业和各种研发公司。考研的选择也不少,很多工科比较齐全的学校,特别是材料科学与工程系,都开设了相关专业。根据国家"十三五"发展规划,国内各行业均离不开材料和化学专门知识。所以,材料化学专业的毕业生在未来多年内的需求应该比较稳定。

1.8 材料的分类

材料的分类方法有多种,按照材料的使用性能可分为结构材料和功能材料两类。结构材料的使用性能主要是力学性能,功能材料的使用性能主要是光、电、磁、热、声等功能性能。从材料的应用对象来看,它又可分为建筑材料,信息材料,能源材料,航空、航天材料等。我们按照材料所含的化学物质的不同将其分为四类:金属材料、信息材料、能源材料、航空航天材料等。我们按照材料所含的化学物质和尺寸的不同将材料分为五类:金属材料、非金属材料、高分子材料、由此三类材料相互组合而成的复合材料及纳米材料。

1. 金属材料简介

金属材料包括两大类，钢铁材料和有色金属材料。有色金属主要包括铝合金、钛合金、铜合金、镍合金等。金属材料的使用历史是非常悠久的，我国在殷商时期就有青铜器，汉时就开始冶铁，而更大规模的金属材料的开发和使用则是19世纪，在工业革命的推动下，钢铁材料的大规模生产。到20世纪30—50年代，就世界范围来说，钢铁材料达到最鼎盛时期。那时，钢铁也是整个材料科学的中心。虽然钢铁材料现在有所衰退，但仍是目前用量最大、使用范围最广的材料。在汽车制造业中，钢铁占72%，铝合金占5.3%；在其他机械制造业中（如农业机械、化工设备、电力机械、纺织机械等），钢铁材料占90%，有色金属约占5%。由于其他材料的兴起，钢铁材料虽已走过它最辉煌的年代，但还不能说是“夕阳工业”。

在有色金属中，铝及铝合金用得最多。虽然铝合金的力学性能远不如钢，但如果设计者把减轻质量放在性能要求的首位，那么最合适的就是铝合金，因为铝合金的密度小、质量轻，密度仅有钢的1/3，因此在现代工业中具有重要的地位，例如，波音767飞机所用的材料的81%都是铝合金。另外，铝合金耐大气腐蚀，因此，在美国25%的铝用来制作容器和包装品，20%的铝作为建筑结构（如门窗框架、滑轨等），还有10%的铝用作导电材料。钛合金的高温强度比铝合金的好，但钛的价格比铝的价格高出将近5倍。在美国，钛合金也主要用于航空、航天领域。

2. 非金属材料简介

非金属材料的主要品种是无机非金属陶瓷材料，主要由黏土、长石、石英等成分组成，主要作为建筑材料使用。而新型的结构陶瓷材料，其主要成分是Al_2O_3、SiC、Si_3N_4等，具有耐高温、硬度大，质量轻，耐化学腐蚀等特性，因此，在现代高新技术领域具有重要的应用价值。例如，航天飞机在进入太空和返回大气层时，要经受剧烈的温度变化，在几分钟之内由室温升高到1 260℃，所以用陶瓷作为绝热材料，可以保护机体不受损失。非金属材料在现代电子工业领域也具有突出的重要地位。例如，半导体、光纤、电子陶瓷、敏感元件、磁性材料、超导材料等，都是由无机非金属材料制成的功能材料。可以说，没有这些无机非金属功能材料的成功，就没有现代电子工业及计算机信息产业。

3. 高分子材料简介

人类活动与高分子或称聚合物有着密切的关系，在漫长的岁月里，无论是人类用于充饥的淀粉或蛋白质，还是用于御寒的皮、毛、丝、麻、棉，都是天然的高分子材料。在相当长的历史中，人类对高分子材料的认识远远落后于实践。直到20世纪30年代前后，随着科学技术的发展，科学家才可能用物理化学和胶体化学的方法去研究天然和试验室合成的高分子物质的结构和特性，其中德国化学家斯陶丁格（Staudinger），首先提出聚合物（Polymer）的概念，即高分子物质是由具有相同化学结构的单体（Monimer）经过化学反应（聚合）靠化学键连接在一起的大分子化合物，由此奠定了现代高分子材料科学的基础。

高分子材料一般是由碳、氢、氧、氮、硅、硫等元素组成的相对分子质量足够高的有机化合物。之所以称为高分子，就是因为它的相对分子质量高，常用高分子材料的相对分子质量在几千到几百万之间。高相对分子质量对化合物的影响就是使它具有了一定的强度，从而可以作为材料使用。因为高分子化合物具有长链结构，许多线形分子纠缠在一起就构成了具有无规则团状结构的聚集状态，这就是高分子化合物具有较高强度，可以作为结构材料使用的根本原因。另一方面，人们可以通过各种手段，用物理和化学的方法使高分子化合物成为具有某种性能的功能高分子材料，例如，导电高分子、磁性高分子、高分子催化剂、高分子药物等。通用的高分子材料包括塑料、橡胶、纤维、涂料、黏合剂等，其中被称为现代高分子合成材料的塑料、橡胶、合成纤维已成为国防建设和人民生活中必不可少的重要材料。

4. 复合材料简介

金属、陶瓷、聚合物自身都各有其优点和缺点，如把两种或两种以上的材料结合在一起，发挥各自的长处，可在一定的程度上克服它们固有的弱点，这就产生了复合材料。复合材料的种类主要有聚合物基复合材料、金属基复合材料、陶瓷基复合材料及碳-碳复合材料等，工业上用得最多的是聚合物基复合材料。因为玻璃纤维有高的弹性模量和强度，并且成本低，而聚合物容易加工成型，所以早在 20 世纪 40 年代末就产生了用玻璃纤维增强树脂的材料，俗称玻璃钢，这是第一代复合材料。在日本有 42% 的玻璃钢用于建筑，25% 用于造船，日本有一半以上的渔船是用玻璃钢制造的；1981 年美国通用汽车公司用玻璃纤维增强环氧基体的材料制作后桥的叶片弹簧，只用一片质量为 3.6 kg 的复合材料代替了 10 片总质量为 18.6 kg 的钢板弹簧。到了 20 世纪 70 年代以碳纤维增强聚合物为代表的第二代复合材料开始应用，这类材料在战斗机和直升机上的使用较多，此外在体育、娱乐方面（如高尔夫球棒、网球拍、划船桨、自行车等）多用此类材料制造。

为改变陶瓷的脆性，将石墨、碳化硅或聚合物纤维等包埋在陶瓷中，制成的陶瓷基复合材料韧性好，不易碎裂，且可在极高的温度下使用。这类复合材料可作为汽车、飞机、火箭发动机的新型结构材料和宇宙飞行器的蒙皮材料。由硼纤维增强 SiC 陶瓷做成的陶瓷瓦片，用黏合剂贴在航天飞机身上，使航天飞机能安全的穿越大气层回到地球上。

金属基复合材料目前也应用在航天部门中，例如，使用了硼纤维增强铝基体的复合材料。美国的航天飞机整个机身桁架支柱均用 B－Al 复合材料管材，与原设计的铝合金桁架支架相比，质量减轻 44%。值得注意的是，在民用汽车工业上，20 世纪 80 年代初，日本丰田汽车公司用 SiC 短纤维和 Al_2O_3 颗粒增强的铝基材料制造发动机的活塞，大大提高了发动机的寿命并降低了成本。总的来说，复合材料可实现材料性能的最佳结合或者具有显著的各向异性，且作为先进的结构材料来说，在航空、航天等高技术领域具有重要的用途，因此，这是个重点开发领域。

近年来将生物医学材料单独列为一类。生物分子构成了生物材料，再由生物材料构成了生物部件。生物体内各种材料和部件有各自的生物功能，他们是活的，也是被整体生物控制的。生物材料中有的是结构材料，包括骨、牙等硬组织材料和肌腱、皮肤等软组织；还有许多功能材料所构成的功能部件，如眼球晶状体是由晶状体蛋白包在上皮细胞组织的薄膜内形成的无散射、无吸收、可连续变焦的广角透镜。生物材料可以通过生物工程如克隆技术或组织工程（由细胞培养组织）来制得，也可以用材料学的方法模拟生物材料制造人工材料，这些人工材料除了具备各种生物功能之外，还必须具有生物相容性，可以作为各种生物部件的代替品，如人工瓣膜、活性人工骨骼、人工关节、人造血浆、人造皮肤、人造血管等。生物材料的人工模拟制造是材料化学的重要发展方向之一。

5. 纳米材料简介

纳米科技的发展将深刻地影响和改变人类的生活，作为纳米科技的一个重要组成部分的纳米材料，引起了科学家们和工业界研究者们前所未有的关注和兴趣，近年来在此领域的研究进展日新月异，备受瞩目。

纳米技术，如纳米尺度、纳米粒子、纳米相、纳米晶或纳米机械，已经引起了世界的广泛关注，国家纳米计划也即将推出。纳米技术得益于 19 世纪 70 — 80 年代对反应物质（自由原子、团簇、反应粒子）的研究，以及当时涌现出的新技术和设备（脉冲团束、在质谱、真空技术、显微镜等方面的革新）。由此引发的热情波及众多领域，包括化学、物理、材料科学、工程和技术。由于纳米材料代表了物质的一个新的领域，具有利用相关知识从事令人感兴趣的基础科学研究的潜力，并且非常实用，这些都进一步推动了人们对纳米材料研究的积极性。

1.9　材料化学的主要内容

本书的主要内容包括概论、材料的化学基础、材料的结构、材料热力学、溶体材料及模型、材料的相及相变、材料的界面、材料的动力学、材料的力学性能、材料检测、金属材料、非金属材料、高分子及聚合物材料、复合材料。涉及材料的有关化学和材料本身的成分、结构、特性的理论基础知识，结构特性与使用性能之间的相互关系。

第 2 章　材料的化学基础

材料由元素构成。同种元素或不同种元素间的原子以一定的方式结合，形成分子或原子的晶体，原子的结合方式与元素的性质相关。元素周期表中元素的性质变化呈现一定的规律性，如第一电离能、电子亲和势、电负性等。对这些物理量及其在周期表中变化规律的把握是研究材料微观结构的基础。

2.1　元素和化学键

2.1.1　元素及其性质

表 2－1 是地球上一些元素的相对丰度。从表 2－1 中可以看出，在地球上含量最丰富的是氧和硅。氧元素大量存在于空气、水和矿石中，而硅元素则主要以硅酸盐、二氧化硅的形式存在于地壳中。

表 2－1　地球上一些元素的相对丰度

元素	相对丰度	元素	相对丰度	元素	相对丰度
氧(O)	466 000	磷(P)	1 180	钒(V)	150
硅(Si)	277 200	锰(Mn)	1 000	锌(Zn)	132
铝(Al)	81 300	硫(S)	520	镍(Ni)	80
铁(Fe)	50 000	碳(C)	320	钼(Mo)	15
钙(Ca)	36 300	氯(Cl)	314	铀(U)	4
钠(Na)	28 300	氟(F)	300	汞(Hg)	0.5
钾(K)	25 900	锶(Sr)	300	银(Ag)	0.1
镁(Mg)	20 900	钡(Ba)	250	铂(Pt)	0.005
钛(Ti)	4 400	锆(Zr)	220	金(Au)	0.005
氢(H)	1 400	铬(Cr)	200	氦(He)	0.003

很多元素的单质在常温下是固态，如图 2－1 所示(图中的白格)。一些单质可以直接作为材料使用，如铜、铁、铝、金、银、碳(金刚石、石墨)。但很多时候都是由不同种元素相互结合构成各种各样的化合物材料。元素的原子之间通过化学键结合，不同的元素由于电子结构不同，形成化学键的倾向也不同。元素的这种性质可以用第一电离能、电子亲和势、电负性等物理量

表征。由于元素电子结构的周期性变化，这些物理量在周期表中也存在相应的变化规律。

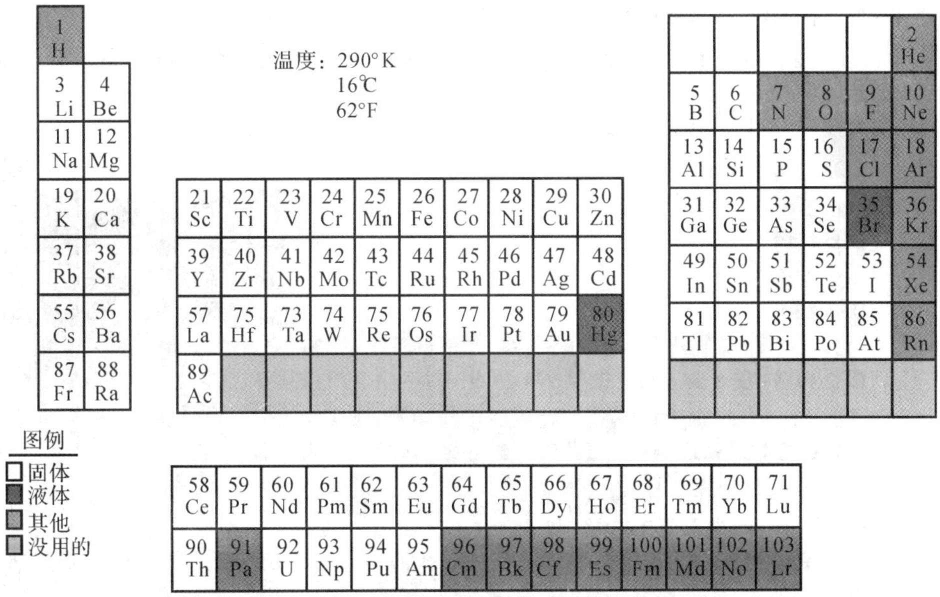

图 2-1　周期表中各元素在室温下的状态

(1)第一电离能(电离势 I_1)。其定义为从气态原子移走一个电子使其成为气态正离子所需的最低能量。所移走的是受原子核束缚最小的电子，通常是最外层电子。

$$\text{原子(g)} + I_1 \rightarrow \text{一价正离子(g)} + \text{电子}$$

使用由 Bohr 模型和 Schrödinger 方程给出的最外层电子能量可以计算出 I_1(eV)值($1\ \text{eV} = 1.602\times10^{-19}\ \text{J}$)：

$$I_1 = \frac{13.6Z^2}{n^2}$$

式中，Z 为有效核电荷；n 为主量子数。

电离能的变化规律：

1)同一周期的主族元素，从左到右作用到最外层电子上的有效核电荷逐渐增大。稀有气体由于具有稳定的电子层结构，其电离能最大。

2)同一周期的副族元素，从左至右有效核电荷增加不多，原子半径减小缓慢，其电离能增加不如主族元素明显。

3)对同一主族元素来说，从上到下有效核电荷增加不多，但原子半径增加，所以电离能由大变小。

4)同一副族电离能变化不规则。

(2)电子亲和势(EA)。它是指气态原子俘获一个电子成为一价负离子时所产生能量的变化。

$$\text{原子(g)} + e^- \rightarrow \text{一价负离子(g)} + \text{EA}$$

(3)电负性(χ)。电负性是元素的原子在化合物中吸引电子能力的标度。元素电负性数值越大，表示其原子在化合物中吸引电子的能力越强；反之，电负性数值越小，相应原子在化合物中吸引电子的能力越弱(稀有气体原子除外)。鲍林标度电负性如图 2-2 所示。

→原子半径减小→离解能增加→电负性增加

	1	2	3	4	5	6	7	8	9	10	11	12	13	14	15	16	17	18
1	H 2.20																	He 3.89
2	Li 0.98	Be 1.57											B 2.04	C 2.55	N 3.04	O 3.44	F 3.98	Ne 3.67
3	Na 0.93	Mg 1.31											Al 1.61	Si 1.90	P 2.19	S 2.58	Cl 3.16	Ar 3.3
4	K 0.82	Ca 1.00	Sc 1.36	Ti 1.54	V 1.63	Cr 1.66	Mn 1.55	Fe 1.83	Co 1.88	Ni 1.91	Cu 1.90	Zn 1.65	Ga 1.81	Ge 2.01	As 2.18	Se 2.55	Br 2.96	Kr 3.00
5	Rb 0.82	Sr 0.95	Y 1.22	Zr 1.33	Nb 1.6	Mo 2.16	Tc 1.9	Ru 2.2	Rh 2.28	Pd 2.20	Ag 1.93	Cd 1.69	In 1.78	Sn 1.96	Sb 2.05	Te 2.1	I 2.66	Xe 2.67
6	Cs 0.79	Ba 0.89	*	Hf 1.3	Ta 1.5	W 2.36	Re 1.9	Os 2.2	Ir 2.20	Pt 2.28	Au 2.54	Hg 2.00	Tl 1.62	Pb 2.33	Bi 2.02	Po 2.0	At 2.2	Rn 2.2
7	Fr 0.7	Ra 0.9	**	Rf	Db	Sg	Bh	Hs	Mt	Ds	Rg	Uub	Uut	Uuq	Uup	Uuh	Uus	Uuo
	*	La 1.1	Ce 1.12	Pr 1.13	Nd 1.14	Pm 1.13	Sm 1.17	Eu 1.2	Gd 1.2	Tb 1.1	Dy 1.22	Ho 1.23	Er 1.24	Tm 1.25	Yb 1.1	Lu 1.27		
	**	Ac 1.1	Th 1.3	Pa 1.5	U 1.38	Np 1.36	Pu 1.28	Am 1.13	Cm 1.28	Bk 1.3	Cf 1.3	Es 1.3	Fm 1.3	Md 1.3	No 1.3	Lr 1.291		

图 2-2　鲍林标度电负性表

Linus Pauling 提出了原子 A 和 B 电负性差的计算公式:

$$\chi_A - \chi_B = (\mathrm{eV})^{-\frac{1}{2}} \sqrt{E_d(AB) - [E_d(AA) + E_d(BB)]/2}$$

式中,$E_d(AB)$、$E_d(AA)$和 $E_d(BB)$分别为 A-B、A-A 和 B-B 键的离解能;单位为电子伏特(eV);χ 是一个无量纲的量。

(4)原子及离子半径。在周期表中原子和离子的变化趋势与 I_1 和 EA 大致相反。从左到右,有效核电荷逐渐增大,内层电子不能有效的屏蔽核电荷,外层电子受原子核吸引而向核接近,导致原子半径的减小。所以从左到右,原子半径趋于减小,而从上到下,随着电子层数的增加,原子半径增大。

2.1.2　原子间的键合

依据键合的强弱,可以分为主价键和次价键。主价键包括离子键、共价键和金属键,属于较强的键合方式;次价键如氢键是一种较弱的键合力。

(1)金属键就是金属中的自由电子与金属正离子之间构成的键合。

(2)离子键就是正离子和负离子之间由于静电引力而形成的化学键。

(3)共价键就是原子间通过共用电子对所形成的化学键。

当 $\Delta\chi > 1.7$ 时,主要形成离子键;而 $\Delta\chi < 1.7$ 时,则倾向于生成共价键。

(4)氢键，与负电性大的原子 X(氟、氯、氧和氮)共价结合的氢，生成 X — H…Y 型的键。

对于分子来说，范德华力和氢键的形成对熔点、沸点、溶解性、黏度、密度等性质也有显著的影响。

2.1.3　原子间的相互作用与键能

在化学键中，原子基本保证一定的距离，这个距离就是键长。原子间存在吸引力和排斥力，其吸引力源于原子核与电子云间的静电引力，其值与原子间的距离 r 成反比。

$$E_A = -\frac{a}{r^m}$$

式中，a、m 为常数，对离子来说，m 的值为 1；对分子来说，公式前面的负号表示的是吸引能；E_A 表示原子核与电子云间的静电引力。

两原子核之间以及两原子的电子云之间相互排斥，所产生的能量称为排斥能，其值与原子间距离 r 成反比。

$$E_R = \frac{b}{r^n}$$

式中，b 和 n 为常数；n 的值为排斥指数，与原子的外层电子构型有关；E_R 为两原子核间以及两原子的电子云之间的相互排斥能。

吸引能和排斥能之和即为系统的总势能：

$$E = E_A + E_R = -\frac{a}{r^m} + \frac{b}{r^n}$$

2.2　几种化学材料

自然界中的纯物质都可以以固、液、气三种聚集态存在。

2.2.1　固体

凡具有一定体积和形态的物体称为固体。固体由分离的原子所组成，组成固体质点之间的相互作用力相当强烈，每立方米中包含 10^{29} 个原子和更多的电子，原子位置固定，不能自由运动，只能在极小的范围内振动。固体中原子、电子的相互作用取决于化学键。化学键的性质决定固体的硬度、解离性及熔点。固体可压缩性和扩散性都很小，能保持一定的体积和形状。当受到不太大的外力作用时其体积的形状改变很小。外力撤去后能恢复原状的物体称为弹性体，不能完全恢复原状的物体称为塑性体。原子或原子团、离子或分子按一定规律呈周期性的排列所构成的物质称为晶体。晶体内部质点排列有序，外形规则，分为离子晶体(正、负离子间以离子键结合)、共价晶体(原子间以共价键结合)、分子晶体(分子间以范德华力和氢键结合)和金属晶体(金属原子、金属正离子和自由电子之间以金属键结合)。固体由晶体、非晶体(无定形固体，指组成它的原子或离子在空间无规律的排列的固态物质)和准晶体(人工合成，在合适的条件下可以自发地表现出面平棱直的规则几何外形，而且其内部原子排列更是规整严格、长程定向有序)构成。

1. C_{60}

除金刚石、石墨外，还有一些以单质形式存在的碳，其中就有 C_{60} 分子。C_{60} 分子是一种由

60个碳原子构成的分子。1985年由美国休斯敦赖斯大学R.F. Curl、R.E. Smalley和英国的H.W. Kroto等首先制得。其制备方法是用大功率激光束轰击石墨使其气化，用1 MPa的氦气产生超声波，使被激光束气化的碳原子通过一个小喷嘴进入真空，膨胀，并迅速冷却形成新的碳分子C_{60}。C_{60}在室温下为紫红色固态分子晶体，分子直径约为7.1 Å，密度为1.68 g/cm³，常态下不导电，不溶于水等强极性溶剂，在四氯化碳等非极性溶剂中有一定的溶解度，有化学活性。

C_{60}是单纯由碳原子结合形成的稳定分子，它具有60个顶点和32个面，其中12个为正五边形，20个为正六边形，其相对分子质量为720。处于顶点的碳原子各以sp^2杂化轨道重叠成σ键，每个碳原子的3个σ键分别为1个五边形的边和两个六边形的边，碳原子的3个σ键是非共面的，键角约为108°或120°。每个碳原子剩下的1个p轨道互相重叠形成一个含60个π电子的闭壳层电子结构，因此在近似球形的笼内和笼外都围绕着π电子云。

2. *碳纳米管*

碳纳米管和金刚石、石墨等都是碳的同素异形体，1991年由日本筑波NEC试验室的物理学家饭岛澄男发现。碳纳米管上的每个碳原子sp^2杂化，以碳-碳σ键结合起来，形成六边形的蜂窝状结构骨架。每个碳原子上未参与杂化的1对p电子形成共轭π电子云。管子的半径只有纳米尺度，轴向上可长达数十到数百微米。碳纳米管具有巨大的长径比，是典型的一维量子材料。碳纳米管的制备方法主要有化学气相沉积法、气体燃烧法、电弧放电法、激光烧蚀法、固相热解法、辉光放电法、聚合反应合成法等。碳纳米管具有高模量、高强度，具有与金刚石相当的硬度和良好的柔韧性。

3. *石墨烯*

2004年，英国曼彻斯特大学的安德烈·海姆和康斯坦丁·诺沃肖洛夫从石墨中分离出了石墨烯，证明单原子层厚度的材料是能够稳定存在的，其中每个碳原子均以sp^2杂化方式结合，并贡献剩余一个p轨道上电子形成大π键，π电子可自由移动。石墨烯具有良好的导电性，石墨烯中C-C键长为1.42 Å，结构稳定，具有良好的韧性和弹性。石墨烯的制备方法主要有两种，即机械方法和化学方法。实际的石墨烯并不是完全平坦的结构，而是存在小山式的起伏，褶皱是二维石墨烯在室温下稳定存在的必要条件。

2.2.2 液体

液体的分子结构介于固体和气体之间，微观粒子不像晶体那样排列有序，也不像气体那样处于完全无序的状态。宏观上液体的流动性、可压缩性、密度和可扩散性也介于固体和气体之间。液体具有各向同性的特点。

1. *液晶*

液晶是一大类新型材料，它是晶态向液态转化的中间态，呈现出一种介于固相和液相之间的半熔融流动状液体。该黏稠状流动性液体化合物具有异相晶体特有的双折射率性质，即光学异相性，故将这种似晶体的液体命名为液晶。液晶既保持了晶态的有序性，同时又具有液态的连续性和流变性。液晶的力学性质像液体，可以自由的流动；它的光学性质却像晶体，分子排列比较整齐，有特殊的取向，分子运动也有特定的规律，具有晶体的有序性。从某个方面看，液晶既有液体的流动性，又有表面张力（表面张力是指液体表层分子间引力）。但从另一个方面看，液晶分子排列杂乱无章，只有近程有序的特点，而没有不可改变的固定结构，因此，它也呈现出某些晶体的光学性质(如光学的各向异性、双折射、圆二向色散等)。液晶只能存在于一定的温度范围内,这一温度范围的下限 T_1 称为熔点,其上线 T_2 称为清亮点,当温度 $T<T_1$ 时,液晶就变成普通晶体,失去流动性;当温度 $T>T_2$ 时,液晶就变成普通透明液体,失去上述光学性质,称为各向同性液;只有在这两种温度范围内,物质才处于液晶态,才具有种种奇特的性质和许多特殊的用途。形成液晶的有机分子通常是具有刚性结构的分子,相对分子质量一般在 200～500 间,长度达几十埃,长宽比在 4～8 之间。

(1)液晶的分类。

液晶材料主要是脂肪族、芳香族、硬脂酸等有机物,液晶也存在于生物结构中,适当浓度的肥皂水溶液就是一种液晶。目前已经发现或人工合成的液晶材料已达 5 000 多种,按照形成的条件不同,液晶可分为热致液晶和溶致液晶两大类。使熔融的液体降温,当温度降到一定程度后,分子的取向有序化,从而获得各向异性熔体,这种液晶就称为热致液晶。将有机分子溶解在溶剂中,使溶液中的溶质浓度增加,溶剂浓度减小,可以使有机分子排列有序,从而获得各向异性的溶液,这种液晶态即称为溶质液晶。

液晶的分类如图 2-3 所示。根据分子的不同排列情况,液晶可分为向列型、胆甾型和近晶型三种。具有单一取向,而不是长程有序的简单排列的液晶称为向列型液晶(也称为线状液晶),这种液晶分子在空间上具有一维的规则性排列,具有棒状液晶分子长轴会选择某一特定方向作为主轴并相互平行排列,但排列较无序,如图 2-3(a)所示。另外,其黏度也较小,所以较易流动。线状液晶就是现在的 TFT 液晶显示器常用的 TN 型液晶。

由手性分子组成的液晶称为胆甾型液晶。这是因为这种液晶大部分是由胆固醇的衍生物所生成的(也有例外),如果把这种液晶一层一层分开来看,很像线状液晶,但从 z 轴方向看,会发现它的指向矢随着层的不同而呈螺旋状分布(见 2-3(b))。对于胆甾型液晶而言,指向矢的垂直方向分布的液晶分子由于指向矢的不同,就会有不同的光学或者电学的差异,因此也造成了不同的特性。

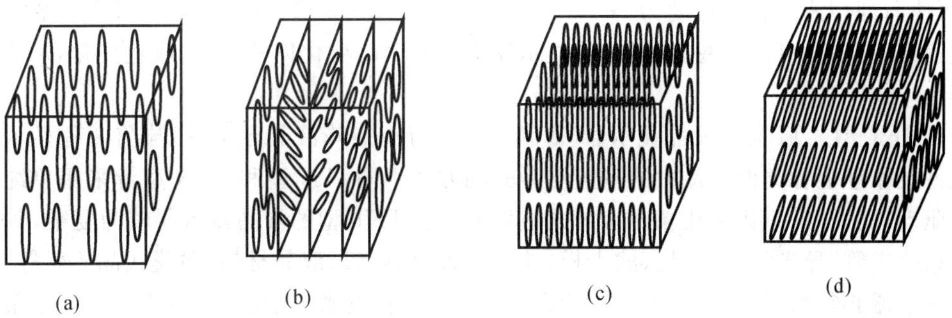

图 2-3　液晶的分类

在近晶型(层状液晶)排列状态下,液晶的结构是由液晶棒状分子聚集在一起形成层结构,每一层的分子的长轴方向相互平行,且此长轴方向对于每一层平面是垂直的或有一倾斜角。由于其结构非常近似于晶体,所以称作近晶型,其秩序参数 S 趋近于 1。在层状液晶层与层间的键会因温度的升高而断裂,所以层与层间较易滑动,但每一层内的分子键较强,所以不易被打断。因此就单层来看,不仅排列有序,且黏性较大。就其指向矢的不同可再分出不同的近晶型液晶。当液晶分子的长轴都是垂直站立时,称之为近晶型 A;如果液晶分子的长轴站立的方向有倾斜角度，则称之为近晶型 C。因为它们在层与层之间没有相同的位置规律，所以一般成为二维液晶，如图 2-3(c)、(d)所示。

近年来，向列型液晶已用于电子工业，作为信息显示的材料，还用于分析化学(气相色谱和核磁共振)等方面。胆甾型液晶用于温度指示、无损伤探测及医疗诊断等方面。

(2)液晶的应用——液晶显示器。

目前，市场上的液晶显示器主要有 TN、STN 及 TFT 三种。TN 结构最简单，其显示品质、反应速度和视角较差，主要用于显示简单数字与文字的小尺寸荧幕，如电子表、呼叫器等。STN 的显像品质及反应速度比 TN 好且快，主要应用于对反应速度要求较快，显像品质尚可的应用领域，如个人电子助理、移动电话、笔记本电脑等应用领域。随着 TFT 技术的发展成熟，TFT 在显像品质、反应速度上超越 TN 及 STN 型较多，其应用领域偏向于高画质且反应速度更快的产品，如大尺寸笔记本电脑、液晶投影机等产品。

1)TN 型。TN 型液晶显示器的基本构造为上下两片导电玻璃基板，其间注入向列型液晶，上下基板外侧各加一片偏光板，并在导电膜上涂布一层通过摩擦形成极细沟纹的配向膜。由于液晶分子拥有液体的流动特性，很容易顺着沟纹方向排列。当液晶填入上下基板沟纹方向，以 90°垂直于所配置的内部时，接近基板沟纹的束缚力较大，液晶分子会沿着上下基板沟纹方向排列；中间部分的液晶分子束缚力较小，会形成扭转排列。因为使用的液晶是向列型的液晶，液晶分子扭转 90°故称为 TN 型。若不施加电压，则进入液晶元件的光会随着液晶分子扭转方向前进，因上下两片偏光板和配向膜同向，故光可通过，形成亮的状态；施加电压时，液晶分子朝施加电场方向排列，垂直于配向膜，则光无法通过第二片偏光板，形成暗的状态。这种亮暗交替的方式可做显示用途。

2)STN 型。新一代的 STN 液晶显示器的基本工作原理和 TN 型的大致相同，但是在液晶分子的定向处理和扭曲角度方面不同。STN 显示元件必须预作配向处理，使液晶分子与基板表面的初期倾斜角增加。此外，在 STN 显示元件所使用的向列型液晶中加入微量胆甾型液晶，可使向列型液晶旋转角度为 80°～270°，为 TN 的 2～3 倍，即 STN 型。STN 型液晶由于响应速度较快，且可加上滤光片等，使显示器除了有明暗变化以外，亦有颜色变化，形成彩色显示器。

3)TFT 型。TFT 型液晶显示器(薄膜晶体管有源矩阵液晶显示器)与前两种显示器在基本元件及原理上皆类似。最大的不同点为驱动方式不同，TN 型和 STN 型皆采用单纯矩阵式电路驱动，而 TFT 型则采用精密矩阵式电路驱动。TFT 型的液晶显示器较为复杂，其主要构件包括荧光管、导光板、偏光板、滤光板、玻璃基板、配向膜、液晶材料、薄膜式晶体管等。首先，液晶显示器必须利用背光源，也就是荧光灯管投射出的光源，这些光源会先经过一个偏光板再经过液晶，这时液晶分子的排列方式改变穿透液晶的光线的角度。然后，这些光线还必须经过前方的彩色滤光膜与另一块偏光板。因此，只要改变刺激液晶的电压值，就可以控制最后出现的光线强度与色彩，进而可以在液晶面板上变化出深浅不同的颜色组合。

2. 离子液体

离子液体常被称为室温离子液体，是指在室温或室温附近呈液态的、仅由离子组成的物质。组成离子液体的阳离子一般为有机阳离子(如烷基咪唑阳离子、烷基吡啶阳离子、烷基季铵离子、烷基季膦离子等)，阴离子可为无机阴离子或有机阴离子(如$[PF_6]^-$、$[BF_4]^-$、$[AlCl_4]^-$、$[CF_3SO_3]^-$等)。离子液体具有以下几个优势：①具有较大的稳定温度范围(－100～

200℃)、较好的化学稳定性及较宽的电化学稳定电位窗口;②不易挥发,几乎没有蒸气压,在使用过程中不会给环境造成很大压力;③通过阴阳离子的设计可调节其对无机物、水、有机物及聚合物的溶解性,并且其酸度可调至超酸性。

(1)离子液体的分类。

离子液体包括两大类。一类是简单的盐,由有机阳离子和阴离子组成。有机阳离子通常包括季铵盐阳离子、季膦盐阳离子、杂环芳香化合物及其天然衍生物等。另一类是二元离子液体(即含有平衡的盐)。例如,$AlCl_3$ 和氯化 1 -甲基- 3 -乙基咪唑盐的混合物,它含有几种不同的离子系列,其熔点和性质取决于组成,常用[C_2mim]Cl - $AlCl_3$ 来表示这个络合物。通常将固体的卤化盐与 $AlCl_3$ 混合而得到液态离子液体,反应过程会大量放热,通常可采用交替的办法将两种固体慢慢加热以利于散热。对以此类离子液体为溶剂的化学反应的研究比较早。此类离子液体具有离子液体的许多优点,但是对水及其敏感,要完全在真空或惰性气体下进行处理和应用,质子和氧化物杂质的存在对在该类离子液体中进行的化学反应有决定性的影响。

(2)离子液体的特性。

可以通过选择合适的阳离子和阴离子来调配离子液体的物理化学特性,如熔点、黏度、密度、亲水性和热稳定性等。各种特性中尤其是对水的相容性调变对离子液体在分离产物和催化剂方面的应用极为有利。以下分别论述离子液体的结构形貌与其物理化学性能间的关系。

1)熔点。熔点是离子液体重要的特征性判据。离子液体熔点较低,在室温下为液体。离子液体的主要成分是氯化物,由不同氯化物的熔点可知,氯化物阳离子的结构特征对其熔点具有明显的影响。阳离子结构的对称性越低,离子间相互作用越弱,阳离子电荷分布越均匀,离子液体的熔点就越低;同时,阴离子体积增大,也会使得熔点降低。所以,低熔点离子液体的阳离子必须同时具备低对称性、弱的分子间作用力和阳离子电荷分布均匀的特征。

2)溶解性。有机物、无机物和聚合物等不同的物质可溶解于离子液体中,所以离子液体是很多反应的优良溶剂。在选择和使用离子液体时,需要系统地研究其溶解特性。离子液体的溶解性与其阳离子和阴离子的特性密切相关。以正辛烯在含相同甲苯磺酸根阴离子季铵盐离子液体中的溶解性为例,可说明阳离子对离子液体溶解性的影响。正辛烯的溶解性随着季铵阳离子的侧链变大,即非极性特征增加而变大,所以,改变阳离子的烷基可以调整离子液体的溶解性;同时,阴离子对离子液体溶解性也有较大的影响。离子液体的介电常数超过某一特征极限值时,可与有机溶剂完全混溶。

3)热稳定性。杂原子-碳原子之间的作用力和杂原子-氢键之间作用力决定了离子液体的热稳定性,这些作用力与组成的阳离子和阴离子结构和性质密切相关。同时,离子液体的水含量也对其热稳定性有一定的影响。

4)密度。阴离子和阳离子的种类决定了离子液体的密度。通过分析含不同取代基咪唑阳离子上 N -烷基链的长度呈线性关系,随着有机阳离子变大,离子液体密度变小,因此,可以通过阳离子结构的调整来调节离子液体的密度。阴离子对密度有更大的影响,阴离子越大,离子液体的密度也越大。因此,设计不同密度的离子液体,首先应该选择阴离子来确定大致密度范围,然后通过选择阳离子来进行密度微调。

(3)离子液体的合成。

离子液体的合成大体上有两种基本方法:直接合成法和两步合成法。

1)直接合成法。直接合成法是通过季铵化反应或酸碱中和反应一步合成离子液体,直接合成法经济，操作简便，没有副产物，产品易纯化。

2)两步合成法

两步合成法首先通过季铵化反应制备出含目标阳离子的卤盐，然后加入 Lewis 酸 MX，或用目标阴离子 Y^-置换出 X^-离子来得到目标离子液体。在第二步反应中，使用的金属盐 MY 通常是 AgY 或 NH_4Y，产生 AgX 沉淀或 NH_3，HX 气体而易除去。为了置换，加入强质子酸 HY，要求在低温搅拌条件下进行，然后多次水洗至中性，用有机溶剂提取离子液体。

高纯度二元离子液体通常是在离子交换器中利用阴离子交换来制备的。

(4)离子液体的设计。

在离子液体的使用中要选择适合的阴阳离子，通过对离子液体的设计，如接入特定的官能团等来调整离子液体的性质(如熔点、黏度、疏水性等)以满足需要。

1)阳离子。阳离子中应用较多的是咪唑阳离子，且不对称的二烷基咪唑盐有较低的熔点。离子液体的含水量、密度、黏度、表面张力、熔点、热力学稳定性等特性可以通过改变阳离子核烷基链长度和阴离子的性质来实现。通过在咪唑盐上引入特殊用途的官能团可把其用作共溶剂。

2)阴离子。阴离子选择的种类较多，通过改变阴离子可以容易地调控离子液体的特性。例如，碳甲硼烷盐($CB_{11}H_{12}^-$)是惰性最强的阴离子，但是，1 位上很容易烷基化而生成新的衍生物，形成熔点稍高于室温的离子液体。通过用强的亲电试剂取代硼氢键得到的$[1-C_3H_7-CB_{11}H_{11}]^-$在 45℃时熔融，从而可以系统的改变这一阴离子的性质，这是传统有机溶剂所不具备的性质；而且它具有非常弱的亲核性和氧化还原惰性，从而可以用于分离新的超酸。

(5)离子液体的应用。

离子液体有着广泛的应用，如下述几方面。

1)化学反应。离子液体最常见的应用是作为反应系统的溶剂。

2)分离。离子液体能溶解某些有机化合物、无机化合物和有机金属化合物，所以非常适合作为分离、提纯的溶剂，尤其是在液-液提取分离上。

3)离子液体电解质。离子液体是理想的电解质，具有高的离子电导率(大于 10^{-4} S/cm)、宽的电化学窗口(大于 4 V)、氧化还原过程中高的离子移动速率(大于 10^{-4} m/s)、低挥发性、不可燃、良好的热稳定性和良好的化学稳定性等优点。

离子液体用作电解质的缺点是黏度太高，但只要加入少量的有机溶剂就可以大大降低其黏度，提高其离子的电导率，并且有高沸点、低蒸气压、宽阔的电化学窗口等优点。由于离子液体固有的离子导电性、不挥发、不燃、电化学窗口比水溶液电解质大许多等特点，在锂离子电池中已经得到广泛的应用。在高分子中引入离子液体可得到高离子导电聚合物，这些高离子导电聚合物可应用于聚合物锂离子电池、太阳能电池、燃料电池、双电层电容器等方面。

2.2.3 气体

气体分子间距离很大，分子间相互作用力很小，彼此之间约束力很小，所以气体分子的运动速度较快，它的体积和形状都随着容器而改变。气体的液化需要两个条件：降温和增压。对于某种气体，当温度高于某值时，无论施加多大的压力都不能使其液化。通过加压使某气体液化所允许的最高温度称为该气体的临界温度；在临界温度以上，无论怎样加大压力都不能使气体液化，气体的液化必须在临界温度以下才能发生。只靠加压的办法是不能液化气体的，只有同时降温和加压，气体才能液化。在临界温度时，使气体液化需要施加的最小压力称为该气体的临界压力；在临界温度和压力下，1mol 气体具有的体积称为该气体的临界体积；物质在临界状态时气液同性，状态不分。目前，人们可以在临界状态下合成一些通常情况下难于制备的物质，利用物质的临界性质进行分离，提取一些常规情况下难以提取的特殊物质。

等离子体被称为物质的第四态或称等离子态。等离子体是电离的气体，是由大量的自由电子和离子以及中性粒子组成的集合体。电离的气体与普通气体有本质的区别。首先，它是一种导电流体，但又能在与气体体积相比拟的宏观尺度内维持电中性。其次，气体分子间并不存在静电磁力，而电离气体中的带电粒子间存在库仑力，由此导致带电粒子群的种种整体运动。最后，作为一个带电粒子系，其运动行为会受到磁场的影响和支配。无论部分电离还是完全电离，电离气体中的正电荷总数和负电荷总数在数值上总是相等，这也是“等离子体”的得名由来。

等离子体主要利用等离子体发生器产生，即在低温下，高频和高压的电源将气体介质激活，使之电离成等离子体。等离子体的温度依赖于等离子体的生成条件，特别是电流和压力。系统的电子温度和气体温度平衡时具有的温度为 $10^3 \sim 10^4$ K 数量级的等离子体称为热等离子体；气体温度接近常温，而电子温度在 $1 \sim 10^5$ K 的等离子体称为低温等离子体。热等离子体具有高能量密度，用于强热源的金属切割和焊接；低温等离子体应用更为广泛，主要用于等离子体成膜、等离子体表面改性、等离子体蚀刻、射频激发离子镀、等离子体化学气相沉积等。等离子体气相沉积技术几乎应用在所有材料领域，特别是在电子材料、光学材料、能源材料、机械材料等各种无机新材料及高分子材料的薄膜制备和表面改性方面，显示出独特的功能和巨大的应用潜力，在许多领域已被作为主要的生产技术。

在距地面 60～1 000 km 处的高空有一个电离层，就是由等离子体组成的。这个电离层中，等离子体的电离度和密度都很低，不会影响飞行器的正常飞行和无线电设备的正常工作。可以使用特殊的方法和设备对空气中等离子体的电离度和密度进行强化，进而可以实现有效的反雷达侦察目的，而且还能毁灭进入等离子体层的各种飞行器。

2.2.4　配位化合物

配位化合物简称配合物，又称络合物，是一类组成复杂、应用极广的化合物。绝大多数无机化合物都是以配合物形式存在，配位化学在整个化学领域已经成为一个不可缺少的组成部分。

人体中的无机元素，特别是微量元素，绝大多数都以配合物的形式存在，尤其是许多金属酶在人体中起着重要作用。例如，亮氨酸酶就是含锰离子的酶，若失去锰离子，该酶就失去活性。即使一些常量元素，在体内有的也是以配合物形式存在，如肌钙蛋白就是含钙离子的蛋白质，它对肌肉的收缩起作用。因此，配合物起到了由无机到有机乃至生命的桥梁作用。

1. 配合物的基本概念

(1)配合物的定义。

一个简单正离子(或原子)与几个其他负离子(或分子)以配位键相结合，形成具有一定特征且能独立稳定存在的复杂的化学粒子，称为配离子或配分子。

例

$$AgCl + 2NH_3 = [Ag(NH_3)_2]^+ + Cl^-$$

方括号内都有一个以配位键结合起来的相对稳定的复杂的结构单元，称配合单元。配合单元可以是阳离子，也可以是阴离子，配合单元的阳离子和阴离子分别叫作配阳离子和配阴离子，统称配离子。它们与电荷相反的离子组成配合物，其性质就像无机盐一样，称为配盐。有些配合单元是中性分子，如[$Ni(CO)_4$]，这种配合物又叫作配位分子。

(2)配合物的组成。

在[$Ag(NH_3)_2$] Cl 中，处于中心位置的银离子叫作中心原子。中心原子或中心离子一般是过渡金属(d 区或 ds 区)元素的原子和离子，它们都具有空轨道，是电子对的接受体，是较强的配合物的形成体。在中心原子周围直接配位着一些围绕中心原子的分子或简单离子，叫作配体。中心离子与配体构成配离子，配位单元结构之外的异电离子即配合物的外界。

配体是配合单元中与中心离子和中心原子配合的离子或分子，它们的特点是含有孤对电子。配体中直接与配位键与中心离子或中心原子相连接的原子叫配位原子，也叫键合原子(如[$Cu(NH_3)_4$]$^{2+}$中的 N 原子。与中心离子结合的配位原子总数叫中心离子的配位数。只含一个配体原子的配体叫单齿配体，如 F^- 和 CN^-；含多个配位原子配体叫多齿配体，如乙二胺为双齿配体，次氨基三乙酸为四齿配体等(见表 2-2)。

表 2-2 常见的配体

配体	化学式	配位原子数
氟离子	F^-	1
氯离子	Cl^-	1
溴离子	Br^-	1
碘离子	I^-	1
水	H_2O	1
氨	NH_3	1
氢氧根	OH^-	1
硝酸根	$NO_3{}^-$	1
亚硝酸根	NO_2—	1
硫氢酸根	SCN^-	1
异硫氢酸根	NCS^-	1
氰根	CN^-	1
硫代硫酸根	$S_2O_3{}^{2-}$	1
硫酸根	$SO_4{}^{2-}$	1
碳酸根	$CO_3{}^{2-}$	1
草酸根	$C_2O_4{}^{2-}$	1
羰基	—CO	1
乙二胺(EN)	$NH_2CH_2CH_2NH_2$	2
次氨基三乙酸(ATA)	$N(CH_2COOH)_3$	4
乙二胺四乙酸(EDTA)	$(HOOCCH_2)_2NCH_2CH_2N(CH_2COOH)_2$	4,5,6

对于单齿配体形成的配合物来说，中心原子的配位数等于配体的数目。若配体是含有 *n*

个配位原子的多齿配体，则中心原子配位数是配体数的 n 倍，见表 2－3。

表 2－3　常见中心原子的配体数

配体数	中心原子
2	Ag^+，Cu^+，Au^+
4	Cu^{2+}，Zn^{2+}，Fe^{3+}，Hg^{2+}，Co^{2+}，Pt^{2+}
6	Cr^{3+}，Fe^{2+}，Fe^{3+}，Co^{3+}，Pt^{4+}

影响配位数的因素很多，主要是与中心离子或中心原子和配体本身的性质有关，同时与形成配合物时中心离子与配体的浓度和温度有关。一般来说，中心原子所带电荷越多，体积越小，越易形成稳定的配离子。中心原子的电荷数越高、越多，吸引配体的能力越强，配位数就越大。配体的电荷越多，中心原子对配体的吸引力就越强，但又大大增加了配体之间的斥力，使配位数减少。另一方面，如果配体半径太大，会削弱中心离子对周围配体的吸引力，也会使配位数减少。中心原子的半径越大，其周围可容纳的配体越多，配位数也越大，但中心原子的半径过大，又会减弱它与配体的配合能力，而减少配位数。在形成配离子时，配体的浓度增大和反应时的温度降低，都有利于形成高配位数的配合物。当反应温度升高时，配位数通常减小。这是因为热运动加剧时，中心原子与配体的振幅加大，从而使中心原子的近邻减少，即配位数减少。

(3)内界和外界。

中心离子或中心原子与配位体形成的配离子，在配合物结构中称为内配位层或内界，配合单元结构之外的异电性离子称为配合物的外界。外界的离子与配离子以静电引力相结合，达到电中性而稳定存在。

2. 配合物的空间结构及异构现象

两种或两种以上的化合物，具有相同的化学式但结构和性质不相同，它们互称为异构体。配合物的立体结构以及由此产生的各种异构现象是研究和了解配合物性质和反应的重要基础。

(1)配合物的空间结构。

配合物的立体结构或空间结构与中心原子的配位数有密切的关系。可以用 X 射线分析、紫外及可见光谱、红外光谱、拉曼光谱、核磁共振、顺磁共振、旋光光度、穆斯堡尔谱确定。X 射线晶体结构分析证实，配体是按一定的规律排列在中心原子周围的，而不是任意的堆积。中心原子的配位数与配离子的空间结构有密切关系。配位数不同，离子的空间结构不同，即使配位数相同，由于中心原子及配位体种类以及作用情况不同，配离子的空间结构也不同。为了减小配体之间的静电排斥作用，配体要尽量互相远离，因而在中心原子周围采取对称分布状态，配合单元的空间结构测定证实了这种推测。例如，配位数为 2 时，采取直线型；配位数为 3 时，采取平面三角形；配位数为 4 时，采取四面体或平面正方形。配位数是用来对配合物分类的一个参数，相同的配位数意味着相似的磁性质和电子光谱。

(2)配合物的异构现象。

化学组成相同而结构不同的复杂粒子叫作同分异构体。分子式相同而原子间的连接方式或空间排列方式不同的情况叫作化合物的异构现象。异构现象在其他化合物中比较少见，但异构现象是配合物中普遍存在的现象。配合物中存在异构现象，大部分是由于内界组成即配离子的空间结构不同而引起的。配合物的异构一般可分为两大类：构造异构和立体异构。

1)构造异构。化学式相同而成键原子的连接方式不同引起的异构为构造异构。这类异构现象的表现形式有很多。

a.水合异构。化学组成相同的配合物，由于水分子处于内、外界的不同而引起的异构现象称为水合异构体。例如，$CrCl_3 \cdot 6H_2O$ 的配合物有三种配合形式：

$[Cr(H_2O)_6]Cl_3$，紫色

$[CrCl(H_2O)_5]Cl_2 \cdot H_2O$，亮绿

$[CrCl_2(H_2O)_4]Cl \cdot 2H_2O$，暗绿

b.电离异构。电离异构是由配合物中不同的酸根离子在内、外界之间进行交换形成的。

c.配位异构。当形成盐的阳离子和酸根离子皆为络离子的情况下才有可能产生配位异构。配位异构是由配体在配阴离子和配阳离子之间的分配不同而引起的异构现象。

d.聚合异构。聚合异构代表在同系列的聚合异构体中，各个配合物的相对分子质量正好为该系列中最简式相对分子质量的整数倍。

e.键合异构。同一种多原子配体与金属离子配位时，由于键合原子的不同，造成的异构现象称为键合异构。

2)立体异构。分子式相同，成键原子的连接方式也相同，但其空间排列不同，由此引起的异构称为立体异构体。

a.非对应异构。凡是一个分子与其镜像不能重叠者即互为对映体，而不属于对映体的立体异构体皆为非对应异构体。

b.顺反异构。

c.对映异构。若一个分子与其镜像不能重叠，则该分子与其镜像互为对应异构，它们的关系如同左右手一样，故称两者具有相反的手性，这个分子即为手性分子。对应异构体的物理性质(如熔点、水中溶解度等)均相同，只是它们对偏振光的旋转方向不同，因此，对映异构又称旋转异构。产生手性分子的充分必要条件是它的构型中没有象转轴。

d.其他异构。如果用一个简单的划分标准，那么上面讨论的异构现象是相对于经典的八面体配合物而言，并且每个配合物的结构是唯一且不随时间变化的。如果上述两个条件之一没有满足，我们会得到全新意义上的异构体。

3. 配合物的化学键理论

配合物中的化学键主要是指中心原子与配体配原子之间的化学键。目前，对于这种化学键的讨论主要有三种理论：价键理论、晶体场理论和分子轨道理论(又叫配位场理论)。

(1)价键理论。

其理论要点如下：

1)配位单元是以配体所提供的孤对电子填入中心原子的空轨道而形成配位键。因此，配位单元的形成要具备两个条件：

a.中心原子必须有空的电子轨道，通常是指$(n-1)d$、ns、np等轨道。有了空的电子轨道，才能接受孤对电子而形成配位键。过渡元素的离子(或原子)一般都具有空的价电子轨道，因此可作为配离子的中心原子。

b.配体必须有孤对电子，至少要有一对孤对电子。

2)中心原子所提供的空轨道，在形成配合物的过程中必须先进行杂化，原子轨道杂化后可

使成键能力增强，形成的配位单元更加稳定。

当中心原子的杂化轨道分别与配位原子的孤对电子轨道在一定的方向上彼此接近时，发生最大重叠而形成配位键，组成各种空间结构的配合物。

3）内轨型和外轨型配合物。中心原子所提供的空轨道是采用最外层的 *n*s，*n*p 和 *n*d 轨道杂化进行而形成配位单元，叫作外轨型配位单元。凡配位体的孤对电子填入中心离子的外层杂化轨道所形成的配合物，称为外轨型配合物。若中心原子提供的空轨道采用一部分次外层（*n*－1）d，*n*s 和 *n*p 轨道所形成的配位单元叫作内轨型配位单元。

例如，$[FeF_6]^{3-}$ 的形成首先是 Fe^{3+} 价最外层的 1 个 4s、3 个 4p 和 2 个 4d 轨道进行杂化，形成 6 个能量相等的正八面体结构 sp^3d^2 杂化轨道，称为外轨型配合物。

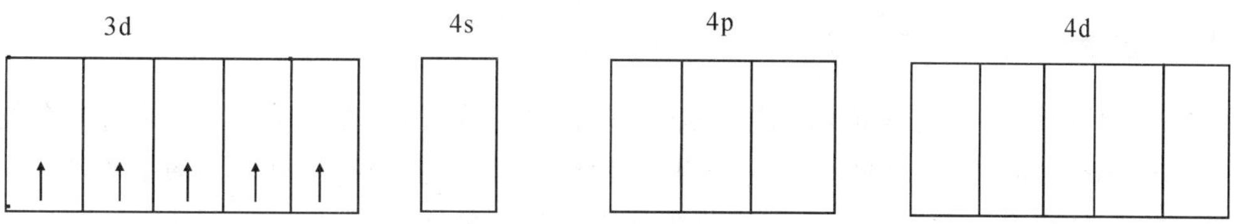

又如，$[Fe(CN)_6]^{3-}$ 的形成首先是 Fe^{3+} 价 2 个 3d，1 个 4s 和 3 个 4p 轨道进行杂化，形成 6 个能量相等的正八面体结构 d^2sp^3 杂化轨道，称为内轨型配合物。

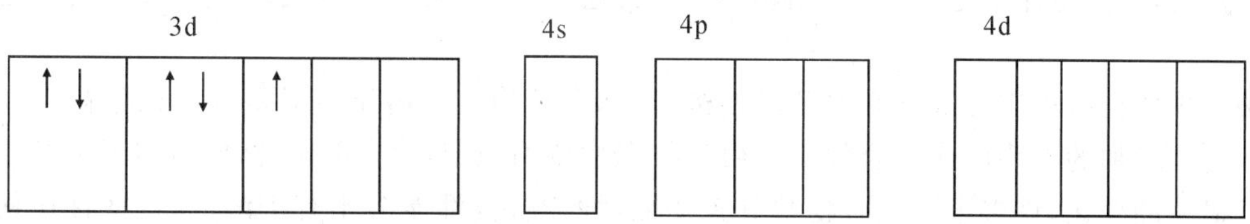

一种配位单元是外轨型还是内轨型，一般是根据磁矩试验来测定。当形成外轨型配位单元时，中心原子的未成对电子前后并没发生变化，未成对电子较多，所以磁矩较大；而形成内轨型配位单元时，中心原子的未成对电子大多会发生变化，未成对电子数减少或等于零，所以，磁矩较小或等于零。

（2）晶体场理论。

晶体场理论的要点：

1）中心原子是带正电的点电荷，配体是位于中心原子周围一定空间位置上带负电荷的点电荷，中心原子和配体之间完全靠静电引力结合而放出能量，体系能量降低，类似于晶体中阴阳离子的作用，这是配合物稳定的主要原因。

2）由于配体静电场的影响，处于中心原子最外层的 5 个 d 轨道发生能级分裂，造成电子重新排布，即原来能量相同的 5 个 d 轨道会分裂成两组以上能量不同的轨道，体系能量降低，从而形成稳定的配合物。

影响分裂能的因素：

1）配体的场强。对于给定中心原子的情况，分裂能的大小与配体的场强有关，场强越大，分裂能就越大。

2）中心原子的电荷数。在配体相同的条件下，Δ（即分裂能变化）值随中心原子电荷数的增大而增大。一般三价中心原子配合物的 Δ 要比二价中心原子的 Δ 大 40%～80%。

3）中心原子的半径。中心原子电荷数相同，配体相同的配合物的分裂能随中心原子半径的增大而增大。半径越大，d 轨道离核越远，受配体负电场影响越强烈，分裂能就越大。配合物的构型不同分裂能也不同，这是由于中心原子 d 轨道在不同方向上所受斥力不同，如平面正方形、正八面体和正四面体的分裂能由大到小依次降低。

总之，强场配位体导致较大的分裂能，弱场配位体导致较小的分裂能；形成高自旋配合物还是低自旋配合物取决于成对能和分裂能的相对大小，成对能大于分裂能时形成高自旋配合物，相反则形成低自旋配合物；不论是形成高自旋配合物还是低自旋配合物，配合物都应处于最有利的能量状态。

晶体场理论很好地解释了过渡金属配合物的颜色问题。在过渡金属配合物中，不等价的 d 轨道能量差相对较小，这样，当 d 轨道上的电子吸收了可见光能量后，就可从较低的能级激发到较高的能级上去，这就使配合物呈现颜色。含有 $d^4 \sim d^9$ 电子的配合物都是有颜色的。

2.2.5 螯合物

多齿配体与中心原子形成形状如蟹的螯钳夹着中心原子，故名螯合物（也称内配合物）。能与中心原子形成环状螯合物的多齿配体叫作螯合剂。形成螯合物要有以下两个条件：

(1)每个配体要含有两个或多个能提供孤对电子的配位原子，常见的是 N 和 O，其次是 S，还有 P、As 等。

(2)配体的配位原子之间必须相隔 2～3 个其他原子，以便形成五元环或六元环的稳定配合物。

螯合物的特殊稳定性源于它的环形结构，环越多越稳定。由于生成螯合物而使配合物的稳定性大大增加的作用叫作螯合效应。由于螯合物特别稳定，故在颜色、溶解度方面的性质都发生了很大的变化，许多金属螯合物都具有特征性的颜色，都能溶于有机溶剂，这些性质使螯合物具有广泛的用途。

第3章　材料的结构

对于材料的微观结构，首先考虑的是材料学中所含元素的原子结合方式(包括所形成分子的相互作用)，其次是材料中的原子、离子或分子的排列方式。这两者都对材料的性质和使用性能有直接的影响。固态物质分为晶体和非晶体。

3.1　晶体与非晶体

根据微粒排列的有序性，可以把固态物质分为晶体和非晶体。组成晶体的微粒(离子、原子、分子等)在三维空间中有规则的排列，具有结构的周期性，即同一种微粒单元在空间排列上每隔一定的距离重复出现，即所谓平移对称性。而在非晶体中，微粒是无规排列的，没有一个方向比另一个方向特殊，也不存在周期性的空间点阵结构。这两种结构的对比如图3-1所示。

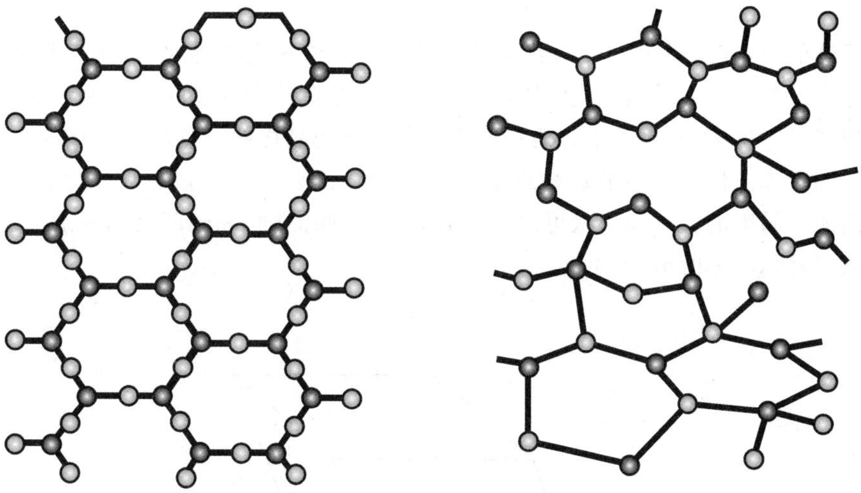

图3-1　晶体与非晶体原子排列示意图

基元排列有序范围一般可描述为长程有序和短程有序，前者指在大范围的有序排列，而非晶则是长程无序，短程有序。

晶体与非晶微观结构的差异导致其宏观性质有很大不同，大体上表现在以下几个方面。

(1)晶体有整齐、规则的几何外形。

例如，食盐、石英、明矾等分别具有立方体、六角柱体和八面体的几何外形，这是晶体内微粒的排布具有空间点阵结构在晶体外形上的表现。不同的晶体有不同程度的对称性，晶体中可能具有的对称元素有对称中心、镜面、旋转轴、反轴等许多种。相反玻璃、松香、橡胶等都没有一定的几何外形。

(2)晶体具有各向异性。

一种性质在晶体的不同方向上有大小差异,这叫作各向异性。晶体的力学性质、光学性质、热和电的传导性质都表现出各相异性。例如,云母的结晶薄片,在外力的作用下,很容易沿平行于薄片的平面裂开,但要使沿垂直于薄片的平面断裂,则困难得多,这说明晶体在各个方向上的力学性质不同。在云母片上涂一层薄薄的石蜡,然后用炽热的钢针去接触云母片的反面,石蜡以接触点为中心,向四周熔化成椭圆形,这表明云母晶体在各方面的导热性不同。又如,石墨晶体在平行于石墨层方向上比垂直于石墨层方向上电导率大一倍。而在玻璃片上涂一层薄薄的石蜡,然后用炽热的钢针去接触玻璃片的反面,则石蜡以接触点为中心,向四周熔化成圆形,这表明玻璃非晶体在各方面的导热性相同。

(3)在一定的压力下,晶体有固定的熔点,必须达到熔点时才能熔融且熔解过程中温度保持不变。

不同的晶体具有不同的熔点。非晶体在熔化的过程中,没有明确的熔点,有一段软化温度范围,随着温度的升高,物质首先变软,然后逐渐由稠变稀。这是由于晶体的每一个晶胞都是等同的,都在同一温度下被微粒的热运动瓦解,而在非晶中,微粒之间的作用力有大有小,极不均一,所以没有固定的熔点。

3.2 晶格、晶胞和晶格参数

组成晶体的质点(离子、原子、分子等)在三维空间中有规则的排列,具有结构的周期性,即同一种质点在空间排列上每隔一定的距离重复出现。把晶体中质点的中心用直线连起来构成的空间格架即晶体格子,简称晶格。质点的中心位置称为晶格的结点,由这些结点构成的空间总体称为空间点阵。构成晶格最基本的几何单元称为晶胞,晶体可以看作由无数个晶胞有规则地堆积而成。晶胞的大小和形状可以由边长 a、b、c(叫晶轴)和轴间夹角 α、β、γ 来确定,合称晶格参数,如图 3-2 所示。

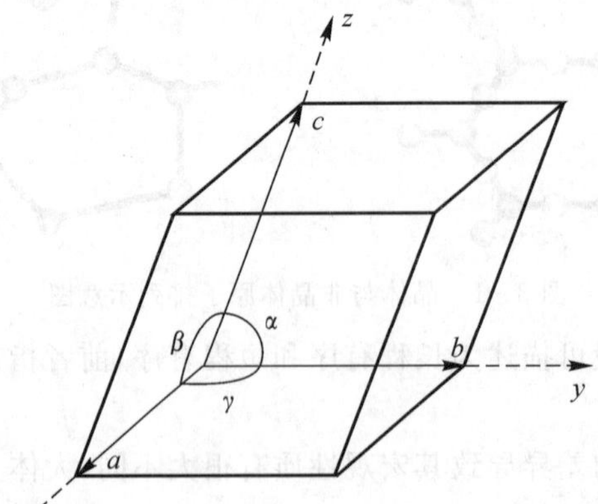

图 3-2 晶格参数

3.3 晶　系

在晶体学中，根据晶体的特征和对称元素，将所有晶体分为 7 个晶系、14 个空间点阵(称之为布拉维点阵)。7 个晶系分属于 3 个不同的晶族；立方晶系属于高级晶族，六方晶系、四方晶系和三方晶系属于中级晶族，正交晶系、单斜晶系和三斜晶系则属于低级晶族，如表 3-1 和图 3-3 所示。

表 3-1　7 个晶系和 14 种空间点阵类型

晶　系	特征	空间点阵	对称元素
三斜	$a \neq b \neq c$(无转轴) $\alpha \neq \beta \neq \gamma$	简单三斜(无转轴)	既无对称轴也无对称面
单斜	$a \neq b \neq c$ $\alpha = \beta = 90°, \gamma \neq 90°$	简单单斜、底心单斜	一个二次旋转轴，镜面对称
正交	$a \neq b \neq c$ $\alpha = \beta = \gamma = 90°$	简单正交、底心正交、体心正交、面心正交	三个互相垂直的二次旋转轴
菱方	$a = b = c$	菱方	一个三次旋转轴
四方	$a = b \neq c$ $\alpha = \beta = \gamma = 90°$	简单四方、体心四方	一个四次旋转轴
六角	$a = b \neq c$ $\alpha = \beta = 90°, \gamma = 120°$	六角	一个六次旋转轴
立方	$a = b = c$ $\alpha = \beta = \gamma = 90°$	简单立方、体心立方、面心立方	四个三次旋转轴

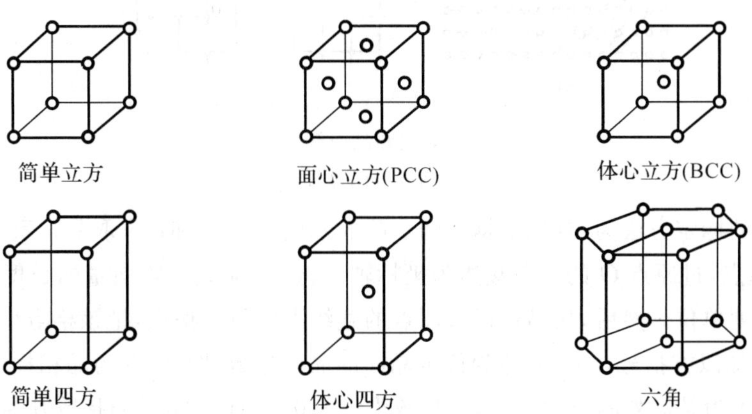

图 3-3　14 种空间点阵类型示意图

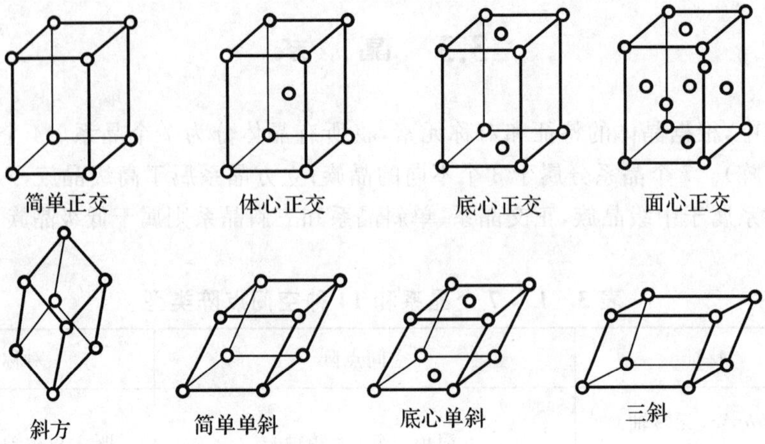

续图 3-3　14 种空间点阵类型示意图

3.4　晶向指数和晶面指数

晶格的格点可看成是分列在一系列平行、等距的直线系上，这些直线系称为晶列，其所指方向称为晶向。晶体中所有的阵点可以化分成平行等距的一组平面，这些平行的平面称为晶面簇。图 3-4 为晶列和晶面簇的示意图。晶向和晶面与晶体的生长、变形、性能和方向性等密切相关，因此，在晶体研究中常常要对晶向和晶面进行标示，这就是晶向指数和晶面指数，国际上统一采用密勒指数来进行标定。

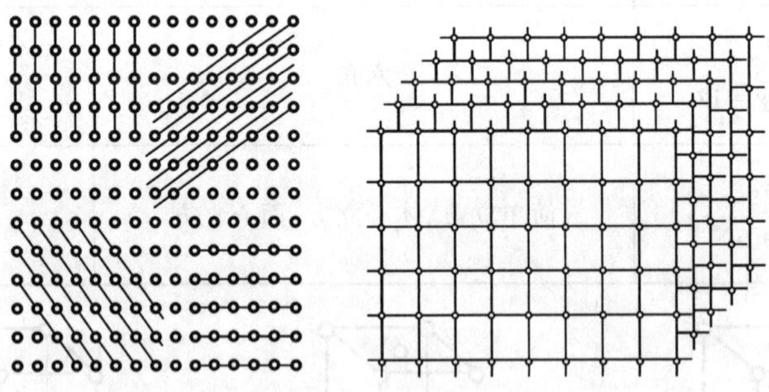

图 3-4　晶列和晶面簇的示意图

(a)晶列；(b)晶面簇

晶向指数的标定方法为：首先根据空间点阵的基向量 $\boldsymbol{a}$、$\boldsymbol{b}$ 和 $\boldsymbol{c}$ 来取晶轴系，即以晶胞的某一阵点 O 为原点，过原点 O 的 3 条棱边为坐标轴 x、y、z，晶胞点阵向量的长度（晶格参数）作为坐标轴的长度单位。然后，从晶列通过原点的直线上任取一格点，把该格点坐标值作为最小整数 u、v、w，加以方括号，$[uvw]$即为待定晶向的晶向指数，图 3-5 为晶相标定实例。例如，在图 3-5 中，A 为某晶列的方向，则晶向指数为[1 0 0]。对于 B，晶向指数则为[1 1 1]。并不一定要求用过原点的直线计算，当直线不过原点时，可以选取直线上的前后两点，用后点坐标减去前点坐标，然后化为最小的整数即为晶向指数，例如图 3-5 中的方向 **C**，后点为(0,0,1)，前点为(1/2,1,0),相减后得到(−1/2,−1,1),同时乘以 2 得到最小整数(−1,−2,2),则晶向指数为$[\bar{1}\bar{2}2]$,其中的负号写在上面。

晶面指数的标定方法为:首先根据空间点阵的基向量 **a**、**b** 和 **c** 来取晶轴系,然后求得待定晶面在三个晶轴上的截距 r、s 和 t。取各截距的倒数,并将其化为互质的整数比 $h:k:l$,即 $1/r:1/s:1/t=h:k:l$,加上圆括号,即表示该晶面的指数,记为(hkl)。若晶面与某轴平行,则在此轴上的截距为无穷大,其倒数为零;该晶面与某轴负方向相截,则在此轴上截距为一负值。

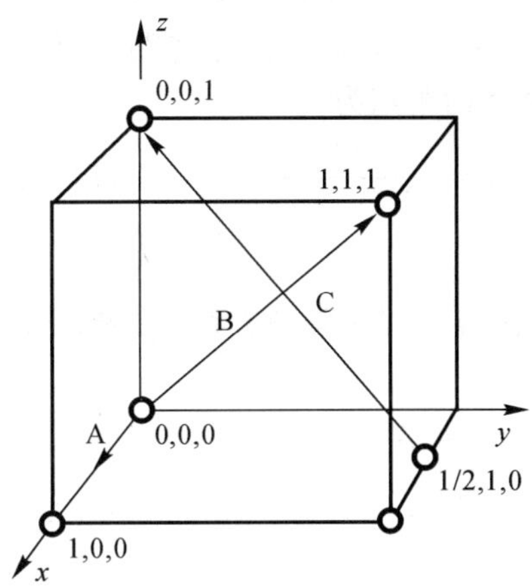

图 3-5　晶向标定实例

例如,在图 3-6 中有晶面 A、B 和 C,对于晶面 A,r、s 和 t 分别为 1、1 和 1,其倒数位 1、1 和 1,则其晶面指数记为(111)。

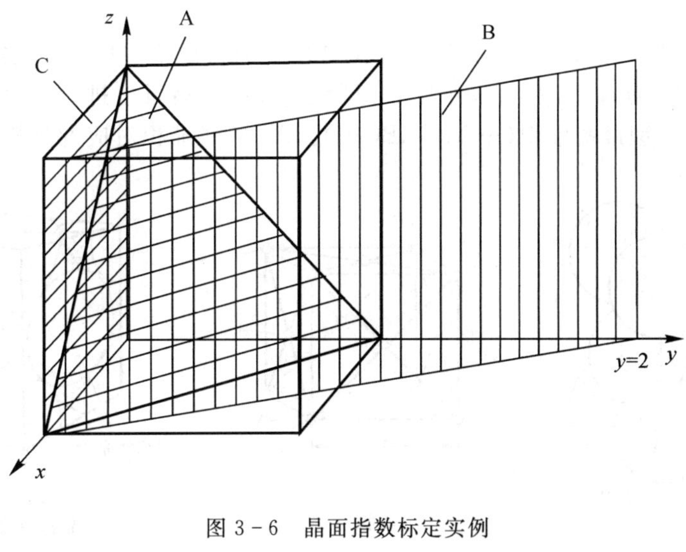

图 3-6　晶面指数标定实例

对于晶面 B,r、s 和 t 分别为 1、2 和∞(晶面与 z 轴平行),其倒数为 1、1/2 和 0,化为互质的整数比为 2:1:0,则其晶面指数记为(210)。

3.5 晶面间距

具有相同密勒指数的两个相邻平行晶面之间的距离称为晶面间距用 d_{hkl} 表示，可以通过晶胞参数和密勒指数计算得到。如立方晶系的晶面间距计算公式为：

$$d_{hkl}=\frac{a_0}{\sqrt{h^2+k^2+l^2}}$$

式中，a_0 为晶格参数；h、k、l 分别是相邻晶面的密勒指数。例如，金晶体的晶格参数为 0.407 86 nm，则其(111)晶面之间的距离为：

$$d_{hkl}=\frac{0.407\ 86}{\sqrt{1^2+1^2+1^2}}=0.235\ 5\ \text{nm}$$

3.6 晶体材料的结构

原子、离子、分子等质点按一定的空间点阵进行排列形成晶体。按照晶格上质点的种类和质点间的相互作用对晶体进行分类。

3.6.1 金属晶体

金属晶体中的金属原子可以看成是直径相等的刚性圆球，这些等径的圆球在三维空间堆积构建而成的模型叫作金属晶体的堆积模型。一个金属原子的周围可以围绕着尽可能多且符合几何图形的临近原子。金属晶格是具有较高配位数的紧密型堆积。

常见的金属晶体结构共有三种，即面心立方结构(FCC)、体心立方结构(BCC)和六方密堆结构(HCP)。

把下层球标记为 A 层，上层为 B 层。当在 B 层上面再放第三层 C，C 层球的投影位置对准前两层组成的正八面体空隙中心，并与 B 层紧密接触，以后重复进行 ABC 层的堆积，这样得到的结构称为 A_1 型最密堆积(…ABCABC…)。A_1 型密堆积对应的晶格结构是面心立方结构，如图 3-7 所示。

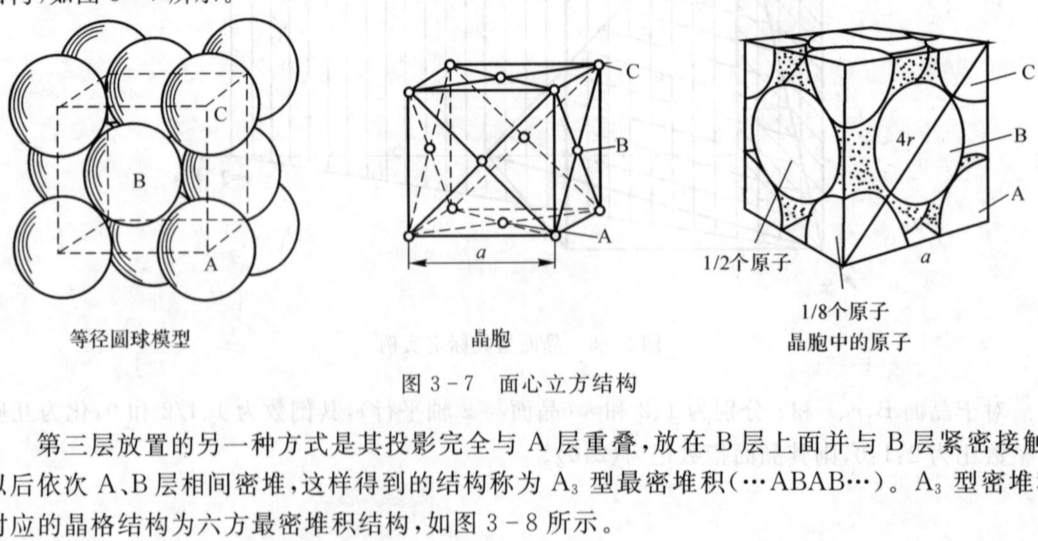

图 3-7　面心立方结构

第三层放置的另一种方式是其投影完全与 A 层重叠，放在 B 层上面并与 B 层紧密接触，以后依次 A、B 层相间密堆，这样得到的结构称为 A_3 型最密堆积(…ABAB…)。A_3 型密堆积对应的晶格结构为六方最密堆积结构，如图 3-8 所示。

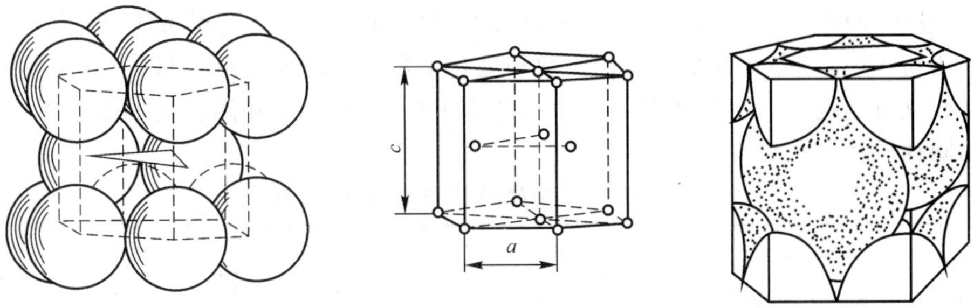

图 3 - 8　六方密堆结构

体心立方结构是立方体中心有一个球，每一顶角各有一个球。体心立方不是最密堆积，但仍是一种高配位密堆积结构。这样得到的结构称为 A_2 型密堆积，如图 3 - 9 所示。

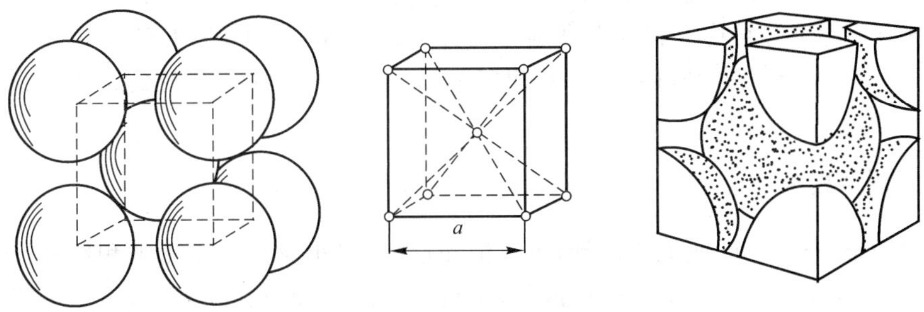

图 3 - 9　体心立方结构

A_1、A_2、A_3 型密堆结构除了晶格参数不同，每一种结构都有其特定的晶胞原子个数、配位数和堆积系数。

(1)晶胞原子个数 n。

图 3 - 7、图 3 - 8 和图 3 - 9 分别为具有面心立方结构、六方密堆结构和体心立方结构的单个晶胞的等径圆球模型，可计算出这三种结构的每个晶胞所含原子数分别为 4、6 和 2。

(2)配位数(CN)。

配位数是指晶体结构中，与任一原子最近邻并且等距离的原子数。A_1 和 A_2 型为最密堆积，每个原子都与 12 个同种原子相接触，所以面心立方结构和六方密堆结构的配位数都是 12。体心立方结构中，每个原子与 8 个同种原子相接触，所以配位数为 8。

(3)堆积系数(ξ)。

原子排列的紧密程度用晶胞中原子所占的体积分数表示，称为堆积系数(ξ)，可用式(3 - 1)计算：

$$\xi = \frac{nV_{\mathrm{atom}}}{V_{\mathrm{cell}}} \tag{3-1}$$

式中，V_{atom} 和 V_{cell} 分别是原子和晶胞的体积；n 为晶胞原子个数。

对于面心立方结构来说，晶格参数 a 与原子半径 r 的关系为 $4r=\sqrt{2}a$，所以，堆积系数为：

$$\xi = \frac{nV_{\mathrm{atom}}}{V_{\mathrm{cell}}} = \frac{4\times 4\pi/3r^3}{\left(\frac{4}{\sqrt{2}}r\right)^3} = 0.74$$

用同样的方法可以算出体心立方结构和六方密堆结构的堆积系数分别为 0.68 和 0.74。

表 3 - 2 为三种晶体结构的几何参数，总结了三种晶体结构的配位数、原子数和堆积系数。

由表 3－2 可见，面心立方和六方密堆均有较大的配位数和较高的堆积系数，即原子排列紧密程度高。相对来说，体心立方结构的配位数和堆积系数均较前两者低，所以不属于最密堆积结构。但体心立方结构中每个原子除了 8 个相邻原子外，还有 6 个相距较近的次相邻原子，所以这种结构同样较稳定。

表 3－2　三种晶体结构的几何参数

晶体结构	CN	n	ξ
体心立方(BCC)	8	2	0.68
面心立方(BCC)	12	4	0.74
六方密堆结构(HCP)	12	6	0.74

在常见的金属中，碱金属一般都是体心立方结构；碱土金属元素中 Be、Mg 属于六方密堆结构；Ca 既有面心立方结构也有六方密堆结构；Ba 属于体心立方结构；Cu、Ag、Au 属于面心立方结构；Zn、Cd 属于六方密堆结构。这里指的是室温下的结构，有些金属在较高温度下会发生晶型转变。

3.6.2　离子晶体

离子键与金属键一样，既无方向性，也无饱和性，所以也倾向于紧密堆积结构。所不同的是，离子键是由两种相反电荷的离子构成的，正负离子的半径也存在差异，因而不能用等径圆球模型描述。总的来看，在离子晶体中，无方向性和无饱和性导致离子周围可以尽量多地排列异号离子，而这些异号离子之间也存在斥力，故要尽量远离。

1. 离子晶体结构与鲍林规则

鲍林第一规则是关于负离子配位多面体的形成的。在晶体结构中的，一般负离子要比正离子大，往往是负离子作紧密堆积，而正离子充填于负离子形成的配位多面体空隙中。按离子晶体结合能理论，正负离子间的平衡距离 $r_0 = r^+ + r^-$，相当于能量最低状态，也就是能量最稳定状态，因此离子晶体结构应该满足正负离子半径之和等于平衡距离这个条件。考虑一个二元化合物的二维结构，如图 3－10 所示，正离子被负离子所包围，当正离子足够大时，就能够与周围的负离子接触，形成图 3－10(a)和(b)的稳定结构；当正离子半径小于某个值时，就再也不能与周围的负离子接触，如图 3－10(c)所示，这样的结构是不稳定的。对于三维结构来说，当正负离子半径比(r^+/r^-)一定时，负离子可通过堆积成不同的多面体，以获得合适的空隙容纳正离子，从而达到类似于 3－10(a)或(b)的稳定结构。

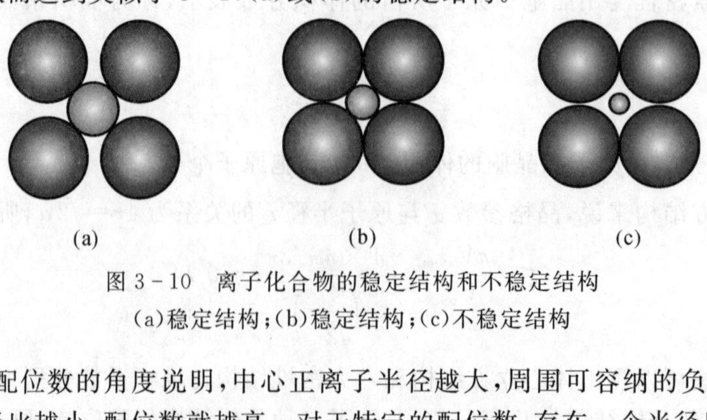

图 3－10　离子化合物的稳定结构和不稳定结构
(a)稳定结构；(b)稳定结构；(c)不稳定结构

这也可以从配位数的角度说明，中心正离子半径越大，周围可容纳的负离子就越多。因此，正负离子半径比越小，配位数就越高。对于特定的配位数，存在一个半径比的临界值，高于此值，则结构不稳定。不同的配位数对应于不同的堆积结构。鲍林第二规则指出，在离子的堆积结构中必须保持局域的电中性。电中性可用静电键强值衡量。它是正离子形式电荷与其配位数的比值。

鲍林第三规则是关于多面体连接方式的。多面体的可能连接方式有共顶、共棱和共面三种，而稳定结构倾向于共顶连接。

鲍林第四规则指出，若晶体结构中含有一种以上的正离子，则高电价、低配位的多面体之间有尽可能彼此互不连接的趋势。

鲍林第五规则指出，同一结构中倾向于较少的组分差异，也就是说，晶体中配位多面体的类型倾向于最少。

2. 二元离子晶体的结构

很多无机化合物晶体都是基于负离子(X)的准紧密堆积，而金属正离子(M)置于负离子晶格的四面体或八面体间隙。

(1)CsCl 型结构。

CsCl 型结构为最简单的离子晶体结构，正负离子均构成空心立方体，且相互成为对方立方体的体心，正负离子的配位数均为 8。每个晶胞中有一个负离子和一个正离子，组成为 1∶1，如图 3－11 所示。虽然体心位置上存在离子，但由于与顶点的离子不相同，所以并不是体心立方，而是简单立方的晶格结构。

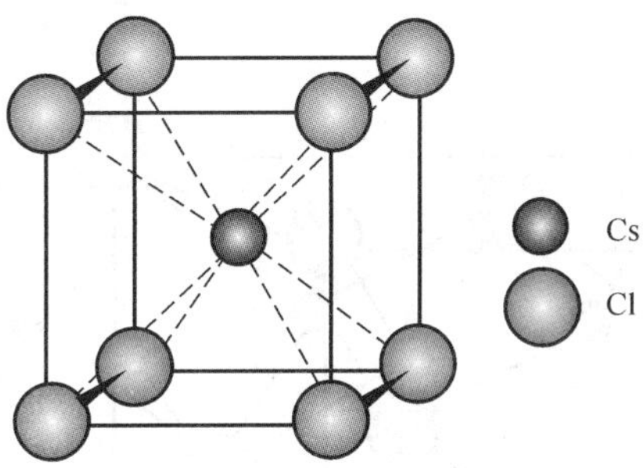

图 3－11　CsCl 型晶体结构

(2)岩盐型结构。

岩盐型结构是最常见的二元离子化合物结构。岩盐型结构的代表是 NaCl，所以也称为 NaCl 型结构。这种结构中，正负离子的配位数都是 6，负离子按面心立方排列，正离子处于八面体的间隙位，同样形成正离子的面心立方阵列，如图 3－12 所示。

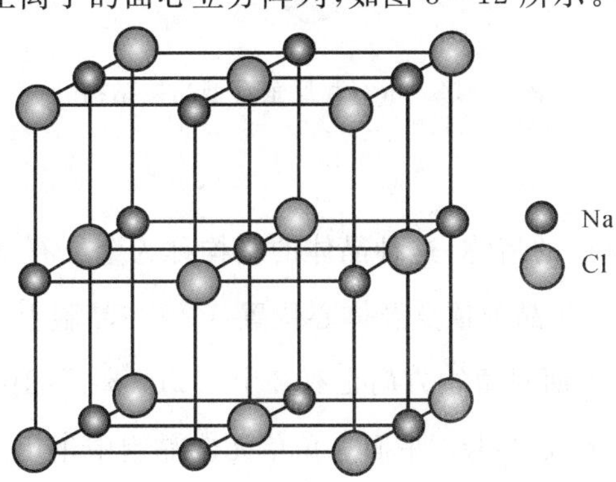

图 3－12　NaCL 型离子晶体结构

(3)闪锌矿型结构。

闪锌矿型结构的代表为 ZnS。在这种结构中，正负离子配位数均为 4，负离子按面心立方排列，正离子填入半数的四面体间隙位。同样形成正离子的面心立方阵列，如图 3－13 所示。

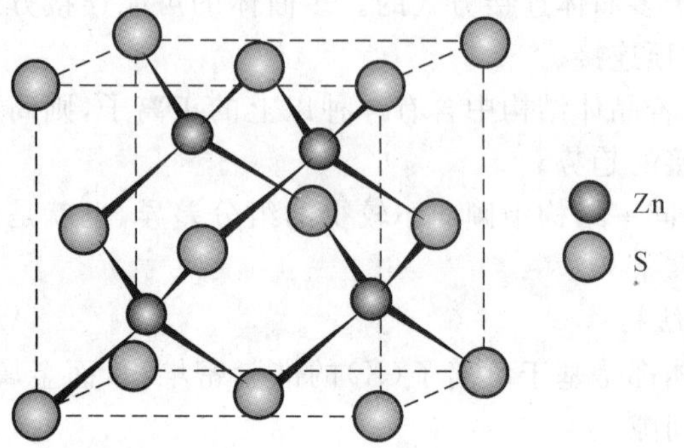

图 3－13　闪锌矿型晶体结构

(4)萤石和反萤石结构。

在氧化钠晶体中，负离子按面心立方排列，正离子填入全部的四面体间隙位中，即每个面心立方晶格填入 8 个正离子。这样，正离子配位数是 4，负离子的配位数为 8，正负离子的比例为 2∶1，如图 3－14 所示。

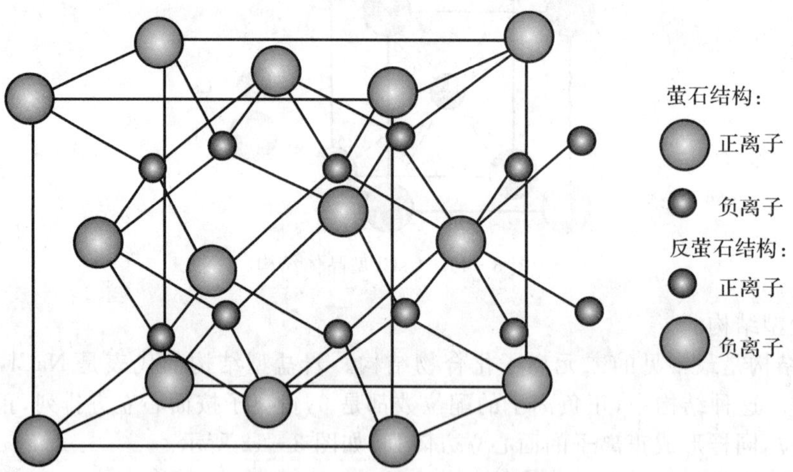

图 3－14　萤石和反萤石型晶体结构

(5)金红石型结构。

金红石为一种 TiO_2 晶体的俗称，这种晶体的结构称为金红石型结构。在金红石晶体中，O^{2-} 为变形的六方密堆，Ti^{4+} 在晶胞顶点及体心位置，O^{2-} 在晶胞上下底面的面对角线方向各有 2 个，在晶胞半高的另一个面对角线方向也有 2 个。Ti^{4+} 离子的配位数是 6，形成了[TiO_6]八面体；O^{2-} 的配位数是 3，形成[OTi_3]平面三角单元。晶胞中正负离子的比为 1∶2，如图 3－15 所示。

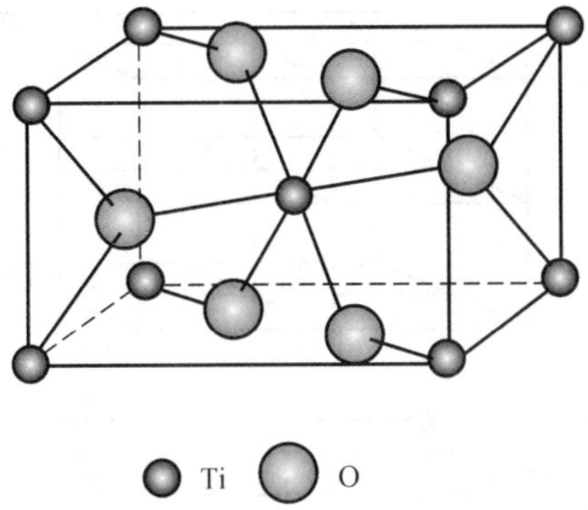

图 3-15　金红石型晶体结构

3.6.3　多元离子晶体结构

在离子晶体中，负离子通过紧密堆积形成多面体。多面体空隙中可以填入超过一种正离子，于是形成多元离子晶体结构。

(1)钙钛矿型结构。

钙钛矿的组成为 $CaTiO_3$，钙钛矿型结构的化学通式为 ABX_3，其中 A 是 2 价金属离子，B 是 4 价金属离子，X 通常为 O，组成一种复合的氧化物结构，如图 3-16 所示。

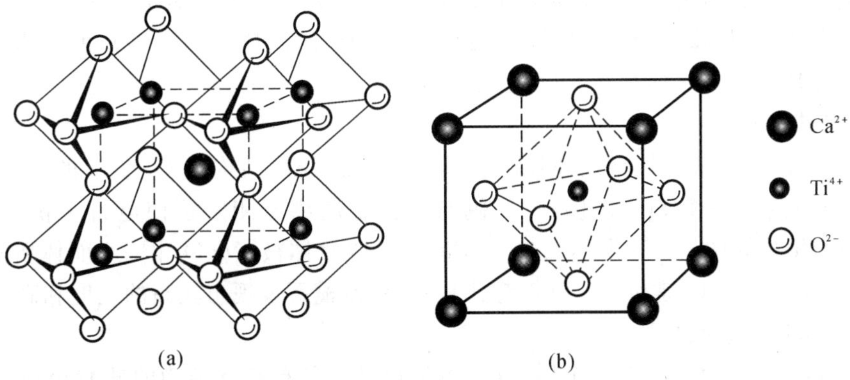

图 3-16　钙钛矿型结构

(2)尖晶石型结构。

尖晶石结构的化学通式为 AB_2O_4 型，属于复合氧化物，其中 A 是 2 价的金属离子，B 是 3 价的金属离子。尖晶石结构的典型代表是镁铝尖晶石 $MgAl_2O_4$，尖晶石结构，如图 3-17 所示。

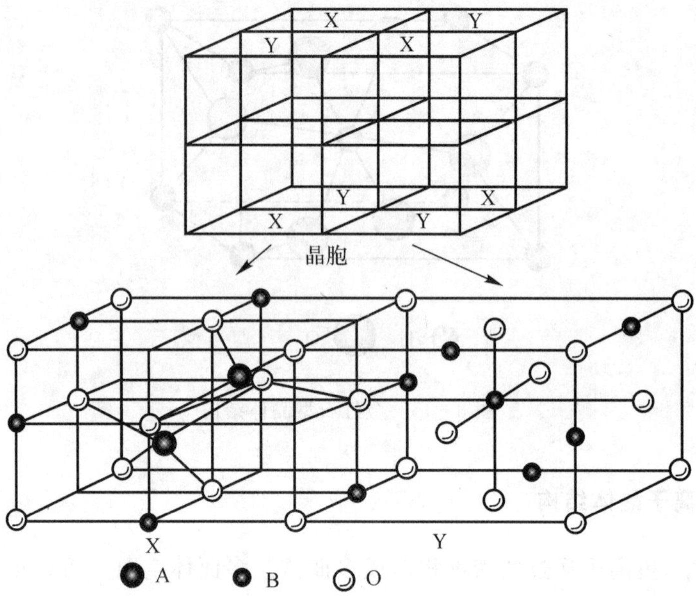

图 3-17　尖晶石型结构

3.6.4　硅酸盐结构

地壳的氧元素含量为 48%，硅元素为 26%，铝元素为 8%，铁元素为 5%，钙、钠、钾和镁共占 11%。在硅酸盐中，每个 Si 和 4 个 O 结合成[SiO_4]四面体作为硅酸盐的基本结构单元。这些四面体可以相互孤立的存在，也可以连接在一起。

(1)岛状硅酸盐。

岛状硅酸盐中，$[SiO_4]^{4-}$四面体以孤岛状存在，无氧桥，结构中 O 与 Si 的原子个数比为 4。每个 O^{2-} 一侧与一个 Si^{4+} 连接，另一侧与其他金属离子相配位使电价平衡。镁橄榄石 $Mg_2(SiO_4)$的结构如图 3-18 所示。每个$[SiO_4]^{4-}$四面体被$[MgO_6]^{10-}$八面体所隔开，呈孤岛状分布。由于 Mg-O 键和 Si-O 键都比较强，镁橄榄石表现出较高的硬度和高熔点。

(2)环状和链状硅酸盐。

每个$[SiO_4]^{4-}$四面体含有两个桥氧时，可形成环状和单链状结构的硅酸盐，此时 O 与 Si 的原子个数比为 3。单链状结构硅酸盐的代表是辉石类矿物，化学通式为 $XY[Si_2O_6]$，式中 X、Y 为正离子，通常 X 的半径比 Y 大。也可形成双链结构，如图 3-19 所示，此时的桥氧数目为 2 和 3 相互交错，O 与 Si 的原子个数比为 2.75。

(3)层状硅酸盐。

在层状硅酸盐晶体中，存在$[SiO_4]^{4-}$四面体层和$[MO_6]^{10-}$八面体层。当每个$[SiO_4]^{4-}$含有 3 个桥氧时，可形成层状硅酸盐晶体结构，O 与 Si 的原子个数比为 2.5。$[SiO_4]^{4-}$通过三个桥氧在二维平面内延伸形成硅氧四面体层，在层内$[SiO_4]^{4-}$之间形成六元环状，另外一个顶角共同朝一个方向，如图 3-20 所示。层内的三个桥氧的价键已经饱和，层外的非桥氧则需要与其他正离子连接，构成金属氧化物$[MO_6]^{10-}$八面体层。层状硅酸盐结构中各层排列方式有两种。即两层型和三层型。两层型为由一层$[SiO_4]^{4-}$和一层$[MO_6]^{10-}$组合作为层单元，然后重复堆叠的结构。如高岭石，化学式为 $Al_4[Si_4O_{10}](OH)_8$。图 3－20 中三层型是由两层 $[SiO_4]^{4-}$ 层间夹一层 $[MO_6]^{10-}$ 作为层单元，然后重复堆叠的结构，例滑石，化学式为 $Mg_3[Si_4O_{10}](OH)_2$，如图 3－21 所示。

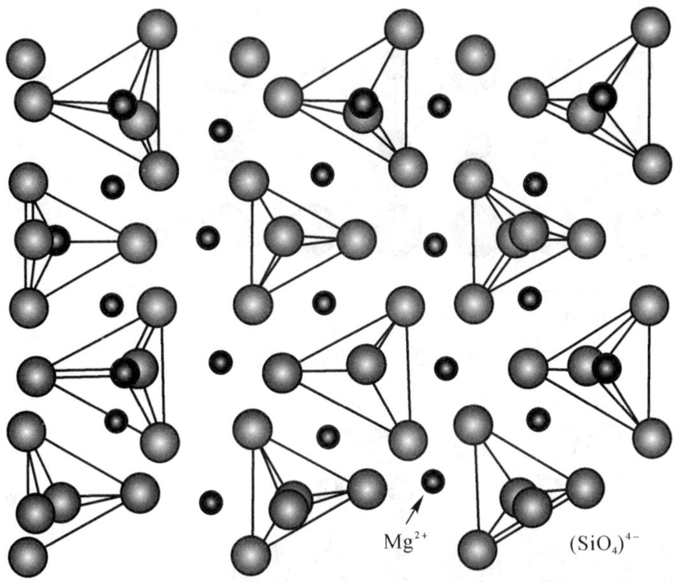

图 3－18　镁橄榄石的晶体结构

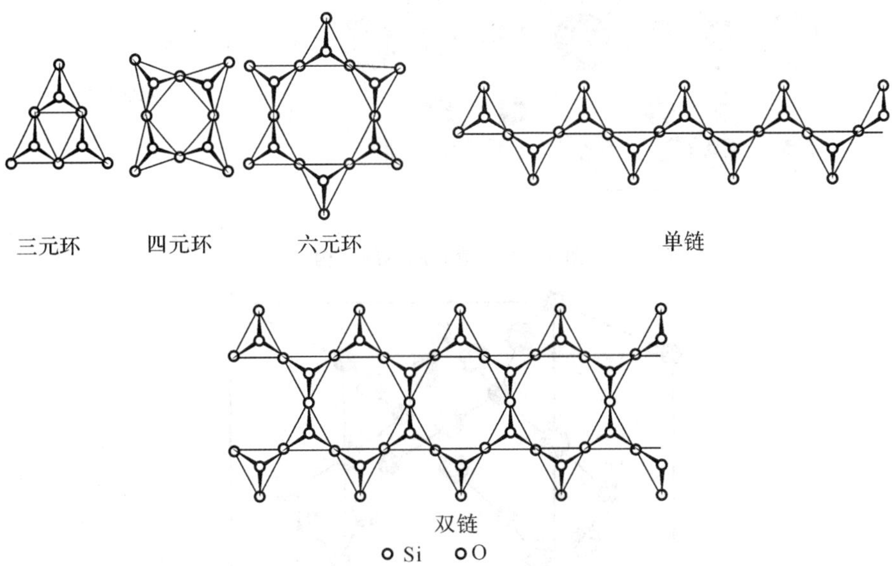

图 3－19　环状和链状硅酸盐结构示意图

(4)架状硅酸盐。

当 $[SiO_4]^{4-}$ 四面体中 4 个氧全部为桥氧时，四面体将连接成网架结构。例 α-方石英的结构示意图，如图 3－22 所示。结构中仅含氧和硅，O 与 Si 的原子个数比为 2，化学式为 SiO_2，SiO_2 中的 Si－O 键强度很高，键力分别在三维空间比较均匀，因此，SiO_2 的晶体熔点高、硬度大、化学稳定性好。

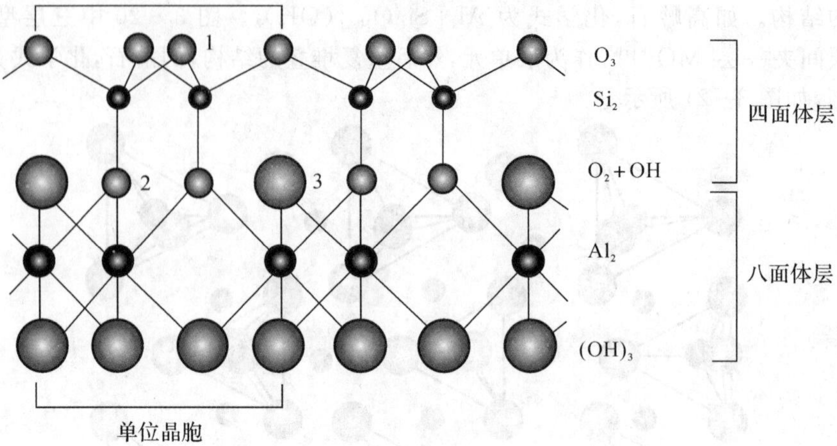

图 3-20　高岭石晶体的结构

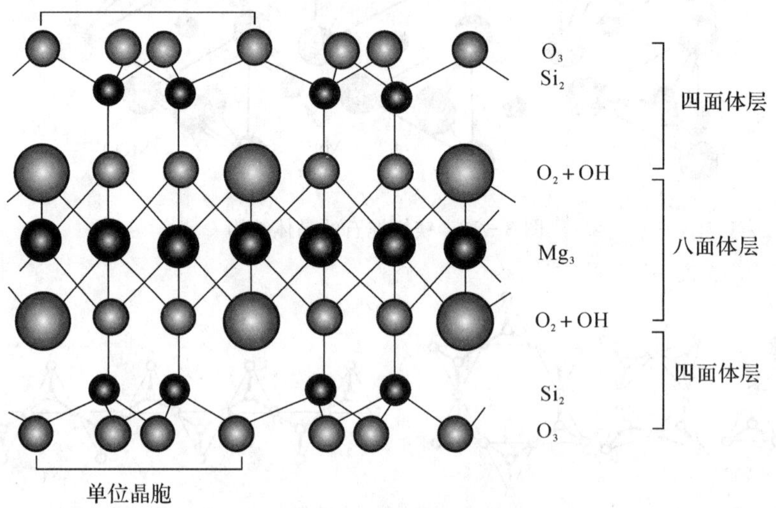

图 3-21　滑石晶体的结构

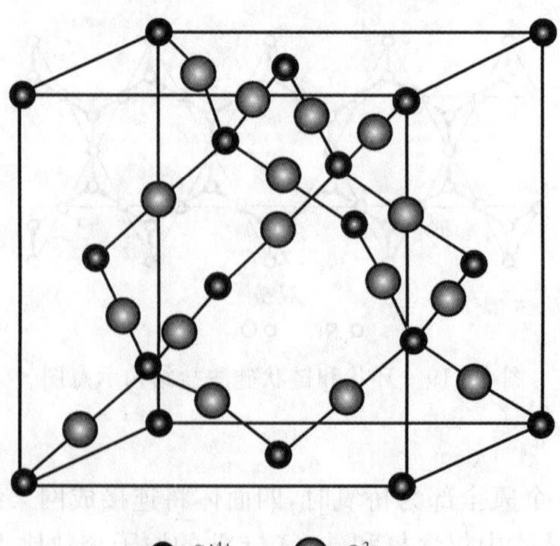

图 3-22　α-方英石晶体结构

3.6.5　共价晶体

原子间通过共价键结合成的具有空间网状结构的晶体称为共价晶体。如上面提到的石英晶体，其他如金刚石、晶体硅、碳化硅等，都属于共价晶体。

3.7　晶体缺陷

实际晶体中原子偏离理想的周期性排列的区域称作晶体缺陷。缺陷的存在只是晶体中局部规则性的破坏，在晶体中所占的总体积很小，因此，总体上，晶体的正常结构仍然保持。晶体缺陷有的是在晶体生长过程中，由于温度、压力、介质组分浓度等变化而引起的；有的则是在晶体形成后，由于质点的热运动或受应力作用而产生的。它们可以在晶格内迁移，以致消失，同时又可有新的缺陷产生。

晶体的缺陷对晶体的生长、晶体的力学性能以及电、磁、光等性能均有很大影响。在材料设计过程中，为了使材料具有某些特性，或使某些特性加强，需要人为地引入合适的缺陷。相反，有些缺陷却使材料的性能明显下降，这样的缺陷应尽量避免。由此可见，研究晶体缺陷是材料科学的一个重要内容。

晶体中的缺陷按几何维度划分可分为点缺陷、线缺陷、面缺陷和体缺陷，其延伸范围分别是零维、一维、二维和三维。

3.7.1　点缺陷

点缺陷是在晶体晶格结点上或邻近区域偏离其正常结构的一种缺陷，它在三个方向上的尺寸都很小，属于零维缺陷，只限于一个或几个晶格常数范围内。根据点缺陷对理想晶格偏离的几何位置（结点上还是空隙里）及成分，可以把点缺陷划为空位、间隙原子和杂质原子这三种类型，如图 3－23 所示。

1. 热缺陷

热缺陷的形成一方面与晶体所处的温度有关。温度越高，原子离开平衡位置的机会越大，形成的点缺陷就越多。

（1）弗仑克尔缺陷。

原子或离子离开平衡位置后，挤入晶格间隙中，形成间隙原子离子，同时在原来的位置上留下空位，由此产生的缺陷为弗仑克尔缺陷，如图 3－24 所示。

（2）肖特基缺陷。

原子或离子移动到晶体表面或晶界的格点位上，在晶体内部留下相应的空位，这种缺陷称肖特基缺陷，如图 3－25 所示。

2. 杂质缺陷

点缺陷的另一种形成原因是外来原子掺入晶体中。晶体的杂质缺陷浓度仅取决于加入到晶体中的杂质含量，而与温度无关，这是杂质的缺陷形成与热缺陷形成的重要区别。

3. 非化学计量缺陷

有一些易变价的化合物，在外界条件如所接触气体的性质和大小的影响下，很容易形成空位和间隙原子，使组成偏离化学计量，由此产生的晶体缺陷称为非化学计量缺陷。非计量缺陷的形成，关键是其中的离子能够通过自身的变价来保持电中性。

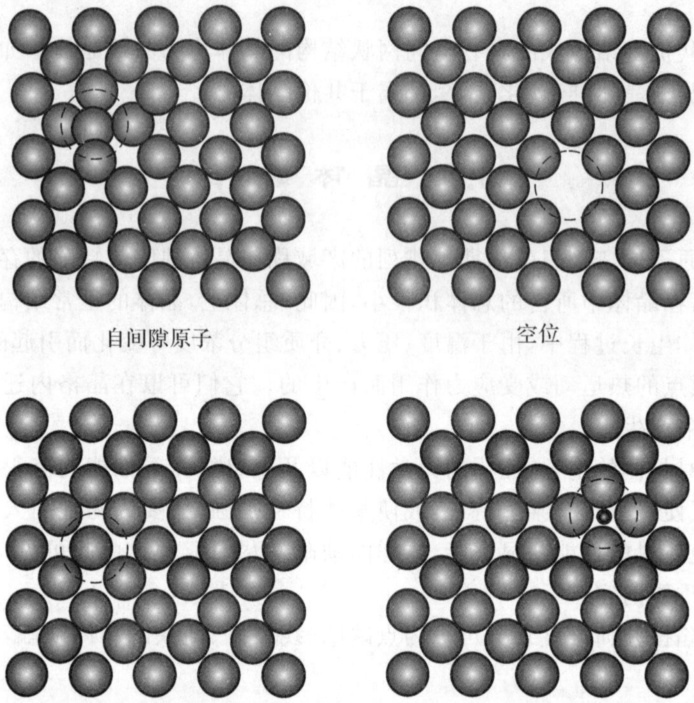

图 3-23　自间隙原子、空位、间隙式杂质原子和置换式杂质原子

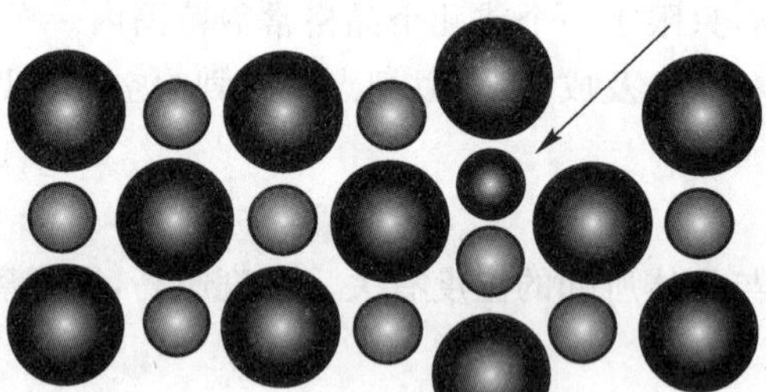

图 3-24　弗仑克尔缺陷

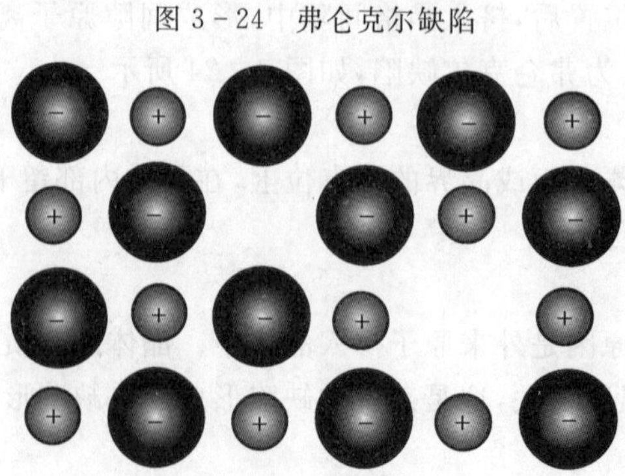

图 3-25　肖特基缺陷

4. 点缺陷的表示方法

现在通行的点缺陷的符号是由克罗格-明克设计的。在符号系统中，点缺陷由三部分组成，首先是用主符号表明缺陷的主体，如空位 V、正离子 M、负离子 X、杂质原子 L；然后用下标表示缺陷的位置，如间隙位用下标 i 表示，M 位置用下标 M 表示，X 位置用下标 X 表示，最后用上标表示缺陷的有效电荷，其中正电荷用“•”表示，负电荷用“′”，零电荷用“×”表示。

例如，二价正负离子化合物 MX，其各种缺陷如图 3-26 表示。

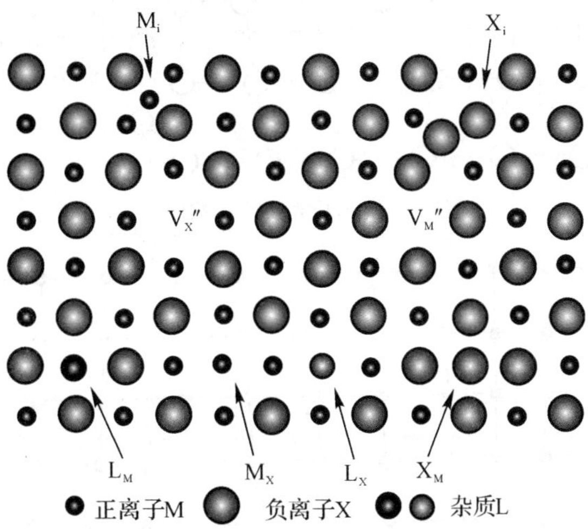

图 3-26 MX 化合物中的点缺陷

（M 为 2 价正离子，X 为 2 价负离子）

5. 点缺陷对材料性能的影响

点缺陷造成晶格畸变，对晶体材料的性能产生影响，如定向流动的电子在点缺陷处受到非平衡力，增加了阻力，加速运动提高局部温度，从而导致电阻增大；空位可作为原子运动的周转站，从而加快原子的扩散迁移，这样将影响与扩散有关的相变化、化学热处理、高温下的塑性形变和断裂等。

3.7.2 线缺陷和位错

线缺陷属于一维缺陷，在两个方向上尺寸很小，在第三方向上的尺寸却很大，甚至可以贯穿整个晶体。线缺陷的具体形式就是晶体中的位错，它是由于晶体生长的不稳定或机械应力等原因，在晶体中引起部分滑移而产生的。所谓部分滑移是指晶体的一部分发生滑移，而另一部分没有发生滑移。位错线就是晶体中已滑移区和未滑移区在滑移面上的交界线。

1. 刃型位错

理想晶格中，每个原子面都可以延伸至整个晶体。如果其中单个原子面不能延伸整个晶体，即所谓半原子面，则这个半原子面的终点位置形成线缺陷，这种缺陷就是刃型位错。半原子面在滑移面上方的称正刃型位错，记为“⊥”，相反，半原子在滑移面下方的称负刃型位错，记为“⊤”，如图 3-27 和图 3-28 所示。

2. 螺旋位错

位错线平行于滑移方向，则在该处附近原子平面扭曲为螺旋面，即位错线附近的原子是按螺旋形式排列的，这种晶体缺陷称为螺旋位错。

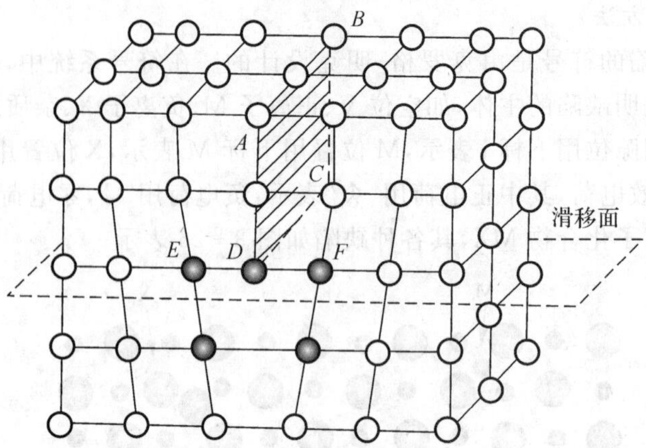

图 3-27　刃型位错示意图

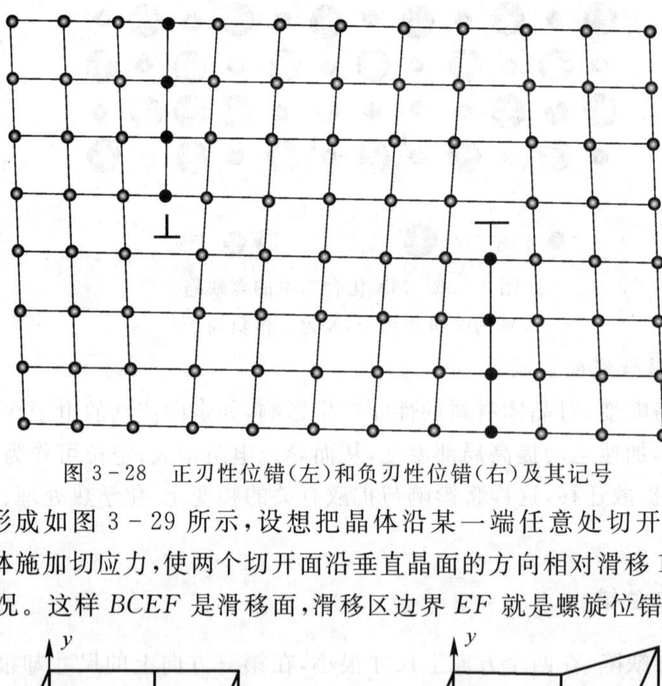

图 3-28　正刃性位错(左)和负刃性位错(右)及其记号

螺旋位错的形成如图 3-29 所示,设想把晶体沿某一端任意处切开,并对相应的平面 *BCEF* 两边的晶体施加切应力,使两个切开面沿垂直晶面的方向相对滑移 1 个晶格间距,得到图 3-29(b)的情况。这样 *BCEF* 是滑移面,滑移区边界 *EF* 就是螺旋位错。

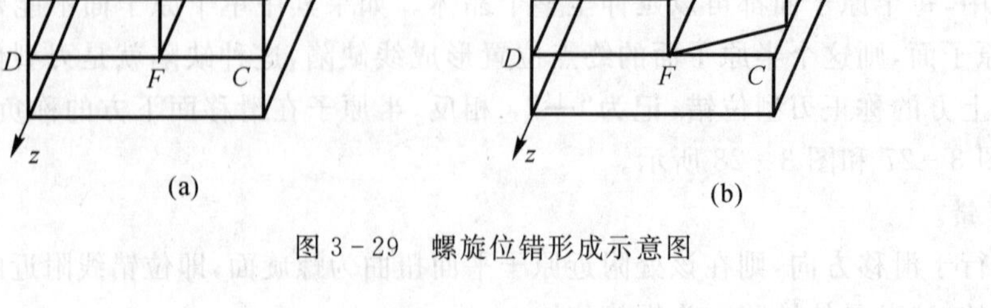

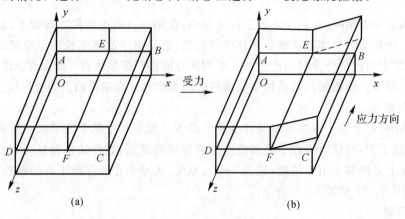

图 3-29　螺旋位错形成示意图

3. 混合位错

混合位错是刃型位错和螺旋位错的混合形式。如图 3－30 所示。

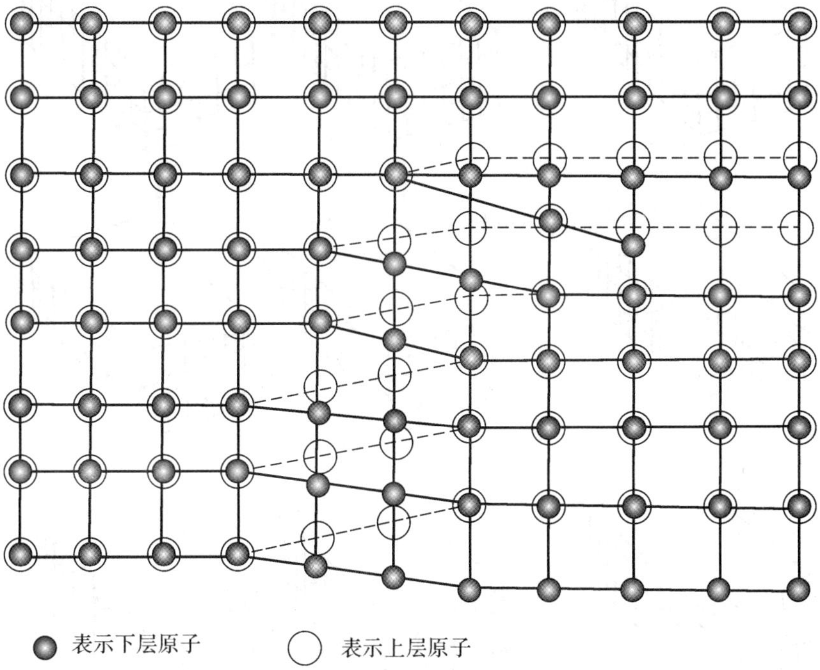

图 3－30　混合位错示意图

4. 位错的运动

位错的运动分为滑移和攀移这两种基本形式。位错的滑移是在外加切应力的作用下，通过位错中心的少数原子沿柏格斯矢量方向在滑移面上不断地作小于一个原子间距的位移而逐步实现的，在位错线滑移通过整个晶体后，将在晶体表面沿柏格斯矢量方向产生一个柏格斯矢量的滑移台阶，如图 3－31 所示。位错在晶体中产生应力和应变，因而增加了储存的弹性性能。

3.7.3　面缺陷

面缺陷属于二维缺陷，在一个方向上的尺寸很小，而其余两个方向上的尺寸很大。晶体中的晶界或表面就属于面缺陷。

3.7.4　体缺陷

体缺陷属于三维缺陷，在三个方向上的尺寸都很大。晶体中出现的空洞或夹杂在晶体中的较大尺寸杂质包裹体都属于体缺陷。

体缺陷的存在严重影响晶体性质，如造成光散射或吸收强光引起发热，从而影响晶体的强度。

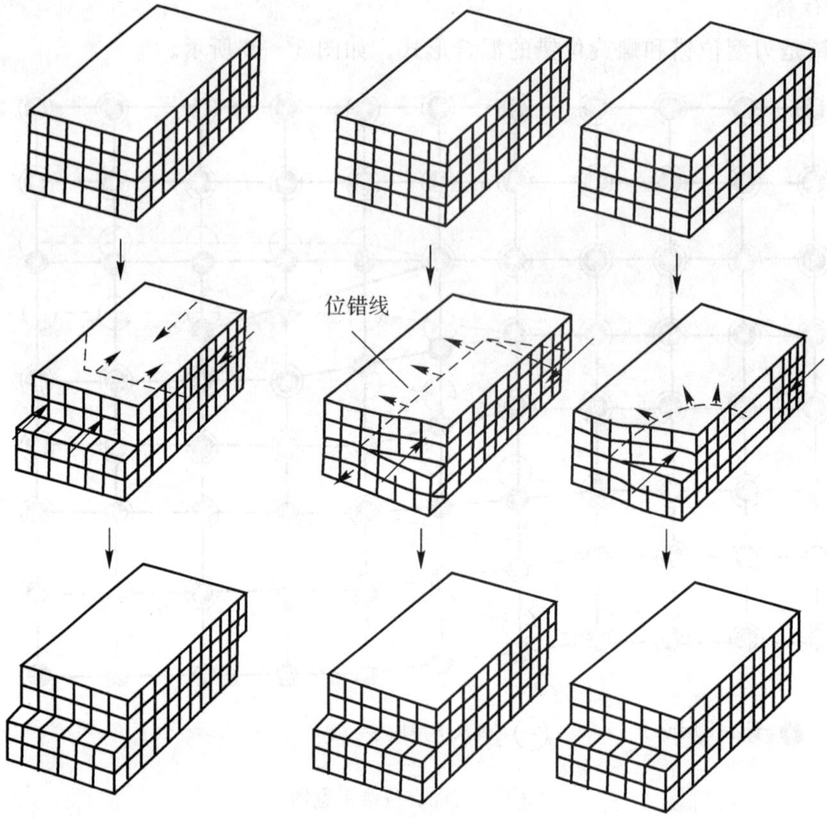

图 3-31　三种位错滑移示意图

3.8　固溶体

固溶体是指一种或多种溶质组元溶入晶态溶剂并保持溶剂的晶格类型所形成的单相晶态固体。

3.8.1　置换型固溶体

由溶质原子代替一部分溶剂原子而占据着溶剂晶格某些节点位置所组成的固溶体称为置换型固溶体。图 3-32 为 MgO 结构中镁二价离子被铁二价离子所取代而形成的置换型固溶体。

(1)原子或离子尺寸差。

当溶质原子或离子通过置换进入晶格中,如果其尺寸与溶剂原子或离子相差太远,将会影响溶剂的晶体结构。

(2)电价因数。

对于离子固溶体,由于离子价的存在,除了考虑离子尺寸的差异,还必须考虑电价因数的影响。

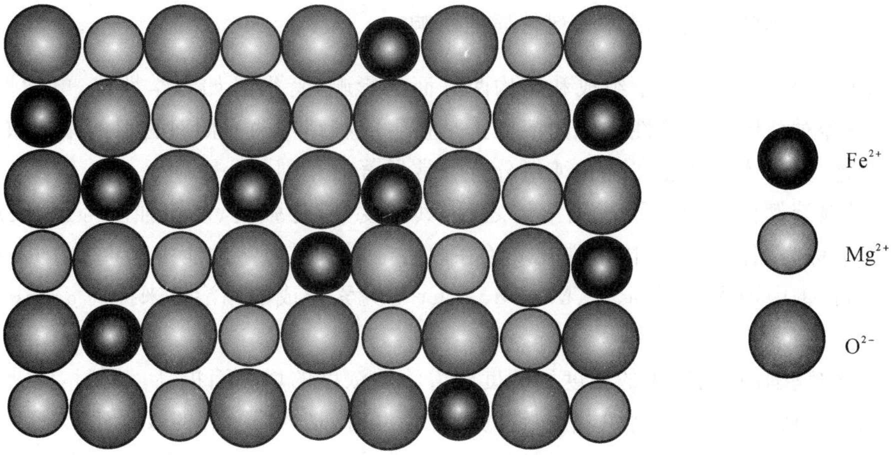

图 3－32　MgO 结构中镁二价离子被铁二价离子所取代而形成的置换型固溶体

(3)键性的影响。

化学键性质相近,即取代前后离子周围离子键性相近,容易形成连续的固溶体。

(4)晶体的结构因数。

形成连续固溶体的另一个必要条件是晶体结构类型相同。

3.8.2　填隙型固溶体

溶质的质点进入晶体中的间隙位置所形成的固溶体成为填隙型固溶体,如 3－33 所示。

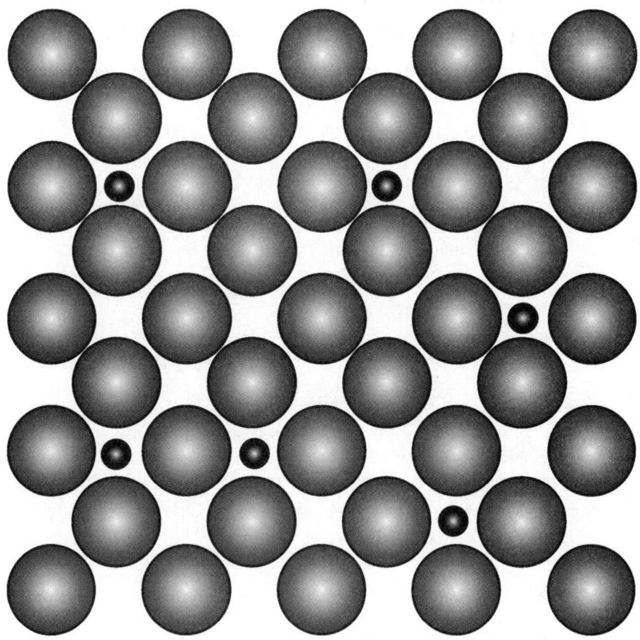

图 3－33　填隙型固溶体示意图

3.8.3 固溶体的形成对晶体材料性质的影响

晶体材料的性能受其化学组成和结构两方面的影响，特别是如力学性能、电学性能、光学性能及扩散等对结构敏感的性质。固溶体正是在组成和结构两方面对材料的结构敏感性质起作用的，因此，固溶体的性能往往和纯组分有非常显著的差别。

晶体材料溶解溶质质点形成固溶体之后，其强度（拉伸强度、屈服强度等）和硬度将会提高，这种现象称为固溶强化。固溶强化现象在改善金属材料力学性能中起重要作用，很多合金钢就是采用在钢中加入 Mn、Si、W、Mo、Ni、V、Cr 等元素形成的固溶体来提高 $\alpha-Fe$ 的机械强度的。

在一定的范围内，固溶体的强度和硬度随着溶质浓度的增加而提高。同时，固溶强化的效果与加入的溶质特性有关。例如，增加铁的拉伸强度时，加入 Si、Ni 的效果比 Cr、V 更明显。

此外，固溶体的类型、结构特点、固溶度、组元原子半径差等一系列因数都对固溶强化产生影响。例如，填隙型溶质原子的强化效果一般要比置换型溶质原子更显著。

除了金属体系，固溶体的形成对无机非金属材料的性能也有影响。陶瓷在较高的温度下往往会发生晶型转变，伴随着体积的变化，导致结构受损（如开裂）而形成固溶体，则可以阻止某些晶型的转变。例如氧化锆的熔点达 2 680℃，可用作耐火材料，但单纯的 ZrO_2 晶体在 1 200℃会发生晶型转变，从单斜晶系转变成四方晶系，伴随着很大的体积收缩，这对材料的高温应用很不利。ZrO_2 中加入 CaO 形成固溶体后，可抑制晶型的转变，体积效应减少，使 ZrO_2 成为一种很好的高温结构材料。

固溶体的形成可导致晶格一定程度的畸变，使其处于高能量状态，有利于进行化学反应。这一特点可以在固相反应中加以利用。固溶体中产生的空位缺陷则有利于质点在晶体中的扩散，降低烧结温度。例如，Al_2O_3 熔点高达 2 050℃，不利于烧结，若加入 TiO_2 形成固溶体，Ti^{4+} 置换 Al^{3+} 后带正电，为平衡电价，产生了正离子空位，从而加快了扩散，可使烧结温度下降到 1 600℃。

第4章　材料的热力学

材料热力学是材料科学的重要基础之一。材料热力学涉及材料制备和材料加工的整个过程，材料的最终性能(包括力学性能和物理化学性能)都与材料的热力学过程密切相关。其内容包括热力学基本定律、统计热力学基础、熔体及模型、反应热力学。

4.1　热力学第一定律

4.1.1　基本概念及术语

1. 系统和环境

1)系统(体系):系统即热力学划定的研究对象。它包括隔离系统(系统和环境既没有能量的交换，又没有物质的交换)、封闭系统(系统和环境只有能量的交换，没有物质的交换)、敞开系统(系统和环境既有能量的交换，又有物质的交换)。

2)环境:指与系统有直接联系的部分。

2. 状态、状态函数和状态方程

1)状态:指系统所有性质的描述，是系统一切宏观性质的综合表现。

2)状态函数:是状态所特有的，描述系统状态的宏观物理量，也称为状态性质或状态变量。状态性质分为广延性质和强度性质。广延性质指与系统物质的量成正比的状态性质;强度性质指与系统物质的量无关的状态性质。

3)状态方程:描述系统状态宏观性质之间的定量关系式。

3. 热力学平衡态

在指定的外界条件下，无论系统与环境是否完全隔离，系统各个状态的性质均不随时间发生变化，则称为系统处于热力学平衡态(简称平衡态)。热力学平衡须同时满足热平衡($\Delta T=0$)、力平衡($\Delta p=0$)、相平衡($\Delta\mu=0$)和化学平衡($\Delta G=0$)四个条件。严格地说，在经典热力学中描述的系统均指平衡态。

4. 过程与途径

1)过程:系统状态所发生的任何变化均称为过程。

2)途径:完成一个过程所经历的具体步骤称为途径。

5. 可逆过程和不可逆过程

1)可逆过程:某过程进行之后，系统恢复原状的同时，环境也恢复原状而未留下任何痕迹，称为热力学可逆过程;反之称为不可逆过程。

2)准静态过程:整个过程可以看成是由一系列极接近于平衡的状态所构成的,这种过程称为准静态过程。当一个过程速度趋于零时其过程趋于准静态过程。

6. 热和功

1)热(Q):系统与环境间因温度差而交换的能量称为热。热为非状态函数,规定吸热为正,放热为负,绝热为零。

2)功(W):功是在系统发生变化的过程中与环境交换能量的另一种形式。功为非状态函数,分为体积功和非体积功。规定系统对环境做功,功为负;环境对系统做功,功为正。

7. 内能(U)

系统内部质点各种形式能量的总和称为内能。内能=分子动能+分子间相互作用的位能+分子内部能量。内能是状态函数(广延性质)。

4.1.2 热力学第一定律

1. 热力学第一定律

第一永动机不可能实现,否则违反能量守恒定律。

2. 热力学第一定律数学表达式

$$\Delta U = Q + W$$

式中,Q 和 W 为非状态函数(途径函数),与途径有关;U 是状态函数,ΔU 与途径无关。

3. 焦耳实验

实验条件下的空气可视为理想气体。

1)实验操作:焦耳实验装置如图 4-1 所示,打开旋塞直至平衡。

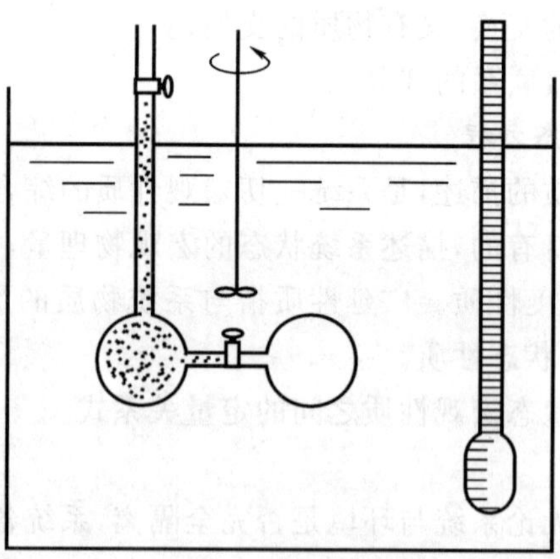

图 4-1 焦耳实验装置示意图

2)实验结果:

$$W = 0 \quad (\text{因为 } p = 0)$$
$$Q = 0 \quad (\text{因为 } \Delta T = 0)$$
$$\Delta U = Q + W = 0$$

3)推论:

由
$$dU = \left(\frac{\partial U}{\partial T}\right)_V dT + \left(\frac{\partial U}{\partial V}\right)_T dV$$

因为　　$dT=0 \quad dU=0 \quad dV\neq 0$

故

$$\left(\frac{\partial U}{\partial V}\right)_T=0$$

同理

$$\left(\frac{\partial U}{\partial p}\right)_T=0$$

即理想气体内能仅仅是温度的函数，$U=f(T)$。

4.1.3　恒容热、恒压热及焓

1. 恒容热(Q_V)

恒容热是系统进行一个恒容而无非体积功的过程中与环境交换的热，即

$$Q_V=\Delta U \qquad (\text{封闭系统}, W_{\text{非}}=0, \Delta V=0)$$

2. 恒压热(Q_p)

恒压热是系统进行一个恒压而无非体积功的过程中与环境交换的热，即

$$Q_p=\Delta H \qquad (\text{封闭系统}, W_{\text{非}}=0, \Delta p=0)$$

3. 焓(H)

定义：　　$H=U+pV$　　(H 是状态函数)

对于理想气体来说：

$$\begin{cases}\left(\dfrac{\partial H}{\partial V}\right)_T=0\\[2ex]\left(\dfrac{\partial H}{\partial p}\right)_T=0\end{cases}$$

4.1.4　热容

1. 定义

热容是指一定量的物质温度升高 1 K 时所需要的显热。

2. 摩尔定容热容($C_{V,\text{m}}$, $\text{J}\cdot\text{K}^{-1}\cdot\text{mol}^{-1}$)

1 mol 的物质在恒容且非体积功为零的条件下，温度升高 1 K 时所需的显热。

$$C_{V,\text{m}}=\left(\frac{\partial U}{\partial T}\right)_V$$

3. 摩尔定压热容($C_{p,\text{m}}$, $\text{J}\cdot\text{K}^{-1}\cdot\text{mol}^{-1}$)

1 mol 的物质在恒压且非体积功为零的条件下，温度升高 1 K 时所需的显热。

$$C_{p,\text{m}}=\left(\frac{\partial H}{\partial T}\right)_p$$

4. $C_{p,\text{m}}$ 与 $C_{V,\text{m}}$ 的关系

$$C_{p,\text{m}}-C_{V,\text{m}}=\left[\left(\frac{\partial U_m}{\partial V}\right)_T+p\right]\left(\frac{\partial V_\text{m}}{\partial T}\right)_p=T\left(\frac{\partial S_\text{m}}{\partial V}\right)_T\left(\frac{\partial V_\text{m}}{\partial T}\right)_p=T\left(\frac{\partial p}{\partial T}\right)_V\left(\frac{\partial V_\text{m}}{\partial T}\right)_p$$

因

$$\left(\frac{\partial p}{\partial T}\right)_V=-\left(\frac{\partial p}{\partial V}\right)_T\left(\frac{\partial V}{\partial T}\right)_p,$$

故

$$C_p-C_V=-T\left[\left(\frac{\partial V}{\partial T}\right)_p\right]^2\left(\frac{\partial p}{\partial V}\right)_T$$

设体膨胀系数为 $\alpha=1/V\left(\frac{\partial V}{\partial T}\right)_p$，体压缩系数为 $\beta=-1/V\left(\frac{\partial V}{\partial p}\right)_T$，则 $C_p-C_V=\frac{VT\alpha^2}{\beta}$

如果系统为理想气体，则有

$$C_{p,\mathrm{m}}-C_{V,\mathrm{m}}=R \quad (\text{气体常数})$$

如果系统为凝聚物质，则有

$$C_{p,\mathrm{m}}-C_{V,\mathrm{m}}\approx 0$$

5. 热容与温度的关系

$$C_{p,\mathrm{m}}=a+bT+cT^2+dT^3$$
$$C_{p,\mathrm{m}}=a+bT+c'T^{-2}$$

以上为常用的经验方程，a、b、c、d 等经验常数是物质的特性常数，可以从物理化学数据表中查到。

4.2 热力学第二定律

4.2.1 自发过程

1. 自发过程的定义

自发过程就是指在指定条件下不消耗外力，而仅由系统的内在性质决定的一类热力学过程。此过程是可以自动进行的。

2. 自发过程的共同特征

一切自发过程都是不可逆的，而且它们的不可逆性均归结为热功转换的不可逆性，即功可以自发地全部转化成热，而热不可能全部转化成功而不引起其他任何变化。

4.2.2 热力学第二定律表述

1. 定义

不可能从单一热源取出热并使之完全转化成功而不产生其他任何变化。

2. 数学表达式—— Clausius 不等式

$$\mathrm{d}S\geqslant\sum\frac{\delta Q_i}{T_i}\qquad\begin{cases}>\text{不可逆}\\=\text{可逆}\end{cases}\qquad \text{Clausius 不等式}$$

式中，S 为熵；Q_i 为热；T_i 为温度。

4.2.3 熵

1. 熵的概念(S)

$$\Delta S=\int_A^B\left(\frac{\delta Q_\mathrm{R}}{\mathrm{d}T}\right)$$

式中，A 为始态；B 为终态；Q_R 为可逆热。即熵变等于可逆过程的热温熵。

2. 熵增原理

隔离物系中自发过程向着熵增大的方向进行，当达到平衡时熵值达到最大。

$$\Delta S_{\text{隔}} \geqslant 0 \qquad \begin{cases} > \text{不可逆} \\ = \text{可逆} \end{cases}$$

$$\Delta S_{\text{隔}} = \Delta S_{\text{系}} + \Delta S_{\text{环}}$$

式中，下标“隔”指隔离体系；下标“系”指系统；下标“环”指环境。

3. 熵的物理意义

(1)熵是状态函数。在任何微分可逆的过程中，其变化值等于系统吸收或放出的热量和绝对温度之比，即 $dS=\frac{\delta Q_R}{T}$。

(2)熵是混乱度的量度。系统混乱度愈高，熵值愈大。

4.2.4　熵的统计概念

1. 微观态概念

要得到熵和混乱度之间的定量关系，需要以统计的观点来考虑。统计力学假设体系的平衡态只是各种可能微观态中的最可几态。量子力学限制粒子处于一定被允许的能级上，使它的能量量子化；这些能量级被“能量禁带”所分开，固态粒子只围绕阵点进行运动，其运动受周围结点上粒子结点的约束，因此，在固体中有效能级之间的距离较大。

假设一个简单的晶体，它由三个彼此不可区分的相同粒子所组成，粒子分别位于三个可区分的晶体节点 A、B、C 上，其中设基态能级的能量为零 $\varepsilon_0=0$，第一能级的能量 $\varepsilon_1=u$，第二能级的能量 $\varepsilon_2=2u$，第三能级的能量 $\varepsilon_3=3u$，晶体的总能量 U 设为 $3u$。粒子在能级上的可能分布态有三种，如图 4-2 所示。三种分布态可能的排列共 10 种，如图 4-3 所示。

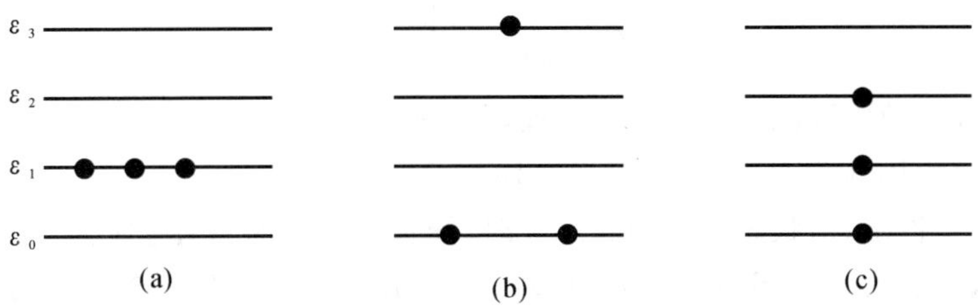

图 4-2　三个相同粒子在不同能级上的可能的分布态

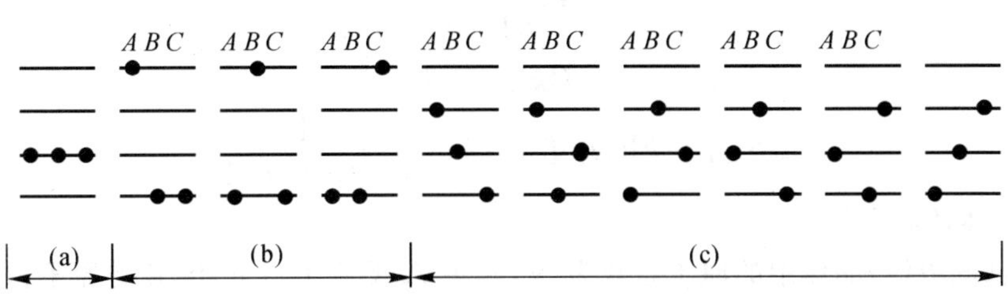

图 4-3　三个相同粒子在不同能级、不同节点上可能的排列

2. 最可几微态数

当晶体由 n 个粒子所组成，其中 n_0 个粒子处于 ε_0 能量级，n_1 个粒子处于 ε_1 能量级，n_2 个粒子处于 ε_2 能量级，…，n_r 个粒子处于最高能量 ε_r，则一种分布可能的排列为

$$\Omega=\frac{n!}{n_0!\ n_1!\ n_2!\dots n_r!}=\frac{n!}{\prod\limits_{i=0}^{i=r}n_i!}$$

由图 4－2 可计算获得各能级的分布排列分别为

$$\Omega_a=\frac{3!}{3!}=1$$

$$\Omega_b=\frac{3!}{2!\ 1!}=3$$

$$\Omega_c=\frac{3!}{1!\ 1!\ 1!}=6$$

由此可见，c 分布排列数最大为 6，是最概然分布。

熵与微观组态数 Ω 之间的关系为

$$S=k\ln\Omega$$

式中，k 为玻耳兹曼常数。

在一定的 U、V 和 n 时，体系的混乱度越大，熵值越大。当呈最可几状态，则熵值也达最大，即体系的平衡态。

3. 配置熵

当不计混合热（溶解热）时，这部分熵值的增加是由于不同原子的互相配置（混合）出现不同组态而引起的，称为配置熵、组态熵或混合熵。不同原子互相混合时，使体系的熵值增加，一直到体系不存在浓度梯度，即熵值达到最大时，达到平衡态。设由 N 个原子所组成的二元体系，含 n 个 A 原子，含 $(N-n)$ 个 B 原子，则总的可能排列组态数 Ω 为

$$\Omega=\frac{N!}{n!\ (N-n)!}$$

当 A 原子和 B 原子接触后，其混合过程可写成：

状态 1： A＋B（未混合）→状态 2：A＋B（混合）

当 U、V 和 n 恒定，由状态 1 变为状态 2 时，配置数的增加 $\Delta S_{配置}$ 应为

$$\Delta S_{配置}=S_{配置(2)}-S_{配置(1)}=k\ln\Omega_{配置(2)}-k\ln\Omega_{配置(1)}=k\ln[\Omega_{配置(2)}/\Omega_{配置(1)}]$$

在本例中，A 和 B 混合后

$$\Omega_{配置(2)}=\frac{N!}{n!\ (N-n)!}$$

$$\Omega_{配置(1)}=1$$

$$\Delta S_{配置}=k\ln\Omega_{配置(2)}=k\ln\frac{N!}{n!\ (N-n)!}$$

4. 固溶体的混合熵

设合金（固溶体）晶体中的原子总数为 N，其中 A 类原子占 n 个，B 类原子占 $(N-n)$ 个，则组成合金（固溶体）的混合熵 ΔS 为

$$\Delta S=k\ln\Omega=k\ln\frac{N!}{n!\ (N-n)!}$$

设 $x=\dfrac{n}{N}$，$(1-x)=\dfrac{N-n}{N}$，由 Stirling 公式，有

$$\Delta S=k[\ln N!\ -\ln n!\ -\ln(N-n)!\ ]=$$

$$k[N\ln N - n\ln n - (N-n)\ln(N-n)] =$$
$$-Nk[x\ln x + (1-x)\ln(1-x)]$$

对 1 mol 固溶体晶体

$$\Delta S = -R[x\ln x + (1-x)\ln(1-x)] \quad (4-1)$$

将(4-1)式作 ΔS 和 x 的关系图，如图 4-4 所示。在 $x=0$ 和 $x=1$ 附近，曲线的斜率特别的大，这说明在纯组元中加入极少量的合金元素将使固溶体的配置熵极大地增加，因此要获得高纯度的金属是很困难的，这就是“金无足赤”的理论依据。当 $x=0.5$ 时，ΔS 最大。

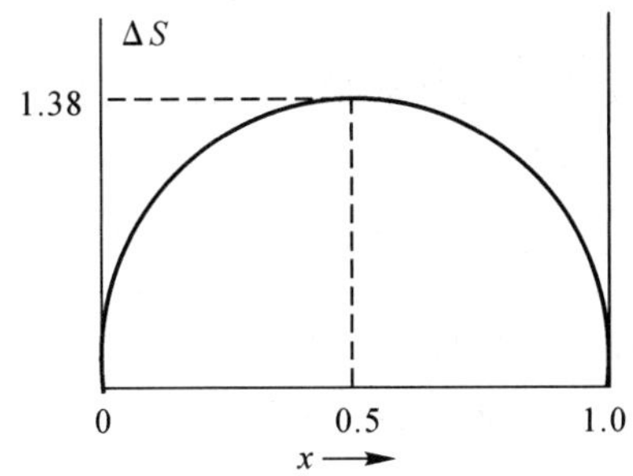

图 4-4　理想固溶体的配置熵

5. 振动熵和磁性熵

振动熵：晶体内每个原子以一定的节点为中心进行振动。当原子的位置改变时就会引起振动的混乱度增大。

按统计力学，谐振子以不同的概率在不同能级上分布。振动熵即为谐阵子放置在不同能级上所出现途径数的结果，在 0 K 时，阵子在基能级，仅一种途径，其振动熵为零。在较高温度时，振动熵决定于振子振动频率 υ 的改变。

对 1 g 原子晶体，具有 $3N$ 个振动粒子，其摩尔振动熵 $\Delta S_{V,\mathrm{m}}$ 可表述为

$$\Delta S_{V,\mathrm{m}} = 3R(\ln\frac{kT}{h\upsilon} + 1)$$

式中，R 为摩尔气体常数；k 为玻耳兹曼常数；h 为普朗克常量；υ 为振动频率。

假如振动频率由 υ 变到 υ^1 时，

$$\Delta S_{V,\mathrm{m}} = 3R\,\frac{\upsilon}{\upsilon^1}$$

磁性熵：由自旋电子引起的混乱度或熵。铁磁性材料在低于 Curie 温度，反铁磁材料在低于 Neel 温度时需考虑磁性熵。在熔点时磁熵接近于理论值 $R\ln(2\beta'+1)$，其中，β' 为以 Bohr 磁子数表示的平均磁矩。

4.3　热力学第三定律

4.3.1　热力学第三定律的定义

在绝对零度时所有纯物质的完美晶体的熵值为零。

完美晶体：指晶体内部无任何缺陷，质点形成完全有规律的点阵结构。

完美晶体的影响因素：

1)分子的取向。

2)原子中同位素的比例。

3)原子核自旋方向。

4.3.2 物质的规定熵 S_T 及标准熵 $S_T^\ominus$

1)规定熵 S_T(第三定律熵)：以第三定律规定的 $S_0=0$ 为基础求得 1 mol 任何纯物质在温度 T 下的熵值 S_T。

2)标准熵 $S_T^\ominus$：温度处于温度 T 时的标准状态下的规定熵称为温度 T 下的标准熵。

3)标准熵的计算：

$$S_T^\ominus=(\alpha T^3)_{0-T^*}+\int_{T^*}^{T_{\mathrm{fus}}}\frac{C_p(s)}{T}\mathrm{d}T+\frac{L_{\mathrm{fus}}}{T_{\mathrm{fus}}}+\int_{T_{\mathrm{fus}}}^{T_{\mathrm{b}}}\frac{C_p(l)}{T}\mathrm{d}T+\frac{L_{\mathrm{vap}}}{T_{\mathrm{vap}}}+\int_{T_b}^{T}\frac{C_p(g)}{T}\mathrm{d}T$$

式中，$T^*\leqslant 15K$；α 为各物质的特性常数；T_{fus} 为熔化温度；T_{vap} 为气化温度；L_{fus} 为熔化热，$\mathrm{J\cdot K^{-1}}$；L_{vap} 为气化热，$\mathrm{J\cdot K^{-1}}$；g 为气体；l 为液体；s 为固体。

4.3.3 熵差的计算

1. 单纯 p、V、T 变化

始终态之间没有任何相变及化学变化，非体积功 $W'=0$，可逆。

$$\Delta S=\int_1^2\frac{\delta Q_{\mathrm{R}}}{T}\quad 或\quad \Delta S=\int_1^2\frac{\mathrm{d}U+p\,\mathrm{d}V}{T}$$

考虑过程的具体途径：

(1)理想气体系统。

$$\Delta S=nC_{V,\mathrm{m}}\ln\frac{T_2}{T_1}+nR\ln\frac{V_2}{V_1}=$$

$$nC_{p,\mathrm{m}}\ln\frac{T_2}{T_1}-nR\ln\frac{p_2}{p_1}=$$

$$nC_{p,\mathrm{m}}\ln\frac{V_2}{V_1}+nC_{V,\mathrm{m}}\ln\frac{p_2}{p_1}$$

式中，T_1 为始态温度；T_2 为终态温度；p_1 为始态压力；p_2 为终态压力；V_1 为始态体积；V_2 为终态体积。

(2)凝聚相系统(包括气体)。

$$\Delta S=\int_1^2\frac{\delta Q_{\mathrm{R}}}{T}$$

讨论：

1)恒容：
$$\Delta S=\int_1^2\frac{nC_{V,\mathrm{m}}\mathrm{d}T}{T}$$

2)恒压：
$$\Delta S=\int_1^2\frac{nC_p\mathrm{d}T}{T}$$

3)恒温：
$$\Delta S=\frac{Q_{\mathrm{R}}}{T}$$

2. 相变化

1)可逆相变：
$$\Delta S=\left(\frac{\Delta H}{T}\right)_{相}$$
式中，$\Delta H=n\Delta H_{m}$为相变潜热；T 为相变温度。

2)不可逆相变：分段设计相应的可逆过程计算。

3. 环境熵差及隔离系统熵差的计算
$$\Delta S_{环}=\int_{1}^{2}\left(\frac{\delta Q_{R}}{T}\right)_{环}=\frac{Q}{T}=-\frac{Q_{系}}{T}$$
$$\Delta S_{隔}=\Delta S_{系}+\Delta S_{环}$$
式中，下标“系”指的是系统；下标“环”指的是环境；下标“隔”指的是隔离系统。

4. 化学反应的标准反应熵变 $\Delta_{r}S_{m}^{\ominus}(T)$

1)定义：化学反应的标准反应熵指在恒定温度 T 且各组分处于标准态下，某反应 $a\mathrm{A}(\alpha)+b\mathrm{B}(\beta)\rightarrow l\mathrm{L}(\gamma)+m\mathrm{M}(\delta)$的熵差即温度为 T 时该反应的标准反应熵。
式中，A、B 为反应物；L、M 为产物；a、b、l、m 为反应的计量系数；α、β、γ、δ 为反应物和产物的相态。

2)计算：
$$\Delta_{r}S_{m}^{\ominus}=[lS_{L}^{\ominus}(\gamma)+mS_{M}^{\ominus}(\delta)]-[aS_{A}^{\ominus}(\alpha)+bS_{B}^{\ominus}(\beta)]$$

4.4 Helmholtz 函数和 Gibbs 函数

4.4.1 定义

$$F=U-TS$$
$$G=H-TS=F+pV=U+pV-TS$$
式中，F 为 Helmholtz 函数；G 为 Gibbs 函数；U 为内能；S 为熵；T 为温度；p 为压力；V 为体积。

4.4.2 Helmholtz 判据

$$\Delta_{T,V}F\leqslant 0\quad (T、V\ 恒定，W'=0)$$

4.4.3 Gibbs 判据

$$\Delta_{T,p}G\leqslant 0\quad (T、p\ 恒定，W'=0)$$

4.4.4 ΔF 及 ΔG 的其他重要性质

(1)恒温下，$\Delta_{T}F$ 和可逆功的值等价
$$\Delta_{T}F=W_{R}$$
(2)恒温、恒容下，$\Delta_{T,V}F$ 和可逆的非体积功的值等价
$$\Delta_{T,V}F=W_{R}'$$

(3)恒温、恒压下，$\Delta_{T,p}G$ 和可逆的非体积功的值等价。

$$\Delta_{T,p}G = W'_R$$

式中，W_R 和 W'_R 分别为可逆功和可逆非体积功。

4.4.5 ΔG 和温度的关系

$$\Delta_r G(T) = \Delta H_0 - IRT - \Delta a T \ln T - \frac{1}{2}\Delta b T^2 - \frac{1}{6}\Delta c T^3$$

式中，ΔH_0、I 分别为积分常数；a、b、c 分别为经验常数。

由 $\left(\frac{\partial G}{\partial T}\right)_p = -S$ 可见自由能因温度而改变的斜率即为熵的负值，而熵恒为正值，因此随温度的升高，体系的自由能下降。

又因 $\left(\frac{\partial^2 G}{\partial T^2}\right)_p = -\left(\frac{\partial S}{\partial T}\right)_p$，而且恒压下，$\left(\frac{\partial S}{\partial T}\right) = \frac{C_p}{T}$ 故

$$\left(\frac{\partial^2 G}{\partial T^2}\right)_p = -\left(\frac{\partial S}{\partial T}\right)_p = -\frac{C_p}{T} < 0$$

因此，自由能温度曲线不但斜率呈负值，而且曲线呈下凹。在熔点 T_m 时，$\Delta G = 0$，液相和固相成平衡；当 $T < T_m$ 时，$G_L > G_S$；当 $T > T_m$ 时，$G_L < G_S$，如图 4-5 所示。

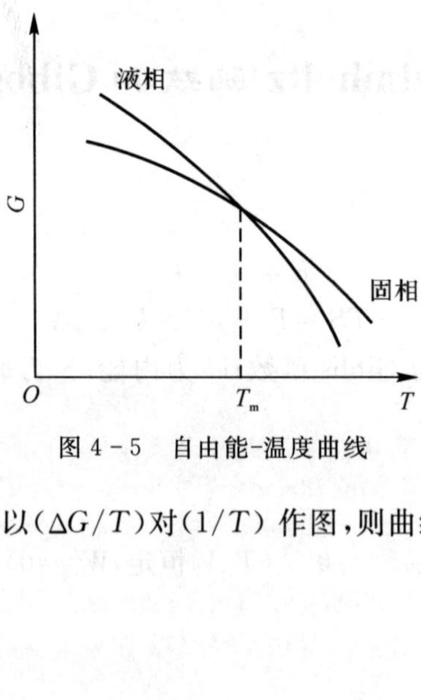

图 4-5 自由能-温度曲线

由 $\left[\frac{\partial(\Delta G/T)}{\partial(1/T)}\right]_p = \Delta H$，当以 $(\Delta G/T)$ 对 $(1/T)$ 作图，则曲线的斜率即为 ΔH。

4.4.6 ΔF 及 ΔG 的计算

1. ΔF 的计算

$$\Delta F = F_2 - F_1 = \Delta(U - TS) = \Delta U - \Delta(TS) = \Delta U - (T_2 S_2 - T_1 S_1)$$

$$\Delta F = \int_{T_1}^{T_2} - S\mathrm{d}T - \int_{V_1}^{V_2} p\,\mathrm{d}V$$

$$\Delta_T F = W_R$$

$$\Delta_{T,V} F = W'_R$$

2. ΔG 的计算

$$\Delta G = G_2 - G_1 = \Delta(H - TS) = \Delta H - \Delta(TS) = \Delta H - (T_2 S_2 - T_1 S_1)$$

$$\Delta G = \int_{T_1}^{T_2} -S\mathrm{d}T + \int_{V_1}^{V_2} V\mathrm{d}p$$

$$\Delta_{T,p} G = W'_{\mathrm{R}}$$

考虑系统的具体过程：理想气体，单纯的 p、V、T 变化，ΔF 及 ΔG 的计算如下：

(1)恒温过程：

$$\Delta F = -\int_{V_1}^{V_2} p\mathrm{d}V = -nRT\ln\frac{V_2}{V_1}$$

$$\Delta G = \int_{p_1}^{p_2} V\mathrm{d}p = nRT\ln\frac{p_2}{p_1}$$

(2)绝热可逆过程：

$$\Delta F = \Delta U - S\Delta T$$

$$\Delta G = \Delta H - S\Delta T$$

4.5　界面自由能

4.5.1　蒸气压与自由能

由热力学基本公式 $\mathrm{d}G = -S\mathrm{d}T + V\mathrm{d}p$，在恒温条件下，$\mathrm{d}T = 0$，$\Delta G = nRT\ln\dfrac{p_2}{p_1}$。

4.5.2　表面能

定义为产生单位表面面积 $\mathrm{d}A$ Gibbs 能的变化。

$$\sigma = \left(\frac{\partial G}{\partial A}\right)_{T,p} = \frac{F}{2L}$$

4.5.3　内界面自由能

例如，单相固体金属或合金中的内界面主要为晶界、亚晶界和孪晶界。

1. 多晶体的晶粒长大

对多晶体，如不考虑晶粒取向对界面张力的影响时，根据下式考虑问题：

$$\mathrm{d}G = \sigma\mathrm{d}A$$

式中，σ 为表面张力。

对于多晶体，为了减低晶界能，必须减少晶界的面积。因此在热力学上，晶粒长大是自发的不可逆过程，它使 $\mathrm{d}G<0$。在适当高的温度下，晶界原子具有足够高的活动能力使晶界迁动时，将逐渐吞并邻近晶粒而长大。以晶界面积减少而论，单晶体是最稳定的。

晶粒长大时晶界迁动的驱动为面积自由能的降低 $\mathrm{d}G=\sigma\mathrm{d}A$，设晶粒的直径为 D，由于 $\mathrm{d}A\propto 1/(\mathrm{d}D)$所以

$$\mathrm{d}G = \frac{k''\sigma}{\mathrm{d}D}$$

晶界迁动的速率 r 应与驱动力成正比，故有

$$r=\frac{\mathrm{d}D}{\mathrm{d}t}=M\left(\frac{\sigma k''}{D}\right)^{n}$$

其中，M、k''和 n 均为常数，视不同金属材料而异。当晶粒长大的过程中 σ 保持不变，则 $r=\frac{\mathrm{d}D}{\mathrm{d}t}=\frac{k''}{D^{n}}$，对其积分得

$$D^{n+1}-D_0^{n+1}=k'''t$$

其中，k'''为常数；D 为粒径的直径；D_0为 $t=0$ 时的原始粒径。当 D_0小至能忽略不计时

$$D=k'''t^{N}$$

式中，N 为常数，一般材料的 N 为 0.3。

此式符合多数试验的结果，晶粒长大时晶界的迁动应移向晶粒的曲率中心。

2. 平衡时晶界的形态

当只考虑界面张力，如图 4-6 所示。晶粒 1 和 2 之间的晶界具有界面张力 $\sigma_{1,2}$，这张力的作用使晶粒 1 和 2 之间的界面长度减小；同样在晶粒 1 和 3 以及 2 和 3 之间的晶界分别具有界面张力 $\sigma_{1,3}$ 和 $\sigma_{2,3}$，它们分别使晶粒 1 和 3 以及 2 和 3 之间的界面长度减小，晶界之间的夹角分别为 α、β、γ，在平衡时有 $\sigma_{1,2}-\sigma_{1,3}\cos\phi-\sigma_{2,3}\cos\theta=0$，如图 4-7 所示。

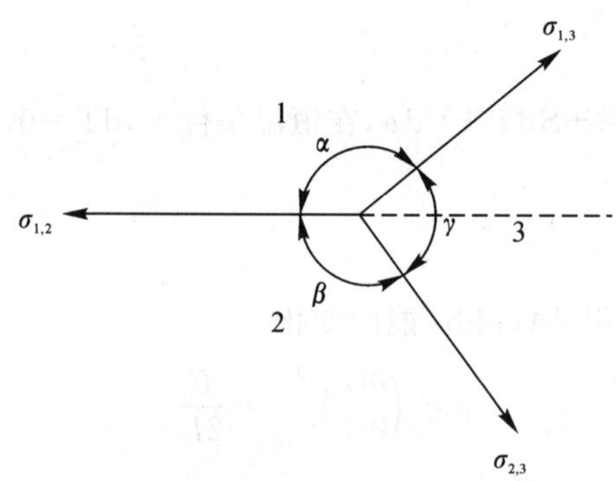

图 4-6　晶界的界面张力

在特殊的情况下：

$$\sigma_{1,2}=\sigma_{2,3}=\sigma_{1,3}$$
$$\alpha=\beta=\gamma=120^{\circ}$$

这时晶界张力所达到的平衡态在能量上还是准平衡态。在图 4-8 中，(a)为准平衡态，(c)为稳定平衡，(b)是由(a)过渡到(c)的中间态，其中 θ 角与势能之间的关系如(d)。因此当形成图 4-9 的准平衡态时，在适当的条件下晶界还将迁动，晶粒 A 将吞并临近晶粒 B 和 C 而长大，如图 4-9 中的虚线所示。

除了考虑晶界界面张力影响晶界夹角外，为了降低体系能量，考虑晶粒的位向改变夹角，如图 4-9 所示。设位移$\overline{AP}$、$\overline{BP}$和$\overline{OP}$很小，而$\overline{OP}\ll\overline{AP}$及$\overline{OP}\ll\overline{BP}$，晶粒在垂直图面上的高度为 L，则晶界 1、2 位移造成的面积增量为$\overline{OP}\times L$，与此相抗衡的作用力为$(\sigma_{1,2}-\sigma_{1,3}\cos\phi-\sigma_{2,3}\cos\theta)\times(\overline{OP}\times L)$。

同样，在晶界 1、3 及晶界 2、3 由于位向改变使自由能改变值分别为 $\mathrm{d}G_2$ 和 $\mathrm{d}G_3$，则

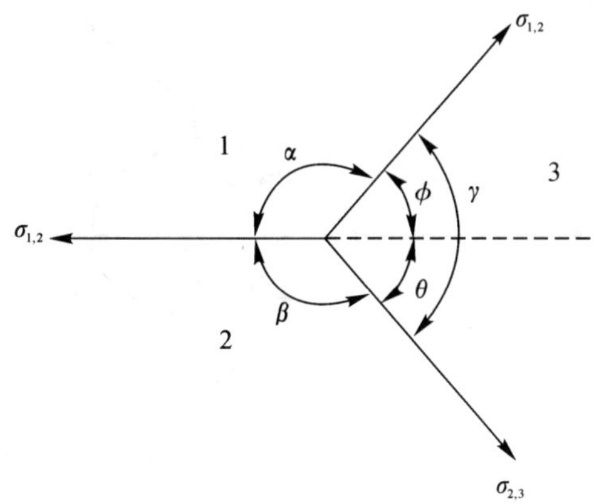

图 4-7　界面张力控制夹角

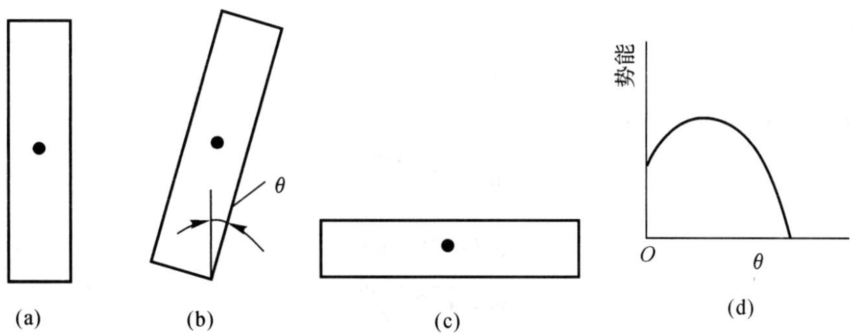

图 4-8　准平衡态至稳定平衡态的过渡

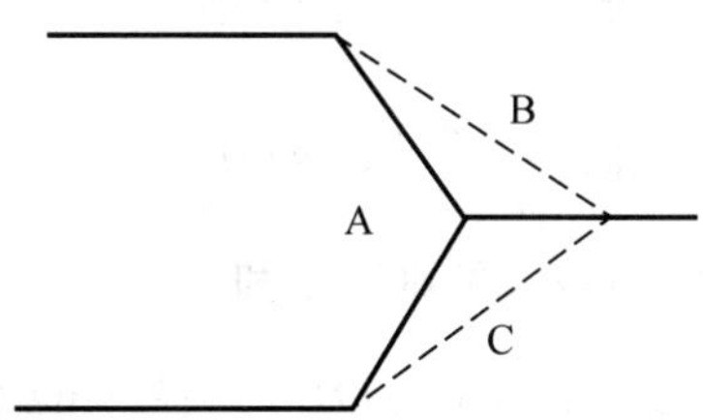

图 4-9　准平衡态晶界继续迁动示意图

$$dG_2 = \left(\frac{\partial \sigma_{1,3}}{\partial \phi}\delta\phi\right)\overline{AP} \times L \tag{4-2}$$

$$dG_3 = \left(\frac{\partial \sigma_{2,3}}{\partial \theta}\delta\theta\right)\overline{BP} \times L \tag{4-3}$$

图 4-10 为晶界迁动使适合晶粒的一定位向以减低能量。由图 4-10，得

$$\delta\phi = \phi' - \phi$$

$$\delta\theta = \theta' - \theta$$

为消去$\overline{AP}$和$\overline{BP}$代之以$\overline{OP}$，做如下处理（见图 4-10）：

$$\angle OPA = 180 - \phi'$$

$$\angle OAP = \delta\phi$$

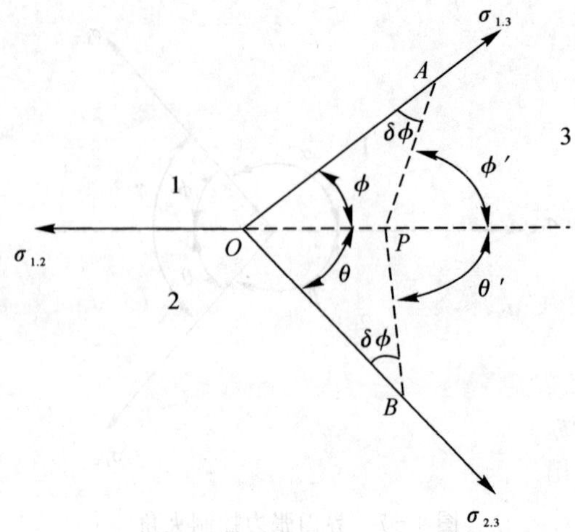

图 4-10　晶界迁动使适合晶粒的一定位相以减低能量

$$\frac{\sin(\delta\phi)}{\overline{OP}}=\frac{\sin\phi}{\overline{AP}}$$

由于 $\delta\phi$ 很小，$\sin(\delta\phi)\approx\delta\phi$，故

$$\delta\phi=\overline{OP}\,\frac{\sin\phi}{\overline{AP}} \qquad (4-4)$$

$$\angle OBP=\delta\theta$$

$$\delta\theta=\overline{OP}\,\frac{\sin\theta}{\overline{BP}} \qquad (4-5)$$

将(4-4)及(4-5)式分别代入(4-2)及(4-3)式，得

$$\mathrm{d}G_2=\frac{\partial\sigma_{1,3}}{\partial\phi}\sin\phi\,\overline{OP}\times L$$

$$\mathrm{d}G_3=\frac{\partial\sigma_{2,3}}{\partial\theta}\sin\theta\,\overline{OP}\times L$$

总的自由能变化值 $\mathrm{d}G$ 为 $\mathrm{d}G_1$、$\mathrm{d}G_2$、和 $\mathrm{d}G_3$ 之和

$$\mathrm{d}G=L\left[(\sigma_{1,2}-\sigma_{1,3}\cos\phi-\sigma_{2,3}\cos\theta)\,\overline{OP}+\frac{\partial\sigma_{1,3}}{\partial\phi}\sin\phi\,\overline{OP}+\frac{\partial\sigma_{2,3}}{\partial\theta}\sin\theta\,\overline{OP}\right]$$

在平衡时，$\Delta G=0$，则

$$\sigma_{1,2}-\sigma_{1,3}\cos\phi-\sigma_{2,3}\cos\theta+\frac{\partial\sigma_{1,3}}{\partial\phi}\sin\phi+\frac{\partial\sigma_{2,3}}{\partial\theta}\sin\theta=0$$

3. 金属薄膜中的相平衡

采用最近邻原子相互作用模型，可导出

$$l^*=\frac{d_2(1-Z_2^S/Z_2^0)-d_1(1-Z_1^S/Z_1^0)+\varepsilon d_2(1-Z_2^S/Z_2^0)}{\varepsilon(1-T/T^*)}$$

其中，l^* 为相平衡时的厚度；d_1、d_2 分别为 1 相和 2 相的一层原子的厚度，约为 10^{-8} cm；Z_1^0、Z_1^S、Z_2^0、Z_2^S 分别为 1 相和 2 相原子的体积配位数和表面配位数，对于最密排金属的密排面，$Z^0=12$，$Z^s=6$；ε 为常数，约为 10^{-2}；T^* 为相平衡温度。由此可估算出，l^* 的数量级约在 10^{-6} cm。

曾有人发现，在钒的薄膜中，当厚度 l 小于 5×10^{-7} cm 时，出现了体心立方结构向面心立方的转变。而大块的金属钒中，只存在体心立方结构。

4.6　磁性自由能

Weiss 和 Tauen 曾指出，磁性熵可以下式表示：

$$S_A^m(\infty)-S_A^m(0)=R\ln({}^0\beta_A+1) \tag{4-6}$$

式中，${}^0\beta_A$ 为以玻尔磁子数表示的原子平均磁矩。而

$$S_A^m(\infty)-S_A^m(0)=\int_0^{T_C}\frac{C_A^{m\alpha}}{T}dT+\int_{T_C}^{\infty}\frac{C_A^{m\beta}}{T}dT=\frac{518}{675}R(K_A^\alpha+0.6K_A^\beta) \tag{4-7}$$

式中，T_C 为居里温度。Hillert 和 Jarl 将式(4-6)与式(4-7)合并，得出

$$K_A^\alpha+0.6K_A^\beta=\frac{675}{518}\ln({}^0\beta_A+1) \tag{4-8}$$

由 $C_A^{m\alpha}$ 和 $C_A^{m\beta}$ 的表达式还可以导出磁性焓的表达式为

$$H_A^m(\infty)-H_A^m(T_C)=\int_{T_C}^{\infty}C_A^{m\beta}dT=\frac{79}{140}RT_CK_A^\beta$$

$$H_A^m(T_C)-H_A^m(0)=\int_{T_0}^{T_C}C_A^{m\alpha}dT=\frac{71}{120}RT_CK_A^\alpha$$

若设定 f 为 Curie 温度以上磁性焓的贡献占总磁性焓的分数，则结合上两式可得

$$K_A^\alpha=\frac{474}{497}\left(\frac{1}{f}-1\right)K_A^\beta \tag{4-9}$$

经过对比热数据的分析，Inden 建议对 BCC 金属，可取 $f=0.4$；对于 FCC 金属，$f=0.28$。将(4-8)和(4-9)结合，对于 BCC 金属可得

$$K_A^\beta=0.641\ 7\ln({}^0\beta_A+1)$$

$$K_A^\alpha=0.918\ 0\ln({}^0\beta_A+1)$$

对 FCC 金属，可得

$$K_A^\beta=0.426\ 9\ln({}^0\beta_A+1)$$

$$K_A^\alpha=1.046\ 9\ln({}^0\beta_A+1)$$

不同金属不同结构的${}^0\beta_A$ 可在 SGTE 的数据库中查到。例如，对于 BCC 铁，可查到${}^0\beta_A=2.22$；对于 FCC 铁，可查到${}^0\beta_A=0.7$；设定当 $T\to\infty$时，磁性自由能为零，则在 T_C温度以上时，磁性自由能可由下得出：

$$G_A^{m\beta}=\int_{\infty}^{T}\frac{t-T}{t}C_A^{m\beta}dt=-K_A^\beta RT_C(1/10\tau^{-4}+1/315\tau^{-14}+1/1\ 500\tau^{-24})$$

式中，$\tau=T/T^*$；T^* 为 Curie 温度(对铁磁材料)，或 Neel 温度(对反铁磁性材料)。对铁磁性状态的磁性自由能，可将积分域延长至 T_C以下，即

$$G_A^{m\alpha}=\int_{\infty}^{T_C}\frac{t-T}{t}C_A^{m\beta}dt+\int_{T_C}^{T}\frac{t-T}{t}C_A^{m\alpha}dt=$$

$$-K_A^\beta RT_C\left(\frac{79}{140}-\frac{518\tau}{1\ 125}\right)-K_A^\alpha RT_C\left(\frac{\tau^4}{6}-\frac{\tau^0}{135}+\frac{\tau^{16}}{600}+\frac{71}{120}-\frac{518\tau}{675}\right)$$

Dinsdale 将 Hillert 和 Jarl 的上述工作收进到其编辑的 SGTE 数据库中，并概括成以下形式：

$$G_{mag}=RT\ln(B_0+1)g(\tau)$$

其中，当 $\tau\leqslant 1$ 时：

$$g(\tau)=1-\left[\frac{79\tau^{-1}}{140p}+\frac{474}{479}\left(\frac{1}{p}-1\right)\left(\frac{\tau^{3}}{6}+\frac{\tau^{9}}{135}+\frac{\tau^{15}}{600}\right)\right]/D$$

当 $\tau>1$ 时：

$$g(\tau)=-\left(\frac{\tau^{-5}}{10}+\frac{\tau^{-15}}{315}+\frac{\tau^{-25}}{1\,500}\right)/D$$

$$D=\frac{518}{1\,125}+\frac{11\,692}{15\,975}\left(\frac{1}{p}-1\right)$$

其中，$p=0.4$（对于 BCC 相）或 $p=0.28$（非 BCC 相的其他相）。

4.7 热力学基本方程及 Maxwell 关系式

4.7.1 热力学函数之间的关系

$$\begin{cases}H=U+pV\\F=U-TS\\G=U+pV-TS=H-TS=F+pV\end{cases}$$

4.7.2 热力学基本方程

$$\begin{cases}\mathrm{d}U=T\mathrm{d}S-p\mathrm{d}V\\\mathrm{d}H=T\mathrm{d}S+V\mathrm{d}p\\\mathrm{d}F=-S\mathrm{d}T-p\mathrm{d}V\\\mathrm{d}G=-S\mathrm{d}T+V\mathrm{d}p\end{cases}$$

条件：封闭体系，可逆过程，非体积功 $W_{非}=0$ 或无相变无化学变化（单纯 p、V、T 变化），非体积功 $W_{非}=0$。

4.7.3 Maxwell 关系式

$$\left(\frac{\partial T}{\partial V}\right)_S=-\left(\frac{\partial p}{\partial S}\right)_V \qquad \left(\frac{\partial T}{\partial p}\right)_S=\left(\frac{\partial V}{\partial S}\right)_p$$

$$\left(\frac{\partial S}{\partial V}\right)_T=\left(\frac{\partial p}{\partial T}\right)_V \qquad \left(\frac{\partial S}{\partial p}\right)_T=-\left(\frac{\partial V}{\partial T}\right)_p$$

4.7.4 对应系数关系式

$$\left(\frac{\partial U}{\partial S}\right)_V=T \qquad \left(\frac{\partial U}{\partial V}\right)_S=-p$$

$$\left(\frac{\partial H}{\partial S}\right)_p=T \qquad \left(\frac{\partial H}{\partial p}\right)_S=V$$

$$\left(\frac{\partial F}{\partial T}\right)_V=-S \qquad \left(\frac{\partial F}{\partial V}\right)_T=-p$$

$$\left(\frac{\partial G}{\partial T}\right)_p=-S \qquad \left(\frac{\partial G}{\partial p}\right)_T=V$$

4.8　热弹性效应

在绝热的条件下，对金属施加应力（压应力或拉应力）将使金属温度改变。等压膨胀时，设体膨胀系数为 α，且

$$\alpha=\frac{1}{V}\left(\frac{\partial V}{\partial T}\right)_p$$

等温压缩时，设体压缩系数为 β，且

$$\beta=-\frac{1}{V}\left(\frac{\partial V}{\partial p}\right)_T$$

则

$$\begin{aligned}C_p-C_V&=\left[\left(\frac{\partial U}{\partial V}\right)_T+p\right]\left(\frac{\partial V}{\partial T}\right)_p=\\&T\left(\frac{\partial S}{\partial V}\right)_T\left(\frac{\partial V}{\partial T}\right)_p=\\&T\left(\frac{\partial p}{\partial T}\right)_V\left(\frac{\partial V}{\partial T}\right)_p=\\&-T\left[\left(\frac{\partial V}{\partial T}\right)_p\right]^2\left(\frac{\partial p}{\partial V}\right)_T=\\&\frac{VT\alpha^2}{\beta}\end{aligned}$$

在绝热条件下，对金属施加应力（压应力或拉应力）将使金属的温度改变。对于单向拉应力 σ，可近似为

$$\left(\frac{\partial T}{\partial \sigma}\right)_Q=-\frac{T\alpha V}{3C_p}$$

其中，α 为线膨胀系数。

4.9　材料化学反应热力学

4.9.1　化学反应的方向及限度

1. 反应进度 ξ

(1)定义：反应进度是描述化学反应进展程度的状态参变量。

(2)反应进度的数学表达式：对任一反应 $\sum\nu_B A_B=0$（其中 A_B 为参加反应的任意物质）。规定 B 为反应物时 ν_B 为负；B 为产物时 ν_B 为正，则

$$\xi=\frac{n_B(\xi)-n_B(0)}{\nu_B}$$

$$d\xi = \frac{dn_B}{\nu_B}$$

式中，$n_B(\xi)$ 为反应进度为 ξ 时物质的量；$n_B(0)$ 为反应进度为 0 时物质的量；ν_B 为物质 B 的化学计量数。

2. 摩尔反应 Gibbs 函数变 $\Delta_r G_m$

1)定义：这种在一定 T、p 和 ξ 的条件下，每单位反应的 Gibbs 函数变即 $\left(\frac{\partial G}{\partial \xi}\right)_{T,p}$ 称为摩尔反应 Gibbs 函数变，用 $\Delta_r G_m$ 表示。

2)数学表达式：$\Delta_r G_m = \left(\frac{\partial G}{\partial \xi}\right)_{T,p} = \sum \nu_B \mu_B$。

3. 化学反应方向及限度的判定

$$\Delta_r G_m \leqslant 0$$

其中，$\Delta G_m < 0$ 则反应正向发生；$\Delta G_m = 0$ 则反应平衡。

4.9.2 化学反应的等温方程式

1. 定义

表示一个化学反应系统在定温下和任意指定各物质的初始压力(活度)时，其压力商(活度商)与平衡常数关系的方程式，称为范德霍夫等温式或化学反应等温方程式。

2. 方程及应用

(1)方程。

1)理想气体化学反应

$$\Delta_r G_m = \Delta_r G_m^{\ominus} + RT\ln J_p$$

压力商

$$J_p = \prod_B \left(\frac{p_B}{p^{\ominus}}\right)^{\nu_B}$$

2)实际气体

$$\Delta_r G_m = \Delta_r G_m^{\ominus} + RT\ln Q_f$$

逸度商：

$$Q_f = \prod_B \left(\frac{f_B}{p^{\ominus}}\right)^{\nu_B}$$

其中，f_B 为逸度。

3)通式

$$\Delta_r G_m = \Delta_r G_m^{\ominus} + RT\ln Q_a$$

活度商：

$$Q_a = \prod_B a_B^{\nu_B}$$

其中，a_B 为活度。

(2)应用。

可以用来判断反应的方向和限度：

例：

$$\Delta_r G_m = \Delta_r G_m^\ominus + RT\ln J_p$$

限度：当 $\Delta T=0$、$\Delta p=0$、$\Delta_r G_m=0$（化学反应达平衡时）

$$\Delta_r G_m^\ominus = -RT\ln(J_p)_{平衡}$$

$$K^\ominus = (J_p)_{平衡} = \prod_B \left(\frac{p_B}{p^\ominus}\right)_{平衡}^{\nu_B}$$

$$K^\ominus = \exp\frac{-\Delta_r G_m^\ominus}{RT}$$

$$\Delta_r G_m = RT\ln\frac{J_p}{K^\ominus}$$

方向：

当 $\Delta_r G_m<0$ 时，反应正向，$J_p<K^\ominus$；当 $\Delta_r G_m=0$ 时，反应平衡，$J_p=K^\ominus$；当 $\Delta_r G_m>0$ 时，反应反向，$J_p>K^\ominus$。

4.9.3　$\Delta_r G_m^\ominus$ 的计算

1. 标准摩尔生成 Gibbs 函数 $\Delta_f G_m^\ominus$

定义：由标准态的稳定单质生成 1 mol 同温度、标准压力下，指定相态的化合物的 Gibbs 函数变。

2.标准摩尔反应 Gibbs 函数变 $\Delta_r G_m^\ominus$

(1)定义。

在恒温化学反应中的 $\Delta_r G_m^\ominus$ 是指产物和反应物均处于标准状态时自由焓之差。

(2)计算。

1)由 $\Delta_r H_m^\ominus$ 及 $\Delta_r S_m^\ominus$ 计算 $\Delta_r G_m^\ominus$

$$\Delta_r G_m^\ominus = \Delta_r H_m^\ominus - T\Delta_r S_m^\ominus$$

$$\Delta_r H_m^\ominus = \sum_B (|\nu_B|\Delta_f H_m^\ominus(B))_{产物} - \sum_B (|\nu_B|\Delta_f H_m^\ominus(B))_{反应物} =$$

$$\sum_B (|\nu_B|\Delta_c H_m^\ominus(B))_{反应物} - \sum_B (|\nu_B|\Delta_c H_m^\ominus(B))_{产物}$$

$$\Delta_r S_m^\ominus = \sum_B (|\nu_B|\Delta_f S_m^\ominus(B))_{产物} - \sum_B (|\nu_B|\Delta_f S_m^\ominus(B))_{反应物}$$

2)由 $\Delta_f G_m^\ominus$ 计算 $\Delta_r G_m^\ominus$

$$\Delta_r G_m^\ominus = \sum_B (|\nu_B|\Delta_f G_m^\ominus(B))_{产物} - \sum_B (|\nu_B|\Delta_f G_m^\ominus(B))_{反应物}$$

(2)$\Delta_r G_m^\ominus$ 的应用。

1)计算反应的平衡常数：

$$K^\ominus = \exp\frac{-\Delta_r G_m^\ominus}{RT}$$

2)估计反应的可能性：

$\Delta_r G_m^\ominus<-40$ kJ，一般可以正向自发进行；$\Delta_r G_m^\ominus>40$ kJ，一般可以逆向自发进行。

4.9.4 化学反应平衡的影响因素

1. 温度对平衡常数的影响

(1)Gibbs - Helmholtz 方程。

$$\left[\frac{\partial\left(\frac{\Delta G}{T}\right)}{\partial T}\right]_p=-\frac{\Delta H}{T^2}$$

(2)化学反应等压方程。

$$\frac{\mathrm{d}\ln K^{\ominus}}{\mathrm{d}T}=\frac{\Delta_r H_m^{\ominus}}{RT^2}$$

讨论:当 $\Delta_r H_m^{\ominus}>0$ 吸热时,T 增加则 $K^{\ominus}$ 增大,即增高温度有利于吸热反应的进行。当 $\Delta_r H_m^{\ominus}<0$ 放热时,T 增大 $K^{\ominus}$ 减小,即降低温度有利于放热反应的进行。

(3)平衡常数与温度的关系。

1)当 $\Delta_r H_m^{\ominus}$ 为常数时

$$\ln\frac{K_2^{\ominus}}{K_1^{\ominus}}=-\frac{\Delta_r H_m^{\ominus}}{R}\left(\frac{1}{T_2}-\frac{1}{T_1}\right)$$

2)当 $\mathrm{d}(\Delta_r H_m^{\ominus})=\Delta C_p\mathrm{d}T,\Delta C_p=\Delta a+\Delta bT+\Delta cT^2$ 时,则

$$\Delta_r H_m^{\ominus}=\Delta H_0+\Delta aT+\frac{\Delta b}{2}T^2+\frac{\Delta c}{3}T^3$$

$$\ln K^{\ominus}=-\frac{\Delta H_0}{RT}+\frac{\Delta a}{R}\ln T+\frac{\Delta b}{2R}T+\frac{\Delta c}{6R}T^2+I$$

式中,ΔH_0、I 分别是积分常数;a、b、c 分别为常数。

2. 压力对平衡转化率的影响

$$\left(\frac{\partial\ln K_y}{\partial p}\right)_T=-\frac{\sum\nu_B}{p}=-\frac{\Delta V_m}{RT}$$

式中,K_y 为平衡常数。

讨论:当 $\Delta V_m>0$ 时,p 增大,K_y 减小;当 $\Delta V_m<0$ 时,p 增大,K_y 增大。增加压力反应向着有利于体积减小的方向进行。

3. 惰性组分对平衡转化率的影响(惰性气体不影响平衡常数,却影响平衡组成)

$$K^{\ominus}=K_n\left[\frac{p}{p^{\ominus}\sum n_B}\right]^{\sum\nu_B}$$

其中,K_n 为惰性组分对平衡转化率的影响。

讨论:当 $\sum\nu_B=0$ 时,$K^{\ominus}=K_n$,对惰性气体无影响;当 $\sum\nu_B>0$ 时,$n_{惰}$ 增大,$\left[\frac{1}{\sum n}\right]$ 减小,K_n 增大,产物增加;当 $\sum\nu_B<0$ 时,$n_{惰}$ 增大,$\left[\frac{1}{\sum n}\right]$ 增大,K_n 减小,产物减少。

4. 反应物配比对平衡转化率影响

$$a\mathrm{A}+b\mathrm{B}\rightarrow lL+m\mathrm{M}$$

则配比为

$$\gamma = \frac{n_B}{n_A}$$

当 $\gamma = \frac{b}{a}$ 时，产物在混合气体中的含量为最大，也可利用加大廉价反应物，提高贵重反应物的转化率。

[例 4-1]　已知液体锌的 $C_{p(l)}$ 为 $C_{p(l)} = 29.66 + 4.81 \times 10^{-3} T (419.5 \sim 850℃)$ J/(mol·K)，固体密排六方锌的 $C_{p(s)}$ 为 $C_{p(s)} = 22.13 + 11.05 \times 10^{-3} T$ J/(mol·K)，锌的熔点为692.6K，熔化热 $\Delta H = 6\ 589.80$ J/mol，求固、液相之间随温度变化的自由能差值 $\Delta G(T)$。

解：

$$\Delta C_p = 7.53 - 6.23 \times 10^{-3} T$$

$$\mathrm{d}\Delta H = 7.53\mathrm{d}T - 6.23 \times 10^{-3} T\mathrm{d}T$$

$$\Delta H = \Delta H_0 + 7.53T - 0.5(6.23 \times 10^{-3})T^2$$

将 $T = 692.6$ K，$\Delta H = 6\ 589.80$ J/mol 带入上式，得 $\Delta H_0 = 2\ 866.04$

由此得

$$\Delta H = 2\ 866.04 + 7.53T - 3.12 \times 10^{-3} T^2$$

由 $\Delta G = \Delta H_0 - \Delta a T \ln T - (\Delta b/2)T^2 + \Delta c/(2T) + IT$ 得

$$\Delta G = 2\ 866.04 - 7.57T\ln T + 3.12 \times 10^{-3} T^2 + IT$$

在熔点(692.6K)时，$\Delta G_{T=692.6} = 0$，$I = 42.97$，则得固、液相之间随温度变化的自由能差值为

$$\Delta G = 2\ 866.04 - 7.53T\ln T + 3.12 \times 10^{-3} T^2 + 42.97T$$

4.10　材料统计热力学基础

4.10.1　统计热力学概论

1. 统计热力学和经典热力学的关系

统计热力学和经典热力学的研究对象都是含有大量粒子(分子、原子)的平衡体系。

经典热力学研究不涉及粒子的微观性质，它以经验总结出的三个定律为基础，研究平衡物系各宏观性质之间的相互关系(状态及状态函数)，进而预示过程自动进行的方向和限度，是一个宏观理论。

热力学研究的优点是热力学结论的可靠性不受人们对物质结构认识的影响，其缺点是无法由粒子的微观性质来推求物质各宏观性质的具体值。

统计热力学研究则从物质所含的微观性质出发，以粒子运动普遍遵循的力学定律为基础，用统计的方法直接推求大量粒子运动的统计平均结果，以得出平衡物系宏观性质的具体值，优点是弥补了经典热力学的不足。

经典热力学和统计热力学的结合恰好可研究物系中大量粒子运动的宏观和微观两方面的相互联系，互为补充。

2. 统计的方法

(1)经典统计。

以经典力学为基础，适用于粒子间相互作用可以忽略的系统。如玻耳兹曼(Boltzmann)

统计。

(2)Gibbs统计即系综理论。

当把各个微观态看成一个体系时，这些微观态的总和称之为系综。系综又分为微正则系综、正则系综和巨正则系综。

(3)量子统计。

以量子力学为基础的统计，包括玻色-爱因斯坦统计、费米-狄拉克统计。本节主要介绍玻兹曼统计。

3. 统计的分类

1)独立子系统和相依子系统：独立子系统（近独立子系统）即粒子间相互作用可以忽略的系统。如理想气体

$$U=\sum_{i=1}^{N}N_i\varepsilon_i$$

式中，U 是物系的内能；ε_i 是 i 粒子的运动能；N_i 是第 i 个能级上的粒子数。

相依子系统即粒子间相互作用不能忽略的系统。如真实气体

$$U=\sum_{i=1}^{N}N_i\varepsilon_i+U_1(x_1,y_1,z_1,\cdots,x_n,y_n,z_n)$$

2)离域子系统或定域子系统：离域子（等同粒子）系统即粒子处于混乱的运动状态，没有固定的位置，各粒子无法彼此分辨。

定域子（可辨粒子）系统即粒子的运动是定域化的。本章中只讨论独立子系统。

4. 统计热力学基本假设

对 (U,V,N) 确定的系统即宏观状态一定的系统来说，任何一个可能出现的微观状态都具有相同的数学概率。即若系统的总微观状态数为 Ω，则其中每一个微观状态出现的概率 P 均为 $P=\dfrac{1}{\Omega}$。

若某种分布的微态数是 Ω，则这种分布的概率 P_x 为

$$P_x=\Omega_x/\Omega。$$

4.10.2 玻耳兹曼统计

1. 定位系统（定域子系统）的最概然分布

设有 N 个可区分的分子，分子间的作用可以不计。对于 U、V、N 固定的系统，分子的能级是量子化的，即为 $\varepsilon_1,\varepsilon_2,\varepsilon_3,\cdots,\varepsilon_i$。由于分子在运动中互相交换能量，所以 N 个分子可以有不同的分配方式。

能级	ε_1	ε_2	ε_3	$\cdots$	ε_i
一种分配方式	N_1	N_2	N_3	$\cdots$	N_i
另一种分配方式	N_1'	N_2'	N_3'	$\cdots$	N_i'

但无论哪一种分配方式都必须满足下列三个条件：

$$\sum_i N_i=N \quad 或 \quad \varphi_1=\sum_i N_i-N=0 \tag{4-10}$$

$$\sum_i N_i\varepsilon_i=U \quad 或 \quad \varphi_2=\sum_i N_i\varepsilon_i-U=0 \tag{4-11}$$

$$t = \frac{N!}{\prod_i N_i!} \tag{4-12}$$

式中，t 是一种分配的方法数。

$$\Omega = \sum_{\substack{\sum_i N_i = N \\ \sum_i N_i \varepsilon_i = U}} t_i = \sum_{\substack{\sum_i N_i = N \\ \sum_i N_i \varepsilon_i = U}} \frac{N!}{\prod_i N_i!} \tag{4-13}$$

式中，Ω 是包括各种分配方式的总微观状态数。玻耳兹曼最概然分布公式为

$$N_i^* = N \frac{e^{\varepsilon_i/(kT)}}{\sum e^{-\varepsilon_i/(kT)}} \tag{4-14}$$

公式推导如下：

令 t_m是式(4-13)的求和式中值最大的一项。因由 t_m所提供的微观状态数目最多，故忽略其他项所提供的贡献部分，用 t_m近似地代表 Ω，若令 n 代表式(4-13)中求和的项数，则

$$t_m \leqslant \Omega \leqslant n t_m$$

$$\ln t_m \leqslant \ln\Omega \leqslant \ln t_m + \ln n$$

因为 $n \ll t_m$，$\ln t_m \gg \ln n$，得出 $\ln\Omega \approx \ln t_m$。

将式(4-12)取对数，并引用斯特林公式

$$\ln t = \ln N! - \sum \ln N! = N\ln N - N - \sum N_i \ln N_j + \sum N_i \tag{4-15}$$

$$\mathrm{d}\ln t = \frac{\partial \ln t}{\partial N_1}\mathrm{d}N_1 + \frac{\partial \ln t}{\partial N_2}\mathrm{d}N_2 + \cdots + \frac{\partial \ln t}{\partial N_i}\mathrm{d}N_i \tag{4-16}$$

由式(4-10)和式(4-11)得

$$\mathrm{d}N_1 + \mathrm{d}N_2 + \cdots + \mathrm{d}N_i = 0 \tag{4-17}$$

$$\varepsilon_1 \mathrm{d}N_1 + \varepsilon_2 \mathrm{d}N_2 + \cdots + \varepsilon_i \mathrm{d}N_i = 0 \tag{4-18}$$

$$(4-16) + \alpha'(4-17) + \beta'(4-18)$$

若 t 为极值(拉格朗日乘因子法求极值)，则

$$\left(\frac{\partial \ln t}{\partial N_1} + \alpha' + \beta'\varepsilon_1\right)\mathrm{d}N_1 + \left(\frac{\partial t}{\partial N_2} + \alpha' + \beta'\varepsilon_2\right)\mathrm{d}N_2 + \cdots + \left(\frac{\partial \ln t}{\partial N_i} + \alpha' + \beta'\varepsilon_i\right)\mathrm{d}N_i = 0$$

式中，α'、β'是待定的拉格朗日因子，选择 α'、β'，让括号为零。

即

$$\frac{\partial \ln t}{\partial N_1} + \alpha' + \beta'\varepsilon_1 = 0 \tag{4-19.a}$$

$$\frac{\partial \ln t}{\partial N_2} + \alpha' + \beta'\varepsilon_2 = 0 \tag{4-19.b}$$

……

$$\frac{\partial \ln t}{\partial N_i} + \alpha' + \beta'\varepsilon_i = 0 \tag{4-19.c}$$

求出其中一个解为

$$\ln N_2^* = \alpha' + \beta'\varepsilon_i \tag{4-20}$$

$$N_i^* = e^{\alpha' + \beta'\varepsilon_i} \tag{4-21}$$

式中，N_i^* 为最概然分布。

α'、β'值的推导如下：

$$\sum_i N_i^* = N \qquad e^{\alpha'}\sum e^{\beta'\varepsilon_i} = N$$

或

$$e^{\alpha'} = \frac{N}{\sum\limits_i e^{\beta'\varepsilon_i}} \quad \alpha' = \ln N - \ln\sum_i e^{\beta'\varepsilon_i}$$

$$N_i^* = \frac{N e^{\beta'\varepsilon_i}}{\sum e^{\beta'\varepsilon_i}} \tag{4-22}$$

因为

$$S = k\ln\Omega = k\ln t_m$$

$$S = k\left(N\ln N - N - N_i^*\ln N_i^* + \sum_i N_i^*\right) =$$
$$k\left(N\ln N - \sum_i N_i^*\ln N_i^*\right) = k\left(N\ln N - \sum_i N_i^*(\alpha' + \beta'\varepsilon_i)\right) =$$
$$k(N\ln N - \alpha' N - \beta' U) = kN\ln\sum e^{\beta'\varepsilon_i} - k\beta' U \tag{4-23}$$

设

$$S = S(N,U,V) = S[N,U,\beta'(U,V)]$$

$$\left(\frac{\partial S}{\partial U}\right)_{V,N} = \left(\frac{\partial S}{\partial U}\right)_{\beta',N} + \left(\frac{\partial S}{\partial \beta'}\right)_{U,N}\left(\frac{\partial \beta'}{\partial U}\right)_{V,N}$$

$$\frac{\partial}{\partial\beta'}\left(N\ln\sum_i e^{\beta'\varepsilon_i}\right)_{U,N} - U = N\frac{\frac{\partial}{\partial\beta'}\left(\sum\limits_i e^{\beta'\varepsilon_i}\right)}{\sum\limits_i e^{\beta'\varepsilon_i}} - U =$$

$$N\frac{\sum\limits_i \varepsilon_i e^{\beta'\varepsilon_i}}{\sum\limits_i e^{\beta'\varepsilon_i}}\frac{e^{\alpha}}{e^{\alpha}} - U =$$

$$N\frac{\sum\limits_i \varepsilon_i e^{\beta'\varepsilon_i}}{\sum\limits_i e^{\beta'\varepsilon_i}}\frac{e^{\alpha}}{e^{\alpha}} - U =$$

$$N\frac{\sum\limits_i \varepsilon_i N_i^*}{\sum\limits_i N_i^*} - U =$$

$$U - U = 0$$

所以

$$\left(\frac{\partial S}{\partial U}\right)_{V,N} = -k\beta'$$

由

$$dU = TdS - pdV \qquad \left(\frac{\partial S}{\partial U}\right)_{V,N} = \frac{1}{T} \qquad \beta' = -\frac{1}{kT}$$

则

$$N_i^* = N \frac{e^{-\varepsilon_i/(kT)}}{\sum_i e^{-\varepsilon_i/(kT)}} \tag{4-24}$$

$$S = kN\ln\sum_i e^{-\varepsilon_i/(kT)} + \frac{U}{T}$$

$$A = U - TS = -NkT\ln\sum_i e^{-\varepsilon_i/(kT)}$$

对玻耳兹曼(Boltzmann)公式的讨论：

简并度(退化度或统计权重)g_i 指的是该能级可能有的微观状态数称为该能级的简并度。当 $g_i \neq 1$,则有

$$N_i^* = N \frac{g_i e^{-\varepsilon_i/(kT)}}{\sum_i g_i e^{-\varepsilon_i/(kT)}}$$

公式推导如下：

令设有 N 个可区分的分子,则

能级　　$\varepsilon_1, \varepsilon_2, \cdots, \varepsilon_i$

各能级的简并度　　$g_1, g_2, \cdots, g_i$

分子数　　$N_1, N_2, \cdots, N_i$

$$t = (g_1^{N_1} C_N^{N_1})(g_2^{N_2} C_{N_2-N_1}^{N_2}) \cdots =$$

$$g_1^{N_1} \frac{N!}{N_1!\,(N-N_1)!} g_2^{N_2} \frac{(N-N_1)!}{N_2!\,(N-N_1-N_2)!} \cdots =$$

$$g_1^{N_1} g_2^{N_2} \cdots \frac{N!}{N_1!\,N_2!\,\cdots N_i!} = N! \prod_i \frac{g_i^{N_i}}{N_i!}$$

在 U、V、N 一定的条件下,有

$$\Omega(U,V,N) = \sum_i N! \prod_{\substack{i \\ (U,V,N)}} \frac{g_i^{N_i}}{N_i!}$$

求和的限制条件为

$$\sum_i N_i = N \qquad \sum_i N_{i\varepsilon_i} = U$$

令

$$\ln\Omega = \ln t_m \qquad t = N! \prod_i \frac{g_i^{N_i}}{N_i!}$$

$$N_i^* = N \frac{g_i e^{-\varepsilon_i/(kT)}}{\sum_i g_i e^{-\varepsilon_i/(kT)}} \qquad S_{定位} = kN\ln\sum_i g_i e^{-\varepsilon_i/(kT)} + \frac{U}{T}$$

$$F_{定位} = -NkT\ln\sum_i g_i e^{-\varepsilon_i/(kT)}$$

式中,$F_{定位}$ 为定位系统的 Helmholtz 函数。

2. 非定位系统的最概然分布

设系统是 N 个不可区分的分子,则有

$$\Omega(U,V,N) = \frac{1}{N!} \sum N! \prod_i \frac{g_i N_i}{N_i!}$$

$$\sum N_i = N \qquad \sum N_i \varepsilon_i = U$$

$$N_i^* = N \frac{g_i e^{-\varepsilon_i/(kT)}}{\sum g_i e^{-\varepsilon_i/(kT)}}$$

$$S_{非定位} = k \ln \frac{\left(\sum_i g_i e^{-\varepsilon_i/(kT)}\right)^N}{N!} + \frac{U}{T}$$

$$A_{非定位} = -kT \ln \frac{\left(\sum_i g_i e^{-\varepsilon_i/(kT)}\right)^N}{N!}$$

3. 摘取最大项法及其原理

1)最概然分配:在所有的分配方式中,有一种分配方式的热力学概率最大,这种分配称为最概然分配。

2)最概然分布(平衡分布):最概然分配的微观状态数最多,基本上可用它来代替总的微观状态,也就是说最概然分布实质上可以代表一切分布。

4.10.3 配分函数

1. 定义

由 $N_i = N \frac{g_i e^{-\varepsilon_i/(kT)}}{\sum_i g_i e^{-\varepsilon_i/(kT)}}$,配分函数定义为 $q \equiv \sum_i g_i e^{-\varepsilon_i/(kT)}$,无量纲。

由 $\frac{N_i}{N} = \frac{g_i e^{-\varepsilon_i/(kT)}}{q}$,说明 q 中任一项即 $g_i e^{-\varepsilon_i/(kT)}$ 与 q 之比,等于粒子分配在 i 能级上的分数。

2. 配分函数与热力学函数的关系

设系统为 N 个粒子所组成的非定位系统的热力学函数,则

1)Helmholtz 自由能 A:

$$A = -kT \ln \frac{\left[\sum g_i e^{-\varepsilon_i/(kT)}\right]^N}{N!} = -kT \ln \frac{q^N}{N!}$$

式中,q 为配分函数。

2)熵 S:

由

$$dA = -SdT - PdV$$

$$\left(\frac{\partial A}{\partial T}\right)_{V,N} = -S$$

$$S = k \ln \frac{q^N}{N!} + NkT \left(\frac{\partial \ln q}{\partial T}\right)_{V,N} = k \ln \frac{q^N}{N!} + \frac{U}{T}$$

3)内能 U:

$$U = A + TS = -kT \ln \frac{q^N}{N!} + kT \ln \frac{q^N}{N!} + NkT^2 \left(\frac{\partial \ln q}{\partial T}\right)_{V,N} = NkT^2 \left(\frac{\partial \ln q}{\partial T}\right)_{V,N}$$

4)Gibbs 自由能 G:

$$p = -\left(\frac{\partial A}{\partial V}\right)_{T,V} = NkT \left(\frac{\partial \ln q}{\partial V}\right)_{T,N}$$

$$G=A+pV=-kT\ln\frac{q^N}{N!}+NkTV\left(\frac{\partial\ln q}{\partial V}\right)_{T,N}$$

5)焓 H：

$$H=G+TS=NkTV\left(\frac{\partial\ln q}{\partial V}\right)_{T,V}+NkT^2\left(\frac{\partial\ln q}{\partial T}\right)_{V,N}$$

6)定容热容 C_V：

$$C_V=\left(\frac{\partial U}{\partial T}\right)_V=\frac{\partial}{\partial T}\left[NkT^2\left(\frac{\partial\ln q}{\partial T}\right)_{V,N}\right]_V$$

设系统为 N 个粒子所组成的定位系统的热力学函数，则

1)Helmholtz 自由能 A：

$$A=-kT\ln q^N$$

2)熵 S：

$$S=Nk\left[\frac{\partial}{\partial T}(T\ln q)\right]_{V,N}=Nk\ln q+NkT\left(\frac{\partial\ln q}{\partial T}\right)_{V,N}$$

3)内能 U：

$$U=NkT^2\left(\frac{\partial\ln q}{\partial T}\right)_{V,N}$$

4)Gibbs 自由能 G：

$$G=A+pV=A-V\left(\frac{\partial A}{\partial V}\right)_{T,N}=-kT\ln q^N+NkTV\left(\frac{\partial\ln q}{\partial V}\right)_{T,N}$$

5)焓 H：

$$H=G+TS=U+pV=NkT^2\left(\frac{\partial\ln q}{\partial T}\right)_{V,N}+NkTV\left(\frac{\partial\ln q}{\partial V}\right)_{T,N}$$

6)定容热容 C_V：

$$C_V=\frac{\partial}{\partial T}\left[NkT^2\left(\frac{\partial\ln q}{\partial T}\right)_{V,N}\right]_V$$

3. 配分函数的分离

$$\varepsilon_i=\varepsilon_i^{\mathrm{t}}+\varepsilon_i^{内}=\varepsilon_i^{\mathrm{t}}+(\varepsilon_i^{\mathrm{n}}+\varepsilon_i^{\mathrm{e}}+\varepsilon_i^{\mathrm{v}}+\varepsilon_i^{\mathrm{r}})$$

式中，ε_i 为 i 分子的能量；$\varepsilon_i^{\mathrm{t}}$ 为平动能；$\varepsilon_i^{\mathrm{r}}$ 为转动能；$\varepsilon_i^{\mathrm{v}}$ 为振动能；$\varepsilon_i^{\mathrm{e}}$ 为电子的能量；$\varepsilon_i^{\mathrm{n}}$ 为核运动的能量。

这几个能级的大小次序是

$$\varepsilon^{\mathrm{n}}>\varepsilon^{\mathrm{e}}>\varepsilon^{\mathrm{v}}>\varepsilon^{\mathrm{r}}>\varepsilon^{\mathrm{t}}$$

$$g_i=g_i^{\mathrm{t}}g_i^{\mathrm{r}}g_i^{\mathrm{v}}g_i^{\mathrm{e}}g_i^{\mathrm{n}}$$

$$q=\sum_i g_i\exp\left(-\frac{\varepsilon_i}{kT}\right)=\sum_i g_i^{\mathrm{t}}g_i^{\mathrm{r}}g_i^{\mathrm{v}}g_i^{\mathrm{e}}g_i^{\mathrm{n}}\exp\left(-\frac{\varepsilon_i^{\mathrm{t}}+\varepsilon_i^{\mathrm{r}}+\varepsilon_i^{\mathrm{v}}+\varepsilon_i^{\mathrm{e}}+\varepsilon_i^{\mathrm{n}}}{kT}\right)$$

$$q=\left[\sum_i g_i^{\mathrm{t}}\exp\left(-\frac{\varepsilon_i^{\mathrm{t}}}{kT}\right)\right]\left[\sum_i g_i^{\mathrm{r}}\exp\left(-\frac{\varepsilon_i^{\mathrm{r}}}{kT}\right)\right]\times$$

$$\left[\sum_i g_i^{\mathrm{v}}\exp\left(-\frac{\varepsilon_i^{\mathrm{v}}}{kT}\right)\right]\left[\sum_i g_i^{\mathrm{e}}\exp\left(-\frac{\varepsilon_i^{\mathrm{e}}}{kT}\right)\right]\left[\sum_i g_i^{\mathrm{n}}\exp\left(\frac{\varepsilon_i^{\mathrm{n}}}{kT}\right)\right]=q^{\mathrm{t}}q^{\mathrm{r}}q^{\mathrm{v}}q^{\mathrm{e}}q^{\mathrm{n}}$$

式中，q^{t} 为平动配分函数；q^{r} 为转动配分函数；q^{v} 为振动配分函数；q^{e} 为电子配分函数；q^{n} 为

原子核配分函数。

对于定位系统：

$$A=-NkT\ln q=$$

$$-NkT\ln q^{t}-NkT\ln q^{r}-NkT\ln q^{v}-NkT\ln q^{e}-NkT\ln q^{n}=$$

$$A^{t}+A^{r}+A^{v}+A^{e}+A^{n}$$

对于非定位系统：

$$A=-kT\ln\frac{q^{n}}{N!}=$$

$$-kT\ln\frac{(q^{t})^{N}}{N!}-NkT\ln q^{r}-NkT\ln q^{v}-NkT\ln q^{e}-NkT\ln q^{n}=$$

$$A^{t}+A^{r}+A^{v}+A^{e}+A^{n}$$

4.10.4 各配分函数的求法及其对热力学函数的贡献

1. 原子核配分函数

$$q^{n}=g_{0}^{n}\exp\left(-\frac{\varepsilon_{0}^{n}}{kT}\right)+g_{1}^{n}\exp\left(-\frac{\varepsilon_{1}^{n}}{kT}\right)+\cdots=$$

$$g_{0}^{n}\exp\left(-\frac{\varepsilon_{0}^{n}}{kT}\right)\left[1+\frac{g_{1}^{n}}{g_{0}^{n}}\exp\left(-\frac{\varepsilon_{1}^{n}-\varepsilon_{0}^{n}}{kT}\right)+\cdots\right]\xlongequal{\varepsilon_{1}^{n}\gg\varepsilon_{0}^{n}}g_{0}^{n}\exp\left(-\frac{\varepsilon_{0}^{n}}{kT}\right)$$

规定 $\varepsilon_{0}^{n}=0$,则有 $q^{n}=g_{0}^{n}$。

若核自旋量子数为 s_{n},则有 $g_{0}^{n}=(2s_{n}+1)$。

对多原子分子,则有

$$q_{总}^{n}=(2s_{n}+1)(2s'_{n}+1)(2s''_{n}+1)\cdots=\prod_{i}(2s_{n}+1)_{i}$$

2. 电子配分函数

$$q^{e}=g_{0}^{e}\exp\left(-\frac{\varepsilon_{0}^{e}}{kT}\right)+g_{1}^{e}\exp\left(-\frac{\varepsilon_{1}^{e}}{kT}\right)+\cdots=$$

$$g_{0}^{e}\exp\left(-\frac{\varepsilon_{0}^{e}}{kT}\right)\left[1+\frac{g_{1}^{e}}{g_{0}^{e}}\exp\left(-\frac{\varepsilon_{1}^{e}-\varepsilon_{0}^{e}}{kT}\right)+\cdots\right]\xlongequal{\frac{\Delta\varepsilon}{kt}}g_{0}^{e}\exp\left(-\frac{\varepsilon_{0}^{e}}{kT}\right)$$

因为 $\Delta\varepsilon\approx400\ \mathrm{kJ\cdot mol^{-1}}$,在温度不高的情况,电子总处于基态。

规定 $\varepsilon_{0}^{e}=0$,则有 $q^{e}=g_{0}^{e}=2j+1$。

电子配分函数对热力学函数的贡献如下所示：

$$U^{e}=H^{e}=C_{V}^{e}=0$$

$$A^{e}=-NkT\ln q^{e}$$

$$G^{e}=NkT\ln q^{e}$$

$$S^{e}=Nk\ln q^{e}$$

3. 平动配分函数

$$\varepsilon_{i}^{t}=\frac{h^{2}}{8m}\left(\frac{n_{x}^{2}}{a^{2}}+\frac{n_{y}^{2}}{b^{2}}+\frac{n_{z}^{2}}{c^{2}}\right)$$

式中,m 为粒子的质量;a、b、c 为立方体的三个边长;h 为普朗克常数;n_{x}、n_{y}、n_{z} 为 x、y、z 轴上的平动量子数。

$$q^{t}=\sum_{i}g_{i}^{t}\exp\left(-\frac{\varepsilon_{i}^{t}}{kT}\right)$$

$$q^{t}=\sum_{n_x=1}^{\infty}\sum_{n_y=1}^{\infty}\sum_{n_z=1}^{\infty}\exp\left[-\frac{h^2}{8mkT}\left(\frac{n_x^2}{a^2}+\frac{n_y^2}{b^2}+\frac{n_z^2}{c^2}\right)\right]=$$

$$\sum_{n_x=1}^{\infty}\exp\left(\frac{h^2}{8mkT}\frac{n_x^2}{a^2}\right)\sum_{n_y=1}^{\infty}\exp\left(-\frac{h^2}{8mkT}\frac{n_y^2}{b^2}\right)\sum_{n_z=1}^{\infty}\exp\left(\frac{h^2}{8mkT}\frac{n_z^2}{c^2}\right)=$$

$$\left(\frac{2\pi mkT}{h^2}\right)^{3/2}abc=\left(\frac{2\pi mkT}{h^2}\right)^{3/2}V$$

平动动能对热力学函数的贡献如下所示：

$$A^{t}=-kT\ln\frac{(q^{t})^{N}}{N!}=$$

$$-NkT\ln\left(\frac{2\pi mkT}{h^2}\right)^{3/2}V+NkT\ln N-NkT$$

$$S^{t}=-\left(\frac{\partial A^{T}}{\partial T}\right)_{V,N}=$$

$$Nk\left[\ln\left(\frac{2\pi mkT}{h^2}\right)^{3/2}V-\ln N+\frac{5}{2}\right]=Nk\left(\ln\frac{q^{t}}{N}+\frac{5}{2}\right)$$

$$S_{m}^{t}=R\ln\left[\frac{(2\pi mkT)^{3/2}}{h^2}V_{m}\right]+\frac{5}{2}R$$

由 $U=A+TS$ 得

$$U^{t}=NkT^{2}\left(\frac{\partial\ln q^{t}}{\partial T}\right)_{V,N}=\frac{3}{2}NkT$$

$$C_{V}^{t}=\frac{3}{2}Nk$$

4. 转动配分函数

双原子分子转动能级的公式为

$$\varepsilon^{r}=J(J+1)\frac{h^2}{8\pi^2 I}\quad(J=0,1,2,\cdots)$$

式中，J 为转动能级的量子数；I 为转动惯量，对双原子分子来说，$I=\frac{m_1m_2}{m_1+m_2}r^2$；$m_1$、$m_2$ 分别为两个原子质量；r 为两个原子核间距离。

$$g_{i}^{r}=2J+1$$

$$q^{r}=\sum_{J=0}^{\infty}(2J+1)\exp\left[-\frac{J(J+1)h^2}{8\pi^2 IkT}\right]$$

令 $\Theta^{r}=\frac{h^2}{8\pi^2 Ik}$，称为转动特征温度。

常在温下，$\frac{\Theta^{r}}{T}\ll 1$，则有

$$q^{r}=\frac{T}{\Theta^{r}}=\frac{8\pi^2 IkT}{\sigma h^2}$$

式中，σ 为对称数。异核双原子分子 $\sigma=1$，同核双原子分子 $\sigma=2$。

对 Θ^r 较大的分子，有

$$q^r = \frac{T}{\Theta^r}\left(1 + \frac{\Theta^r}{3T} + \cdots\right)$$

对非线型多原子分子，有

$$q^r = \frac{8\pi^2\ (2\pi kT)^{\frac{3}{2}}}{\sigma h^3}\ (I_x, I_y, I_z)^{1/2}$$

5. 振动配分函数

双原子分子的振动能为

$$\varepsilon^v = \left(v + \frac{1}{2}\right) hv$$

式中，ν 为振动频率；v 为振动量子数，$v=0,1,2\cdots$（振动是非简并的，$g_2^v=1$）。

当 $\nu=0$ 时，$\varepsilon_0^v = \frac{1}{2}h\nu$ 称为零点振动能。

$$q^v = \sum_{v=0,1,2,\cdots} e^{-\frac{\left(v+\frac{1}{2}\right) h\nu}{kT}} =$$

$$e^{-\frac{1}{2}\frac{h\nu}{kT}} + e^{-\frac{3}{2}\frac{h\nu}{kT}} + e^{-\frac{5}{2}\frac{h\nu}{kT}} + \cdots = e^{-\frac{1}{2}\frac{h\nu}{kT}}\left(1 + e^{-\frac{h\nu}{kT}} + e^{-\frac{2h\nu}{kT}} + \cdots\right)$$

令 $\Theta^v = \frac{h\nu}{k}$，称为振动的特征函数。

在低温时，

$$\frac{\Theta^v}{T} \gg 1 \qquad e^{-\frac{\Theta^v}{T}} \ll 1$$

则

$$q^v = e^{-\frac{1}{2}\frac{h\nu}{kT}}\ \frac{1}{1 - e^{-h\nu/kT}}$$

令

$$\varepsilon_0^v = \frac{1}{2}h\nu = 0$$

$$q_0^v = \frac{1}{1 - e^{-h\nu/kT}}$$

对于线型多原子分子

$$q^v = \prod_{i=1}^{3n-5} \frac{e^{-\frac{h\nu}{2kT}}}{1 - e^{-\frac{h\nu}{kT}}}$$

对于非线型多原子分子

$$q^v = \prod_{i=1}^{3n-6} \frac{e^{-\frac{h\nu}{2kT}}}{1 - e^{-\frac{h\nu}{kT}}}$$

4.10.5 单原子理想气体的热力学函数

1. Helmholtz 自由能 A

$$A = -kT\ln\frac{q^N}{N!} = -kT\ln\,(q^n)^N - kT\ln\frac{(q^t)^N}{N!} - kT\ln(q^e)^N =$$

$$-kT\ln\left[g_0^n\exp\left(-\frac{\varepsilon_0^n}{kT}\right)\right]^N-kT\ln\left[g_0^e\exp\left(-\frac{\varepsilon_0^e}{kT}\right)\right]^N-NkT\ln\frac{(2\pi mkT)^{3/2}}{h^2}-$$

$$NkT\ln V+NkT\ln N-NkT=$$

$$(N\varepsilon_0^n+N\varepsilon_0^e)-NkT\ln g_0^n g_0^e+NkT\ln\frac{(2\pi mkT)^{3/2}}{h^2}-NkT\ln V+NkT\ln N-NkT$$

2. 熵 S

$$S=-\left(\frac{\partial A}{\partial T}\right)_{V,N}=Nk\left[\ln g_0^n g_0^e+\ln\left(\frac{2\pi mk}{h^2}\right)^{3/2}\right]+\ln V-\ln N+\frac{3}{2}\ln T+\frac{5}{2}$$

3. 内能 U

$$U=NkT^2\left(\frac{\partial\ln q}{\partial T}\right)_{V,N}=\frac{3}{2}NkT$$

4. 热容 C_V

$$C_V=\left(\frac{\partial U}{\partial T}\right)_{V,N}=\frac{3}{2}Nk$$

5. 化学势 μ

$$\mu=\left(\frac{\partial A}{\partial N}\right)_{T,V}=$$

$$(\varepsilon_0^n+\varepsilon_0^e)-kT\ln g_0^n g_0^e-kT\ln\frac{(2\pi mkT)^{\frac{3}{2}}}{h^3}-kT\ln kT-kT+kT\ln p$$

对 1 mol 气体而言，粒子数 $N=L$，所以上式写为

$$\mu=L(\varepsilon_0^n+\varepsilon_0^e)-RT\ln g_0^n g_0^e-RT\ln\frac{(2\pi mkT)^{3/2}}{h^2}-RT\ln kT-RT+RT\ln p$$

$$\mu^\ominus=L(\varepsilon_0^n+\varepsilon_0^e)-RT\ln g_0^n g_0^e-RT\ln\frac{(2\pi mkT)^{3/2}}{h^2}-RT\ln kT-RT+RT\ln p^\ominus$$

则

$$\mu=\mu^\ominus(T)+RT\ln(p/p^\ominus)$$

6. 状态方程式

$$p=-\left(\frac{\partial A}{\partial V}\right)_{T,N}=\frac{NkT}{V}$$

第 5 章　溶体及其模型

5.1　溶体的基本特性

凡是两种或两种以上的物质组成的均匀体系，如混合均匀的气体、混合均匀的溶液及单相的固溶体均称为单相溶体，它们的热力学性质的变化规律存在较多的相同或相似，称为溶体。本书中所说的溶体主要是指凝聚态溶体，即溶液和固溶体。

5.1.1　溶体中组元浓度的表示法

1. 质量分数

设在 k 个组元所组成的溶体中，各组元的质量分别为 $g_1, g_2, \cdots, g_k$，则组员 i 所占的质量分数 w_i 为

$$w_i = \frac{g_i}{g_1 + g_2 + \cdots + g_k} \times 100\%$$

2. 原子分数

$$a_i = \frac{w_i/A_i}{w_1/A_1 + w_2/A_2 + \cdots + w_i/A_i} \times 100\%$$

式中，A_i 为相对原子质量。

3. 摩尔分数

热力学计算中，各组元的浓度常以摩尔分数来表示。以 $n_1, n_2, \cdots n_k$ 表示溶体中各组元物质的量，则组元 i 的摩尔分数 x_i 为

$$x_i = \frac{n_i}{n_1 + n_2 + \cdots + n_k}$$

5.1.2　偏摩尔量

1. 定义

物质 B 的偏摩尔量就是在等温、等压及系统组成不变时，多组分均匀系统的广延性质 X 对物质 B 的量 n_{B} 的偏微商，是强度性质。

2. 偏摩尔量的数学表达式

$$X_{\mathrm{B}} = \left(\frac{\partial X}{\partial n_{\mathrm{B}}}\right)_{T, p, n_C \neq n_{\mathrm{B}}}$$

式中，n_C 为除 B 物质以外的组分的物质的量。

3. 偏摩尔量的集合公式

$$X=\sum_B n_B X_B = n_B X_B + n_C X_C + \cdots$$

4. 常遇到的各种偏摩尔量

偏摩尔体积

$$V_B=\left(\frac{\partial V}{\partial n_B}\right)_{T,p,n_C\neq n_B}$$

偏摩尔内能

$$U_B=\left(\frac{\partial U}{\partial n_B}\right)_{T,p,n_C\neq n_B}$$

偏摩尔焓

$$H_B=\left(\frac{\partial H}{\partial n_B}\right)_{T,p,n_C\neq n_B}$$

偏摩尔熵

$$S_B=\left(\frac{\partial S}{\partial n_B}\right)_{T,p,n_C\neq n_B}$$

偏摩尔 Helmholtz 函数

$$A_B=\left(\frac{\partial A}{\partial n_B}\right)_{T,p,n_C\neq n_B}$$

偏摩尔 Gibbs 函数

$$G_B=\left(\frac{\partial G}{\partial n_B}\right)_{T,p,n_C\neq n_B}$$

5.1.3　多元系 Gibbs 自由能

$$G=nG_m$$

式中，G 和 G_m 分别表示体系（溶体）的 Gibbs 自由能和体系（溶体）的摩尔 Gibbs 自由能；n 表示体系中物质的量。

组元 i 的偏摩尔 Gibbs 自由能为

$$G_i=\left(\frac{\partial G}{\partial n_i}\right)_{n_k}=\left(\frac{\partial n}{\partial n_i}\right)_{n_k}G_m+n\left(\frac{\partial G_m}{\partial n_i}\right)_{n_k}$$

由于 $n=\sum n_j$，$x_j=\dfrac{n_j}{n}$，又由于 G_m 常以摩尔分数表示，将变换如下：

$$(n_1,n_2,\cdots,n_r)=(n,x_2,\cdots,x_r)$$

$$G_i=\left(\frac{\partial n}{\partial n_i}\right)_{n_k}G_m+n\left(\frac{\partial G_m}{\partial n}\right)_{x_j}\left(\frac{\partial n}{\partial n_i}\right)_{n_k}+n\sum_{j=2}^{r}\left(\frac{\partial G_m}{\partial x_j}\right)_{n,x_k}\left(\frac{\partial x_j}{\partial n_i}\right)_{n_k}$$

由于 G_m 仅依赖于成分而与体系的大小无关，有

$$\left(\frac{\partial G_m}{\partial n}\right)_{x_j}=0$$

且 $\left(\dfrac{\partial n}{\partial n_i}\right)_{n_k}=1$，$\left(\dfrac{\partial x_j}{\partial n_i}\right)_{n_k}=\dfrac{\delta_{ij}-x_j}{n}$。

当 $i \neq j$ 时 $\delta_{ij}=0$；当 $i=j$ 时 $\delta_{ij}=1$；则

$$G_i = G_m + \sum_{j=2}^{r} (\delta_{ij} - x_j) \left(\frac{\partial G_m}{\partial x_j}\right)_{n, x_k}$$

对于三元系溶体（$r=3$），所以

$$G_1 = G_m - x_2 \frac{\partial G_m}{\partial x_2} - x_3 \frac{\partial G_m}{\partial x_3}$$

$$G_2 = G_m - (1 - x_2) \frac{\partial G_m}{\partial x_2} - x_3 \frac{\partial G_m}{\partial x_3}$$

$$G_3 = G_m - x_2 \frac{\partial G_m}{\partial x_2} - (1 - x_3) \frac{\partial G_m}{\partial x_3}$$

图解法求三元系偏摩尔性质见图 5－1。

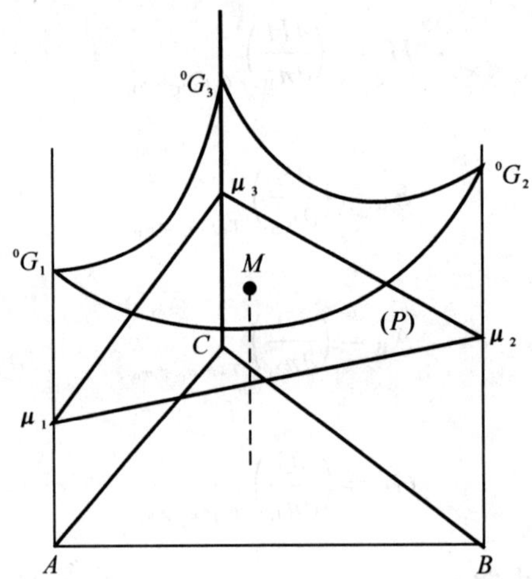

图 5－1　以图解法求三元系偏摩尔性质

5.1.4　化学势

1. 化学势定义

均匀多组分系统的某些特征函数（U、H、A 和 G）在相关特征变量和各物质的浓度不变时，每加入 1 mol B 物质引起该特征函数的变化值称为该物质在指定条件下的化学势，是强度性质。

2. 化学势数学表达式

$$\mu_B = \left(\frac{\partial X}{\partial n_B}\right)_{\text{特征变量}, n_C \neq n_B}$$

例如，

$$\mu_B = \left(\frac{\partial U}{\partial n_B}\right)_{S,V,n_C \neq n_B} = \left(\frac{\partial H}{\partial n_B}\right)_{S,p,n_C \neq n_B} = \left(\frac{\partial A}{\partial n_B}\right)_{T,V,n_C \neq n_B} = \left(\frac{\partial G}{\partial n_B}\right)_{T,p,n_C \neq n_B}$$

3. 化学势判据

$$\sum \mu_B \mathrm{d}n_B \leqslant 0$$

5.1.5　亨利定律

亨利定律：在一定的温度压力下，稀溶液中挥发性溶质 B 的平衡分压力 p_B 和它在溶液中摩尔分数 x_B 成正比。

$$p_B = kx_B$$

式中，k_B 为亨利系数。亨利定律的应用条件为挥发性溶质且溶质在气相或溶液中的分子状态必须相同。

5.1.6　拉乌尔定律

在一定温度下，稀溶液内溶剂 A 的蒸气压等于同温度下纯溶剂的蒸气压与溶液中溶剂的摩尔分数的乘积。

$$p_A = p_A^* x_A$$

式中，p_A^* 为同温度下纯溶剂 A 的饱和蒸气压。拉乌尔定律的应用对象是理想溶液和稀溶液的溶剂。

5.1.7　溶体的活度

理想溶体的化学势为

$$\mu_i = \mu_i^* + RT\ln x_i$$

式中，μ_i^* 为纯组元 i 的化学势。

一般溶体的化学势为

$$\mu_i = \mu_i^* + RT\ln a_i$$

式中，a_i 称为组元 i 活度。

$$a_i = \gamma_i x_i$$

式中，γ_i 为组元 i 活度系数；x_i 为组元 i 的摩尔分数。

5.2　理想溶体与真实溶体

(1)理想溶体，在整个成分范围内每个组元都符合拉乌尔定律。

混合引起的热力学函数的变化如下：

$$\Delta V_{混} = \Sigma n_B V_B - \Sigma n_B V_{B,m}$$

因为 $V_B = V_{B,m}$，故 $\Delta V_{混} = 0$。

$$\Delta H_{混} = \Sigma n_B H_B - \Sigma n_B H_{B,m}$$

因为 $H_B = H_{B,m}$，故 $\Delta H_{混} = 0$。

$$\Delta S_{混} = -(n_A R\ln x_A + n_B R\ln x_B)$$

$$\Delta G_{混} = nRT(x_A\ln x_A + x_B\ln x_B)$$

式中，V_B 为 B 组分的偏摩尔体积；$V_{B,m}$ 为纯 B 组分的摩尔体积；H_B 为 B 组分的偏摩尔焓；$H_{B,m}$ 为纯 B 组分的摩尔焓。

(2)实际溶体：多数溶体，它们往往偏离拉乌尔定律。

1)混合引起的热力学函数的变化。

$$\gamma_i = a_i / x_i$$

$$\mu_B = \mu_B^{\ominus} + RT\ln a_B = \mu_B^0 + RT\ln a_B$$

因为按照标准态定义 $\mu_B^{\ominus} = \mu_B^0$，其中 $\mu_B^{\ominus}$ 是标准态化学势，μ_B^0 是纯 B 物质的化学势。

$$\Delta V_{混} = \Sigma n_B V_B - \Sigma n_B V_{B,m}$$

$$V_B = \left(\frac{\partial \mu}{\partial p}\right)_{T,n_B,n_C} = \left(\frac{\partial \mu_B^0}{\partial p}\right)_{T,\Sigma n_C} + RT\left(\frac{\partial \ln \gamma_B x_B}{\partial p}\right)_{T,\Sigma n_C} =$$

$$\left(\frac{\partial \mu_B^0}{\partial p}\right)_{T,\Sigma n_C} + RT\left(\frac{\partial \ln \gamma_B}{\partial p}\right)_{T,\Sigma n_C}$$

$$\Delta V_{混} = \Sigma n_B V_B - \Sigma n_B V_{B,m} = n_B\left(\frac{\partial \mu_B^0}{\partial p}\right)_{T,\Sigma n_C} + n_B RT\left(\frac{\partial \ln \gamma_B}{\partial p}\right)_{T,\Sigma n_C} - n_B\left(\frac{\partial \mu_B^0}{\partial p}\right)_{T,\Sigma n_C} +$$

$$n_A\left(\frac{\partial \mu_A^0}{\partial p}\right)_{T,\Sigma n_C} + n_A RT\left(\frac{\partial \ln \gamma_A}{\partial p}\right)_{T,\Sigma n_C} - n_A\left(\frac{\partial \mu_A^0}{\partial p}\right)_{T,\Sigma n_C} =$$

$$n_B RT\left(\frac{\partial \ln \gamma_B}{\partial P}\right)_{T,\Sigma n_C} + n_A RT\left(\frac{\partial \ln \gamma_A}{\partial P}\right)_{T,\Sigma n_C}$$

因为

$$\frac{\mu_B}{T} = \frac{\mu_B^0}{T} + \ln(\gamma_B x_B)$$

$$\left[\frac{\partial\left(\frac{\mu_B}{T}\right)}{\partial T}\right]_{p,\Sigma n_C} = \left[\frac{\partial\left(\frac{\mu_B^0}{T}\right)}{\partial T}\right]_{p,\Sigma n_C} + R\left[\frac{\partial \ln \gamma_B}{\partial T}\right]_p = \left[\frac{\partial\left(\frac{\mu_B^0}{T}\right)}{\partial T}\right]_{p,\Sigma n_C} + R\left[\frac{\partial \ln \gamma_B}{\partial T}\right]_p$$

$$\Delta H_{混} = \Sigma n_B H_B - \Sigma n_B H_{B,m} = -n_A RT^2\left(\frac{\partial \ln \gamma_A}{\partial T}\right)_{p,\Sigma n_C} - n_B RT^2\left(\frac{\partial \ln \gamma_B}{\partial T}\right)_{p,\Sigma n_C}$$

因为

$$\left(\frac{\partial \mu_B}{\partial T}\right)_{p,\Sigma n_C} = \left(\frac{\partial \mu_B^0}{\partial T}\right)_{p,\Sigma n_C} + R\ln a_B + RT\left(\frac{\partial \ln \gamma_B}{\partial T}\right)_{p,\Sigma n_C} = \left(\frac{\partial \mu_B^0}{\partial T}\right)_{p,\Sigma n_C} + R\ln a_B + RT\left(\frac{\partial \ln \gamma_B}{\partial T}\right)_{p,\Sigma n_C}$$

$$\Delta S_{混} = \Sigma n_B S_B - \Sigma n_B S_{B,m} =$$

$$-n_A R\ln a_A - n_A RT\left(\frac{\partial \ln \gamma_A}{\partial T}\right)_{p,\Sigma n_C} - n_B R\ln a_B - n_B RT\left(\frac{\partial \ln \gamma_B}{\partial T}\right)_{p,\Sigma n_C}$$

$$\Delta G_{混} = \Sigma n_B G_B - \Sigma n_B G_{B,m}$$

$$= RT(n_A \ln a_A + n_B \ln a_B)$$

式中，S_B 为 B 组分的偏摩尔熵；$S_{B,m}$ 为纯 B 组分的摩尔熵；G_B 为 B 组分的偏摩尔 Gibbs 函数；$G_{B,m}$ 为纯 B 组分的摩尔 Gibbs 函数。

2)真实溶体的超额热力学函数

$$\Delta V^E = \Delta V^{mix} - \Delta V^{ideal} = n_B RT\left(\frac{\partial \ln \gamma_B}{\partial P}\right)_{T,\Sigma n_C} + n_A RT\left(\frac{\partial \ln \gamma_A}{\partial p}\right)_{T,\Sigma n_C}$$

$$\Delta H^E = \Delta H^{mix} - \Delta H^{ideal} = -n_A RT^2\left(\frac{\partial \ln \gamma_A}{\partial T}\right)_{p,\Sigma n_C} - n_B RT^2\left(\frac{\partial \ln \gamma_B}{\partial T}\right)_{p,\Sigma n_C}$$

$$\Delta S^E = \Delta S^{mix} - \Delta S^{ideal} =$$

$$-n_A R\ln a_A - n_A RT\left(\frac{\partial \ln \gamma_A}{\partial T}\right)_{p,\Sigma n_C} - n_B \ln a_B - n_B RT\left(\frac{\partial \ln \gamma_B}{\partial T}\right)_{p,\Sigma n_C} - (-n_A R\ln x_A - n_B R\ln x_B) =$$

$$-n_A R\ln\gamma_A - n_A RT\left(\frac{\partial\ln\gamma_A}{\partial T}\right)_{p,\Sigma n_C} - n_B\ln\gamma_B - n_B RT\left(\frac{\partial\ln\gamma_B}{\partial T}\right)_{p,\Sigma n_C}$$

$$\Delta G^E = \Delta G^{mix} - \Delta G^{ideal} = RT(n_A\ln a_A + n_B\ln a_B) - RT(n_A\ln x_A + n_B\ln x_B) = RT(n_A\ln\gamma_A + n_B\ln\gamma_B)$$

式中，ΔV^E、ΔH^E、ΔS^E、ΔG^E 分别为溶体的超额体积、超额焓、超额熵和超额 Gibbs 自由能；ΔV^{mix}、ΔH^{mix}、ΔS^{mix}、ΔG^{mix}分别为溶体的混合体积、混合焓、混合熵和混合 Gibbs 自由能；ΔV^{ideal}、ΔH^{ideal}、ΔS^{ideal}、ΔG^{ideal}分别为理想溶体的混合体积、混合焓、混合熵和混合 Gibbs 函数。

5.3　溶体模型

5.3.1　规则溶体与亚规则溶体

1. 规则溶体模型

$$\ln\gamma_A = \alpha_1 x_B + \frac{1}{2}\alpha_2 x_B^2 + \frac{1}{3}\alpha_3 x_B^3 + \cdots$$

$$\ln\gamma_B = \beta_1 x_A + \frac{1}{2}\beta_2 x_A^2 + \frac{1}{3}\beta_3 x_A^3 + \cdots$$

$$\mathrm{d}\ln\gamma_A = \alpha_1 + \frac{1}{2}\alpha_2 2x_B + \frac{1}{3}\alpha_3 3x_B^2 + \cdots$$

$$\mathrm{d}\ln\gamma_B = \beta_1 + \frac{1}{2}\beta_2 2x_A + \frac{1}{3}\beta_3 3x_A^2 + \cdots$$

$$x_A\mathrm{d}\ln\gamma_A = -x_B\mathrm{d}\ln\gamma_B$$

$$\alpha_1 x_A + \alpha_2 x_A x_B + \alpha_3 x_A x_B^2 + \cdots = -\beta_1 x_B - \beta_2 x_A x_B - \beta_3 x_A^2 x_B + \cdots$$

如果在整个浓度范围内遵守上述方程，则有 $\alpha_1 = \beta_1 = 0$。

只有二次项时，$\alpha_2 = \beta_2$。

凡是符合下列方程的溶体称为规则溶体：

$$RT\ln\gamma_A = \alpha' x_B^2$$

$$RT\ln\gamma_B = \alpha' x_A^2$$

$$\ln\gamma_A = \alpha x_B^2$$

$$\ln\gamma_B = \alpha x_A^2$$

其中，$\alpha = \frac{\alpha'}{RT}$，$\alpha'$为常数，$\alpha$ 为$\left(\frac{1}{T}\right)$的函数。

$$\Delta V_{混} = \sum n_B V_B - \sum n_B V_{B,m} = n_B RT\left(\frac{\partial\ln\gamma_B}{\partial p}\right)_{T,\Sigma n_C} + n_A RT\left(\frac{\partial\ln\gamma_A}{\partial p}\right)_{T,\Sigma n_C} = n_B RT\left(\frac{\partial(\alpha x_A^2)}{\partial p}\right)_{T,\Sigma n_C} + n_A RT\left(\frac{\partial(\alpha x_B^2)}{\partial P}\right)_{T,\Sigma n_C} = 0$$

$$\Delta H_{混} = \sum n_B H_B - \sum n_B H_{B,m} = -n_A RT^2\left(\frac{\partial\ln\gamma_A}{\partial T}\right)_{p,\Sigma n_C} - n_B RT^2\left(\frac{\partial\ln\gamma_B}{\partial T}\right)_{p,\Sigma n_C} =$$

$$-n_A RT^2\left(\frac{\partial\left[\frac{\alpha'}{RT}x_B^2\right]}{\partial T}\right)_{p,\Sigma n_C}-n_B RT^2\left(\frac{\partial\left[\frac{\alpha'}{RT}x_A^2\right]}{\partial T}\right)_{p,\Sigma n_C}=$$

$$-n_A\alpha' x_B^2 T^2\left(-\frac{1}{T^2}\right)-n_B\alpha' x_A^2 T^2\left(-\frac{1}{T^2}\right)=$$

$$\alpha'(n_A x_B^2+n_B x_A^2)$$

$$\Delta S_{混}=-n_A R\ln x_A-n_A R\ln\gamma_A-n_A RT\left(\frac{\partial\ln\gamma_A}{\partial T}\right)_{p,\Sigma n_C}-$$

$$n_B R\ln x_B-n_B R\ln\gamma_B-n_B RT\left(\frac{\partial\ln\gamma_B}{\partial T}\right)_{p,\Sigma n_C}=$$

$$-n_A R\ln x_A-n_B R\ln x_B-n_A R\frac{\alpha'}{RT}x_B^2-n_A RT\left[\frac{\partial\left(\frac{\alpha'}{RT}x_B^2\right)}{\partial T}\right]_{p,\Sigma n_C}-$$

$$n_B R\frac{\alpha'}{RT}x_A^2-n_B RT\left[\frac{\partial\left(\frac{\alpha'}{RT}x_A^2\right)}{\partial T}\right]_{p,\Sigma n_C}=$$

$$-n_A R\ln x_A-n_B R\ln x_B-\frac{n_A\alpha'}{T}x_B^2+$$

$$RTn_A\frac{\alpha' x_B^2}{RT^2}-\frac{n_B\alpha'}{T}x_A^2+n_B\frac{RT\alpha'}{RT^2}x_A^2=$$

$$-n_A R\ln x_A-n_B R\ln x_B-\frac{n_A\alpha'}{T}x_B^2+n_A\frac{\alpha' x_B^2}{T}-\frac{n_B\alpha'}{T}x_A^2+n_B\frac{\alpha'}{T}x_A^2=$$

$$-n_A R\ln x_A-n_B R\ln x_B$$

$$\Delta G_{混}=\sum n_B G_B-\sum n_B G_{B,m}=RT(n_A\ln a_A+n_B\ln a_B)=$$

$$RT[n_A(\ln\gamma_A+\ln x_A)+n_B(\ln\gamma_B+\ln x_B)]=$$

$$RT[n_A\ln\gamma_A+n_A\ln x_A+n_B\ln\gamma_B+n_B\ln x_B]=$$

$$RT\left(n_A\frac{\alpha' x_B^2}{RT}+n_A\ln x_A+n_B\frac{\alpha' x_A^2}{RT}+n_B\ln x_B\right)=$$

$$RT\left(\frac{n_A\alpha'}{RT}x_B^2+n_A\ln x_A+\frac{n_B\alpha'}{RT}x_A^2+n_B\ln x_B\right)$$

Ti－Sn 合金属于规则溶体，从上面推导可以看出规则溶体混合热并不为零，而混合熵为理想溶体的混合熵。

$$\Delta V^E=\Delta V^{混}-\Delta V^{ideal}=0$$

$$\Delta H^E=\Delta H^{混}-\Delta H^{ideal}=-n_A RT^2\left(\frac{\partial\ln\gamma_A}{\partial T}\right)_{p,\Sigma n_C}-n_B RT^2\left(\frac{\partial\ln\gamma_B}{\partial T}\right)_{p,\Sigma n_C}=$$

$$\alpha'(n_A x_B^2+n_B x_A^2)$$

$$\Delta S^E=\Delta S^{混}-\Delta S^{ideal}=$$

$$-n_A R\ln x_A-n_B R\ln x_B+n_A R\ln x_A+n_B R\ln x_B=0$$

$$\Delta G^E=\Delta G^{混}-\Delta G^{ideal}=$$

$$RT\left(\frac{n_A\alpha'}{RT}x_B^2+n_A\ln x_A+\frac{n_B\alpha'}{RT}x_A^2+n_B\ln x_B\right)-RT(n_A\ln x_A+n_B\ln x_B)=$$

$$RT\left(\frac{n_A\alpha'}{RT}x_B^2+\frac{n_B\alpha'}{RT}x_A^2\right)=n_A\alpha' x_B^2+n_B\alpha' x_A^2$$

对于一定成分的溶体，在不同温度下，有

$$RT_1\ln\gamma_{A(T_2)}=RT_1\ln\gamma_{A(T_1)}=\alpha' x_B^2$$

因此，对于规则溶体有

$$\frac{\ln\gamma_{(T_2)}}{\ln\gamma_{(T_1)}}=\frac{T_1}{T_2}$$

规则溶体模型又称正规溶体模型。

对于狭义规则溶体来说，令

$$\Delta G^E=x_Ax_B I_{AB}$$

$$\Delta G^M=RT(x_A\ln x_A+x_B\ln x_B)+x_Ax_B I_{AB}$$

其中，I_{AB}为 A、B 组元的相互作用系数或相互作用能。

二元规则溶体的化学势定义为

$$\mu_A=G_A=\left(\frac{\partial G}{\partial n_A}\right)_{T,p,n_B}$$

$$\mu_B=G_B=\left(\frac{\partial G}{\partial n_B}\right)_{T,p,n_A}$$

而

$$G=(n_A+n_B)G_m$$

$$G_A=\left(\frac{\partial G}{\partial n_A}\right)_{T,p,n_B}=(n_A+n_B)\frac{\partial G_m}{\partial n_A}+G_m=(n_A+n_B)\frac{\partial G_m}{\partial x_B}\frac{\partial x_B}{\partial n_A}+G_m$$

$$G_B=(n_A+n_B)\frac{\partial G_m}{\partial x_B}\frac{\partial x_B}{\partial n_B}+G_m$$

其中，$x_A=\dfrac{n_A}{n_A+n_B}$，$x_B=\dfrac{n_B}{n_A+n_B}$，$\dfrac{\partial x_B}{\partial n_A}=-\dfrac{x_B}{n_A+n_B}$，$\dfrac{\partial x_B}{\partial n_B}=\dfrac{1-x_B}{n_A+n_B}$，所以

$$G_A=G_m-x_B\frac{\partial G_B}{\partial x_B}$$

$$G_B=G_m+(1-x_B)\frac{\partial G_m}{\partial x_B}$$

$$G_m=x_AG_A+x_BG_B$$

对于规则溶液来说，

$$G_m=x_AG_A^{\ominus}+x_BG_B^{\ominus}+RT(x_A\ln x_A+x_B\ln x_B)+x_Ax_B I_{AB}$$

$$G_A=G_A^{\ominus}+RT\ln x_A+(1-x_A)^2 I_{AB}$$

$$G_B=G_B^{\ominus}+RT\ln x_B+(1-x_B)^2 I_{AB}$$

$$G_A=G_A^{\ominus}+RT\ln a_A$$

$$G_B=G_B^{\ominus}+RT\ln a_B$$

$$RT\ln a_A=RT\ln x_A+(1-x_A)^2 I_{AB}$$

$$RT\ln\frac{a_A}{x_A}=(1-x_A)^2 I_{AB}$$

$$\gamma_{A}=\frac{a_{A}}{x_{A}}=\exp\left[\frac{(1-x_{A})^{2}}{RT}I_{AB}\right]$$

$$\gamma_{B}=\frac{a_{B}}{x_{B}}=\exp\left[\frac{(1-x_{B})^{2}}{RT}I_{AB}\right]$$

$$I_{AB}>0,\quad \gamma>1$$

$$I_{AB}<0,\quad \gamma<1$$

$$I_{AB}=0,\quad \gamma=1$$

2. 亚规则溶体模型

在规则溶体中，认为组元间交互作用系数 $\alpha'(I_{AB})$ 与温度和成分无关，大多数溶体不能满足该条件。由于正规溶体模型中只考虑最临近原子之间相互作用，所以正规溶体模型在用于热力学计算时往往存在一定的偏差。在实际溶体中次近邻原子之间也会有相互作用，虽然这种相互作用要小于最近邻原子之间的相互作用，但是在实际热力学性质计算中次近邻原子之间的相互作用也是不能忽略的。亚规则溶体模型对于除了最近邻和次近邻原子之间的作用，其他作用可以忽略。原子之间的相互作用能或称相互作用系数 I_{12} 在一定温度下可以看成是成分 (x_1,x_2) 的线性函数。

$$I_{12}=Ax_1+Bx_2$$

其中，A 和 B 为与温度有关的常数，代入正规溶体模型中，有

$$\Delta^{E}G=I_{12}x_1x_2=x_1x_2(Ax_1+Bx_2)$$

这样亚规则溶体的混合 Gibbs 自由能变化可表示为

$$G^{M}=RT(x_1\ln x_1+x_2\ln x_2)+x_1x_2(Ax_1+Bx_2)$$

因此亚规则溶体的摩尔自由能可表示为

$$G_{m}=x_1^0G_1+x_2^0G_2+RT(x_1\ln x_1+x_2\ln x_2)+x_1x_2(Ax_1+Bx_2)$$

在此后的研究中又出现了多种亚规则溶体模型，其过剩自由能的表达式分别有

$$\Delta^{E}G=x_1x_2(A_0+A_1x_2+A_2x_2^2+A_3x_2^3+\cdots)$$

$$\Delta^{E}G=x_1x_2[A_0+A_1(x_1-x_2)+A_2(x_1-x_2)^2+A_3(x_1-x_2)^3+\cdots]$$

$$\Delta^{E}G=x_1x_2(A_1+A_1x_2)$$

$$\Delta^{E}G=x_1x_2(A_1x_1^2+A_2x_1x_2+A_3x_2^2+\cdots)$$

$$\Delta^{E}G=x_1x_2(A_1x_1^3+A_2x_1^2x_2+A_3x_1x_2^2+A_4x_2^3+\cdots)$$

以上各式中，$A_1\sim A_4$ 均表示为组元之间交互作用参数。

对于三元合金，过剩自由能可表示为

$$\Delta^{E}G^{\phi}=\sum_{i}\sum_{j>i}x_ix_j\sum_{\vartheta=0}({}^{\vartheta}L_{i,j}^{\phi}\ (x_i-x_j)^{\vartheta})+x_{A}x_{B}x_{C}\sum_{\vartheta'=0}^{2}{}^{\vartheta'}L_{A,B,Cx\vartheta'}^{\phi}$$

其中，${}^{\vartheta}L_{i,j}^{\phi}$ 表示二组元间的相互作用系数；ϑ 为 Redlich - Kister 多项式中的系数；${}^{\vartheta'}L_{A,B,C}^{\phi}$ 为与第三组元有关的过剩二元相互作用系数；$\vartheta'=0,1,2$ 分别代表组元 A、B 和 C 而 ${}^{\vartheta'}L_{A,B,C}^{\phi}$ 可表示为温度的函数，即

$${}^{\vartheta'}L_{A,B,C}^{\phi}=a+bT$$

式中，a、b 为常数。

5.3.2 规则溶体模型的统计分析

E. Ising 提出的固溶体统计模型中，固溶体内原子之间的作用力定义为

$$\varepsilon=\mu_{AB}-\frac{1}{2}(\mu_{AA}+\mu_{BB})$$

其中，μ_{AA}为 A－A 原子的结合能；μ_{BB}为 B－B 原子的结合能；μ_{AB}为 A－B 原子的结合能，且 $\mu_{AB}=\mu_{BA}$。

这是因为一对 A－A 原子和一对 B－B 原子混合后形成两个 A－B 对，结合能变化为

$$2\varepsilon=\mu_{AB}+\mu_{BA}-\mu_{AA}-\mu_{BB}$$

$$U^{M}=n_{AA}\mu_{AA}+n_{BB}\mu_{BB}+n_{AB}\mu_{AB}+n_{BA}\mu_{BA}$$

其中，

$$n_{AA}=\frac{1}{2}n_{A}Zx_{A}=\frac{1}{2}N_{0}Zx_{A}^{2}$$

$$n_{BB}=\frac{1}{2}n_{B}Zx_{B}=\frac{1}{2}N_{0}Zx_{B}^{2}$$

$$n_{AB}=\frac{1}{2}n_{A}Zx_{B}=\frac{1}{2}N_{0}Zx_{A}x_{B}$$

$$n_{BA}=\frac{1}{2}n_{B}Zx_{A}=\frac{1}{2}N_{0}Zx_{A}x_{B}$$

式中，N_0、n_A、n_B 分别为 1 mol 混合物中原子总数（阿佛伽德罗数）、A 原子数和 B 原子数；x_A 和 x_B 分别为 A 和 B 原子分数；Z 为配位数；U^M 为 1 mol 混合物中内能。则

$$U^{M}=\frac{1}{2}N_{0}Zx_{A}^{2}\mu_{AA}+\frac{1}{2}N_{0}Zx_{B}^{2}\mu_{BB}+\frac{1}{2}N_{0}Zx_{A}x_{B}\mu_{AB}+\frac{1}{2}N_{0}Zx_{A}x_{B}\mu_{BA}=$$

$$\frac{1}{2}N_{0}Zx_{A}\mu_{AA}+\frac{1}{2}N_{0}Zx_{B}\mu_{BB}+\frac{1}{2}N_{0}Zx_{A}x_{B}(\mu_{AB}+\mu_{BA}-\mu_{AA}-\mu_{BB})$$

对于规则溶液：$\frac{1}{2}N_0Z\mu_{AA}=\mu_A^0$，$\frac{1}{2}N_0Z\mu_{BB}=\mu_B^0$，其中 μ_A^0 为 1 mol 纯 A 物质的内能，μ_B^0 为 1 mol 纯 B 物质的内能，这样 1 mol 规则溶体的内能为

$$U_{m}^{M}=x_{A}\mu_{A}^{0}+x_{B}\mu_{B}^{0}+\frac{1}{2}N_{0}Zx_{A}x_{B}(\mu_{AB}+\mu_{BA}-\mu_{AA}-\mu_{BB})$$

混合前后内能的变化为

$$\Delta U_{m}^{M}=U_{m}^{M}-(\mu_{A}^{0}x_{A}+\mu_{B}^{0}x_{B})=x_{A}x_{B}N_{0}Z\varepsilon$$

因为 $\Delta(pV)=0$（若在等压下形成的混合物时无体积变化），则

$$\Delta U_{m}^{M}=U_{m}^{M}-(x_{A}U_{A}^{0}+x_{B}U_{B}^{0})=N_{0}Zx_{A}x_{B}\varepsilon$$

$$\Delta H_{m}^{M}=H_{m}^{M}-(x_{A}H_{A}^{0}+x_{B}H_{B}^{0})=N_{0}Zx_{A}x_{B}\varepsilon=\Delta U_{m}^{M}$$

$$\Delta S_{m}^{M}=S_{m}^{M}-(x_{A}S_{A}^{0}+x_{B}S_{B}^{0})=-RT(x_{A}\ln x_{A}+x_{B}\ln x_{B})$$

$$\Delta G_{m}^{M}=\Delta H_{m}^{M}-T\Delta S_{m}^{M}=RT(x_{A}\ln x_{A}+x_{B}\ln x_{B})+N_{0}Zx_{A}x_{B}\varepsilon$$

因

$$I_{AB}=N_{0}Z\varepsilon$$

得

$$\alpha'=\alpha RT=N_{0}Z\varepsilon$$

5.3.3　二元固溶体的亚点阵模型

亚点阵模型最初被应用于离子溶体及化学计量比相。该模型是把溶体看成是有多个亚点

阵组成，固溶体的混合熵等于各亚点阵的混合熵之和。

在铁基合金中，常见的晶体结构有 BCC 和 FCC 结构。对于 BCC 结构，位于八面体顶点和体心的质点构成一个亚点阵，称为质点亚点阵；而八面体间隙构成另一个亚点阵，称为间隙亚点阵。

亚点阵模型认为，如果质点亚点阵只能容纳 Fe、Cr、Mn 等，间隙亚点阵可容纳 C、N、ϑ，其中 ϑ 表示空位。因此，铁基合金也可表示为

$$(Fe,Cr,Mn)_1(C,N,\vartheta)_3$$

亚点阵模型认为，如果质点亚点阵只有 Fe，空位亚点阵只有 C(碳)或空位时，则混合熵为零。

在具有体心立方结构的一般固溶体中，若以 x_i 表示包括空位在内各质点的摩尔分数(即把空位也看成是一种质点)，表示成通式为：

$$\sum^{M} x_i = \frac{a}{a+c}, \quad \sum^{N} x_i = \frac{c}{a+c}, \quad \frac{\sum^{M} x_i}{\sum^{N} x_i} = \frac{a}{c}$$

式中，若以 M 代表质点位置，称为 M 亚点阵；若以 N 代表间隙位置，称 N 亚点阵；写成通式为 $M_a N_c$。

对于铁基合金，有

$$x_{Fe} + x_{Cr} + x_{Mn} + x_C + x_N + x_\vartheta = 1$$

$$x_{Fe} + x_{Cr} + x_{Mn} = \frac{1}{4}$$

$$x_C + x_N + x_\vartheta = \frac{3}{4}$$

$$\frac{x_{Fe} + x_{Cr} + x_{Mn}}{x_C + x_N + x_\vartheta} = \frac{1}{3}$$

在铁基合金 BCC 结构的亚点阵中，定义一个新的参数，通式为

$$y_{M_i} = \frac{x_{M_i}}{\dfrac{a}{a+c}}, \quad y_{N_i} = \frac{x_{N_i}}{\dfrac{c}{a+c}}$$

对于铁基合金，有

$$y_{Fe} = \frac{x_{Fe}}{x_{Fe} + x_{Cr} + x_{Mn}} = \frac{x_{Fe}}{1/4}$$

$$y_C = \frac{x_C}{x_C + x_N + x_\vartheta} = \frac{x_C}{3/4}$$

1 mol 的 M 亚点阵中混合熵为

$$S_M = -R\sum^{M} y_{M_i} \ln y_{M_i} = -R(y_{M_1} \ln y_{M_1} + y_{M_2} \ln y_{M_2})$$

1 mol 的 N 亚点阵中混合熵为(间隙原子随机分布于间隙位置)

$$S_N = -R\sum^{N} y_{N_i} \ln y_{N_i} = -R(y_{N_1} \ln y_{N_1} + y_{N_2} \ln y_{N_2})$$

在$(a+b)$mol 原子的 α 相中混合熵为

$$S_{M_aN_b}=aS_M+bS_N=-aR\sum^{M}y_{M_i}\ln y_{M_i}-bR\sum^{N}y_{N_i}\ln y_{N_i}$$

其中,溶体中空位的摩尔分数 x_ϑ。

因为$\sum^{M}x_{M_i}+\sum^{N}x_{N_i}=1$

$$\frac{\sum^{M}x_{M_i}}{\sum^{N}x_{N_i}+x_\vartheta}=\frac{a}{b}$$

因此有

$$x_\vartheta=\frac{b}{a}\sum^{M}x_{M_i}-\sum^{N}x_{N_i}$$

例 Fe-C 合金 α 相中的熵与自由能。

合金 α 相中,通式为 A_aN_b,A 代表 Fe 原子,N 代表 C 原子数和空位数。也可以看成由 A_aC_b 和 $A_a\vartheta_b$ 混合而成。

$$A_a C_b+A_a \vartheta_b\rightarrow A_a(C,\vartheta)_b$$

在固溶体中,

$$x_\vartheta=\frac{b}{a}\sum^{A}x_{M_i}-\sum^{N}x_{N_i}=\frac{b}{a}(1-x_C)-x_C$$

在 A 亚点阵中 $y_A=1$,在 N 亚点阵中

$$y_C=\frac{x_C}{\frac{b}{a}x_A}=\frac{a}{b}\frac{x_C}{1-x_C},\quad y_\vartheta=1-y_C$$

对于 1 mol 的 A_aN_b 分子,因为 A 亚点阵的混合熵为零,故 1 mol 的 A_aN_b 分子的混合熵为

$$S_{A_aN_b}=-bR\sum^{N}y_{N_i}\ln y_{N_i}=-bR[y_C\ln y_C+(1-y_C)\ln(1-y_C)]$$

1 mol 的 A_aN_b分子中含实体原子摩尔数

$$a+b\,y_C=a+b\frac{a}{b}\frac{x_C}{1-x_C}=\frac{a}{1-x_C}$$

1 mol 原子的 α 相混合熵为

$$S_m=\frac{S_{A_aN_b}}{\frac{a}{1-x_C}}=-\frac{b}{a}(1-x_C)R[y_C\ln y_C+(1-y_C)\ln(1-y_C)]$$

在 A 亚点阵中,只有 A 原子时没有过剩自由能。在 N 亚点阵中,两种质点 C 和 ϑ 混合

$$\Delta^E G_N=y_C\,y_\vartheta\,I_C$$

1 mol 的 A_aN_b分子中含有b mol N 质点,所以其过剩自由能为$by_C\,y_\vartheta I_C$,因此,$A_a(C,\vartheta)_b$分子的自由能为

$$G_{A_aN_b}=y_CG^{\ominus}_{A_aC_b}+y_\vartheta G^{\ominus}_{A_a\vartheta B}+by_C\,y_\vartheta\,I_C+bRT(y_C\ln y_C+y_\vartheta\ln y_\vartheta)$$

把 $A_a(C,\vartheta)_b$ 看成由两组元 A_aC_b 和 $A_a\vartheta_b$ 组成,则

$$G_{A_aC_b}=G_{A_aN_b}-(1-y_C)\frac{\partial G_{A_aN_b}}{\partial y_\vartheta}$$

$$G_{A_a \vartheta_b}=G_{A_a N_b}-y_C\frac{\partial G_{A_a N_b}}{\partial y_\vartheta}$$

得

$$G_{A_a \vartheta_b}=G^{\ominus}_{A_a \vartheta_b}+by_C{}^2 I_C+bRT\ln(1-y_C)$$

由于 $A_a\vartheta_b$ 亚点阵中含有 a 个 A 原子与 b 个空位，因此 a 个 A 原子的自由能为

$$G_A=\frac{G_{A_a}\ \vartheta_b}{a}=G^{\ominus}_A+\frac{b}{a}y_C^2 I_C+\frac{b}{a}RT\ln(1-y_C)$$

$$G_{A_a C_b}=G^{\ominus}_{A_a C_b}+b(1-y_C)^2 I_C+bRT\ln y_C$$

因 $G_{A_a C_b}=aG_A+bG_C$

$$G_C=\frac{G_{A_a C_b}-aG_A}{b}=\frac{G_{A_a C_b}-G_{A_a \vartheta_b}}{b}$$

$$G_C=\frac{G^{\ominus}_{A_a C_b}-G^{\ominus}_{A_a \vartheta_b}}{b}+I_C(1-2y_C)+RT\ln\frac{y_C}{1-y_C}$$

把亚点阵模型处理碳在奥氏体中形成的间隙溶体，则 $a=b=1$。

$$G^{\gamma}_{Fe}={}^{\ominus}G^{\gamma}_{Fe}+RT\ln(1-y^{\gamma}_C)+I^{\gamma}_C\ (y^{\gamma}_C)^2$$

$$G^{\gamma}_C={}^{\ominus}G^{\gamma}_{FeC}-{}^{\ominus}G^{\gamma}_{Fe}+I^{\gamma}_C(1-2y^{\gamma}_C)+RT\ln\frac{y^{\gamma}_C}{(1-y^{\gamma}_C)}$$

定义碳在奥氏体中活度表达式为

$$\mu^{\gamma}_C=G^{\gamma}_C={}^{\ominus}G^{\gamma}_C+RT\ln a^{\gamma}_C$$

奥氏体中的碳若以石墨为基准态，即 ${}^{\ominus}G^{\gamma}_C={}^{\ominus}G^{g\gamma}_C$，这样

$$RT\ln a^{\gamma}_C=[{}^{\ominus}G^{\gamma}_{FeC}-{}^{\ominus}G^{\gamma}_{Fe}-{}^{\ominus}G^{g\gamma}_C+I^{\gamma}_C(1-2y^{\gamma}_C)]+RT\ln\frac{y^{\gamma}_C}{1-y^{\gamma}_C}$$

令 $a^{\gamma}_C=\dfrac{f^{\gamma}_C y^{\gamma}_C}{1-y^{\gamma}_C}$，则试验测得

$${}^{\ominus}G^{\gamma}_{FeC}-{}^{\ominus}G^{\gamma}_{Fe}-{}^{\ominus}G^{g\gamma}_C+I^{\gamma}_C=46\ 115-19.178T\ \text{J/mol}$$

从而可求得 a^{γ}_C。

5.3.4 其他溶体模型

1. 中心原子模型

中心原子模型主要通过溶体单元胞腔内原子临近变化对原子之间能量场的影响来描述溶体特性的溶体模型。该模型的最大特点是，用一个中心原子和其他最近邻区域原子之间的一串原子对代替单个原子对，所以溶体的配分函数可以用与最近邻原子不同组态有关的分布概率和这些不同组态对中心原子的作用来描述。

中心原子的模型的一个重要假设是溶体中各原子呈球对称分布，因此最近邻原子 A 和 B 的排列形式不同，B 原子对中心原子 A 所施加的能量场不同于 A－A 能量场，因此 B 原子的不同排布将造成能量差。

(1)配分函数。

根据统计力学，中心原子模型中配分函数可记为

$$Q=\sum g\exp(-\frac{E}{kT})$$

其中，E 为系统的能量；g 为组态数。化学体系

$$Q=\sum g\, z_{A}^{n_A}\, z_{B}^{n_B} \exp(-\frac{E}{kT})$$

式中，$z_{A}^{n_A}$ 为各 A 原子配分函数的乘积；$z_{B}^{n_B}$ 为各 B 原子配分函数的乘积。

(2)不同组态的概率。

在任一溶体中，发现一个被其最近邻壳层中 i 个 B 原子和$(Z-i)$个 A 原子所包围的中心原子 A 的概率p_{iB}^{*A}为

$$p_{iB}^{*A}=C_Z^i x_A^{z-i} x_B^i$$

其中，排列数为C_Z^i。

在规则溶体中，概率表达式须加以修正

$$p_{iB}^{A}=p_{iB}^{*A}\, f_{iB}^{A}/\, p_A$$

式中，p_{iB}^{A}为规则溶体中发现中心原子 A 的概率；f_{iB}^{A}是校正因子；p_A 是归一化因子。

$$p_{iB}^{B}=p_{iB}^{*B}\, f_{iB}^{B}/\, p_B$$

(3)热力学函数。

每一个被 i 个 B 原子和$(Z-i)$个 A 原子包围的 A 原子(或 B 原子)均具有势能 U_{iB}^{A}(或 U_{iB}^{B})，E 可表示为以每个原子依次作为中心原子后所贡献的能量之和。p_{iB}^{A}，p_{iB}^{B}对应于产生配分函数最大项的分布概率。

$$E=\frac{1}{2}x_A\sum_{i=0}^{Z} p_{iB}^{A}\,U_{iB}^{A}+\frac{1}{2}x_B\sum_{i=0}^{Z} p_{iB}^{B}\,U_{iB}^{B}$$

对于凝聚态，体积随压力的变化较小，可略去 pV 项，剩余焓可表示为

$$H^E=E-x_A E_A-x_B E_B=E-\frac{1}{2}x_A U_{0B}^{A}-\frac{1}{2}x_B U_{0B}^{B}$$

$$H^E=\frac{1}{2}x_A\sum_{i=0}^{Z} p_{iB}^{A}\,U_{iB}^{A}+\frac{1}{2}x_B\sum_{i=0}^{Z} p_{iB}^{B}U_{iB}^{B}-\frac{1}{2}x_A U_{0B}^{A}-\frac{1}{2}x_B\, U_{0B}^{B}$$

根据 Gibbs 自由能的定义可得

$$G^E=H^E-TS^E=H^E-TS_{conf}^E-TS_{nonconf}^E$$

其中，S_{conf}^E和 $S_{nonconf}^E$分别为组态熵和非组态熵；$S_{conf}^E=R\ln g$ 为剩余组态熵，而剩余非组态熵 $S_{nonconf}^E$为

$$S_{nonconf}^E=R\left(\sum_{i=0}^{Z} p_{iB}^{A}x_A\ln q_{iB}^{A}+\sum_{i=0}^{Z} p_{iB}^{B}x_B\ln q_{iB}^{B}\right)$$

$$G^E=\frac{1}{2}x_A\sum_{i=0}^{Z} p_{iB}^{A}\,U_{iB}^{A}+\frac{1}{2}x_B\sum_{i=0}^{Z} p_{iB}^{B}\,U_{iB}^{B}-\frac{1}{2}x_A\,U_{0B}^{A}-\frac{1}{2}x_B\,U_{0B}^{B}-RT\ln g-$$

$$TR\left(\sum_{i=0}^{Z} p_{iB}^{A}x_A\ln q_{iB}^{A}+\sum_{i=0}^{Z} p_{iB}^{B}x_B\ln q_{iB}^{B}\right)$$

2. 自由体积理论模型

自由体积理论模型最早是在 1957 年由日本学者志井和丹羽提出后经田中完善而成。该模型同时考虑形成溶体后组态熵的变化和由于混合而引起各组元原子振动熵的变化。自由体积理论模型计算二元和三元合金溶体，特别是对有色合金溶体十分有效。

假定溶体中每个粒子(原子)A 在其最近邻原子构成的胞腔中作简谐振动，总配分函数为

$$Q_{ii}=V_{ii,F}^{N_i}\exp\left(-\frac{E_i}{RT}\right)=\left(-\frac{\pi L_{ii}^2 RT}{U_{ii}}\right)^{\frac{2N_i}{2}}\exp\left(-\frac{N_i U_{ii}}{2RT}\right)$$

式中，U_{ii}和L_{ii}为一个原子在胞腔中的势阱深度和势阱宽度；N_i为体系中原子总数；E_i为原子越过胞腔的势能；$V_{ii,F}$为胞腔内中心原子可以自由移动的空间体积，即自由体积。

二元溶体配分函数为

$$Q=gV_{A,F}^{N_A}V_{B,F}^{N_B}\exp\left(-\frac{E}{RT}\right)=$$

$$g(-\pi L_A^2 RT/U_A)^{2N_A/2}(-\pi L_B^2 RT/U_B)^{2N_B/2}\exp\left(-\frac{E}{RT}\right)$$

其中，N_A、N_B 为体系中组元 A 和组元 B 的原子总数；U_A、U_B 为形成溶体后组元 A 和组元 B 在胞腔势阱中的深度；L_A、L_B 为组元 A 和组元 B 的势阱宽度；$V_{A,F}$、$V_{B,F}$为组元 A 和组元 B 的自由体积；g 为简并因子；E 为体系的总势能。

$$E=\frac{N_{AA}U_{AA}}{2}+\frac{N_{BB}U_{BB}}{2}+\frac{N_{AB}\Omega_{AB}}{Z}$$

式中，N_{AA}、N_{BB}、N_{AB}分别为 A-A、B-B、A-B 原子对的数目；Ω_{AB}为交换能；$ZN=\frac{1}{2}(N_{AA}+N_{BB}+N_{AB})$，其中，$N$ 为体系中原子的总数；Z 为配位数。

剩余组态熵为

$$\Delta^E S_{conf}=\frac{2x_A x_B \mu_{AB}}{(p+1)T}-Rx_A\ln\frac{p+x_A-x_B}{x_A(p+1)}-Rx_B\ln\frac{p+x_B-x_A}{x_B(p+1)}$$

式中，μ_{AB}为一对原子 A-B 的势能。

而

$$p=\{1-4x_A x_B[1-\exp(\Omega_{AB}/RT)]\}^{1/2}$$

剩余振动熵为

$$\Delta^E S_{vb}=\frac{2}{3}R\left(2x_A\ln\frac{L_A}{L_{AA}}+2x_B\ln\frac{L_B}{L_{BB}}+x_A\ln\frac{U_A}{U_{AA}}+x_B\ln\frac{U_B}{U_{BB}}\right)$$

对于稀溶体，同时 $\Omega_{AB}=I_{AB}=\alpha'$

$$\Delta^E S_{conf}=-x_A^2 x_B^2 I_{AB}^2/2RT^2$$

生成焓可表示为

$$\Delta H_{ij}=I_{AB}x_A x_B\left(1-\frac{x_A x_B I_{AB}}{RT}\right)$$

因为

$$U_A=x_A U_{AA}+x_B U_{AB},U_B=x_B U_{BB}+x_A U_{AB}$$

$$L_A=\frac{1}{2}(L_{AA}+x_A L_{AA}+x_B L_{BB}),L_B=\frac{1}{2}(L_{BB}+x_A L_{BB}+x_B L_{BB})$$

因此，振动熵可表示为

$$\Delta^E S_{vb}=\frac{3}{2}Rx_A x_B\frac{(L_{AA}-L_{BB})^2}{L_{AA}L_{BB}}+\frac{4U_{AA}U_{BB}-2I_{AB}(U_{AA}+U_{BB})-(U_{AA}+U_{BB})^2}{2U_{AA}U_{BB}}$$

3. 米德玛生成热模型

米德玛生成热模型：当二元合金中两类原子的原子胞与纯金属元素的原子胞相似时，合金混合焓主要取决于原子从纯金属到合金迁移过程中的边界条件变化。两种主要的影响分别为：①两种不同原子胞中电子化学势差引起的对形成能的负贡献，即电负性促进合金化；②与维格纳-赛兹原子胞边界上电子密度差相关的正贡献，即消除了异类原子的电子密度不连续性导致了正的能量效应。

由组元 A 和组元 B 组成的二元合金中，米得玛模型可表示如下：

$$\Delta H_{AB}=f(x^S)\,g(x_{A,B},n_{WS})\,p\left[\left(\frac{q}{p}\right)(\Delta n_{WS}^{\frac{1}{3}})^2-p\,(\Delta\phi^*)^2-a\left(\frac{r}{p}\right)\right]$$

式中，x^S 表示组元 i 在合金中的表面摩尔分数；n_{WS}为金属态元素的 Wigner - Seit 原子胞世界的电子密度平均值；p、q、r、a 均为经验常数，$\frac{q}{p}=9.4$，对于液态合金 $a=0.73$，对于固态合金$a=1$；

对于一般溶体

$$f(x^S)=x_A^Sx_B^S$$

对于含有化合物的溶体

$$f(x^S)=x_A^Sx_B^S[1+(x_A^Sx_B^S)^2]$$

$$g(x_{A,B},n_{WS})=\frac{2x_A\,(V_A^a)^{2/3}+2x_B\,(V_B^a)^{2/3}}{(n_{WS}^{1/3})^{-1}{}_A+(n_{WS}^{1/3})^{-1}{}_B}$$

$$x_A^S=x_A\,V_A^{2/3}/(x_A\,V_A^{2/3}+x_B\,V_B^{2/3})$$

$$x_B^S=x_B\,V_B^{2/3}/(x_A\,V_A^{2/3}+x_B\,V_B^{2/3})$$

$$(V_A^a)^{2/3}=V_A^{2/3}[1+\mu_A\,f_B^A(\phi_A^*-\phi_B^*)]$$

$$(V_B^a)^{2/3}=V_B^{2/3}[1+\mu_B\,f_A^B(\phi_B^*-\phi_A^*)]$$

式中，μ_A、μ_B 为常数；x_i、V_i、x_i^S、V_i^a 分别表示组元 i 的摩尔分数和摩尔体积及合金中的表面摩尔分数和摩尔体积；n_{WS}^i为纯金属元素 i 的 Wigner - Seitz 原子胞边界的电子密度平均值，并有$n_{WS}^{1/3}=(n_{WS}^A)^{1/3}-(n_{WS}^B)^{1/3}$；$\varphi_i^*$ 为修正的纯金属元素 i 的工作函数。f_B^A、f_A^B 为原子匹配系数；f_B^A 为原子 A 被原子 B 包围的程度，f_A^B 表示原子 B 被原子 A 包围的程度。

对于一般溶体来说，$f_B^A=x_B$，$f_A^B=x_A$

对于有序合金来说，$f_B^A=x_B(1+8x_Ax_B)$，$f_A^B=x_A(1+8x_Ax_B)$

任意二组元组成的溶体，米德玛生成热模型为：

$$\Delta H_{ij}=f_{ij}\,\frac{x_i\,[1+\mu_ix_j(\varphi_i-\varphi_j)]\times x_j\,[1+\mu_jx_i(\varphi_j-\varphi_i)]}{x_i\,V_i^{2/3}[1+\mu_ix_j(\varphi_i-\varphi_j)]\times x_j\,V_j^{2/3}[1+\mu_jx_i(\varphi_j-\varphi_i)]}$$

$$f_{ij}=\frac{2p\,V_i^{2/3}\,V_j^{2/3}\left[\dfrac{q\,(\Delta n_{WS}^{\frac{1}{3}})}{p}-\Delta\varphi^2-a\,(r/p)\right]}{(\Delta n_{WS}^{\frac{1}{3}})_i^{-1}+(\Delta n_{WS}^{\frac{1}{3}})_j^{-1}}$$

此式可用于计算二元固态和液态合金的生成热。

4. 几何模型

(1)对称方法。

对称方法以相同的方法处理各组元，组元顺序的改变不影响计算结果。常用的对称几何模型有若干个，其中周国志模型的过剩 Gibbs 自由能表达式为

$$\Delta^{E}G=\frac{x_1}{1-x_1}\Delta^{E}G_{12}(x_1,1-x_1)+\frac{x_2}{1-x_2}\Delta^{E}G_{23}(x_2,1-x_2)+\frac{x_3}{1-x_3}\Delta^{E}G_{13}(x_3,1-x_3)$$

式中，$\Delta^{E}G_{12}$ 为 1、2 组元的过剩 Gibbs 自由能；$\Delta^{E}G_{23}$ 为 2、3 组元的过剩 Gibbs 自由能；$\Delta^{E}G_{13}$ 为 1、3 组元的过剩 Gibbs 自由能。

(2)非对称几何模型法。

非对称方法比较适合于含有间隙固溶原子的合金溶液体系。1960 年，鲍尼尔提出非对称方法，陶普发展了非对称方法，许多三元系的试验数据和陶普法计算结果吻合较好。

陶普模型给出三元系 $i-j-k$ 的过剩自由能与二元系的过剩自由能的关系为

$$\Delta^{E}G=\frac{x_j}{1-x_i}\Delta^{E}G_{ij}(x_i,1-x_i)+\frac{\Delta^{E}G_k}{1-x_j}\Delta^{E}G_{ik}(x_i,1-x_i)^2\Delta^{E}G_{jk}\left(\frac{x_j}{x_j+x_k},\frac{x_k}{x_j+x_k}\right)$$

各组元的偏摩尔自由能可表示如下：

$$\Delta^{E}G_i=\Delta^{E}G-x_j\frac{\partial\Delta^{E}G}{\partial x_j}(1-x_i)\frac{\partial\Delta^{E}G}{\partial x_i}$$

$$\Delta^{E}G_j=\Delta^{E}G-x_i\frac{\partial\Delta^{E}G}{\partial x_i}(1-x_j)\frac{\partial\Delta^{E}G}{\partial x_j}$$

$$\Delta^{E}G_k=\Delta^{E}G-x_i\frac{\partial\Delta^{E}G}{\partial x_i}-x_j\frac{\partial\Delta^{E}G}{\partial x_j}$$

在多元系中，当一个二元系的选点问题解决后，多元系的过剩自由能表达式如下：

$$\Delta^{E}G=\sum_{i,j=1,i\neq j}^{n}w_{ij}\,\Delta^{E}G_i$$

$$w_{ij}=x_ix_j/x_{i(ij)}x_{j(ij)}$$

$$x_{i(ij)}=x_i=\sum_{k=1,k\neq i}^{n}x_k\,\xi_{i(ij)}^{<k>}$$

$$\xi_{i(ij)}^{<k>}=\frac{\eta(ij,ik)}{\eta(ij,ik)+\eta(ji,jk)}$$

式中，$x_{i(ij)}$ 代表 $i-j$ 二元系中 i 组元的摩尔分数；$\xi_{i(ij)}^{<k>}$ 称为相似系数；$\eta(ij,ik)$ 代表 ij 和 ik 两个二元系之间相偏离的偏差函数。

5.4　二元溶体热力学

5.4.1　混合物 Gibbs 自由能

二元双相合金规则溶体模型的混合 Gibbs 自由能如下：

$$G_m^{\alpha}=x_A^{\alpha,0}G_A^{\alpha}+x_B^{\alpha,0}G_B^{\alpha}+x_A^{\alpha}x_B^{\alpha}I_{AB}^{\alpha}+RT(x_A^{\alpha}\ln x_A^{\alpha}+x_B^{\alpha}\ln x_B^{\alpha})$$

$$G_m^{\beta}=x_A^{\beta,0}G_A^{\beta}+x_B^{\beta,0}G_B^{\beta}+x_A^{\beta}x_B^{\beta}I_{AB}^{\beta}+RT(x_A^{\alpha}\ln x_A^{\beta}+x_B^{\beta}\ln x_B^{\beta})$$

式中，G_m^{α}、G_m^{β} 分别为二元双相合金中 α、β 相的摩尔 Gibbs 自由能；x_A^{α}、x_B^{α} 分别为 A、B 两组分在 α 相中的摩尔分数；I_{AB}^{α}为 A、B 原子在 α、β 相的相互作用系数。

$$\Delta G_m=x_A^{6}x_B^{\alpha}I_{AB}^{\alpha}+RT(x_A^{\alpha}\ln x_A^{\alpha}+x_B^{\alpha}\ln x_B^{\alpha})$$

$$=(1-x_B^{\alpha})x_B^{\alpha}I_{AB}^{\alpha}+RT[(1-x_B^{\alpha})\ln(1-x_B^{\alpha})+x_B^{\alpha}\ln x_B^{\alpha}$$

平衡时，有 $\dfrac{d(\Delta G_m)}{dx_B^\alpha}=0$

$$(1-2x_B^\alpha)I_{AB}^\alpha+RT\left[-\ln(1-x_B^\alpha)+\frac{-(1-x_B)}{(1-x_B)}+\ln x_B^\alpha+1\right]=0$$

$$(1-2x_B^\alpha)I_{AB}^\alpha+RT[-\ln(1-x_B^\alpha)+\ln x_B^\alpha]=0$$

$$\frac{d^2(\Delta G_m)}{dx_B^{\alpha 2}}=0$$

令

$$T_S=I_{AB}^\alpha/(2R)$$

则

$$I_{AB}^\alpha=2RT_S$$

5.4.2　二元系两项平衡

1. 平衡条件

$$G_A^\alpha=G_A^\gamma$$

$$G_B^\alpha=G_B^\gamma$$

$$u_1^1=u_1^2=\cdots=u_1^\phi$$

$$u_2^1=u_2^2=\cdots=u_2^\phi$$

$$\cdots$$

$$u_k^1=u_k^2=\cdots=u_k^\phi$$

式中，G_A^α、G_B^α、G_A^γ、G_B^γ 分别为 A、B 组分在 α 相和 γ 相的 Gibbs 自由能；u_1^ϕ、u_2^ϕ、u_k^ϕ 分别为 1、2、k 组分在 ϕ 相中的化学势。

2. 液-固相平衡

用正规溶体模型处理由 A、B 二组元组成的 α、l 两相平衡时 Gibbs 自由能的变化

$$G_A^\alpha=G_A^{\alpha,\ominus}+RT\ln x_A^\alpha+(1-x_A^\alpha)^2 I_{AB}^\alpha=G_A^{\alpha,\ominus}+RT\ln x_A^\alpha+(1-x_A^\alpha)^2 I_{AB}^\alpha$$

$$G_B^\alpha=G_B^{\alpha,\ominus}+RT\ln x_B^\alpha+(1-x_B^\alpha)^2 I_{AB}^\alpha=G_B^{\alpha,\ominus}+RT\ln x_B^\alpha+(1-x_B^\alpha)^2 I_{AB}^\alpha$$

$$G_A^l=G_A^{l,\ominus}+RT\ln x_A^l+(1-x_A^l)^2 I_{AB}^l=G_A^{\rho,\ominus}+RT\ln x_A^\rho+(1-x_A^6)^2 I_{AB}^\alpha$$

$$G_B^l=G_B^{l,\ominus}+RT\ln x_B^l+(1-x_B^l)^2 I_{AB}^l=G_B^{\rho,\ominus}+RT\ln x_B^\rho+(1-x_B^\rho)^2 I_{AB}^\rho$$

两项平衡时

$$G_A^\alpha=G_A^l,\quad G_B^\alpha=G_B^l,\quad x_B=1-x_A$$

$$G_A^{\alpha,\ominus}+RT\ln(1-x_B^\alpha)+(x_B^\alpha)^2 I_{AB}^\alpha=G_A^{l,\ominus}+RT\ln(-x_B^l)+(x_B^l)^2 I_{AB}^l$$

令 $\Delta G_A^{\ominus,\alpha\to l}=G_A^{\ominus,l}-G_A^{\ominus,\alpha}$，同时有

$$\Delta G_A^{\ominus,\alpha\to l}=\Delta H_A^{\ominus,\alpha\to l}-T\,\Delta S_A^{\ominus,\alpha\to l}$$

$$\Delta S_A^{\ominus,\alpha\to l}=\frac{\Delta H_A^{\ominus,\alpha\to l}}{T_A}$$

$$\Delta G_A^{\ominus,\alpha\to l}=\Delta H_A^{\ominus,\alpha\to l}\frac{T_A-T}{T_A}$$

$$RT\ln\frac{1-x_B^\alpha}{1-x_B^l}=(x_B^l)^2 I_{AB}^l-(x_B^\alpha)^2 I_{AB}^\alpha+\Delta H_A^{\ominus,\alpha\to l}\frac{T_A-T}{T_A}$$

$$RT\ln\frac{x_B^\alpha}{x_B^l}=(1-x_B^l)^2 I_{AB}^l-(1-x_B^\alpha)^2 I_{AB}^\alpha+\Delta H_B^{\ominus,\alpha\to l}\frac{T_B-T}{T_B}$$

3. 固-固相平衡

(1)固溶体的溶解度。

如果两个固相均为固溶体，用规则溶体模型处理，结果很复杂，故设 α 相为固溶体，β 相纯 B，则

$$G_B^\alpha=G_B^\beta, G_B^\beta=G_B^{\beta,\ominus}$$

$$G_B^\alpha=G_B^{\alpha,\ominus}+RT\ln x_B^\alpha+(1-x_B^\alpha)^2 I_{AB}^\alpha=G_B^{\beta,\ominus}$$

$$RT\ln x_B^\alpha=-[\Delta^\ominus G_B^{\beta\to\alpha}+(1-x_B^\alpha)^2 I_{AB}^\alpha]$$

$$x_B^\alpha=\exp\left\{-\frac{1}{RT}[\Delta^\ominus H_B^{\beta\to\alpha}-T\Delta^\ominus S_B^{\beta\to\alpha}+(1-x_B^\alpha)^2 I_{AB}^\alpha]\right\}=$$

$$\exp\frac{\Delta^\ominus S_B^{\beta\to\alpha}}{R}\exp\left\{-\frac{1}{RT}[\Delta^\ominus H_B^{\beta\to\alpha}+(1-x_B^\alpha)^2 I_{AB}^\alpha]\right\}$$

当 $K=\exp\frac{\Delta^\ominus S_B^{\beta\to\alpha}}{R}$，$x_B^\alpha\ll 1$，$(1-x_B^\alpha)^2\approx 1$，则

$$\ln x_B^\alpha=\ln K-\frac{1}{RT}(\Delta^\ominus H_B^{\beta\to\alpha}+I_{AB}^\alpha)$$

若 β 相是满足化学计量比的化合物 A_aB_c，则

$$(a+c)G_m^\beta=aG_A^\alpha+cG_B^\alpha=$$

$$a[G_A^{\alpha,\ominus}+RT\ln(1-x_B^\alpha)+(x_B^\alpha)^2 I_{AB}^\alpha]+c[G_B^{\alpha,\ominus}+RT\ln(x_B^\alpha)+(1-x_B^\alpha)^2 I_{AB}^\alpha]$$

因 $x_B^\alpha\ll 1$，$(1-x_B^\alpha)\approx 1$，则

$$(a+c)G_m^\beta=a[G_A^{\alpha,\ominus}+(x_B^\alpha)^2 I_{AB}^\alpha]+c[G_B^{\alpha,\ominus}+RT\ln(x_B^\alpha)+I_{AB}^\alpha]$$

$$x_B^\alpha=\exp\frac{(a+c)G_m^\beta-aG_A^{\alpha,\ominus}-cG_B^{\alpha,\ominus}-c\,I_{AB}^\alpha}{cRT}$$

(2)Fe-M 合金中 α/γ 相平衡。

若 M 是强烈稳定 α 相区的合金元素，则形成封闭的 γ 相区，称之为 γ 相圈 α 与 γ 两固溶体平衡时，因

$$G_A^\alpha=G_A^{\alpha,\ominus}+RT\ln x_A^\alpha+(1-x_A^\alpha)^2 I_{AB}^\alpha$$

$$G_A^\gamma=G_A^{\gamma,\ominus}+RT\ln x_A^\gamma+(1-x_A^\gamma)^2 I_{AB}^\gamma$$

$$RT\ln\frac{1-x_B^\alpha}{1-x_B^\gamma}=(G_A^{\ominus,\gamma}-G_A^{\ominus,\alpha})+(x_B^\gamma)^2 I_{AB}^\gamma-(x_B^\alpha)^2 I_{AB}^\alpha$$

又因

$$G_B^\alpha=G_B^{\alpha,\ominus}+RT\ln x_B^\alpha+(1-x_B^\alpha)^2 I_{AB}^\alpha$$

$$G_B^\gamma=G_B^{\gamma,\ominus}+RT\ln x_B^\gamma+(1-x_B^\gamma)^2 I_{AB}^\gamma$$

$$RT\ln\frac{x_B^\alpha}{x_B^\gamma}=(G_B^{\ominus,\gamma}-G_B^{\ominus,\alpha})+(1-x_B^\gamma)^2 I_{AB}^\gamma-(1-x_B^\alpha)^2 I_{AB}^\alpha$$

(3)γ 相稳定化参数。

当 $x_B^\alpha, x_B^\gamma\ll 1$ 时，

$$RT\ln\frac{x_B^\alpha}{x_B^\gamma}=\Delta^\ominus G_B^{\alpha\to\gamma}+\Delta I_B^{\alpha\to\gamma}=\Delta^* G_B^{\alpha\to\gamma}$$

其中

$$\Delta^{\ominus}G_B^{\alpha\to\gamma}=G_B^{\ominus,\gamma}-G_B^{\ominus,\alpha}$$

$$\Delta I_B^{\alpha\to\gamma}=I_{AB}^{\gamma}-I_{AB}^{\alpha}$$

$$K_B^{\alpha\to\gamma}=\frac{x_B^{\gamma}}{x_B^{\alpha}}$$

式中，$\Delta^* G_B^{\alpha\to\gamma}$ 为 γ 相稳定化参数；$K_B^{\alpha\to\gamma}$ 为分配参数。

5.5　三元溶体热力学

5.5.1　三元系正规溶体

三元系正规溶体(限于置换式固溶体及液态溶体)的摩尔自由能可表示如下：

$$G_m=x_AG_A^{\ominus}+x_BG_B^{\ominus}+x_CG_C^{\ominus}+x_Ax_B I_{AB}+x_Bx_C I_{BC}+x_Ax_C I_{AC}+RT(x_A\ln x_A+x_B\ln x_B+x_C\ln x_C)$$

三元系化学势可表示为

$$G_i=G_m+\frac{\partial G_m}{\partial x_i}-\sum x_j\frac{\partial G_m}{\partial x_j}$$

如果三元系的三组元分别为 A、B、C，则 A 组元的化学势可表示为

$$G_A=G_m+\frac{\partial G_m}{\partial x_i}-\left(x_A\frac{\partial G_m}{\partial x_A}+x_B\frac{\partial G_m}{\partial x_B}+x_C\frac{\partial G_m}{\partial x_C}\right)$$

在规则溶液中，三组元的化学势分别为：

$$\mu_A=\mu_A^0+RT\ln x_A+x_B(x_B+x_C)I_{AB}+x_C(x_B+x_C)I_{AC}-x_Bx_C I_{BC}$$

$$\mu_B=\mu_B^0+RT\ln x_B+x_C(x_A+x_C)I_{AB}+x_A(x_A+x_C)I_{BA}-x_Ax_C I_{AC}$$

$$\mu_C=\mu_C^0+RT\ln x_C+x_A(x_B+x_A)I_{CA}+x_B(x_B+x_A)I_{CB}-x_Bx_A I_{AB}$$

$$\mu_B=\mu_B^0+RT\ln a_B$$

$$a_B=\gamma_Bx_B$$

$$\ln a_B=\ln\gamma_B+\ln x_B$$

其中，γ_B 为 B 组分的活度系数。

将 $\ln\gamma_B$ 用泰勒级数展开

$$\ln\gamma_B=\ln\gamma_B^0+\frac{\partial\ln\gamma_B}{\partial x_B}\bigg|_{x_{B=0}}x_B+\frac{\partial\ln\gamma_B}{\partial x_C}\bigg|_{x_{C=0}}x_C+\frac{\partial^2\ln\gamma_B}{\partial x_B^2}\bigg|_{x_{B=0}}x_B^2+\frac{\partial^2\ln\gamma_B}{\partial x_C^2}\bigg|_{x_{C=0}}x_C^2+\cdots$$

令 $\varepsilon_B^B=\frac{\partial\ln\gamma_B}{\partial x_B}\bigg|_{x_{B=0}}$，$\varepsilon_B^C=\frac{\partial\ln\gamma_B}{\partial x_C}\bigg|_{x_{C=0}}$，其中 ε_B^B、ε_B^C 为活度相互作用系数，略去高次项，公式可化简为

$$\ln\gamma_B=\ln\gamma_B^0+\varepsilon_B^Bx_B+\varepsilon_B^Cx_C$$

这样，$\mu_B=\mu_B^0+RT(\ln\gamma_B^0+\varepsilon_B^Bx_B+\varepsilon_B^Cx_C)+RT\ln x_B$

若令 $\ln\gamma_B^*=\ln\gamma_B^0+\frac{\mu_B^0}{RT}$，则

$$\frac{\mu_B}{RT}=\ln\gamma_B^*+\ln x_B+\varepsilon_B^Bx_B+\varepsilon_B^Cx_C$$

$$\frac{\mu_C}{RT}=\ln\gamma_C^*+\ln x_C+\varepsilon_C^B x_B+\varepsilon_C^C x_C$$

在稀溶液中活度相互作用系数 ε_B^B、ε_B^C、ε_C^B、ε_C^C 可通过试验直接测定。

在稀溶液中($x_B,x_C\ll 1$)，规则溶液模型中化学势可近似为

$$\mu_B=\mu_B^0+RT\ln x_B+I_{AB}-I_{AB}x_B+(I_{BC}-I_{CA}-I_{AB})x_C$$

等号两端同除以 RT，有

$$\frac{\mu_B}{RT}=\frac{\mu_B^0+I_{AB}}{RT}+\ln x_B-\frac{I_{AB}}{RT}x_B+\frac{I_{BC}-I_{CA}-I_{AB}}{RT}x_C$$

这样

$$\ln\gamma_B^*=\frac{\mu_B^0+I_{AB}}{RT},\quad \varepsilon_B^B=\frac{I_{AB}}{RT},\quad \varepsilon_B^C=\frac{I_{BC}-I_{AB}-I_{AC}}{RT}$$

$$\ln\gamma_C^*=\frac{\mu_B^0+I_{AC}}{RT},\quad \varepsilon_C^C=\frac{I_{AC}}{RT},\quad \varepsilon_C^B=\frac{I_{BC}-I_{AB}-I_{AC}}{RT}$$

5.5.2 具有化合物相的三元系

在铁基合金中，化合物可分为两类，一类称之为线性化合物，如 Fe_3C、$(Fe,Mn)_3C$、$(Fe,Cr)_3C$；另一类称之为互易化合物，如 $(Fe,Mn)_3(C,N)$，可看成 Fe_3C-Mn_3N 或 Fe_3N-Mn_3C 的溶体。

1. 线性化合物的通式为 $(A,B)_aC_c$ 或 $(A,B)\ C_{c/a}$

对于 1 mol$(A,B)\ C_{c/a}$，按正规溶液模型，Gibbs 自由能表示为

$$G_m=y_A^0G_{AC_{c/a}}+y_B^0G_{BC_{c/a}}+RT(y_A\ln y_A+y_B\ln y_B)+y_A\,y_B\,I_{AB}$$

其中，y_A 为 $A\,C_{c/a}$ 中 A 组元的含量(摩尔分数)；y_B 为 $B\,C_{c/a}$ 中 B 组元的含量(摩尔分数)。

因 ${}^{\ominus}G_{A_aC_c}=a{}^{\ominus}G_{AC_{c/a}}$，${}^{\ominus}G_{B_aC_c}=a{}^{\ominus}G_{BC_{c/a}}$，${}^{\ominus}G_{AC_{c/a}}$，${}^{\ominus}G_{BC_{c/a}}$ 为纯组元的自由能，因此，对于 1 mol$(A,B)_aC_c$ 分子自由能表示为

$$G_m=y_A^0G_{A_aC_c}+y_B^0G_{B_aC_c}+aRT(y_A\ln y_A+y_B\ln y_B)+a\,y_A\,y_B\,I_{AB}$$

同时，两组元 A_aC_c 和 $B_a\,C_c$ 的化学势可表示为

$$\mu_{A_aC_c}=\mu_{A_aC_c}^0+a(RT\ln y_A+y_B^2\,I_{AB})$$

$$\mu_{B_aC_c}=\mu_{A_aC_c}^0+a(RT\ln y_B+y_A^2\,I_{AB})$$

2. 互易相

互易相通常包括互易化合物和互易固溶体，其通式为 $(A,B)_a(C,D)_c$，为四元系，因受 $x_A+x_B+x_C+x_D=1$ 的限制，成分的独立变量为三个，另一个独立变量为温度。又因为互易相的成分满足 $\dfrac{x_A+x_B}{x_C+x_D}=\dfrac{a}{c}$，因此成分的独立变量只有二个。

此互易相可分解为四种线性化合物，即 A_aC_c、B_aC_c、A_aD_c、B_aD_c，且 $\dfrac{y_A}{y_B}=\dfrac{y_C}{y_D}$，将 $(A,B)_a(C,D)_c$ 互易相看成由 A_aN_c、B_aN_c 混合而成的固溶体，其中以 N 代表组元 C 和 D，按正规溶体模型有

$$G_m=y_A^0G_{A_aN_c}+y_B^0G_{B_aN_c}+aRT(y_A\ln y_A+y_B\ln y_B)+cRT(y_C\ln y_C+y_D\ln y_D)+G_m^E$$

其中对于纯组元来说

$$G^{\ominus}_{A_a N_c}=y^0_C G_{A_a C_c}+y^0_D G_{A_a D_c},G^{\ominus}_{B_a N_c}=y^0_C G_{B_a C_c}+y^0_D G_{B_a D_c}$$

代入得

$$G_m=y_A y^0_C G_{A_a C_c}+y_A y^0_D G_{A_a D_c}+y_B y^0_C G_{B_a C_c}+y_B y^0_D G_{B_a D_c}+aRT(y_A\ln y_A+y_B\ln y_B)+ cRT(y_C\ln y_C+y_D\ln y_D)+G^E_m$$

其中

$$G^E_m=y_A y_B y_C L^C_{AB}+y_A y_B y_D L^D_{AB}+y_C y_D y_A L^A_{CD}+y_C y_D y_B L^B_{CD}$$

在 A_aC_c-B_aC_c 二元系中，因为 $y_D=0$、$y_C=1$，所以相互作用参数为 L^C_{AB}，因为 1 mol 的 $(A,B)_aC_c$ 分子中含有 a mol 原子的(A,B)溶体，所以 $L^C_{AB}=aI_{AB}$。

用标准方法可以计算二元化合物的化学势，其形式如下：

$$\mu_{A_a C_c}=\mu_m+\frac{\partial G_m}{\partial y_A}+\frac{\partial G_m}{\partial y_C}-\left(y_A\frac{\partial G_m}{\partial y_A}+y_B\frac{\partial G_m}{\partial y_B}+y_C\frac{\partial G_m}{\partial y_C}+y_D\frac{\partial G_m}{\partial y_D}\right)$$

得到

$$G_{A_a C_c}=G^{\ominus}_{A_a C_c}+y_B y_D\Delta G+aRT\ln y_A+cRT\ln y_C+G^E_{A_a C_c}$$

$$G_{A_a D_c}=G^{\ominus}_{A_a C_c}+y_B y_C\Delta G+aRT\ln y_A+cRT\ln y_D+G^E_{A_a D_c}$$

$$G^E_{A_a C_c}=y_B(y_A y_D+y_B y_C)L^C_{AB}+y_D(y_A y_D+y_B y_C)L^C_{CD}+ y_B y_D(y_D-y_C)L^B_{CD}+y_B y_D(y_B-y_A)L^D_{AB}$$

$$G^E_{A_a D_c}=y_B(y_A y_C+y_B y_D)L^D_{AB}+y_C(y_A y_C+y_B y_D)L^A_{CD}+ y_B y_C(y_C-y_D)L^B_{CD}+y_B y_C(y_B-y_A)L^C_{AB}$$

$$\Delta G=(G^{\ominus}_{A_a D_c}-G^{\ominus}_{A_a C_c})-(G^{\ominus}_{B_a D_c}-G^{\ominus}_{B_a C_c})$$

第 6 章　材料的相及相变

6.1　相平衡

6.1.1　相律

1. 定义

相律是各种多相平衡系统遵循的规律。

2. 数学表达式

数学表达式为

$$f=C-\Phi+n$$

式中，f 为自由度；C 为组分数；Φ 为相数；n 为影响相平衡的外界因素数(强度性质)，如果只考虑 T、p 的影响，则 $n=2$。

3. 几个基本概念

(1)相数 Φ：系统中物理及化学性质完全均一的部分称为相。相的个数称为相数。

对于气体来说，最大相数 $\Phi_{\max}=1$；

对于液体来说，最大相数 $\Phi_{\max}=3$；

对于固体来说，最大相数 $\begin{cases}\Phi_{\max}=1\text{(固体溶液)}\\ \Phi_{\max}=S\text{(}S\text{ 为非固体溶液固体的物种数)}\end{cases}$。

(2)物种数 S 和组分数 C：

1) 物种数 S：系统所含化学物质数称为系统的物种数。

2)组分数 C：用以表示系统各相组成所需最少的独立物质数。

$$C=S-R-R'$$

式中，S 为物种数；R 为独立的平衡反应数；R'为独立的浓度限制条件数目。

3)自由度 f：在不引起旧相消失和新相形成的前提下，可在一定的范围内独立变动的强度性质称系统的自由度。

6.1.2　单组分系统的相律

(1) $f=C-\Phi+2=3-\Phi$。

$$\begin{cases}f_{\max}=2\\ \Phi_{\max}=3\end{cases}$$

(2) Clapeyron 方程(任何单组分两相平衡)。

设相 α 和相 β 的两相平衡由 T、p 变到 $T+dT$、$p+dp$，则如下图所示：

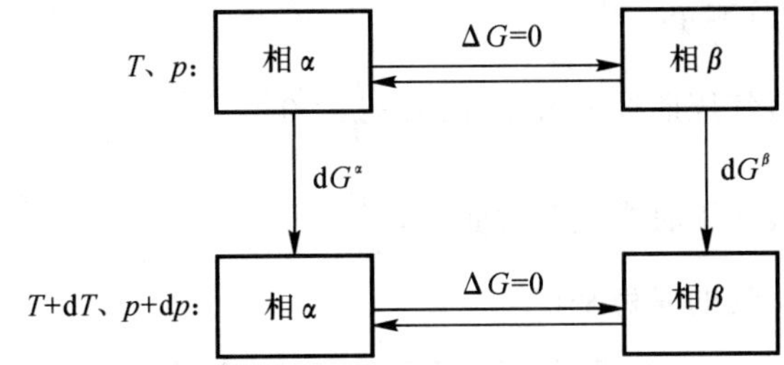

则有

$$\frac{dp}{dT}=\frac{\Delta H}{T\Delta V}$$

式中，ΔH 为相变潜热；ΔV 为相变体积的变化；T 为相变温度。

(3) Clausius - Clapeyron 方程(用于 l - g、s - g 相平衡)。

例　l - g 相平衡：假定蒸气遵守理想气体定律，且液体的摩尔体积 $V_l \ll V_g$，故有 $V_g - V_l \approx V_g$

则有

$$\frac{d\ln p}{dT}=\frac{\Delta_{vap}H}{RT^2}$$

当蒸发潜热 $\Delta_{vap}H$ 为常数时，

$$\ln\frac{p_2}{p_1}=-\frac{\Delta_{vap}H}{R}\left(\frac{1}{T_2}-\frac{1}{T_1}\right)$$

当系统为 s - g 平衡时，$V_s \ll V_g$，$\Delta H=\Delta H_{升华}$。当缺乏 ΔH_{vap} 数据时，对正规溶液(即非极性，分子间不缔合)，可使用特鲁顿规则(经验规则)进行近似估计。

$$\frac{\Delta_{vap}H}{T}=88\ J\cdot mol^{-1}\cdot K^{-1}$$

(4) Antoine 方程。

$$\ln p=A-\frac{B}{T+C}$$

式中，A、B、C 为 Antoine 常数，可查数据表。Antoine 方程是对 Clausius - Clapeyron 方程最简单的改进，在 1.333～199.98 kPa 范围内误差小。

6.1.3　水的相图(单组分系统最简单的相图)

(1)相图的绘制：由实验测定的数据绘制水的相图如图 6 - 1 所示。

(2)相律分析：$f=3-\Phi$

	个数	Φ	f
单相区：	3	1	2
二相线：	3+1	2	1
三相点：	1	3	0

BOC 区水蒸气(g)
AOC 区为水(l)
AOB 区为冰(s)

其中：

$$\begin{cases} OA\text{ 线，冰的熔点曲线，}\dfrac{dp}{dT}<0 \\ OB\text{ 线，冰的饱和蒸气压曲线或升华曲线，}\dfrac{dp}{dT}>0 \\ OC\text{ 线，水的饱和蒸气压曲线或蒸发曲线，}\dfrac{dp}{dT}>0 \\ OC'\text{线，过冷水和蒸气的亚稳平衡} \end{cases}$$

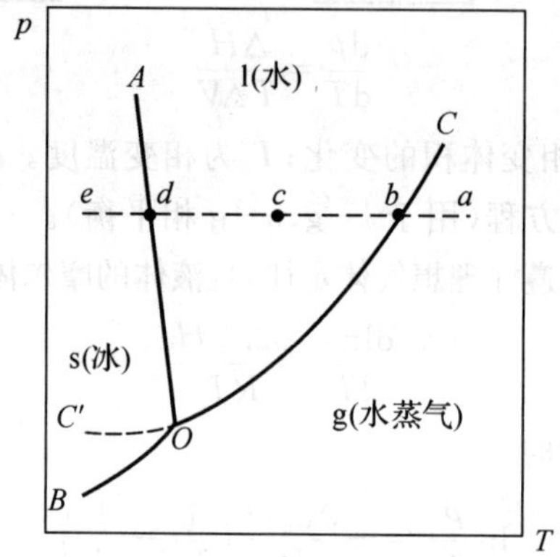

图 6-1　水的相图

(3)三相点为无变量点(三相点 O 点：$p=611.3$ Pa，$T=0.01$℃)，三相点处 $H_2O(s)+H_2O(l)+H_2O(g)$三相共存。

6.2　相变热力学

6.2.1　相变分类

1. 按热力学分类

(1)一级相变。

系统由一相变为另一相时，如两相的化学势相等但相变时两相 Gibbs 自由能一级偏微商(一级导数)不相等，则称为一级相变。

一级相变 α 相和 β 相化学势相等。

即
$$\mu_i^{\alpha}=\mu_i^{\beta}$$

$$\left(\frac{\partial G^{\alpha}}{\partial T}\right)_p \neq \left(\frac{\partial G^{\beta}}{\partial T}\right)_p,\left(\frac{\partial G^{\alpha}}{\partial p}\right)_T \neq \left(\frac{\partial G^{\beta}}{\partial p}\right)_T$$

因为 $\left(\dfrac{\partial G}{\partial p}\right)_T=V,\left(\dfrac{\partial G}{\partial T}\right)_p=-S$，故

$$V_{\alpha}\neq V_{\beta},\ S_{\alpha}\neq S_{\beta}$$

因此在一级相变时熵及体积有不连续的变化，如图 6-2 所示，因 $S_1\neq S_2$，$V_1\neq V_2$，$\Delta H=T\Delta S$，即相变时有相变潜热并体积改变。单元系的凝固、融化、凝聚和升华都属于一级相变。

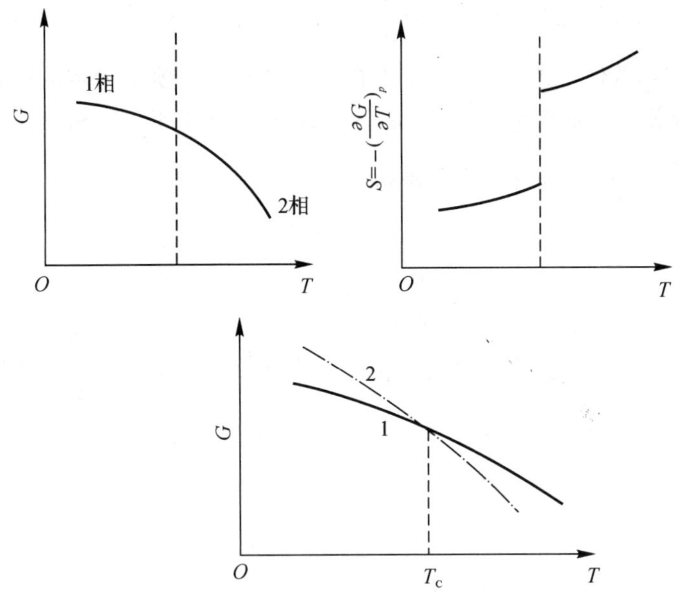

图 6-2　一级相变时两相的自由能-温度曲线

(2)二级相变。

二级相变的特点是:相变时两相的化学势相等,二级相变 α 相和 β 相 Gibbs 自由能的一级偏导数相等,相变时两相 Gibbs 自由能的二级偏导数不等。即

$$\mu_1=\mu_2\ \left(\frac{\partial G^{\alpha}}{\partial T}\right)_p=\left(\frac{\partial G^{\beta}}{\partial T}\right)_p,\quad \left(\frac{\partial G^{\alpha}}{\partial p}\right)_T=\left(\frac{\partial G^{\beta}}{\partial p}\right)_T$$

$$\left(\frac{\partial^2 G^{\alpha}}{\partial T^2}\right)_p\neq\left(\frac{\partial^2 G^{\beta}}{\partial T^2}\right)_p,\quad \left(\frac{\partial^2 G^{\alpha}}{\partial p^2}\right)_T\neq\left(\frac{\partial^2 G^{\beta}}{\partial p^2}\right)_T,\quad \left(\frac{\partial^2 G^{\alpha}}{\partial p\partial T}\right)\neq\left(\frac{\partial^2 G^{\beta}}{\partial p\partial T}\right)$$

由于

$$\left(\frac{\partial^2 G^{\alpha}}{\partial p^2}\right)_T=\left(\frac{\partial V}{\partial p}\right)_T=\kappa_p V,\quad \left(\frac{\partial^2 G^{\alpha}}{\partial T^2}\right)_p=-\left(\frac{\partial S}{\partial T}\right)_p=-\frac{C_p}{T},\quad \frac{\partial^2 G^{\alpha}}{\partial T\partial p}=\left(\frac{\partial V}{\partial T}\right)_p=\alpha_T V$$

二级相变在相变温度时,

$$S_{\alpha}=S_{\beta},\quad V_{\alpha}=V_{\beta}$$

$$\kappa_p^{\alpha}\neq\kappa_p^{\beta},\ C_p^{\alpha}\neq C_p^{\beta},\ \alpha_T^{\alpha}\neq\alpha_T^{\beta}$$

其中,κ_p 为等温压缩系数;C_p 为等压热容;α_T 为等压膨胀系数。

二级相变时无相变潜热,没有体积的不连续改变,如图 6-3 所示,只有两相等压热容的不连续变化以及压缩系数和膨胀系数的突变,金属的磁性转变、超导转变、部分合金的无序一有序相变等相变属于二级相变。

如相变时化学势的一级偏导和二级偏导均相等,但三级偏导数不相等,称为三级相变。三级以上的相变称为高级相变。

依次类推,化学势的$(n-1)$级偏微商相等,n 级偏微商相等时,称为 n 级相变。量子统计爱因斯坦玻色凝结现象为三级相变。

设相变温度为 T_C,则当 $T=T_C$时两相的自由能差为零,现以此点做泰勒级数展开为

$$\Delta T=T-T_C$$

$$\Delta G=-(\Delta S)(\Delta T)+(1/2)(\frac{\partial^2 G}{\partial T^2})(\Delta T)^2+(1/6)(\frac{\partial^3 G}{\partial T^3})(\Delta T)^3+\cdots$$

式中的Δ表示两相函数值之差，式子中等式右边不为零第一项不为零的就是一级相变，第二相不为零就是二级相变。依次类推。Clausius－Clapeyron 用于一级相变。

二级相变时$\frac{dp}{dt}$可由 Ehrenfest 方程求得。

$$\partial\mu_1=\partial\mu_2$$

$$\left(\frac{\partial\mu_1}{\partial T}\right)_p=\left(\frac{\partial\mu_2}{\partial T}\right)_p$$

$$[\frac{\partial}{\partial T}\left(\frac{\partial\mu_1}{\partial T}\right)]_p dT+[\frac{\partial}{\partial p}\left(\frac{\partial\mu_1}{\partial T}\right)]_T dp=[\frac{\partial}{\partial T}\left(\frac{\partial\mu_2}{\partial T}\right)]_p dT+[\frac{\partial}{\partial p}\left(\frac{\partial\mu_2}{\partial T}\right)]_T dp$$

$$\left[\frac{\partial}{\partial T}\left(\frac{\partial\mu}{\partial T}\right)\right]_p=-\left(\frac{\partial S}{\partial T}\right)_p$$

$$\frac{\partial}{\partial p}\left(\frac{\partial\mu}{\partial T}\right)=\frac{\partial}{\partial T}\left(\frac{\partial\mu}{\partial p}\right)=\left(\frac{\partial V}{\partial T}\right)=\alpha_T V$$

$$-\left(\frac{\partial S_1}{\partial T}\right)_p dT+\frac{\partial}{\partial T}\left(\frac{\partial\mu_1}{\partial p}\right)dp=-\left(\frac{\partial S_2}{\partial T}\right)_p dT+\frac{\partial}{\partial T}\left(\frac{\partial\mu_2}{\partial p}\right)dp$$

$$\frac{-\Delta C_{p(1)}}{T}dT+(\alpha_{T(1)}V)dp=\frac{-\Delta C_{p(2)}}{T}dT+(\alpha_{T(2)}V)dp$$

$$\frac{dp}{dT}=\frac{C_{p(2)}-C_{p(1)}}{TV(\alpha_{T(2)}-\alpha_{T(1)})}=\frac{\alpha_{T(2)}-\alpha_{T(1)}}{\kappa_{p(2)}-\kappa_{p(1)}} \tag{6-1}$$

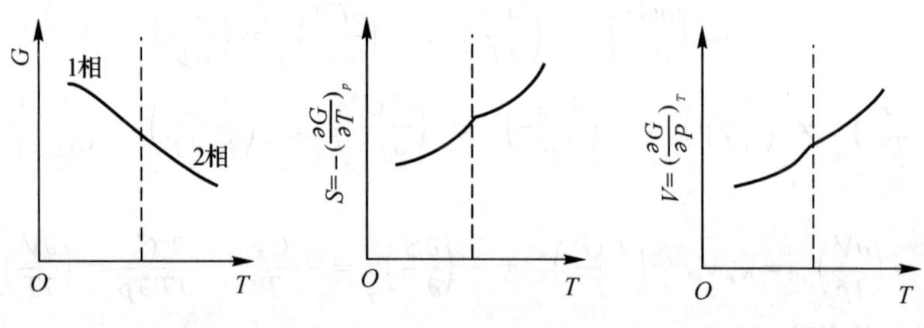

图 6－3　二级相变时的自由能、熵及体积的变化

(3)超导态、磁性转变及λ相变。

1)超导态转变。超导材料在降低到一定温度(一般为绝对温度几度)时，其电阻突然消失，这被称为超导态的转变。由普通状态转变为超导态时，没有潜热释放，但两种状态比热容不同，应属于二级相变。如锡在 $T_C=3.69$ K 时，由普通态转变为超导态。

$$\frac{dp}{dT}=-1.69\times10^9\,\mathrm{N/(m^2\cdot K)}$$

$$C_p(\text{普通态})-C_p(\text{超导态})=-0.012\,1\ \mathrm{J/(mol\cdot K)}$$

将锡的上例数据代入(6－1)式所示的 Ehrenfest 方程，计算得

$$\alpha(\text{普通态})-\alpha(\text{超导态})=0.120\times10^{-6}\ \mathrm{K^{-1}}$$

由此可见，两者相差甚微。

对处于超导态的材料，保持温度不变时，则当施加外磁场达到临界强度值 $Ж_T$ 时，便由超

导态转变成正常态。$Ж_T$ 为温度的函数，其近似关系为：

$$Ж_T = Ж_0(1 - T^2/T_C^2)$$

其中，$Ж_0$为绝对零度时破坏超导态所需施加的磁场强度。当 $T<T_C$发生转变时，有潜热释出，为一级相变；$T=T_C$转变时，为二级相变。

2)磁性转变。金属的顺磁性→铁磁性的转变中没有潜热和体积的变化，只有比热的变化，因此为二级相变。在顺磁体中，各个分子的磁矩方向完全没有规则，因此当不存在外磁场时，总磁矩为零。在铁磁体中磁畴内分子磁矩具有相同的方向，但不同磁畴之间的磁矩方向不同，因此，当不存在外磁场时，总磁矩也为零。具有铁磁性的金属磁畴内分子的磁矩具有相同的方向，但不同的磁畴之间磁矩方向不同，因此，当不存在外磁场时，总磁矩也为零。具有铁磁性的金属，如铁、钴和钆当温度高至 T_C以上时，磁畴被破坏，变为顺磁体；当温度低至 T_C时，顺磁体内形成磁畴，具有铁磁性，这个临界温度称为居里点。居里点可由比热的突变加以测定。

3)λ 相变。液态氦在一定温度和压强下(如 $T=2.19$ K，$p=5\ 153$ Pa)，由液态氦Ⅰ转变为不同性质的液态氦Ⅱ，氦Ⅱ的主要特性为超流动性，氦Ⅰ到氦Ⅱ的相变为二级相变，称为 λ 相变。氦的相图如图 6-4 所示。

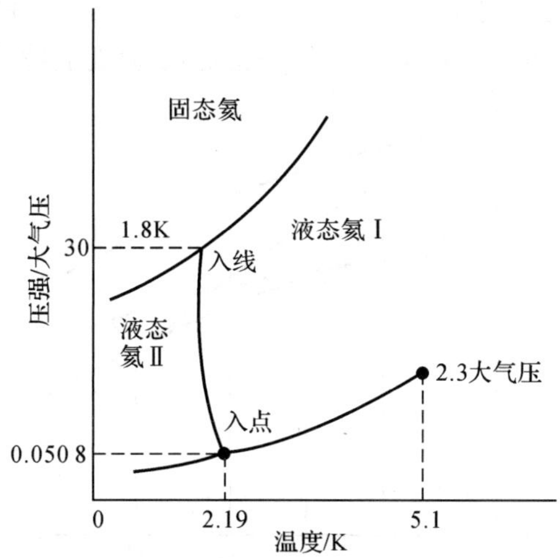

图 6-4　氦的相图(部分)

当 $T=2.19$ K，$p=5\ 147$ Pa 的点称为 λ 点。当 $T=2.19$ K 时，$V=6.84\times10^{-3}\ m^3/kg$，$C_{p(1)}=5.02\times10^3$ J/(kg·℃)，$C_{p(2)}=12.13\times10^3$ J/(kg·℃)，$\alpha_1=0.02℃^{-1}$，$\alpha_2=-0.04℃^{-1}$，以这些数据代入式(6-1)的 Ehrenfest 方程求得：

$$\frac{dp}{dT}=-7\ 903\ kPa/℃$$

和试验测定值$\frac{dp}{dT}=-8\ 207$ kPa/℃符合的很好。

2. 按原子迁移特征分类

固态相变可以按相变时原子迁移特征分为扩散型相变、无扩散相变和块状相变。

扩散型相变，原有的原子邻居关系将被破坏，同时将产生溶体成分的变化。

溶体无扩散相变，不会破坏原有的邻居关系，也不会改变溶体的成分。

块状相变将导致原有的邻居关系的破坏而不改变原有溶体成分。

3. 按相变方式分类

按相变方式溶体的相变可分为不连续相变和连续相变。

不连续相变即为形核－长大型相变，相变通过形核与长大两个阶段进行，相变时形成的新相与原有的母相之间有明显的相界面分开。

连续相变又称无核相变，相变是在整个体系内通过饱和相内或过冷相内原子较小的起伏，经连续扩展而进行，同时新相与母相之间没有明显的界面，如调幅分解等。

6.2.2 相变的驱动力与新相的生成

1. 相变驱动力

在某一温度下，某一相能否向另一相转变，主要取决于两相 Gibbs 自由能的相对大小。多数溶体自由焓总是随着温度的升高而降低，但是不同相的自由焓随温度的升高降低的幅度不同。

对于铁基合金，在不同温度下有液相 l、δ 铁素体、奥氏体 γ 和 α 铁素体。铁基合金在某温度呈某相，G 为相变驱动力。例如，图 6－5 中温度 T_1 时，γ 相 G 最低，最稳定，该温度下，铁基合金以 γ 相存在。温度 T_2 时，α 相 G 最低，最稳定，该温度下，铁基合金以 α 相存在。

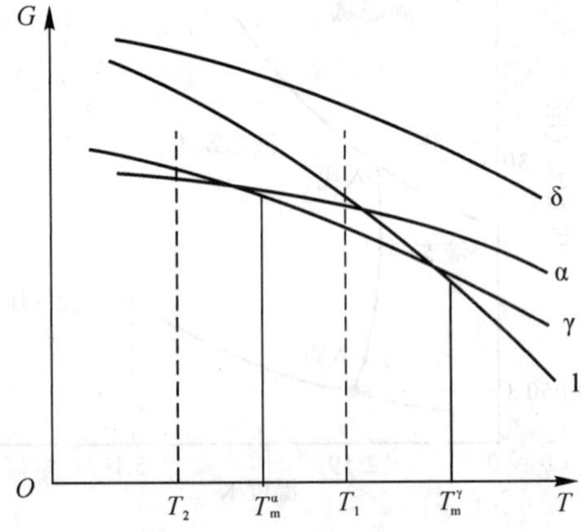

图 6－5 某成分铁基合金自由能变化示意图

2. 新相的形成与形核驱动力

在一定的温度下，对于一定成分的合金，当存在相变驱动力时，则合金当前相（称为母相）会向自由能较低的相（新相）转变，以消耗相变驱动力，使整个体系自由能最低。

溶体中具有的相变驱动力是否大于新相的形核驱动力是新相形成的先决条件。

在新相形核之前，母相中存在大量结构和成分与新相相同或相近的原子集团，称之为晶坯。这些晶坯由于界面能的作用，呈近似球形。新相晶坯形成的同时也形成了新的界面，也就产生了界面能。

当单位体积自由能变化为 ΔG_V，单位面积界面自由能变化为 ΔG_S，半径为 r 的球体体积为 $V_S=\frac{4}{3}\pi r^3$，表面积为 $A_S=4\pi r^2$，则有

$$\Delta G=-V_S\Delta G_V+A_S\Delta G_S=-\frac{4}{3}\pi r^3\Delta G_V+4\pi r^2\Delta G_S$$

图 6－6 中 r^* 为临界晶核尺寸。由于 r 对应着 ΔG 的极大值 ΔG^* 的位置，因此有

$$\left(\frac{\partial\Delta G}{\partial r}\right)_{r^*}=0$$

即

$$-4\pi r^{*2}\Delta G_V+8\pi r^*\Delta G_S=0$$

$$r^*=2\frac{\Delta G_S}{\Delta G_V}$$

而

$$\Delta G_V=\Delta G^{\alpha\to\beta}=\Delta H_m\left(1-\frac{T}{T_m}\right)=\Delta H_m\frac{\Delta T}{T_m}$$

其中，$\Delta T=T_m-T$ 称为过冷度。T_m 为相变温度，ΔH_m 为相变潜热。同时 $\Delta G_S=\sigma$，所以

$$\gamma^*=\frac{2\sigma T_m}{\Delta H_m\Delta T}$$

带入得

$$\Delta G^*=\frac{64\pi}{3}\frac{T_m^2\sigma^3}{(\Delta H_m)^2(\Delta T)^2}=\frac{1}{3}A_S^*\sigma$$

其中，ΔG^* 称为临界形核功；A_S^* 为临界晶核的表面积。

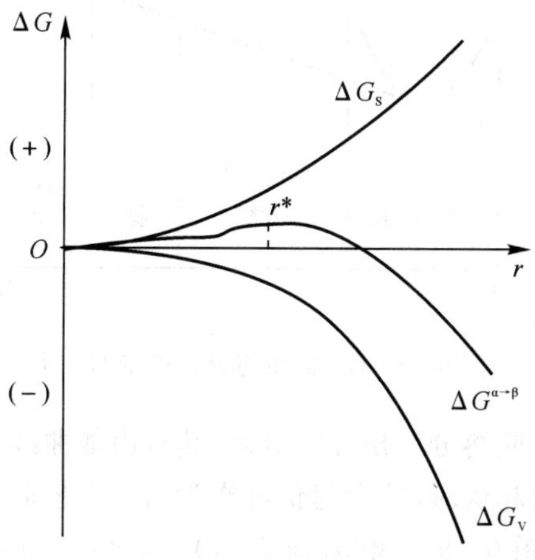

图 6－6　相变形核时自由能变化

临界晶核尺寸与过冷度成反比，也就是过冷度越大，临界晶核尺寸越小，相变越容易发生。

对于液固相变的非自发形核，可以证明其临界晶核尺寸与自发形核相同。但其临界形核功却小于自发形核，因此所需的过冷度也较小。若新相与形核背底之间的润湿角为 θ，则临界形核功为

$$\Delta G^*=(-V_S^*\Delta G_V+A_S^*\sigma_{ls})\frac{2-3\cos\theta+\cos^2\theta}{4}$$

$$\cos\theta=\frac{\sigma_{lb}-\sigma_{sb}}{\sigma_{ls}}$$

式中，σ_{lb}为母相与背底之间的界面能；σ_{sb}为新相与背底之间的界面能；σ_{ls}为新相与母相之间的界面能，如图 6－7 所示。

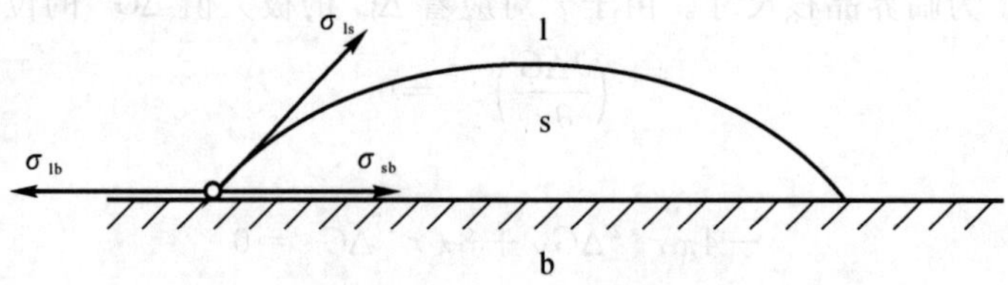

图 6－7　非均匀形核示意图

3. 固溶体的稳定性与脱溶分解

(1)固溶体的稳定性。

对于某一合金，在温度 T 下若有$\dfrac{d^2G_m^\alpha}{dx_B^2}>0$，则 α 相是不稳定的，即此时 G_m^α 曲线是上凸的。亚稳相区将发生脱溶分解，脱溶分解可分为生核和长大两个过程，如图 6－8 所示。

$$\Delta G=n_1(G_1-G)+n_2(G_2-G)$$

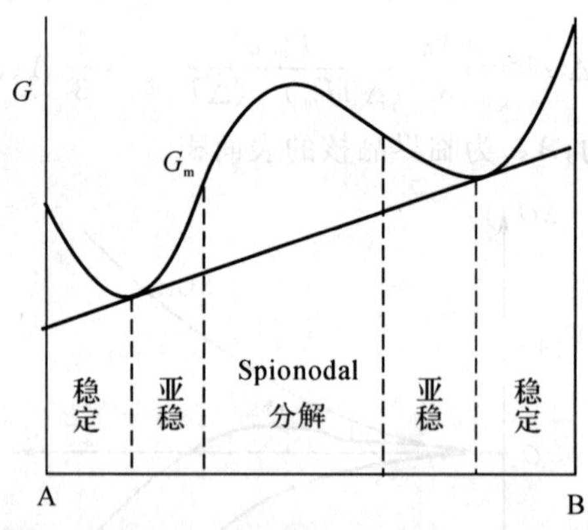

图 6－8　G_m 曲线与合金稳定的关系

固溶体 α 在一定温度下脱溶分解出 β 固溶体，其自由能曲线如图 6－9 所示。当均匀的亚稳固溶体中出现较大的浓度起伏时，这个起伏可作为新相的核胚。

根据质量平衡原理，由图 6－9 可知 $n_1(x-x_1)=n_2(x_2-x)$，则

$$\Delta G=n_2\left[(G_2-G)+\frac{(G_1-G)(x_2-x)}{x-x_1}\right]$$

以 n_2 代表核坯中的原子摩尔数，设 x_1 很接近 x，核坯只占整个体系中很小的部分，即 $n_1\gg n_2$，则有

$$\frac{G_1-G}{x-x_1}=-\left(\frac{dG}{dx}\right)_x$$

其中，$\left(\dfrac{dG}{dx}\right)_x$ 代表浓度为 x 处母相自由能曲线的斜率。

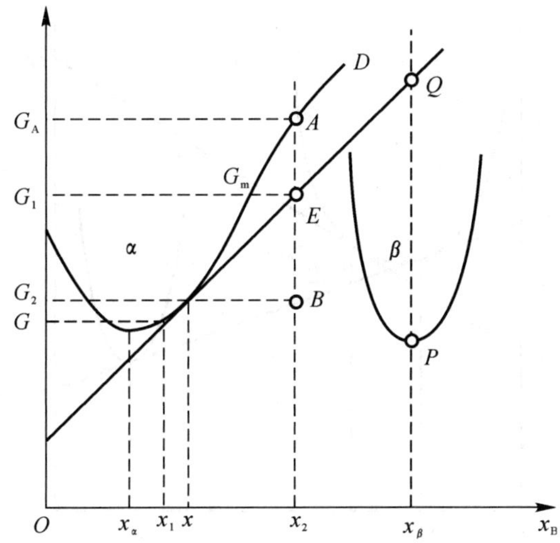

图 6-9　亚稳分解时合金成分变化

$$\Delta G = n_2\left[(G_2 - G) - (x_2 - x)\left(\frac{\mathrm{d}G}{\mathrm{d}x}\right)_x\right]$$

由图(6-9)中的几何关系可知

$$G_2 = \overline{Bx_2} \qquad G_1 = \overline{Ex_2}$$

而$(x_2 - x)\left(\frac{\mathrm{d}G}{\mathrm{d}x}\right)_x = \overline{BE}$，代入公式得

$$\Delta G = n_2\,\overline{AE}$$

由此可见，较小的浓度起伏(即 x_2 偏离 x 较小)时，会使局部自由能升高，只有成分起伏很强时，即偏离 x 很大时，才出现 ΔG 为负值。如出现浓度为x_β的核坯时，其自由能变化为$\frac{\Delta G}{n_2} = -\overline{PQ}$，即以$\overline{PQ}$为驱动力发展成 β 相的临界核心，进行脱溶分解(沉淀)。

(2)脱溶分解驱动力。

设由母相 α 相中脱溶沉淀出 β 相，同时母相转变为 α_1 相，即发生 $\alpha \to \beta + \alpha_1$ 转变，其转变驱动力为 $\Delta G^{\alpha\to\beta+\alpha_1}$。

$\alpha \to \beta + \alpha_1$ 相变的总驱动力为自 x_B^α 沿 α 自由能曲线所做的切线与 α、β 自由能曲线公切线之间的距离，如图 6-10 所示，按热力学关系 $G = \sum x_i G_i$，在成分为 x_B^α 处相变前 α 相的自由能为

$$G^\alpha(x_B^\alpha) = (1 - x_B^\alpha)G_A^\alpha + x_B^\alpha G_B^\alpha$$
$$G^{\beta+\alpha_1}(x_B^\alpha) = (1 - x_B^\alpha)G_A^{\alpha_1} + x_B^\alpha G_B^{\alpha_1} \qquad (6-2)$$

式(6-2)可由图 6-11 中的几何关系求得具体如下。

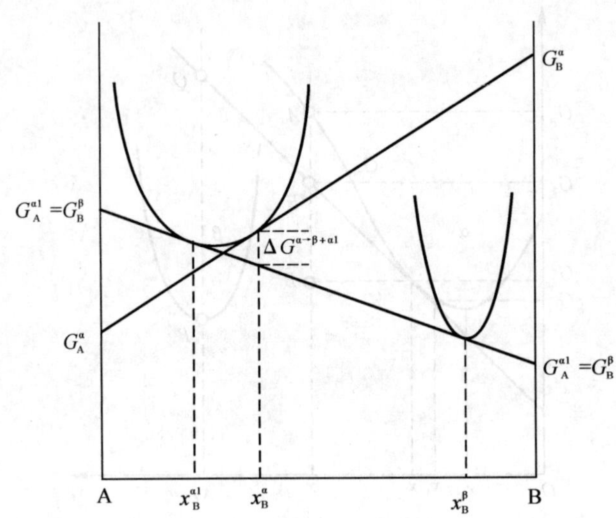

图 6-10　由深度为 x_B^α 的 α 相沉淀 β 相时的相变驱动力示意图

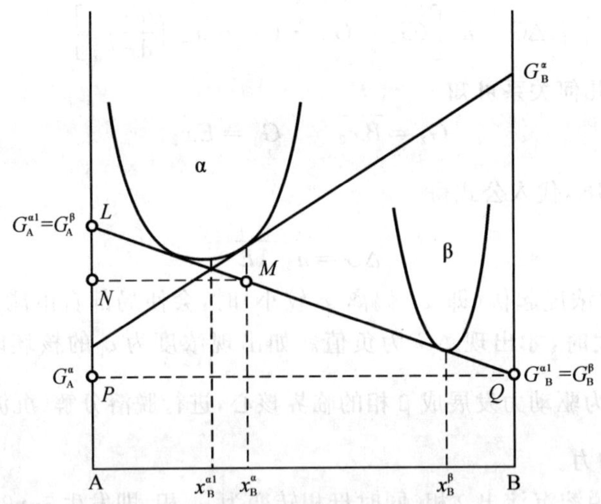

图 6-11　图解求证脱溶驱动力示意图

$$
\begin{aligned}
\Delta G^{\alpha\to\beta+\alpha 1} &= G^{\beta+\alpha 1}x_B^\alpha - G^\alpha(x_B^\alpha) = (1-x_B^\alpha)(G_A^{\alpha 1}-G_A^\alpha) + x_B^\alpha(G_B^{\alpha 1}-G_B^\alpha) = \\
&(1-x_B^\alpha)(G_A^{\ominus,\alpha 1} + RT\ln a_A^{\alpha 1} - G_A^{\ominus,\alpha} - RT\ln a_A^\alpha) + \\
&x_B^\alpha(G_B^{\ominus,\alpha 1} + RT\ln a_B^{\alpha 1} - G_B^{0,\alpha} - RT\ln a_B^\alpha) = \\
&RT\left[(1-x_B^\alpha)\ln\frac{a_A^{\alpha 1}}{a_A^\alpha} + x_B^\alpha\ln\frac{a_B^{\alpha 1}}{a_B^\alpha}\right] = \\
&(1-x_B^\alpha)(G_A^\beta - G_A^\alpha) + x_B^\alpha(G_B^\beta - G_B^\alpha) = \\
&(1-x_B^\alpha)(G_A^{\ominus,\beta} + RT\ln a_A^\beta - G_A^{\ominus,\alpha} - RT\ln a_A^\alpha) + \\
&x_B^\alpha(G_B^{\ominus,\beta} + RT\ln a_B^\beta - G_B^{\ominus,\alpha} - RT\ln a_B^\alpha) = \\
&(1-x_B^\alpha)\left[\Delta G_A^{\ominus,\alpha\to\beta} + RT\ln\frac{a_A^\beta}{a_A^\alpha}\right] + x_B^\alpha\left[\Delta G_B^{\ominus,\alpha\to\beta} + RT\ln\frac{a_B^\beta}{a_B^\alpha}\right]
\end{aligned}
$$

其中，$\Delta G_{A}^{\ominus,\alpha\to\beta}=G_{A}^{\ominus,\beta}-G_{A}^{\ominus,\alpha}$，$\Delta G_{B}^{\ominus,\alpha\to\beta}=G_{B}^{\ominus,\beta}-G_{B}^{\ominus,\alpha}$，如采用理想溶体模型，则

$$\Delta G^{\alpha\to\beta+\alpha 1}=RT\left[(1-x_B^{\alpha})\ln\frac{1-x_B^{\alpha 1}}{1-x_B^{\alpha}}+x_B^{\alpha}\ln\frac{x_B^{\alpha 1}}{x_B^{\alpha}}\right]$$

如 α 相遵守规则溶体模型，则

$$\Delta G^{\alpha\to\beta+\alpha 1}=(1-x_B^{\alpha})\left\{RT\ln\frac{1-x_B^{\alpha 1}}{1-x_B^{\alpha}}+[(x_B^{\alpha 1})^2-(x_B^{\alpha})^2]I_{AB}^{\alpha}\right\}+$$

$$x_B^{\alpha}\left\{RT\ln\frac{x_B^{\alpha 1}}{x_B^{\alpha}}+[(1-x_B^{\alpha 1})^2-(1-x_B^{\alpha})^2]I_{AB}^{\alpha}\right\}=$$

$$RT\left[(1-x_B^{\alpha})\ln\frac{1-x_B^{\alpha 1}}{1-x_B^{\alpha}}+x_B^{\alpha}\ln\frac{x_B^{\alpha 1}}{x_B^{\alpha}}\right]+(x_B^{\alpha 1}-x_B^{\alpha})^2 I_{AB}^{\alpha}$$

当$I_{AB}^{\alpha}=0$ 时，即为理想溶体。

脱溶分解驱动力也可通过图 6－12 所示关系获得。

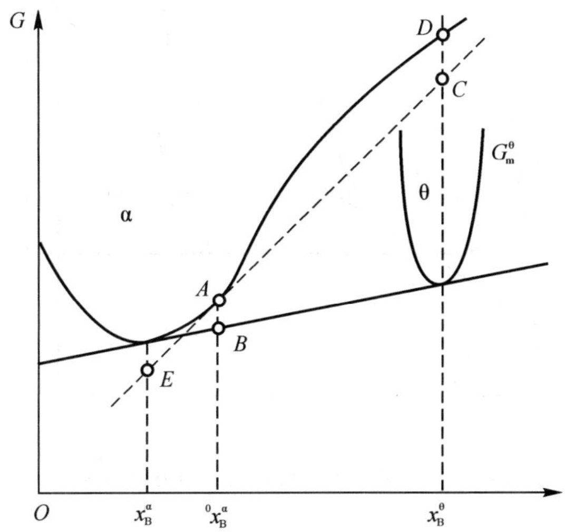

图 6－12　脱溶分解驱支力计算示意图

当 A 分解成 E 和 C 时(A、E 和 C 均为不同成分的 α 相)，当 E 靠近 A 时，C 量很少，将 G_m^{α}在 D 点展开，有

$$G_m^{\alpha}(D)=a+b\ (\Delta x_B)+c(\Delta x_B)^2+\cdots$$

同时有

$$G_m^{\alpha}(C)=a+b\ (\Delta x_B)$$

$$\Delta G_m^{\alpha}=G_m^{\alpha}(D)-G_m^{\alpha}(C)=c\ (\Delta x_B)^2$$

$$c=\frac{1}{2}\ \frac{d^2G_m^{\alpha}}{(dx_B^{\alpha})^2}\ {}^0x_B^{\alpha}$$

若合金相变前只有 α 相(${}^0x_B^{\alpha}$)，而相变后分解为 α＋θ 相，则

$$G_m^{\alpha}=\frac{1}{2}\ \frac{d^2G_m^{\alpha}}{(dx_B^{\alpha})^2}\ (x_B^{\alpha}-{}^0x_B^{\alpha})^2$$

形成 1 mol 新相的驱动力为

$$\Delta G_m^* = G_m^\theta(x_B^\theta) - G_m^C(x_B^\theta) = G_m^\theta(x_B^\theta) - \left[G_m^\alpha(x_B^\alpha) + (x_B^\theta - x_B^\alpha)\frac{dG_m^\alpha}{dx_B}\right] =$$

$$[G_m^\theta(x_B^\theta) - G_m^\alpha(x_B^\alpha)] - (x_B^\theta - x_B^\alpha)\frac{dG_m^\alpha}{dx_B}$$

6.3 析出相的表面张力效应

因为在一定温下，$G(p)=G(0)+V\Delta p$，其中 $G(0)$ 为标准态下(10^5 Pa)的自由能而 $\Delta p=\dfrac{2\sigma}{r}$，附加压力的影响使 G_m^θ 曲线上移，上移的幅度表示如下，如图 6－13 所示。

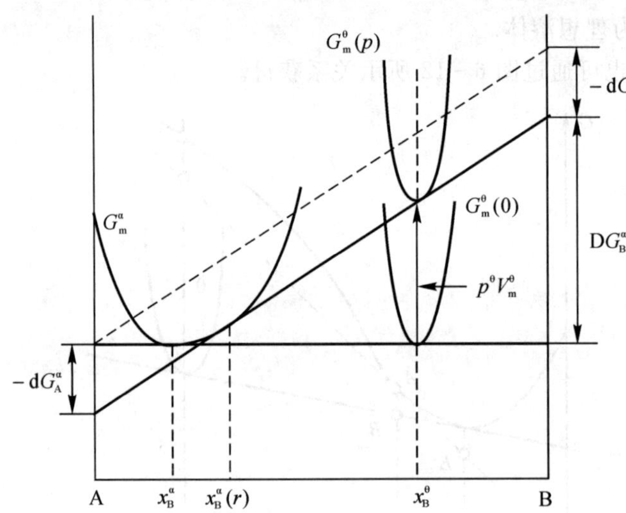

图 6－13　附加压力对相变驱动力的影响

$$\frac{p^\theta V_m^\theta}{x_B^\theta - x_B^\alpha(r)} \approx \frac{dG_B^\alpha - dG_A^\alpha}{1}$$

$$p^\theta V_m^\theta = [x_B^\theta - x_B^\alpha(r)]\, d(G_B^\alpha - G_A^\alpha)$$

而

$$G_m^\alpha = x_A^\alpha(r)G_A^\alpha + x_B^\alpha(r)G_B^\alpha,\ x_A^\alpha(r) = 1 - x_B^\alpha(r)$$

$$\frac{dG_m^\alpha}{dx_B^\alpha} = G_B^\alpha - G_A^\alpha$$

将上式对 x_B^α 求导数得

$$\frac{d^2G_m^\alpha}{d(x_B^\alpha)^2} = \frac{d(G_B^\alpha - G_A^\alpha)}{dx_B^\alpha}$$

$$dx_B^\alpha = \frac{p^\theta V_m^\theta}{(x_B^\theta - x_B^\alpha)\dfrac{d^2G_m^\alpha}{d(x_B^\alpha)^2}} =$$

$$\frac{2\sigma V_m^\theta}{r(x_B^\theta - x_B^\alpha)\dfrac{d^2 G_m^\alpha}{d(x_B^\alpha)^2}}$$

根据图 6－13 得

$$\frac{\Delta G_B^\alpha - p^\theta V_m^\theta}{x_A^\theta} \approx \frac{\Delta G_B^\alpha}{x_A^\alpha}$$

$$\Delta G_B^\alpha = \frac{x_A^\alpha p^\theta V_m^\theta}{x_A^\alpha - x_A^\theta} \approx \frac{(1-x_B^\alpha)2\sigma V_m^\theta}{r(x_B^\theta - x_B^\alpha)}$$

对于理想溶体，因为

$$\Delta G_B^\alpha = G_B^\alpha(p) - G_B^\alpha(0) = RT\ln\frac{x_B^\alpha(r)}{x_B^\alpha}$$

所以当与 α 相平衡的 θ 相的曲率半径为 r 时 B 组元在 α 相中的固溶度为

$$x_B^\alpha(r) = x_B^\alpha \exp\frac{(1-x_B^\alpha)2\sigma V_m^\theta}{RTr(x_B^\theta - x_B^\alpha)}$$

若组元 α 相和 θ 相两相均为稀溶体时，由于当 $Y \ll 1$ 时，$\exp(Y) = 1 + \frac{Y}{1!} + \frac{Y^2}{2!} + \cdots \approx 1 + Y$，则

$$x_B^\alpha(r) = x_B^\alpha\left[1 + \frac{(1-x_B^\alpha)2\sigma V_m^\theta}{RTr(x_B^\theta - x_B^\alpha)}\right]$$

6.4　晶界的偏析

当溶体中存在晶界偏析，晶界附近各组元浓度与平均浓度差别较大，可将这一部分当作一相来处理。假定晶界处的晶界相(b 相)与 α 相的晶体结构相同，即晶界相中 A 原子加 B 原子的总数保持不变，有 dn_A 个 A 原子从 α 相进入 b 相，必有 dn_B 个 B 原子从 b 相进入 α 相，则

$$dG^\alpha = -G_A^\alpha dn_A + G_B^\alpha dn_B$$

$$dG^b = -G_B^b dn_b + G_A^b dn_A$$

$$dG = dG^\alpha + dG^b = -G_A^\alpha dn_A + G_B^\alpha dn_B - G_B^b dn_b + G_A^b dn_A$$

因 $dn_A = dn_B$，则

$$G_A^b - G_A^\alpha = G_B^b - G_B^\alpha$$

b 相与 α 相晶体结构相同，但成分不同，所承受的附加压力也不同，b 相的 Gibbs 自由能曲线处在 α 相的 Gibbs 自由能曲线之上，如图 6－14 所示。

$$G_m^\alpha = G_A^\alpha x_A^\alpha + G_B^\alpha x_B^\alpha$$

$$G_m^b = G_A^b x_A^b + G_B^b x_B^b$$

两边对 x_B 求导得

$$\frac{dG_m^\alpha}{dx_B^\alpha} = G_B^\alpha - G_A^\alpha$$

$$\frac{dG_m^b}{dx_B^b} = G_B^b - G_A^b$$

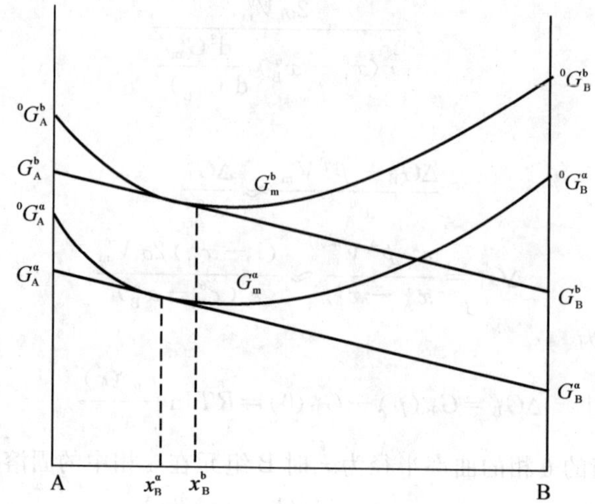

图 6-14　晶界析出驱动力

所以

$$\frac{dG_m^\alpha}{dx_B^\alpha}=\frac{dG_m^b}{dx_B^b}$$

对于正规溶体来说

$$\frac{dG_m^\alpha}{dx_B^\alpha}=G_B^{0,\alpha}-G_A^{0,\alpha}+(1-2x_B^\alpha)I_{AB}^\alpha+RT(\ln x_B^\alpha-\ln x_A^\alpha)$$

$$\frac{dG_m^b}{dx_B^b}=G_B^{0,b}-G_A^{0,b}+(1-2x_B^b)I_{AB}^b+RT(\ln x_B^b-\ln x_A^b)$$

所以

$$RT\ln\frac{x_A^\alpha x_B^b}{x_A^b x_B^\alpha}=(G_A^{0,b}-G_A^{0,\alpha})-(G_B^{0,b}-G_B^{0,\alpha})+(1-2x_B^\alpha)I_{AB}^\alpha-(1-2x_B^b)I_{AB}^b$$

因为

$$A_m^b=V_m^b/\delta$$

式中，A_m^b为摩尔晶界相与α相的界面；V_m^b为晶界相的摩尔体积；δ为晶界相的尺寸。

则

$$G_A^{0,b}-G_A^{0,\alpha}=\sigma_A V_m^b/\delta$$

$$G_B^{0,b}-G_B^{0,\alpha}=\sigma_B V_m^b/\delta$$

又因为对于稀溶体 $x_B^\alpha,x_B^b\ll 1$，所以 $x_A^\alpha,x_A^b\approx 1,x_A^\alpha/x_A^b\approx 1,1-2x_B^b\approx 1,1-2x_B^\alpha\approx 1$，因此

$$\ln\frac{x_B^b}{x_B^\alpha}=\frac{(\sigma_A-\sigma_B)V_m^b}{RT\delta}+\frac{I_{AB}^\alpha-I_{AB}^b}{RT}$$

即

$$\frac{x_B^b}{x_B^\alpha}=\exp\frac{(\sigma_A-\sigma_B)V_m^b}{RT\delta}\exp\frac{I_{AB}^\alpha-I_{AB}^b}{RT}$$

此公式描述了晶界偏聚的因素。如果两组元的物理化学特性差别特别大，则容易产生晶界偏聚。

6.5　磁性转变对自由能的影响

对于 Fe－M 二元系(铁为有磁矩物质)中某一相 α 的自由能表示如下：

$$G_m^\alpha = x_{Fe}G_{Fe}^{\alpha,0}(x_M) + x_M G_m^{\alpha,0}(x_M) + x_{Fe}x_M(I_{FeM}^\alpha)^R + RT(x_{Fe}\ln x_{Fe} + x_M \ln x_M)$$

当 $x_M \ll 1$ 时

$$x_M G_{Fe}^{\alpha,0}(x_M) \approx x_M G_{Fe}^{\alpha,0}$$

$$x_{Fe}G_{Fe}^{\alpha,0}(x_M) = x_M G_{Fe}^{\alpha,0} + x_{Fe}(G_{Fe}^{\alpha,0}(x_M) - G_{Fe}^{\alpha,0})$$

其中，$G_{Fe}^{\alpha,0}$是自然磁性状态纯铁的自由能；x_{Fe}为 α 相中铁的摩尔分数；x_M 是 α 相中 M 的摩尔分数；$(I_{FeM}^\alpha)^R$ 为正规溶体组元间相互作用系数。

加入合金元素后，Fe － M 二元系的磁性状态将会发生改变，其中可以用 $x_{Fe}[G_{Fe}^{\alpha,0}(x_M) - G_{Fe}^{\alpha,0}]$表示自由能的变化。

通常情况下，定义如下：

$$\Delta^* G_M^\alpha = G_{Fe}^{\alpha,0}(x_M) - G_{Fe}^{\alpha,0} = G_{Fe}^{\alpha,0}(x_M) - (G_{Fe}^{\alpha,0})^{do} - [G_{Fe}^{\alpha,0} - (G_{Fe}^{\alpha,0})^{do}]$$

其中，$(G_{Fe}^{\alpha,0})^{do}$为无序态纯铁的自由能。

$$\Delta^* G_M^\alpha = [S_{Fe}^{\alpha,0} - (S_{Fe}^{\alpha,0})^{do}]\Delta T$$

$$\Delta T = T_C(x_M) - T_C^0$$

$$\Delta T = \frac{dT_C}{dx_M}x_M$$

因此

$$\Delta^* G_M^\alpha = x_M[S_{Fe}^{\alpha,0} - (S_{Fe}^{\alpha,0})^{do}]\frac{dT_C}{dx_M}$$

$$\Delta G_M^{meg} = x_M\Delta^* G = x_{Fe}x_M[S_{Fe}^{\alpha,0} - (S_{Fe}^{\alpha,0})^{do}]\frac{dT_C}{dx_M}$$

令

$$I_{FeM}^\alpha = (I_{FeM}^\alpha)^R + [S_{Fe}^{\alpha,0} - (S_{Fe}^{\alpha,0})^{do}]\frac{dT_C}{dx_M}$$

则有

$$\Delta G_M^{meg} = x_{Fe}G_{Fe}^{\alpha,0} + x_M G_M^{\alpha,0} + x_{Fe}x_M I_{FeM}^\alpha + RT(x_{Fe}\ln x_{Fe} + x_M \ln x_M)$$

其中，$S_{Fe}^{\alpha,0}$是自然磁性状态不纯铁的熵；$(S_{Fe}^{\alpha,0})^{do}$为无序态纯铁的熵；T_C 为居里温度；ΔG_M^{meg} 为摩尔磁转变 Gibbs 自由能；I_{FeM}^α为溶体组元间相互作用系数。

6.6　完全互溶双液系

1. 定义

如果 A 和 B 两种液体在全部浓度范围内均能互溶，形成均匀的单一液相，则 A 和 B 构成的系统称为完全互溶的双液系。

2. 理想液态混合物

(1)蒸气压-组成图(T＝常数，$p-x-y$ 图)。

由实验测定的数据绘制甲苯和苯的二组分理想液态混合物的 $p-x-y$ 相图如图 6－15

所示。

1)液相线:溶液的蒸气总压与溶液组成关系线。

气相线:溶液的蒸气总压与蒸气组成关系线。

2)相律分析:

Ⅰ区:液相区	$f^*=2$
Ⅱ区:两相区(液+气)	$f^*=1$
Ⅲ区:气相区	$f^*=2$
液相线(直线)	$f^*=1$
气相线(曲线)	$f^*=1$

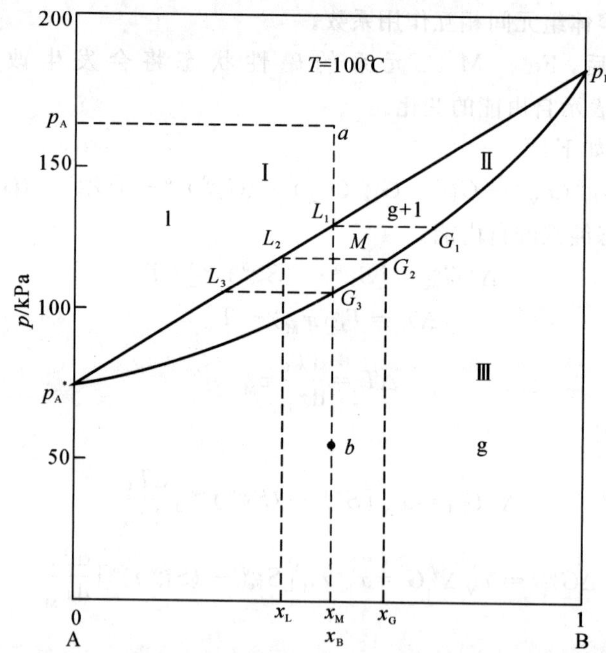

图 6-15　理想液态混合物甲苯(A)苯(B)系统的压力-组成图

(2)沸点-组成图($T-x-y$ 图)。

由实验测定的数据绘制甲苯和苯的二组分理想液态混合物的 $T-x-y$ 相图如图 6-16 所示。

1)泡点线:溶液开始沸腾起泡的点称为泡点。泡点所在的气液两相平衡线称为泡点线(即液相线)。

2)露点线:蒸气开始凝结析出露珠式的液体的点称为露点。露点所在的气液相平衡线称为露点线(即气相线)。

(3)$p-x-y$ 图与 $T-x-y$ 图的区别。

1)气相区和液相区颠倒。

2)C、D 点的高低位置颠倒。

3)蒸气压-组成图液相线为直线,而沸点-组成图的液相线为曲线。

完全互溶的双液系可以进行分馏分离。

二组分完全互溶系统各种类型的 $p-x$、$T-x$、$x-y$ 图见图 6-17。

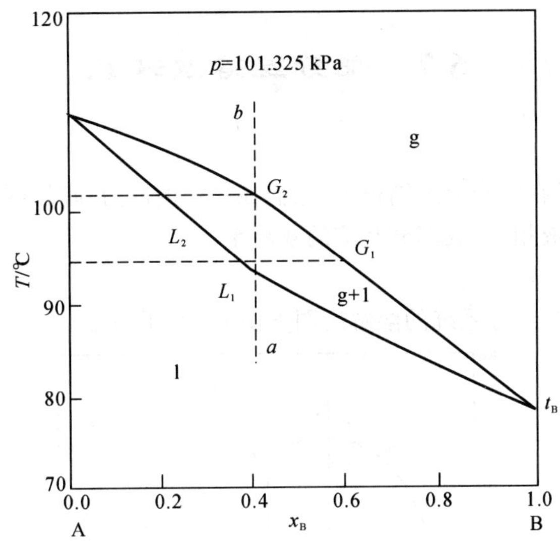

图 6-16　理想液态混合物甲苯(A)苯(B)系统的温度-组成图

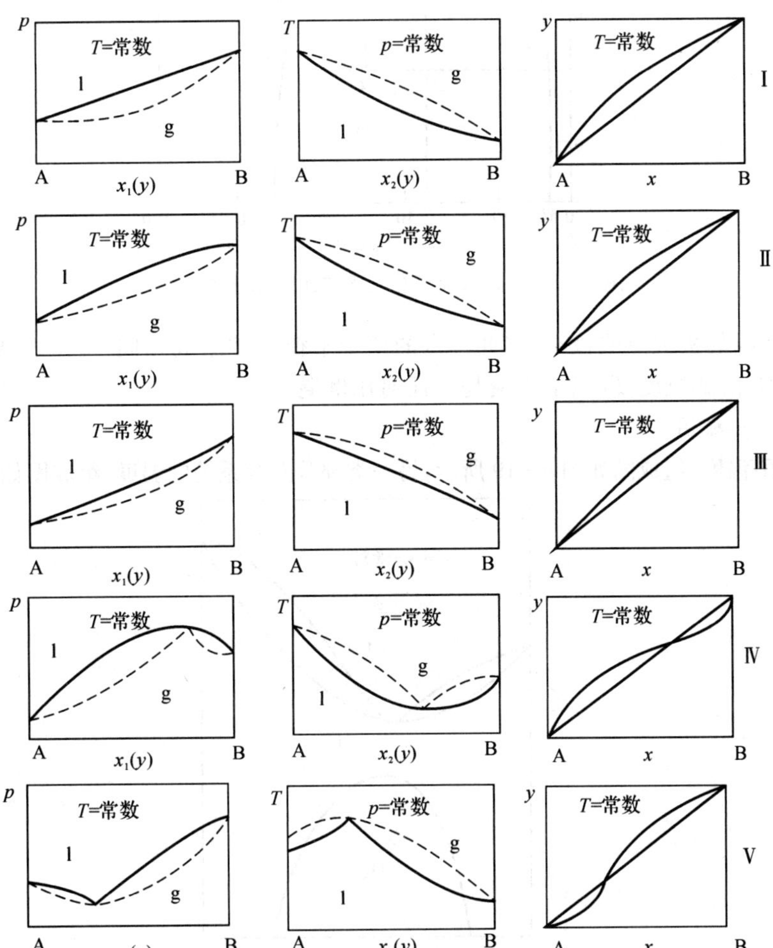

图 6-17　二组分完全互溶系统各种类型的 $p-x$、$T-x$、$x-y$ 图

6.7 部分互溶双液系

1. 定义

如果两种液体分子在结构上差别很大，它们在一定的压力和温度范围内，就只能部分相互溶解，并出现两个平衡液相，形成部分互溶的双液系。

2. 溶解度曲线

水-苯酚部分互溶二组分系统的溶解度图如图 6-18 所示。

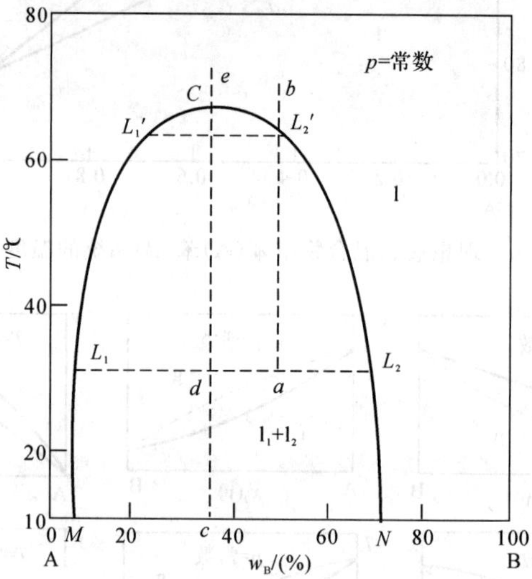

图 6-18　水-苯酚部分互溶二组分系统的溶解度

溶解度曲线的极大点或极小点(此两点的两个平衡液相组成相同)对应临界溶解温度(会溶温度)。临界溶解温度 T_C 以上溶液是以任何比例混合的。

3. $T-x-y$ 相图

水-正丁醇温度-组成图如图 6-19 所示，另一类部分互溶系统的温度-组成图如图 6-20 所示。

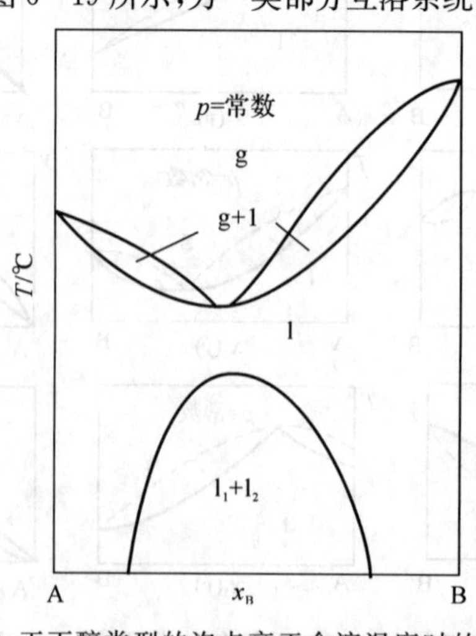

图 6-19　水-正丁醇类型的泡点高于会溶温度时的温度-组成图

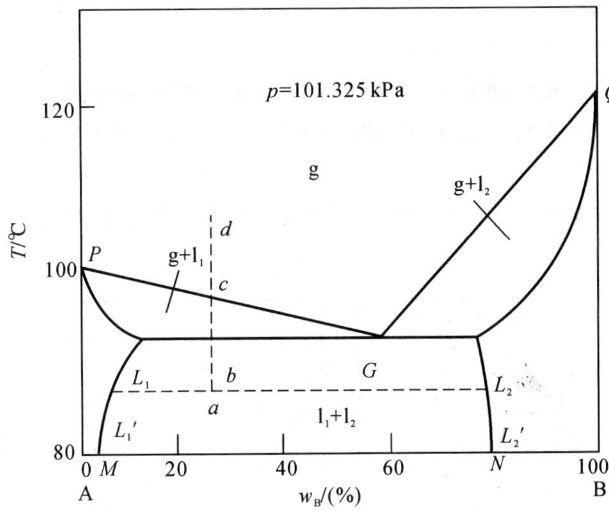

图 6-20　另一类部分互溶系统的温度-组成图

6.8　简单低共熔混合物系统

1. 温度-组成相图

简单低共熔混合物体系的温度-组成图如图 6-21 所示。

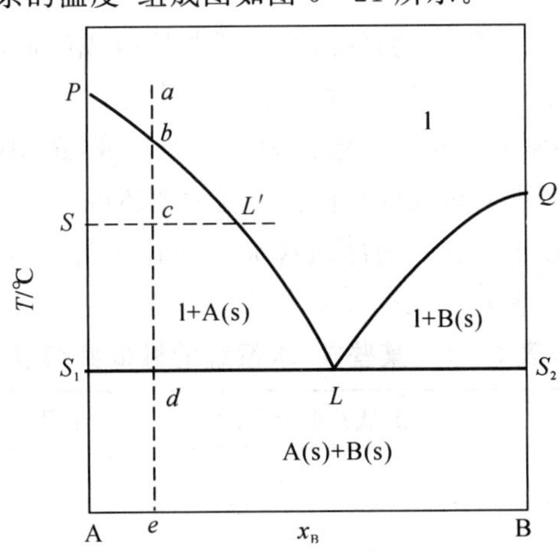

图 6-21　简单低共熔混合物体系的温度-组成图

L 点是低共熔点，$\Phi=3$，$f^*=0$，对应低共熔混合物。

2. 低共熔混合物的特点

(1)它是混合物。

(2)液相＋A＋B 构成。

(3)液相完全互溶，固相完全不互溶。

3. 绘制相图的方法

有两种方法，即热分析法和溶解度法。

1)热分析法：用步冷曲线研究固-液相平衡的方法称为热分析法。

2)步冷曲线(冷却曲线)：由系统均匀冷却时的试验数据所做的温度-时间关系曲线称为步冷曲线或冷却曲线。

3)将步冷曲线中的转折点，水平线段的温度及相应系统组成描绘在温度-组成图上如图 6-22 所示。

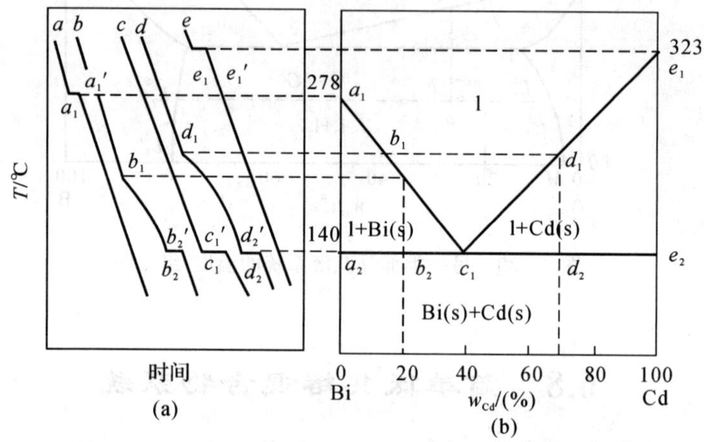

图 6-22 Bi-Cd 系统冷却曲线(a)；Bi-Cd 系统相图(b)

盐-水体系属于简单低共熔混合物系统，按照低共熔组成配成冰和盐的混合物，可以获得较低的冷冻温度。在实验室中，在冰冷却时，加入一些食盐，可以获得比零度更低的温度，就是这个缘故。化工生产中，经常利用盐水溶液作为冷冻循环液，选用 $CaCl_2$ 水溶液是较理想的，这是因为 $H_2O-CaCl_2$ 的最低共熔温度较低。根据相图还可为选择一定冷冻温度下溶液浓度提供依据，例如，要配制温度为－15℃的冷冻盐水，$CaCl_2$ 水溶液应配成 10％的浓度。常见的某些盐和水的最低共熔点如表 6-1 所示。

表 6-1 某些盐-水系统的最低共熔点

盐	最低共熔点 T/℃	最低共熔点时盐的含量/(%)
Na_2SO_4	−1.1	3.84
KNO_3	−3.0	11.2
$MgSO_4$	−3.9	16.5
KCl	−10.7	10.7
KBr	−12.6	31.3
$(NH_3)_2SO_4$	−18.3	39.8
NaCl	−21.1	23.3
KI	−23.0	52.3

续表

盐	最低共熔点 T/℃	最低共熔点时盐的含量/(%)
NaBr	−28.0	40.3
NaI	−31.5	39.0
$CaCl_2$	−55.0	32.00
$FeCl_3$	−55.0	33.1

6.9　生成稳定化合物系统

1. 定义

如果系统中两个纯组分之间形成一个或一个以上稳定化合物，则其温度一组成图就是有稳定化合物生成的固-液系统相图。稳定化合物对应相合熔点，即这种化合物在熔点以下都是稳定的。化合物熔化时所生成的液相和化合物组成相同。

2. 温度-组成图

稳定化合物的温度-组成图如图 6－23 所示。

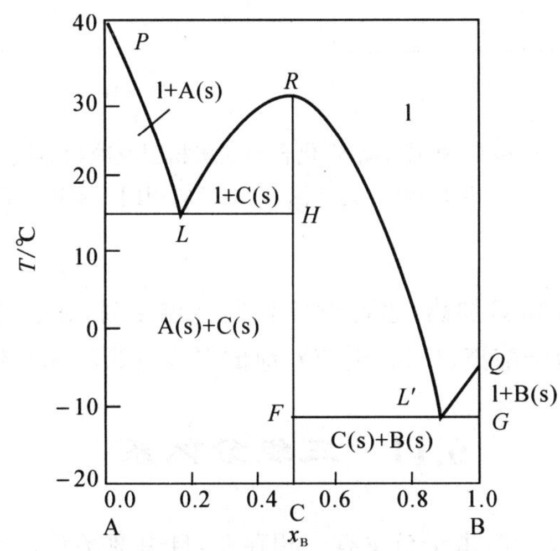

图 6－23　苯酚(A)-苯胺(B)的相图

3. 相合熔点

图 6－23 中 R 点为相合熔点，$\Phi=2, f^*=0$，系统生成稳定化合物的熔点为相合熔点。当化合物熔化时，固体和溶液有相同的组成，此化合物无论固、液态都能存在。此组成的步冷曲线类似纯物质的步冷曲线。

6.10　生成不稳定化合物系统

1. 定义

如果系统中两个纯组分之间形成一个或一个以上不稳定化合物，则温度-组成图就是有不稳定化合物生成的固-液系相图。

不稳定化合物对应不相合熔点。不稳定化合物只能在固态中存在,而不能在液态中存在。将此化合物加热到某一温度时,化合物分解成另一种固体和溶液,此溶液的组成不同于原化合物的组成。

2. 温度-组成图

不稳定化合物的温度-组成图如图 6-24 所示。

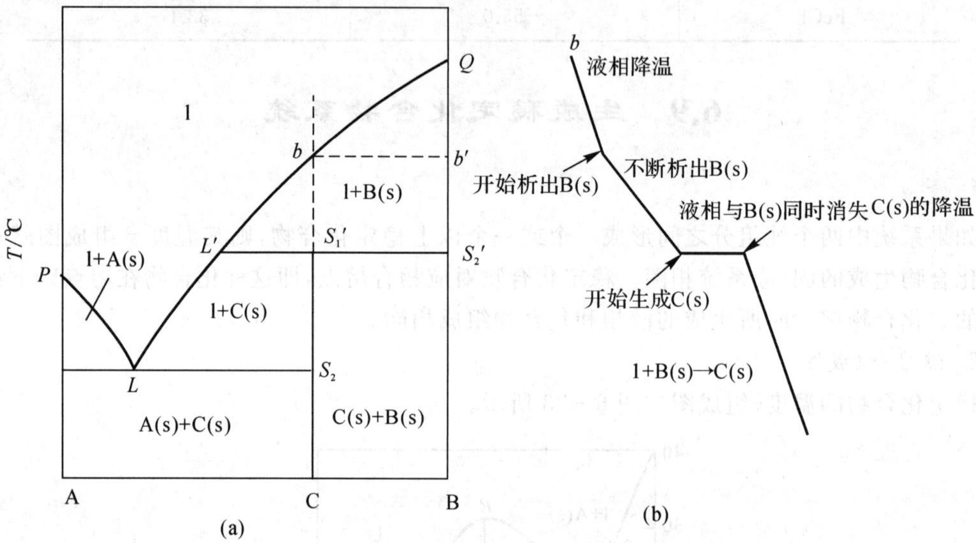

图 6-24 生成不稳定化合物系统相图及冷却曲线

(a)生成不稳定化合物学(元相图);(b)对应相图 b 点的冷却曲线

3. 不相合熔点

在图 6-24 中,将化合物 C 加热,达到相当于 S_1'点温度时,化合物分解成固体 B 和溶液,对应转熔反应 C(s)→B(s)+溶液(L')。S_1'点对应的温度称为不相合熔点(又称为转熔温度)。

6.11 三组分体系

三组分体系的组分数 $c=3$,由于至少有一相存在,自由度 $f=3-\Phi+2=5-\Phi$,体系的最大自由度数是 4,即温度、压力和两个浓度项。三维空间不能描绘,故通常固定温度和压力,$f^*=3-\Phi$,最大条件自由度为 2,可在平面上用等边三角形描述三元相图。

用等边三角形表示各组分的浓度,如图 6-25 所示。等边三角形的三个顶点 A、B、C 分别代表三个纯物质,如 A 点表示含 A 组分 100%。等边三角形的 3 条边分别代表二组分系统,并以逆时针方向表示各组分的百分含量,等边三角形中的点代表组成确定的系统。其中一个状态点 p 的组成可用下述方法读出:过 p 点向三角形的底边 AB 作平行于其他两边的直线与底边分别交于 a、b 两点,此两点将底边分为三个线段,左边线段 Aa 的长度代表系统中右下角组分 B 的相对含量,中间线段 ab 的长度代表系统中顶角组分 C 的相对含量,右边线段 bB 的长度代表系统中左下角 A 的相对含量。

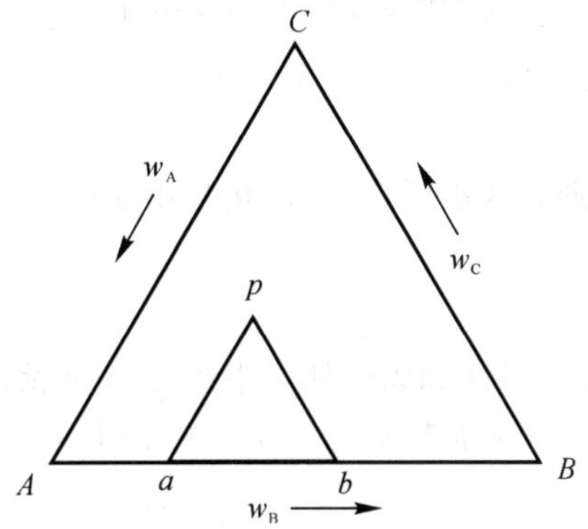

图 6-25　表示三组分系统的等边三角形图

6.12　相图热力学及计算

6.12.1　通过相图计算熔体的热力学量

1. 熔化热的计算

当缺乏某一组元的熔化热数据时，常用的方法之一是利用该组元与其他组元素构成的相图来估计。例如，用 Bi - Cd 相图计算 Bi 的熔化热。

$$G_{Bi}^{s}=G_{Bi}^{l}$$
$$G_{Bi}^{0,s}+RT\ln a_{Bi}^{S}=G_{Bi}^{0,l}+RT\ln a_{Bi}^{l}$$
$$RT\ln\frac{a_{Bi}^{S}}{a_{Bi}^{l}}=G_{Bi}^{0,l}-G_{Bi}^{0,s}$$
$$G_{Bi}^{0,l}-G_{Bi}^{0,s}=\Delta G_{Bi}^{0}=\Delta H_{Bi}^{0}-T\Delta S_{Bi}^{0}$$

在纯 Bi 的熔点温度 T_{Bi}^{*} 时，$\Delta S_{Bi}^{0}=\dfrac{\Delta H_{Bi}^{0}}{T_{Bi}^{*}}$

$$\Delta G_{Bi}^{0}=G_{Bi}^{0,l}-G_{Bi}^{0,s}=\Delta H_{Bi}^{0}(1-\frac{T}{T_{Bi}^{*}})$$

式中，ΔG_{Bi}^{0} 为任意温度 T 下的熔化自由能。

由于 Bi - Cd 为稀溶体，可近似取

$$a_{Bi}^{s}=x_{Bi}^{s}=1$$
$$a_{Bi}^{l}=x_{Bi}^{l}=1-x_{Cd}^{l}$$
$$\ln(1-x_{Cd}^{l})\approx -x_{Cd}^{l}$$
$$TT_{Bi}^{*}\approx(T_{Bi}^{*})^{2}$$

于是得

$$\Delta H_{Bi}^{0}=\frac{1}{\Delta T}R(T_{Bi}^{*})^{2}x_{Cd}^{l}$$

将具体数据 $\Delta T=22.8$ K，$T_{Bi}^{*}=543.5$ K，$R=8.314\ \mathrm{J\cdot K^{-1}\cdot mol^{-1}}$，$x_{Cd}^{l}=0.1$ 代入

$$\Delta H_{\mathrm{Bi}}^{0}=10\ 771\ \mathrm{J\cdot mol^{-1}}$$

与实验值 10 868 $\mathrm{J\cdot mol^{-1}}$ 十分接近。

2. 组元活度的计算

已知二元相图时，可用下列方法求活度：①熔化自由能法；②熔点下降法；③由斜率截距求化学势法。

$$\mu_{\mathrm{A}}^{\alpha}=\mu_{\mathrm{A}}^{\mathrm{l}}$$

设 $a_{\mathrm{A}}(\mathrm{l})$ 和 $a_{\mathrm{A}}(\alpha)$ 分别表示液相 l 和固熔体 α 中组元 A 的活度，则

$$\mu_{\mathrm{A}}^{0,\mathrm{l}}+RT\ln a_{\mathrm{A}}^{\mathrm{l}}=\mu_{\mathrm{A}}^{0,\alpha}+RT\ln a_{\mathrm{A}}^{\alpha}$$

$$\mu_{\mathrm{A}}^{0,\mathrm{l}}-\mu_{\mathrm{A}}^{0,\alpha}=RT\ln\frac{a_{\mathrm{A}}^{\alpha}}{a_{\mathrm{A}}^{\mathrm{l}}}$$

令 $\Delta G_{\mathrm{A}}^{0,*}=\mu_{\mathrm{A}}^{0,\mathrm{l}}-\mu_{\mathrm{A}}^{0,\alpha}$，当 $x_{\mathrm{A}}^{\alpha}\to 1$ 时，

$$a_{\mathrm{A}}^{\alpha}\approx x_{\mathrm{A}}^{\alpha}$$

$$\ln\frac{a_{\mathrm{A}}^{\alpha}}{a_{\mathrm{A}}^{\mathrm{l}}}=\frac{\Delta G_{\mathrm{A}}^{0,*}}{RT}$$

$$\ln a_{\mathrm{A}}^{\mathrm{l}}=\ln x_{\mathrm{A}}^{\alpha}-\frac{\Delta G_{\mathrm{A}}^{0,*}}{RT}$$

式中

$$\Delta G_{\mathrm{A}}^{0,*}=\Delta H_{\mathrm{A}}^{0,*}-T\frac{\Delta H_{\mathrm{A}}^{0,*}}{T_{\mathrm{A}}^{*}}+\int_{T_{\mathrm{A}}^{*}}^{T}\Delta C_{p,\mathrm{A}}^{*}\mathrm{d}T-T\int_{T_{\mathrm{A}}^{*}}^{T}\frac{\Delta C_{p,\mathrm{A}}^{*}}{T}\mathrm{d}T$$

$$\Delta C_{p,\mathrm{A}}^{*}=\Delta C_{p,\mathrm{A}}^{\mathrm{l}}-\Delta C_{p,\mathrm{A}}^{\mathrm{s}}$$

其中，$\Delta G_{\mathrm{A}}^{0,*}$ 是纯 A 组分的摩尔熵的 Gibbs 能；T_{A}^{*} 为纯 A 的熔点。

在一般情况下，可近似地认为 $\Delta C_{p,\mathrm{A}}^{*}\approx 0$，则

$$\ln a_{\mathrm{A}}^{\mathrm{l}}=\ln x_{\mathrm{A}}^{\alpha}+\frac{\Delta H_{\mathrm{A}}^{0,*}(T-T_{\mathrm{A}}^{*})}{RTT_{\mathrm{A}}^{*}}$$

对于物质 B 的活度 a_{B} 与温度的关系可推导如下：

$$\frac{\partial\ln a_{\mathrm{B}}}{\partial T}=\frac{1}{R}\frac{\partial}{\partial T}\left(\frac{\Delta G_{\mathrm{B}}}{T}\right)$$

由于

$$\mathrm{d}\left(\frac{\Delta G}{T}\right)=-\frac{\Delta H}{T^{2}}\mathrm{d}T$$

则

$$\frac{\partial\ln a_{\mathrm{B}}}{\partial T}=-\frac{\Delta H_{\mathrm{B}}}{RT^{2}}$$

积分后

$$\ln a_{\mathrm{B}}=\frac{\Delta H_{\mathrm{B}}}{RT}+C$$

式中，C 为积分常数。

例 利用 Mg－Ag 二元系相图数据（见表 6－2）计算 973 K 时 Mg－Ag 合金中 Mg 的活度及活度系数。已知 Mg 的熔点为 923K，摩尔熔化热为 87 876 $\mathrm{J\cdot mol^{-1}}$，液态 Mg－Ag 合

金中

$$\Delta H^{l}_{Mg} = -48\,580\,(1 - x^{l}_{Mg})^{2}\ \text{J} \cdot \text{mol}$$

表 6-2　Mg-Ag 二元系相图数据

温度	T/K	923	837	823	773	744
组成	x^{s}_{Mg}	1.00	0.993	0.983	0.972	0.960
	x^{l}_{Mg}	1.00	0.936	0.894	0.853	0.825

因 $\Delta C^{*}_{p,Mg} = C^{l}_{p,Mg} - C^{s}_{p,Mg} = 31.8 - 31.0 \approx 0$（$C^{l}_{p,Mg}$，$C^{s}_{p,Mg}$数据来自于手册）

由公式

$$\ln a^{l}_{Mg} = \ln x^{s}_{Mg} + \frac{\Delta H^{0,*}_{Mg}(T - T^{*}_{Mg})}{RTT^{*}_{Mg}} = \ln x^{s}_{Mg} + \frac{8\,786 \times (T - 923)}{8.314 \times T \times 923}$$

$$\ln \frac{a_{B}(T_{2})}{a_{B}(T_{1})} = \frac{\Delta H^{l}_{Mg}}{R}\left(\frac{1}{T_{2}} - \frac{1}{T_{1}}\right)$$

其中，$T_{2}=973\text{K}$，得到表 6-3。

表 6-3　Mg-Ag 合金热力学参数

T/K	923	873	823	773	744
x^{l}_{Mg}	1.00	0.936	0.894	0.853	0.825
a^{l}_{Mg}	1.00	0.930	0.856	0.778	0.728
$\Delta H^{l}_{Mg}/(\text{J} \cdot \text{mol}^{-1})$	0	−199	−546	−1 050	−1 488
$a^{l}_{Mg}(973\text{K})$	1.00	0.933	0.866	0.805	0.771
$\gamma^{l}_{Mg}(973\text{K})$	1.0	0.996	0.969	0.943	0.935

3. 其他热力学量的计算

对固液两相平衡来说

$$\Delta G_{A} = G^{l}_{A} - G^{s}_{A} = 0$$

$$\Delta G_{A} = \Delta H_{A} - T\Delta S_{A}$$

故

$$\Delta H_{A} = T\Delta S_{A}$$

$$\Delta H_{A} = H_{A} - H^{*,s} = H_{A} - H^{*,l} + \Delta H^{0,*}_{A} = H^{M}_{A} + \Delta H^{0,*}_{A}$$

其中，ΔH_{A}为组分 A 的偏摩尔焓变化；$\Delta H^{0,*}_{A}$为 A 的摩尔熔化焓；H^{M}_{A}为 A 的偏摩尔混合焓。

同理

$$\Delta S_{A} = S_{A} - S^{*,s} = S_{A} - S^{*,l} + \Delta S^{0,*}_{A} = S^{M}_{A} + \Delta S^{0,*}_{A}$$

$$\Delta S_{A} = S^{M}_{A} + \Delta_{fus} S^{*}_{m}(A) = S^{id}_{A} + S^{E}_{A} + \Delta S^{0,*}_{A}$$

其中，ΔS_{A} 为组分 A 的偏摩尔熵变化；$\Delta S^{0,*}_{A}$ 为 A 的摩尔熔化熵；S^{M}_{A} 为 A 的偏摩尔混合熵；S^{id}_{A} 为理想溶液的偏摩尔混合熵；S^{E}_{A} 实际溶液和理想溶液之间偏差有关的过程偏摩尔混合熵。

因

$$S^{id}_{A} = -R\ln x_{A}$$

$$\Delta H_{A} = T(\Delta S^{0,*}_{A} + S^{E}_{A} - R\ln x_{A})$$

$$\ln x_A = -\frac{\Delta H_A}{RT} + \frac{\Delta S_A^{0,*} + S_A^E}{R}$$

4. 二元系相图平衡相浓度的计算原理

$$G = \sum (x_i G_i^{\ominus}) + \Delta G^M$$

其中，G 为合金系的整体摩尔 Gibbs 自由能；ΔG^M是混合自由能；x_i 为各组元的摩尔分数；$G_i^{\ominus}$为组元在标准状态时的摩尔 Gibbs 自由能。对于规则溶液，由于 $\Delta^{id} H^M = 0$，则有

$$\Delta G^M = -T\Delta^{id} S^M + \Delta G^E$$

$$G = \sum (x_i G_i^{\ominus}) - T\Delta^{id} S^M + \Delta G^E$$

$$\Delta^{id} S^M = -R\sum x_i \ln x_i$$

式中，$\Delta^{id} S^M$ 为理想溶体的混合熵；ΔG^E 为溶体的超额 Gibbs 自由能；

对于二元系规则溶体，有

$$\Delta G^E = \alpha' x_A x_B$$

式中，α'为系数。

对于非规则溶体，若是富 A 时，ΔG^E可表示为

$$\Delta G^E = x_A x_B (A_0 + A_1 x_B + A_2 x_B^2 + A_3 x_B^3 + \cdots)$$

式中，A_0、A_1、A_2、A_3 为经验常数。

对于任一成分二元溶体，ΔG^E有多种表示形式，如

$$\Delta G^E = x_A x_B [(A_0 + A_1 (x_A - x_B) + A_2 (x_A - x_B)^2 + A_3 (x_A - x_B)^3 + \cdots)]$$

$$\Delta G^E = x_A x_B (A_1 + A_2 x_B)$$

$$\Delta G^E = x_A x_B (A_1 x_A^2 + A_2 x_A x_B + A_3 x_B^2)$$

$$\Delta G^E = x_A x_B (A_1 x_A^3 + A_2 x_A^2 x_B + A_3 x_A x_B^2 + A_4 x_B^3)$$

$$A_i = a + bT + cT\ln T + dT^2 + eT^{-1} + fT^3$$

式中，a、b、c、d、e、f 为经验常数。

由于

$$G_A = G_B$$

或

$$\mu_A = \mu_B$$

对于二元系溶体，有

$$G_i = G_m + (1 - x_i)\frac{\partial G_m}{\partial x_i}$$

对于多元系溶体，则有

$$G_i = G_m + \sum (\delta_{ij} - x_i)\frac{\partial G_m}{\partial x_i}$$

由于 $G_i = G_i^{\ominus} - TS_i + G_i^E$，而 $S_i = -R\ln x_i$，则组元 i 的分配系数为

$$K_i^{\alpha/\beta} = \frac{x_i^{\alpha}}{x_i^{\beta}} = \exp[(G_i^{\ominus,\beta} - G_i^{\ominus,\alpha} + G_i^{E,\beta} - G_i^{E,\alpha})/RT]$$

5. 简单共晶相图中浓度及温度的计算

在恒温、恒压条件下，有

$$G_A^A = G_A^l, G_B^B = G_B^l$$

式中，G_A^A 是 A 物质在固相中的 Gibbs 自由能；G_A^l 是 A 物质在液相中的 Gibbs 自由能，G_B^B 是 B 物质在固相中的 Gibbs 的自由能；G_B^l 是 B 物质在液相中的 Gibbs 自由能。

因

$$G_A^l = G_A^{0,l} + RT\ln a_A^l$$

故

$$G_A^{0,A} = G_A^{0,l} + RT\ln a_A^l$$

$$G_A^{0,A} - G_A^{0,l} = \Delta G_A^{l\to A} = \Delta H_A^{0,l\to A} - T\Delta S_A^{0,l\to A}$$

$$\Delta H_A^{0,l\to A} = T\Delta S_A^{0,l\to A}$$

因此有

$$\Delta G_A^{l\to A} = \Delta H_A^{0,l\to A} - \frac{\Delta H_A^{0,l\to A}}{T} = \Delta H_A^{0,l\to A}\left(1 - \frac{T}{T_A}\right)$$

故

$$RT\ln a_A^l = \Delta H_A^{0,l\to A}\left(1 - \frac{T}{T_A}\right)$$

或

$$\ln a_A^l = \Delta H_A^{0,l\to A}\left(1 - \frac{T}{T_A}\right)/RT$$

式中，a_A^l 是 A 物质在液相中的活度。

同理可得

$$\ln a_B^l = \Delta H_B^{0,l\to A}\left(1 - \frac{T}{T_B}\right)/RT$$

若 A 组元和 B 组元所组成的液相可用理想熔体近似，则

$$a_A^l = x_A^l, a_B^l = x_B^l$$

这样，有

$$\ln x_A^l = \Delta H_A^{0,l\to A}\left(1 - \frac{T}{T_A}\right)/RT$$

$$\ln x_B^l = \Delta H_B^{0,l\to A}\left(1 - \frac{T}{T_B}\right)/RT$$

同时有

$$x_B^l = 1 - x_A^l$$

若组元 A 和组元 B 组成的液相符合正规溶液，则有

$$G_A^l = G_A^{0,l} + RT\ln x_A^l + (1 - x_A^l)^2 I_{AB}^l$$

$$G_A^{0,A} - G_A^{0,l} = RT\ln x_A^l + (1 - x_A^l)^2 I_{AB}^l$$

$$\Delta G_A^{0,l\to A} = \Delta H_A^{0,l\to A} - T\Delta S_A^{0,l\to A}$$

$$\Delta H_A^{0,l\to A} = T\Delta S_A^{0,l\to A}$$

根据 Richard 规则有 $\Delta S_A^{0,l\to A} = -R$，其中负号表示与结晶时的熵变相反。所以有

$$\Delta G_A^{0,l\to A} = RT - RT_A$$

因此可得

$$T=\frac{T_{\mathrm{A}}-(1-x_{\mathrm{A}}^{\mathrm{l}})^{2}\,I_{\mathrm{AB}}^{\mathrm{l}}/R}{1\ \ln x_{\mathrm{A}}^{\mathrm{l}}}$$

$$T=\frac{T_{\mathrm{B}}-(1-x_{\mathrm{B}}^{\mathrm{l}})^{2}\,I_{\mathrm{AB}}^{\mathrm{l}}/R}{1-\ln x_{\mathrm{B}}^{\mathrm{l}}}$$

6. 二元匀晶相图中组成的计算

设有 A 和 B 组元组成无限固溶的液相和固相溶体，在温度 T 时成分为 $x_{\mathrm{B}}^{\mathrm{S}}$ 的固溶体 α 与成分为 $x_{\mathrm{B}}^{\mathrm{l}}$ 的液相形成平衡。

设平衡时 $G_{\mathrm{A}}^{\mathrm{S}}=G_{\mathrm{A}}^{\mathrm{l}}$，$G_{\mathrm{B}}^{\mathrm{S}}=G_{\mathrm{B}}^{\mathrm{l}}$，而在一定温度时

$$G_{\mathrm{A}}^{\mathrm{l}}=G_{\mathrm{A}}^{0,\mathrm{l}}+RT\ln a_{\mathrm{A}}^{\mathrm{l}}$$

$$G_{\mathrm{A}}^{\mathrm{s}}=G_{\mathrm{A}}^{0,\mathrm{s}}+RT\ln a_{\mathrm{A}}^{\mathrm{s}}$$

$$G_{\mathrm{A}}^{0,\mathrm{l}}-G_{\mathrm{A}}^{0,\mathrm{s}}=RT\ln\left(\frac{a_{\mathrm{A}}^{\mathrm{s}}}{a_{\mathrm{A}}^{\mathrm{l}}}\right)$$

$$\Delta G_{\mathrm{m,A}}=\Delta H_{\mathrm{m,A}}-T\Delta S_{\mathrm{m,A}}$$

$$\Delta S_{\mathrm{m,A}}=\frac{\Delta H_{\mathrm{m,A}}}{T_{\mathrm{A}}}$$

$$\Delta G_{\mathrm{m,A}}=\Delta H_{\mathrm{m,A}}\left(1-\frac{T}{T_{\mathrm{A}}}\right)$$

$$\Delta G_{\mathrm{m,A}}=G_{\mathrm{A}}^{0,\mathrm{l}}-G_{\mathrm{A}}^{0,\mathrm{s}}$$

$$RT\ln\left(\frac{a_{\mathrm{A}}^{\mathrm{s}}}{a_{\mathrm{A}}^{\mathrm{l}}}\right)=\Delta H_{\mathrm{m,A}}\left(1-\frac{T}{T_{\mathrm{A}}}\right)$$

$$RT\ln\left(\frac{a_{\mathrm{B}}^{\mathrm{s}}}{a_{\mathrm{B}}^{\mathrm{l}}}\right)=\Delta H_{\mathrm{m,B}}\left(1-\frac{T}{T_{\mathrm{B}}}\right)$$

7. 具有金属间化合物的相图

例　Ni－Zr 合金相图，生成化合物 NiZr，则

$$G_{\mathrm{m}}^{\mathrm{l}}=x_{\mathrm{Ni}}G_{\mathrm{Ni}}^{0,\mathrm{l}}+x_{\mathrm{NiZr}}G_{\mathrm{NiZr}}^{0,\mathrm{l}}+x_{\mathrm{Zr}}G_{\mathrm{Zr}}^{0,\mathrm{l}}+RT(x_{\mathrm{Ni}}\ln x_{\mathrm{Ni}}+x_{\mathrm{NiZr}}\ln x_{\mathrm{NiZr}})+$$
$$L_{\mathrm{NiZr,Ni}}x_{\mathrm{NiZr}}x_{\mathrm{Ni}}+L_{\mathrm{NiZr,Zr}}x_{\mathrm{NiZr}}x_{\mathrm{Zr}}$$

式中，L_{NiZr} 和 $L_{\mathrm{NiZr,Zr}}$ 分别为金属间化合物 NiZr 与 Ni 原子与 Zr 原子之间的相互作用参数。

若化合物的分子式为 $\mathrm{Ni}_x\mathrm{Zr}_{1-x}$，则

$$G_{\mathrm{NiZr}}^{0,\mathrm{l}}=xG_{\mathrm{Ni}}^{0,\mathrm{l}}+(1-x)G_{\mathrm{Zr}}^{0,\mathrm{l}}+a+bT$$

其中，a 和 b 为不定参数。

第7章 材料的界面

7.1 表面 Gibbs 自由能和表面张力

7.1.1 表面现象

1) 表面：指物体与真空或本身蒸气相接触的面。

2) 界面：物体的表面与非本物体的另一个相的表面相互接触的面。

界面(包括表面)不是一个简单的几何面，而是具有几个原子厚度的区域。界面不仅存在于金属的外部，而且广泛存在于金属的内部，并贯穿于金属材料的整个制造过程，对金属材料的组织和性能有重要影响。

3) 表面现象：是在相界面上的物质具有和体相内不同的结构和性质时而产生的各种物理现象和化学现象，产生表面现象的主要原因是处在表面层中的物质的分子与系统内部分子在力场上存在差异。

7.1.2 表面 Gibbs 自由能和表面张力

1) 表面 Gibbs 自由能的定义：在恒温(T)、恒压(p)、恒组成(N)下可逆地增加单位表面积所引起系统自由能的增量。

$$\sigma = \left(\frac{\partial G}{\partial A}\right)_{T,p,N}$$

式中，A 为面积。

2) 表面张力。表面张力是表面层分子沿着与表面相切的方向垂直作用于表面上任意单位长度线段的表面紧缩力，或作用在液体表面的界限上，其方向垂直周界线且与液体表面相切，用 σ 表示，单位为 $N \cdot m^{-1}$。

3) 本章着重介绍金属的表面张力、晶面能与晶体形态的关系以及金属表面的吸附和元素界面的偏聚等问题，并对材料热加工中的一些界面问题进行探讨。

7.2 金属的表面张力

金属的表面张力与金属单位界面内能及温度之间具有以下关系：

$$\sigma = U + T\,\frac{\partial \sigma}{\partial T}$$

式中，σ 为表面张力；U 为表面内能；T 为温度。

根据实验结果，纯金属的液相表面张力与温度的关系不大，可近似认为

$$\frac{\partial \sigma}{\partial T} \approx 0$$

$$\sigma = U$$

根据最临近原子相互作用模型，可得到总内能

$$U_A = (N' - n')\frac{Z_0}{2}\mu_{AA} + \frac{n'}{2}\left(Z_s + \frac{Z_0 - Z_s}{2}\right)\mu_{AA} = N'Z_0\frac{\mu_{AA}}{2} - \frac{n'(Z_0 - Z_S)}{4}\mu_{AA}$$

式中，N'为固体金属内的原子数；n'为固体金属表面的原子数；μ_{AA}是二原子之间的相互作用势能，其值总是负的；Z_0 是原子的体积配位数；Z_s 是原子的表面配位数。

令 $Z_R = \dfrac{Z_0 - Z_s}{2}$，则

$$\sigma_A = \frac{n'(Z_0 - Z_s)}{4}\mu_{AA} = -\frac{n}{2}Z_R\mu_{AA}$$

$$\Delta H_v = -\frac{N_0 Z_0}{2}\mu_{AA}$$

$$\sigma_A = \frac{nZ_R}{N_0 Z_0}\Delta H_v$$

其中，Z_R 为界面配位数；ΔH_v 为摩尔蒸发热；N 为单位体积内的原子数；n 为单位表面积所包含的原子数；N_0 为阿伏伽德罗数。

7.3 液态与固态金属表面的关系

高列斯基对许多金属在液态和固态下的表面张力进行了对比分析，得出以下规律：

对于密排金属(A_1 及 A_3 型结构)

$$\frac{\sigma_{sg}}{\sigma_{lg}} = 1.18$$

对于 BCC 金属(A_2 型结构)

$$\frac{\sigma_{sg}}{\sigma_{lg}} = 1.20$$

对于熔点时的纯金属有

$$\frac{\sigma_{sg}}{\sigma_{lg}} = 0.142$$

7.4 晶体表面张力的各向异性

晶体结构不同，其表面张力不同；晶体的晶面不同，其表面张力也不同，晶体的表面张力表现出各向异性。

例　简单立方型晶体,其原子配位数 Z_0 是 6,在(100)面上的原子配位数 Z_s 是 4,则其界面配位数 Z_R 等于 1。晶体某一晶面的表面张力可以用下列公式计算:

$$\sigma_A = \frac{n(Z_0 - Z_s)}{4}\mu_{AA} = -\frac{n}{2}Z_R\mu_{AA}$$

对于简单立方晶体,其(100)面上单位面积的原子数 $n=1/a^2$,$Z_R=1$,故其(100)面上的表面张力为

$$\sigma_{(100)} = -\frac{\mu_{AA}}{2a^2}$$

对于指数是(hkl)的外表面,表面张力可表示为

$$\sigma_{(hkl)} = -\frac{\mu_{AA}}{2a^2}f(a_1, a_2)$$

$$f(a_1, a_2) = \cos a_1 + \cos a_2 + \sqrt{1-\cos^2 a_1 + \cos^2 a_2}$$

其中,a_1、a_2 分别是$(h_1h_2h_3)$面与(001)(010)面的夹角。

乌尔夫定理,晶体平衡时其外形应满足以下关系式:

$$\frac{h_1}{\sigma_1} = \frac{h_2}{\sigma_2} = \frac{h_3}{\sigma_3} = \lambda = \text{常量}$$

式中,$h_i(i=1,2,3)$为晶体中 O 点与 i 晶面的垂直距离;σ_i 为 i 晶面的表面张力。

7.5　二元合金的表面张力

下面介绍浓度为 x 的无序溶体表面张力的推导。

浓度在原子层面就成为原子分数,溶质原子分数为 x 的合金固溶体的表面张力为:

$$\sigma_x = -\frac{n}{2}Z_R U$$

其中,U 为合金溶液中每一原子对之间的平均内能;Z_R 为界面配位数;计算如下:

$$U = 2\varepsilon_{AB}(1-x)x + \mu_{AA}(1-x) + \mu_{BB}x$$

式中,

$$\varepsilon_{AB} = \mu_{AB} - \frac{1}{2}(\mu_{AA} + \mu_{BB})$$

故溶质原子分数为 x 的合金固溶体的表面张力应为

$$\sigma_x = (1-x)\sigma_A + x\sigma_B - nZ_R\varepsilon_{AB}x(1-x)$$

如果考虑吸附和温度的影响,则

$$\sigma = \sigma_A + n_{0A}RT\ln\frac{b_A}{a_A} = \sigma_B + n_{0B}RT\ln\frac{b_B}{a_B}$$

其中,σ_A 和 σ_B 分别为合金中组元 A 及组元 B 的表面张力;n_{0A}和 n_{0B}分别为单位表面上纯组元 A 和 B 的摩尔数,即 $n_{0i}=\frac{1}{A_i}$,A_i 是 i 组元的摩尔表面积;b_A 与 b_B 分别为组元 A 和 B 在合金表面的活度;a_A 与 a_B 分别为组元 A 和 B 在合金内部的活度。

合金表面及内部的活度之间有如下关系：

$$\frac{b_A}{b_B^r}=\left(\frac{a_A}{a_B^r}\right)\exp\frac{\sigma_B\ \sigma_A}{n_{0A}RT}$$

其中，转移系数 $r=\dfrac{S_A}{S_B}$；S_A、S_B 分别为组元 A 和组元 B 的摩尔原子面积，单位是 $m^2\cdot mol^{-1}$，S 的计算公式如下：

$$S=bN_0^{1/3}V^{2/3}$$

其中，b 为单层原子的排列系数，六方密排(HCP)、体心立方(BCC)及面心立方(FCC)的 b 值分别为 1.09、1.12、1.12；N_0 为阿伏伽德罗常数；V 为固态金属的摩尔体积。

［例 7-1］ 已知温度为 608 K 时，Bi 的表面张力为 371 $mN\cdot m^{-1}$，Sn 的表面张力为 560 $mN\cdot m^{-1}$，Bi 的摩尔原子面积为 $6.95\times10^4\ m^2\cdot mol^{-1}$，Sn 的摩尔原子面积为 $6.00\times10^4\ m^2\cdot mol^{-1}$；$a_{Bi}=0.804$，$\dfrac{a_{Bi}}{a_{Sn}^r}=4.40$。求合金的表面张力。

解：

$$r=\frac{S_{Bi}}{S_{Sn}}=\frac{6.95\times10^4}{6.00\times10^4}=1.16$$

$$\frac{b_{Bi}}{b_{Sn}^r}=\left(\frac{a_{Bi}}{a_{Sn}^r}\right)\exp\frac{\sigma_{Sn}-\sigma_{Bi}}{n_{0,Bi}RT}=4.40\times\exp\frac{(560-371)\times10^{-3}}{\dfrac{1}{6.95\times10^4}\times8.314\times608}=59.15$$

做 $\dfrac{b_{Bi}}{b_{Sn}^r}$-b_{Bi} 图，求得 $b_{Bi}=0.98$。

故

$$\sigma=\sigma_{Bi}+n_{0,Bi}RT\ln\frac{b_{Bi}}{a_{Bi}}=371+\frac{8.314\times608}{6.95\times10^4}\times10^3\ln\frac{0.98}{0.804}=371+14.4=385\ mN\cdot m^{-1}$$

7.6 纯金属的液-固界面张力

金属凝固过程中产生液-固界面，其界面张力对金属的形核及晶核的长大有很大影响。特赫尔(Turnbull)提出纯金属的液－固界面张力的经验方程：

$$\sigma_{ls}=0.45\frac{\Delta H^*}{S}$$

其中，ΔH^* 为熔化热；S 为摩尔原子面积。

［例 7-2］ 已知铁的 $\Delta H^*=16.15\ kJ\cdot mol^{-1}$，固态铁的密度为 $7.8\times10^3\ kg\cdot m^{-3}$，其单层原子排列系数 $b=1.12$。计算铁的液固界面张力。

解：

$$S_{Fe}=bN_0^{1/3}V_{Fe}^{2/3}=1.12\times(6.023\times10^{23})^{\frac{1}{3}}\times\left(\frac{0.056}{7\ 800}\right)^{\frac{2}{3}}=3.519\times10^4\ m^2\cdot mol^{-1}$$

$$\sigma_{ls}=0.45\frac{\Delta H^{*}}{S}=0.45\times\frac{16\ 150}{3.519\times10^{4}}=0.206\ 5\ \text{N}\cdot\text{m}^{-1}$$

7.7　二面角、接触角及液体对固体的润湿

1. 二面角

定义：由两个液固界面切线组成的夹角称为二面角，如图 7－1 所示。

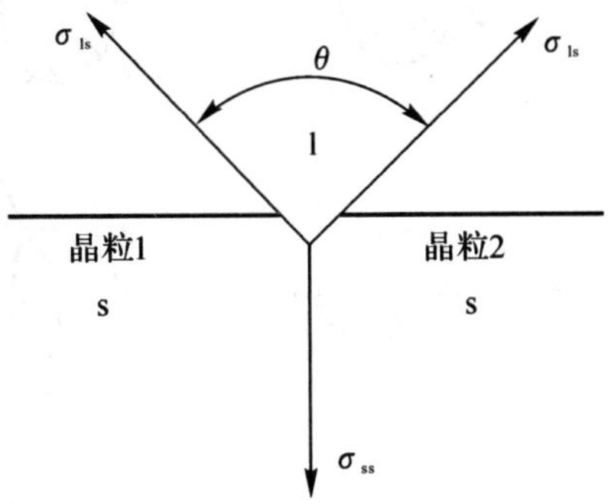

图 7－1　二面角

当界面张力处于平衡状态时，界面张力与二面角之间有下列关系

$$\sigma_{ss}=2\sigma_{ls}\cos\frac{\theta}{2}$$

即

$$\frac{\sigma_{ss}}{\sigma_{ls}}=2\cos\frac{\theta}{2}$$

讨论：

当 $\sigma_{ss}=\sigma_{ls}$ 时，$\theta=120°$；

当 $\sigma_{ss}<\sigma_{ls}$ 时，$\theta>120°$；

当 $\sigma_{ss}>\sigma_{ls}$ 时，$\theta<120°$；

当 $\theta=0°$ 时，液固两相完全润湿，液相在固相上完全铺开，形成连续的网膜；

当 $\theta=180°$ 时，液固两相完全不润湿，液相呈球状存在；

当 $\theta=0°\sim180°$ 之间时，液固两相部分润湿，液相在固相上局部展开，其形态随 θ 角的减小，逐渐脱离球状而转向片状，如图 7－2 所示。

2. 接触角

定义：当液滴在固相上铺展时，此时液固界面的接触角是从液、气、固三相的平衡点所做的液-气表面的切线与液-固界面的夹角，如图 7－3 所示。

杨氏(Young)方程

$$\sigma_{gs}=\sigma_{ls}+\sigma_{lg}\cos\theta$$

即

$$\cos\theta=\frac{\sigma_{gs}-\sigma_{ls}}{\sigma_{lg}}$$

当 $\theta=0°$时，$\cos\theta=1$，$\sigma_{gs}-\sigma_{ls}=\sigma_{lg}$，液相完全润湿固相。

当 $0°<\theta<90°$时，$0<\cos\theta<1$，$\sigma_{gs}-\sigma_{ls}<\sigma_{lg}$，液相部分润湿固相，呈球冠状。

当 $\theta>90°$时，$\cos\theta<0$，$\sigma_{gs}<\sigma_{ls}$，液相不润湿固相，呈扁球状。

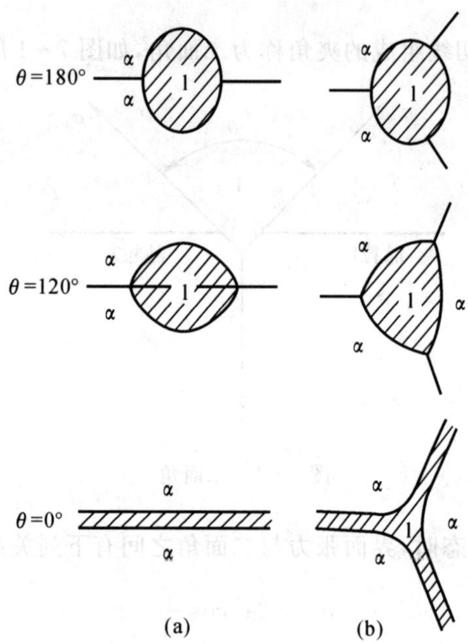

图 7－2　二面角与润湿角及液相形态

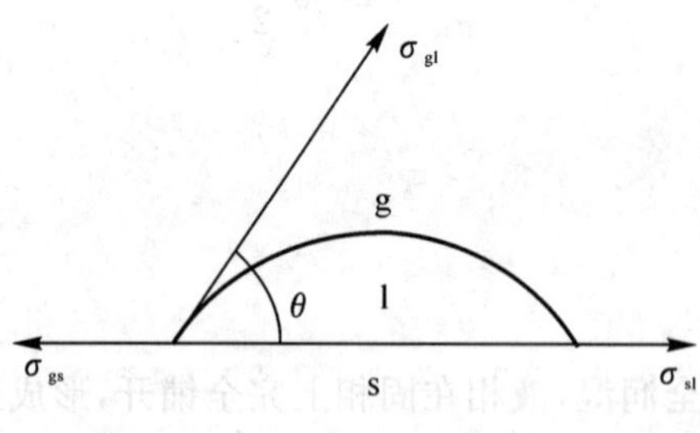

图 7－3　接触角

7.8　界面引起的附加压差

定义：弯曲液面的附加压差 Δp 就是液面内部承受的压力与外压之差，其方向指向曲面球心。造成弯曲液面的原因是周界线上的表面张力不为零。

推导如下：

设用毛细管在液体中吹起一个半径为 r 的气泡，如图 7－4 所示，欲使该气泡稳定存在，必

须施加 $p=p_{大气}+p_{附}$ 的压力，如果使气泡体积增加 $\mathrm{d}V$，表面积增加 $\mathrm{d}A$，则 $p_{附}\mathrm{d}V=\sigma\mathrm{d}A$

$$p_{附}=\frac{2\sigma}{r}$$

式中，σ 为表面张力；r 为曲率半径。如果气泡不是球形，则可用两个曲率半径 r_1 和 r_2 表示：

$$p_{附}=\sigma\left(\frac{1}{r_1}+\frac{1}{r_2}\right)$$

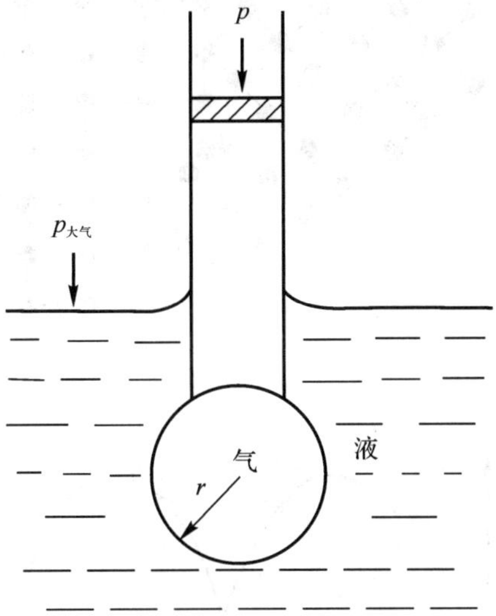

图 7－4　附加压力与气泡半径的关系

7.9　金属的晶界能

固体金属中存在着各式各样的界面。比如，晶粒之间的晶界、晶粒内部的孪晶界、不同相之间的相界等。在这个模型中，两晶体基本处于完整状态，只是在二者相邻区域有不规则的原子排列。

把两个晶体之间存在原子不规律排列的区域称为晶界区。晶界区的宽度只有零点几个纳米，它所包含的原子有的是两个晶体所共有，即吻合区（见图 7－5 中 D），有的则不属于任何一方（见图 7－5 中 A）在晶界区还存在压缩区（见图 7－5 中 B）和拉伸区（见图 7－5 中 C）。在晶界区中，压缩区、拉伸区和吻合区各占三分之一。

对于一个具体的晶界区而言，上述三个区域的比例与两个晶体之间的倾斜角有关。吻合区的数目越多，则晶界区的失配度越小，晶界能就越低。比如，简单立方晶体，其晶界能与倾角的关系如图 7－6 所示。

由图可见，在特定的倾角（θ_1，θ_2）下，晶界具有最低能量，此时晶界称为特定晶界。θ_1 与 θ_2 之间的晶界称为一般晶界。

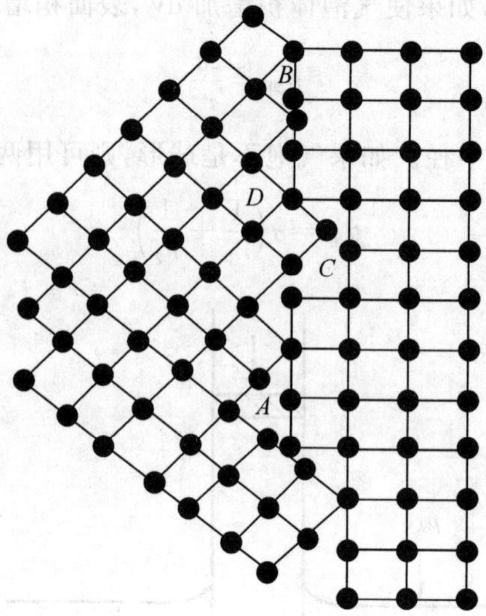

图 7-5　晶界构造模型

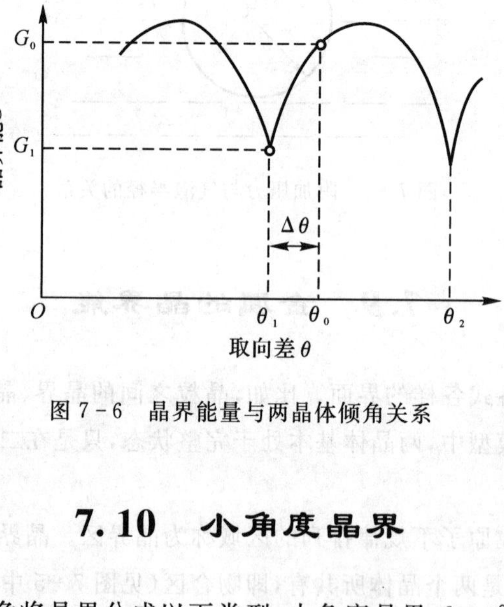

图 7-6　晶界能量与两晶体倾角关系

7.10　小角度晶界

通常按晶界之间的倾角将晶界分成以下类型：小角度晶界 $d=0°\sim(3°\sim10°)$，中角度晶界 $d=3°\sim(10°\sim15°)$，大角度晶界 $d>15°$。小角度晶界如图 7-7 所示。

小角度晶界可以看作由许多刃型位错叠砌而成的，其界面能可以通过计算求知。

$$\sin\theta=\frac{b}{\alpha},\quad \tan\theta=\frac{b}{\beta}$$

当 θ 很小时，

$$\theta=\frac{b}{D}$$

其中，b 是柏氏矢量 $\boldsymbol{b}$ 的大小；D 为位错间距。

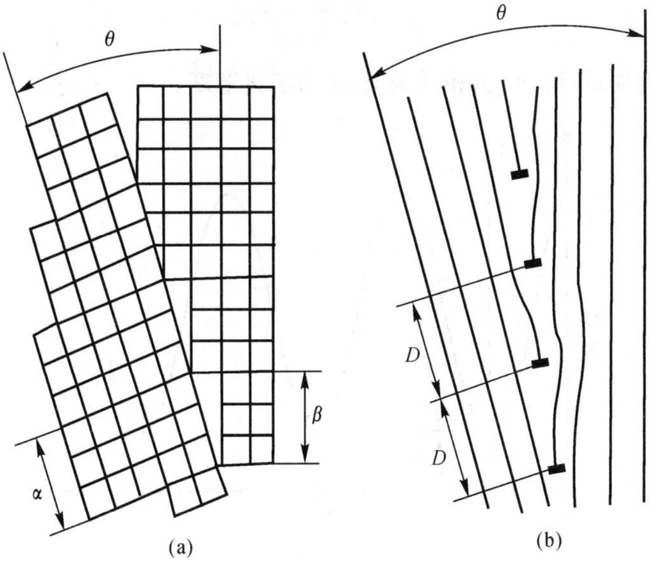

图 7－7　小角度晶界

7.11　界面的类型和界面能

在两个晶体 α 和 β 之间可以出现三种不同的界面：

1）非共格界面。在 α 和 β 两晶体界面的两侧，原子的排列方式不同，这种情况相当于大角度晶界。

2）共格界面。界面两侧原子的排列方式、间距及取向等都配合很好。

3）半共格界面。界面两侧原子的排列方式、间距及取向相近，但不一致，这种情况与小角度晶界相当。半共格界面可以看作是在共格界面上有规则地排列着一定数量的位错界面。

晶体的界面能是指单位面积上的能量与无界面时该区域能量之差。界面能可以分为两项，一项是化学能 σ_c，一项是应变能 σ_{st}。图中 7－8 中 S 点是晶格上的节点。在节点位置原子的能量 A 是未经变形的化学键产生的化学能，其大小取决于化学键的强度和数量。当原子在某种应力的作用下偏离其节点时，就会产生应变能。应变能可以表示为单位体积的能量，其值为 $0.5\sigma_{st}$。

在共晶格面上，界面能主要表现为应变能 $\sigma=\sigma_{st}$。

在非共格界面上，化学键的数目和强度在位错线中心都受到影响，界面能主要表现为化学能，$\sigma=\sigma_c$。在半共格界面上，界面能为应变能和化学能的叠加，即 $\sigma=\sigma_{st}+\sigma_c$。

层错界面和孪晶共格界面是由于原子按最密排方式堆积时的堆积层错误而引起的，可以有以下几种情况：

1）内层错：ABC ABC ｜ BC ABC ABC…

2）外层错：ABC ABC(B)ABC ABC ABC…

3）孪晶层错：ABC ABC(A)CBA CBA…

层错能可以通过层错的宽度来计算，其关系式如下：

$$\sigma_F = \frac{G(\boldsymbol{b}_1 \times \boldsymbol{b}_2)}{2\pi d}$$

其中，G 为切变弹性模量；$\boldsymbol{b}_1$、$\boldsymbol{b}_2$ 为柏氏矢量；d 为层错宽度。

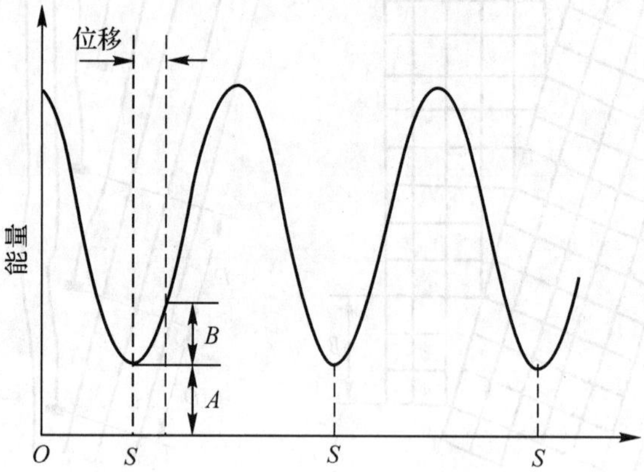

图 7－8　原子在晶格中能量与位置关系

7.12　弯曲界面对相变影响

弯曲界面是促使晶粒长大的一种驱动力。设纯金属晶界的曲率半径是 r，其界面张力为 σ，则在晶界两侧的压强差为：

$$\Delta p = \frac{2\sigma}{r}$$

由于在恒温下，$dG = Vdp$（V 是金属的摩尔体积），界面两侧的化学势差为：

$$\Delta G = G_1 - G_2 = V(p_1 - p_2) = Vdp = 2V\sigma / r$$

其中，G_1 和 G_2 分别为界面凹侧晶粒 1 和晶界凸侧晶粒 2 的自由能。ΔG 将促使处于界面凹部的原子越过界面向凸部迁移，造成晶界向凹的方向推进。

对于颗粒小的第二相而言，其曲率是使其粗化的驱动力。当固态合金中包含着大小不等的第二相（β）相粒子时，如果合金在高温下较长时间保温，则造成小粒子在基体中不断溶解，与此同时大粒子不断长大。此时在靠近半径为 r 及无穷大的粒子基体（α）相中，溶质的浓度分别为 c_r 及 c_∞，计算公式如下：

$$\ln \frac{c_r}{c_\infty} = \frac{2M\sigma}{RT\rho r}$$

式中，σ 为析出相 β 粒子与基体 α 相间的界面张力；ρ 为析出相的密度；M 为析出相的相对分子质量；r 为析出相的半径。

此公式说明，粒子的半径 r 越小，其临近的基体中的溶质浓度越高。当 α 基体中分布着大小不等的 β 相时，靠近小粒子的基体与靠近大粒子的基体之间就会出现溶质浓度差。在浓度差的驱动下，溶质由靠近小粒子的区域向靠近大粒子的区域扩散。这种溶质的流动，使小粒子不断地溶入基体，而大粒子不断长大。

第 8 章　材料动力学

8.1　化学动力学

1. 化学反应速率定义

化学反应速率是单位体积内反应进度随时间的变化率。

反应进度变化率

$$\dot{\xi}=\frac{d\xi}{dt}=\frac{1}{\upsilon_B}\left(\frac{dn_B}{dt}\right)$$

式中，$\dot{\xi}$ 是反应进度的变化率；ξ 是反应进度；υ_B 是计量系数；n_B 是物质 B 的物质的量；t 是时间。

2. 反应速率的数学表达式

$$k=\frac{\dot{\xi}}{V}=\frac{1}{\upsilon_B V}\frac{dn_B}{dt}=\frac{1}{\upsilon_B}\frac{dc_B}{dt}$$

式中，k 是反应速率；c_B 是 B 物质的浓度。

3. 化学反应速率方程

(1) 几个基本概念。

1) 反应机理：反应物分子变成产物分子所经历的具体步骤称为反应机理。

2) 基元步骤：反应系统中极大量的同一种基元变化的统一平均结果称为一个基元步骤。由一组反应物的微粒一步直接实现的微观化学变化称为基元变化。

3) 简单反应：凡只包含一个基元步骤的反应称为简单反应。

4) 复杂反应：包含多个基元步骤的反应称为复杂反应。

5) 反应分子数：指基元步骤中参加微观化学变化的反应物的微粒数。

(2) 化学反应的速率方程。

1) 反应速率方程式的定义：表示反应速率 k 和浓度 c 等参数之间关系的方程式称为化学反应速率方程式。

例如：$H_2+I_2\rightarrow 2HI$　　$\frac{dc_{HI}}{dt}=k(T)c_{H_2}c_{I_2}$

$H_2+Br_2\rightarrow 2HBr$　　$\frac{dc_{HBr}}{dt}=\frac{k(T)c_{H_2}c_{Br_2}^{1/2}}{1+k(T)\frac{c_{HBr}}{c_{Br_2}}}$

$H_2 + Cl_2 \rightarrow 2HCl$ $$\frac{\mathrm{d}c_{HCl}}{\mathrm{d}t} = k(T)\, c_{H_2} c_{Cl_2}^{1/2}$$

2）反应速率常数的定义：反应速率常数是指定温度下各有关浓度都为单位量时的反应速率，这是速率方程的比例常数。反应速率常数与反应系统的本性有关，并与温度有关。

反应速率常数是一个有量纲的量。不同级数的反应，其速率常数的单位不同。

一级反应 $k(T)$，s^{-1}

二级反应 $k(T)$，$mol \cdot m^{-3} \cdot s^{-1}$

3）基元反应的速率方程－质量作用定律：指在恒温下，基元反应的速率与所有反应物浓度的乘积成正比。各物质浓度的方次等于反应式中相应物质的化学计量数。

例如，基元反应 $aA + bB \rightarrow gG + hH$，其中，A、B 为反应物；G、H 为产物。A、B 的消耗速率及 G、H 的生成速率分别为

$$-\frac{\mathrm{d}c_A}{\mathrm{d}t} = k_A c_A^a c_B^b \qquad -\frac{\mathrm{d}c_B}{\mathrm{d}t} = k_B c_A^a c_B^b$$

$$\frac{\mathrm{d}c_G}{\mathrm{d}t} = k_G c_A^a c_B^b \qquad \frac{\mathrm{d}c_H}{\mathrm{d}t} = k_H c_A^a c_B^b$$

4）反应级数：在反应速率质量作用定律或经验方程中，各作用物浓度的指数之和称为反应的总级数。

在恒温下，反应速率与反应物浓度的关系具有浓度幂乘积形式，即

$$-\frac{\mathrm{d}c_A}{\mathrm{d}t} = k c_A^{\alpha} c_B^{\beta} \cdots$$

反应级数 $$n = \alpha + \beta + \cdots$$

式中，α、β 分别为反应物 A、B 浓度的指数。

8.2 相变动力学

相变种类很多，液固相变均为有核相变，固态相变分有核和无核两种，有核相变又分扩散相变和无扩散相变两种。

8.2.1 均匀形核

均匀形核时，新相晶核的成分可以与母相成分相同，也可以不同。设新相成球形，半径为 r。由于新相的形成而引起自由焓的变化 ΔG 为

$$\Delta G = -\frac{4}{3}\pi r^3 (\Delta G_V - \Delta G_E) + 4\pi r^2 \sigma$$

其中，ΔG_V 和 ΔG_E 分别为形成单位体积新相时降低的体积自由焓和增加的弹性应变能；σ 为新相与母相 β 相交界面的界面能。

如用原子数 n 代替 r，则

$$\Delta G = -n(\Delta G_V - \Delta G_E) + \eta n^{\frac{2}{3}} \sigma$$

其中，ΔG_V 和 ΔG_E 分别为一个原子由 β 相转移到 α 相时降低的体积自由焓和增加的弹性应变能；η 为与 α 相表面积 A 有关的新相形状的因子，即

$$\eta n^{\frac{2}{3}} = A$$

在临界晶核半径 r^* 时，有 $\left(\frac{\partial \Delta G}{\partial r}\right)_{r^*}=0$，求得

$$r^* = \frac{2\sigma}{\Delta G_V - \Delta G_E}$$

$$\Delta G^* = \frac{16\pi\sigma^3}{3(\Delta G_V - \Delta G_E)^2}$$

$$\Delta G^* = \frac{16\pi\sigma^3}{3(\Delta H_m \Delta T/T_0 - \Delta G_E)^2}$$

$$r^* = \frac{2\sigma}{\Delta H_m \Delta T/T_0 - \Delta G_E}$$

8.2.2　相变行核动力学

平衡状态下原子数为 n 的核胚的浓度 c_n 为

$$c_n = N\exp\left(-\frac{\Delta G_n^0}{kT}\right)$$

其中，n 为新相核胚中原子个数；N 为单位体积母相的原子数；ΔG_n^0 为标准态时在母相中形成一个新相核胚时自由焓的变化。

ΔG_n^0 随 n 的变化而变化，故 c_n 也随 n 的变化而变化，当 $n=n^*$ 时 ΔG_n^0 达最大值，n^* 为临界晶核所含的原子数，对应临界晶核尺寸 r^*，即当 $n<n^*$ 时，核胚不稳定，核胚所含原子数减少为自发过程；当 $n>n^*$ 时，核胚也是不稳定的，一旦形成，会成为晶核不断长大。直至成为晶粒。临界核胚的平衡浓度 c_n^* 为

$$c_n^* = N\exp\left(-\frac{\Delta G^*}{kT}\right)$$

其中，ΔG_n^* 为临界形核功。

设单个原子进入具有临界尺寸的核胚的频率为 ω，则平衡形核率 I 为

$$I = \omega c_n^*$$

$$\omega = \nu SfP\exp\left(-\frac{Q}{kT}\right)$$

式中，S 为与新相核胚界面紧邻的母相原子数；ν 为某相原子的震动频率；f 为母相原子跳向新相核胚的概率；P 为跳向新相核胚的母相原子又因弹性碰撞而跳回母相的概率；Q 为母相原子跳跃新相核胚克服的势垒。

故

$$I = \nu SfPN\exp\left(-\frac{Q+\Delta G^*}{kT}\right)$$

稳态形核率 $I_{稳}$

$$I_{稳} = ZI_{平} = Z\omega c_n^*$$

其中，Z 为非平衡因子。

$$Z=\left(-\frac{1}{2\pi kT}\frac{\partial^2\Delta G}{\partial n^2}\ \Big|_{n=n^*}\right)^{\frac{1}{2}}$$

所以

$$I_{稳}=I_0\exp\left(-\frac{Q+\Delta G^*}{kT}\right)$$

当考虑时间时，

$$I_{稳}=I_0\exp\left(-\frac{Q+\Delta G^*}{kT}\right)\exp\frac{\tau_{孕}}{\tau}$$

式中，$\tau_{孕}$ 为形核前要经历一段孕育期的时间；τ 为形核时间。

8.2.3 非均匀形核

通常在溶体中，特别是在固体中，存在着各种缺陷，如晶界、层错、位错、空位等。在晶体缺陷处形核，随着晶核的形成，缺陷将消失，缺陷释放的能量提供给新相形核以降低临界形核功，使形核变得更容易。

设由于缺陷的消失而提供的能量为 ΔG_d，则由于新相形成而引起自由焓变化 ΔG 为

$$\Delta G=-V(\Delta G_V-\Delta G_E)+\Delta G_S-\Delta G_d$$

大多数新相晶核将在晶体缺陷处形成，相变为不均匀形核。

(1) 界面形核。

设 α 为母相，β 为新相，两个 α 相晶粒之间的界面为大角度界面，界面能为 $\sigma_{\alpha\alpha}$。新相 β 的晶核在此界面上形成，并设 α/β 界面为非共格界面，界面能 $\sigma_{\alpha\beta}$ 为各向异性，因此 α/β 界面呈球面，曲率半径为 r，接触角为 θ。如图 8-1 所示。当 α/α 界面与两个 α/β 界面处于平衡时，有

$$\sigma_{\alpha\alpha}=2\sigma_{\alpha\beta}\cos\theta$$

即

$$\cos\theta=\frac{\sigma_{\alpha\alpha}}{2\sigma_{\alpha\beta}}$$

式中，$\sigma_{\alpha\alpha}$、$\sigma_{\alpha\beta}$ 分别为 α 相晶粒之间的界面能及 α 相晶粒的新相 β 晶核之间的界面能。

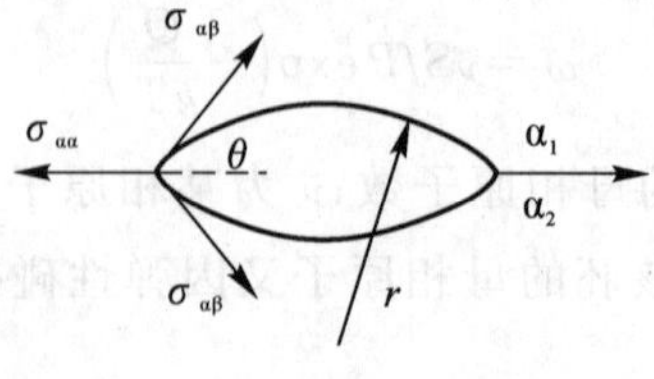

图 8-1 界面形核示意图

由于 $\Delta G_S=A_{\alpha\beta}\sigma_{\alpha\beta}$，$\Delta G_d=A_{\alpha\alpha}\sigma_{\alpha\alpha}$，则式中，$A_{\alpha\beta}$ 为新形成的 α/β 界面面积；$A_{\alpha\alpha}$ 为由于 β 相晶核的形成面消失的 α/α 界面的面积。

$$\Delta G = -V(\Delta G_V - \Delta G_E) + A_{\alpha\beta}\sigma_{\alpha\beta} - A_{\alpha\alpha}\sigma_{\alpha\alpha}$$

令 $\dfrac{d\Delta G}{dr}=0$，得

$$r^* = \frac{2\sigma_{\alpha\beta}}{\Delta G_V - \Delta G_E}$$

$$\Delta G^* = \Delta G^*_{均} f(\theta) \quad 或 \quad \frac{\Delta G^*}{\Delta G^*_{均}} = f(\theta)$$

式中

$$f(\theta) = \frac{1}{4}(2+\cos\theta)(1-\cos\theta)^2$$

令

$$\eta_\beta = \frac{2\pi(2+\cos\theta)(1-\cos\theta)^2}{3} = \frac{8\pi}{3}f(\theta)$$

则有

$$\frac{\Delta G^*}{\Delta G^*_{均}} = \frac{3}{4\pi}\eta_\beta$$

其中，$\Delta G^*_{均}$ 为均匀形核时的临界形核功；$f(\theta)$ 为接触角因子；η_β 为体积形状因子。

(2) 界棱形核。

当有三个相邻的 α 晶粒时，其中每两个晶粒之间有一个界面，三个界面相交形成界棱 OO'。如在 OO' 界棱上形成 β 相晶核，则晶核由三个球面组成。三个球面的半径为 r，接触角为 θ。

$$\eta_\beta = 2\left[\pi - 2\arcsin\left(\frac{1}{2}\mathrm{cosec}\theta\right) + \frac{1}{3}\cos^2\theta\,(4\sin^2\theta - 1)^{\frac{1}{2}} - \arccos\left(\frac{1}{\sqrt{3}}\cot\theta\cos\theta(3-\cos^2\theta)\right)\right]$$

(3) 界偶形核。

四个相邻的 α 晶粒中，每三个晶粒之间有一条界棱，四根界棱相交形成一个界偶。在界偶处可以形成由四个半径为 r 的球面组成的粽子形 β 晶核，接触角为 θ。这样有

$$r^* = \frac{2\sigma_{\alpha\beta}}{\Delta G_V - \Delta G_E}$$

$$\frac{\Delta G^*}{\Delta G^*_{均}} = \frac{3}{4\pi}\eta_\beta$$

其中，

$$\eta_\beta = 8\left\{\frac{\pi}{3} - \arccos\left[\frac{\sqrt{2} - \cos\,(3-C^2)^{\frac{1}{2}}}{C\sin\theta}\right]\right\} + C\cos\left\{(4\sin^2\theta - C^2)^{\frac{1}{2}} - \frac{C^2}{\sqrt{2}}\right\} - 4\times\frac{4\cos\theta(3-\cos^2\theta)\arccos C}{2\sin\theta}$$

其中，$C = \dfrac{2}{3}\left[\sqrt{2}\,(4\sin^2\theta - 1)^{\frac{1}{2}} - \cos\theta\right]$。

8.2.4 晶体长大

固态相变时各种新相长大方式如表 8－1 所示。

表 8－1 固态相变时各种新相长大的方式

- 长大分类
  - 界面无其他相
    - 成分不变
      - 协同性转变
      - 非协同性转变
        - 连续长大
        - 台阶机制长大
    - 成分改变
      - 协同型转变
      - 非协同性转变
        - 扩散控制
        - 界面控制
        - 混合控制
  - 界面有溶质原子及其他相
    - 拖曳效应
    - 弓出机制长大
    - 台阶机制长大

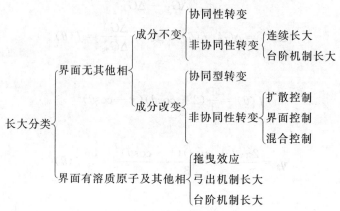

下面对界面无其他相的成分改变，非协同型转变的新相长大机制进行分析。

8.2.5 以扩散速率控制长大

新相与母相成分不同时，在界面上新相 β 的成分 c_β 以及与其相平衡的母相 α 的成分浓度 c_α 与母相原有的成分浓度 c_0 不同，在母相内部会出现浓度梯度，溶质原子在浓度梯度下会发生扩散，破坏界面平衡。界面的迁移主要取决于扩散过程，称为扩散控制型长大。

(1) 片状新相侧面长大

设 A、B 两组元形成如图 8－2 所示的共晶相图。成分浓度为 c_0 的 α 固溶体在温度 T 将析出成分浓度为 c_β 的 β 相，在界面处与 β 相平衡的 α 相成分浓度将由 c_0 降为 c_α。设 β 沿 α/α 界面呈片状析出然后向晶内长大。如 α/β 界面为共晶格界面，长大受 B 原子在 α 相中扩散控制，浓度 c 指 B 组元的量浓度。

取单位面积界面，设该界面在 $\mathrm{d}\tau$ 时间内沿 x 轴向前推进 $\mathrm{d}l$，如图 8－2(b)所示。新增的 β 相所需的 B 组元的量 $\mathrm{d}m_1$ 为

$$\mathrm{d}m_1=(c_\beta-c_\alpha)\mathrm{d}l$$

扩散到单位面积界面的 B 组元的量 $\mathrm{d}m_2$ 为

$$\mathrm{d}m_2=D\frac{\mathrm{d}c}{\mathrm{d}x}\mathrm{d}\tau$$

式中，D 为扩散常数。

因为

$$\mathrm{d}m_1=\mathrm{d}m_2$$

$$(c_\beta-c_\alpha)\mathrm{d}l=D\frac{\mathrm{d}c}{\mathrm{d}x}\mathrm{d}\tau$$

$$v=\frac{\mathrm{d}l}{\mathrm{d}\tau}=\frac{D}{c_\beta-c_\alpha}\frac{\mathrm{d}c}{\mathrm{d}x}$$

为使问题简化，可近似用一直线代替曲线

$$\frac{dc}{dx}=\frac{c_0-c_\alpha}{L}$$

则

$$v=\frac{D(c_0-c_\alpha)}{L(c_\beta-c_\alpha)}$$

图 8-2 中面积 A_1 相当于新形成的 β 相所增加 B 组元的量，面积 A_2 相当于 β 相形成后剩余的 α 相中失去的组元 B 的量。这两块面积应相等

$$A_1=A_2$$

即

$$(c_\beta-c_0)l=\frac{L(c_0-c_\alpha)}{2}$$

$$L=\frac{2(c_\beta-c_0)}{(c_0-c_\alpha)}l$$

可得

$$v=\frac{D(c_0-c_\alpha)^2}{2(c_\beta-c_\alpha)(c_\beta-c_0)l}$$

如 $c_\alpha\approx c_0$，则

$$v=\frac{D(c_0-c_\alpha)^2}{2(c_\beta-c_\alpha)^2 l}$$

或

$$2l\,dl=\frac{D(c_0-c_\alpha)^2}{2(c_\beta-c_\alpha)^2}d\tau$$

对其积分可得

$$l^2=\frac{D(c_0-c_\alpha)^2}{(c_\beta-c_\alpha)^2}\tau=\left(\frac{c_0-c_\alpha}{c_\beta-c_\alpha}\right)^2 D\tau$$

$$l=\frac{c_0-c_\alpha}{c_\beta-c_\alpha}D^{\frac{1}{2}}\tau^{\frac{1}{2}}$$

$$v=\frac{c_0-c_\alpha}{2(c_\beta-c_\alpha)}\sqrt{\frac{D}{\tau}}$$

由此看出，析出相厚度 l 与$D^{\frac{1}{2}}t^{\frac{1}{2}}$成正比，长大速率与$\sqrt{\frac{D}{\tau}}$成正比。

设析出相厚度 l 与时间 τ 的关系为

$$l^2=KD\tau$$

式中，K 为一假设系数，$k=\left(\frac{c_0-c_\alpha}{c_\beta-c_\alpha}\right)^2$

而利用菲克第二定律求出的 K 为

$$K=\frac{4}{\pi}\left(\frac{c_0-c_\alpha}{c_\beta-c_\alpha}\right)^2$$

而两种方法求的解仅差一系数$\frac{4}{\pi}$。

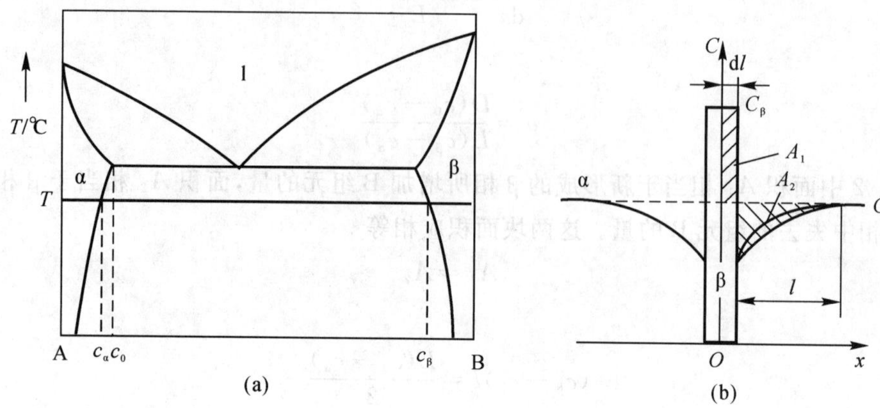

图 8-2 片状新相侧向长大示意图

(2) 片状新相端面长大。

如图 8-3 所示，设片状新相厚度为 $2r$，端面呈圆弧形，半径为 r，α 固溶体原始浓度为 c_0，β 新相浓度为 c_β，α/β 界面处 α 相浓度为 c_α。因 $c_0>c_\alpha$，所以溶质浓度 B 将向 α/β 界面扩散使片状 β 不断长大。片状 β 相端面向前伸展后，两侧已贫化至平衡浓度 c_0，因此片状 β 相不再可能侧向长大，即厚度不会增加。

设 $L=Cr$，由公式

$$v=\frac{D(c_0-c_\alpha)}{L(c_\beta-c_\alpha)}$$

$$v=\frac{D[c_0-c_\alpha(r)]}{Cr[c_\beta-c_\alpha(r)]}$$

其中，v 为界面移动速率，C 为常数，c_α 不是定值，而随 r 的减小而增大，因此 c_α 应改为 $c_\alpha(r)$。

(3) 球状新相长大。

设球状新相 β 的半径为 r_1，成分浓度为 c_β。母相原始成分浓度为 c_0，α/β 界面处 α 相成分浓度为 c_α。如图 8-4 所示，$c_0>c_\alpha$，出现浓度梯度，使溶质原子由四周向球状新相扩散，使新相不断长大。如以新相中心为圆心，贫化区半径为 r_2，当母相过饱和度 (c_0-c_α) 不大时，可以将圆心的径向扩散看成稳态扩散，则通过不同半径 r 的球面的扩散量为一常数，即

$$\frac{dm_1}{d\tau}=-D\times 4\pi r^2\frac{dc}{dr}$$

即

$$\frac{dm_1}{d\tau}\frac{dr}{r^2}=-D\times 4\pi dc$$

设扩散系数 D 为常数，积分可得

$$\frac{dm_1}{d\tau}=-4\pi r_1 r_2 D\frac{c_0-c_\alpha}{r_2-r_1}$$

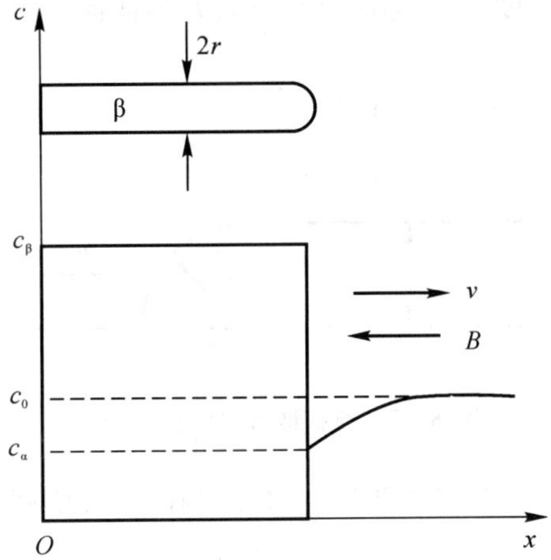

图 8-3　片状新相端面长大示意图

当 $r_1 \ll r_2$，$r_2 - r_1 \approx r_2$ 时，

$$\frac{dm_1}{d\tau} = -4\pi r_1 D(c_0 - c_\alpha)$$

设在 $d\tau$ 时间内，β 相半径增加 dr，需要溶质原子的量 dm_2 为

$$dm_2 = -4\pi r_1^2 (c_\beta - c_\alpha) dr$$

则有

$$4\pi r_1 (c_0 - c_\alpha) D d\tau = 4\pi r_1^2 (c_\beta - c_\alpha) dr$$

故

$$v = \frac{dr}{d\tau} = \frac{D(c_0 - c_\alpha)}{r_1 (c_\beta - c_\alpha)}$$

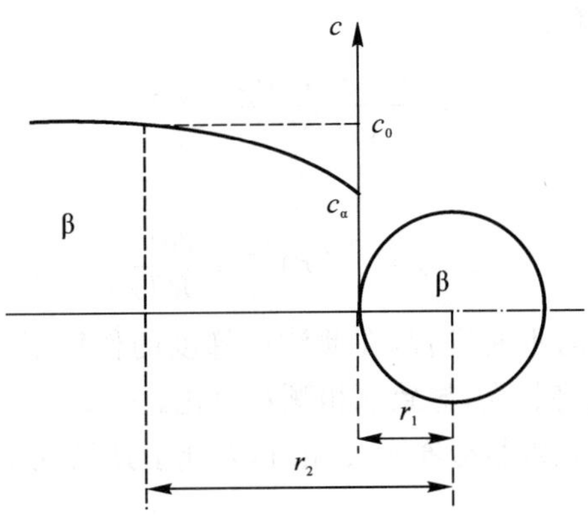

图 8-4　球状新相长大示意图

8.2.6　以界面反应速度控制的长大

通过台阶移动的新相长大类似于片状新相断面长大，所以可以把台阶近似地看成如图 8-3 所示的向前伸展的薄片，不同的是扩散原子流仅来自一侧，只相当于如图 8-3 所示薄片的

一半，如图 8－5 所示，台阶高度为 h，侧面是半径为 h 的曲面。

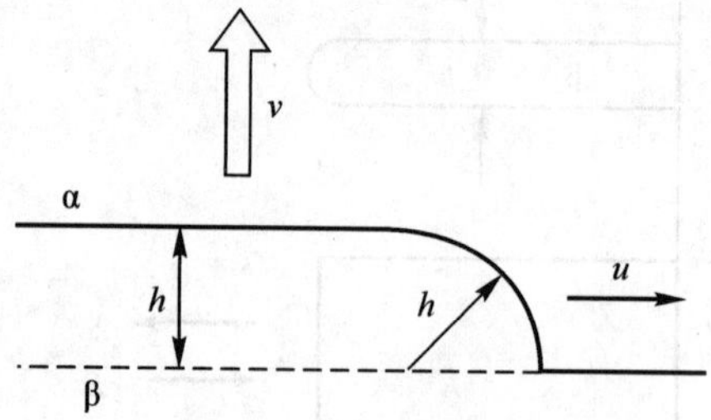

图 8－5　与扩散有关的台阶长大

设 α 母相原始浓度为 c_0，β 新相浓度为 c_β，台阶侧面 α 相浓度为 c_α，并设侧面向前移动的速度为 u，则

$$u=\frac{D[c_0-c_\alpha(r)]}{Ch[c_\beta-c_\alpha(r)]}$$

设相邻台阶平均间距为 λ，则

$$v=\frac{h}{\lambda}u=\frac{D[c_0-c_\alpha(r)]}{C\lambda[c_\beta-c_\alpha(r)]}$$

8.2.7　第二相粒子的粗化

第二相粒子的粗化也称为奥兹瓦尔德熟化。设自过饱和的 α 固溶体中析出半径不等的相邻 β 相颗粒（见图 8－6），半径分别为 r_1 和 r_2，且 $r_1<r_2$。则

$$\ln\frac{c_\alpha(r)}{c_\alpha(\infty)}=\frac{2\sigma V_\beta}{RTr}$$

其中，$c_\alpha(r)$ 和 $c_\alpha(\infty)$ 分别是 β 相颗粒直径为 r 和∞时溶质原子 B 在 α 相中的溶解度；σ 为 α/β 界面能；V_β 为 β 相的摩尔体积。若

$$\frac{c_\alpha(r)-c_\alpha(\infty)}{c_\alpha(\infty)}\ll 1$$

则近似有

$$c_\alpha(r)=c_\alpha(\infty)\left(1+\frac{2\sigma V_\beta}{RTr}\right)$$

即 $c_\alpha(r_1)>c_\alpha(r_2)$ 随着过程的不断进行，在此浓度梯度的作用下，B 原子将发生扩散，小颗粒不断减小，直至消失，大颗粒将长大，导致 β 相颗粒粗化。

对于众多大小不等的 β 相颗粒分布于 α 相时，要比上述情况复杂得多。

8.2.8　晶粒的粗化

母相 α 全部转变为新相 β 后，还将通过晶界的迁移发生晶粒的粗化。推动晶界迁移的驱动力来自界面能的降低。

1. 驱动力

设作用于晶界的驱动力为 P，面积为 A 的晶界在 P 的作用下移动 dx 使自由焓的变化为 dG，则

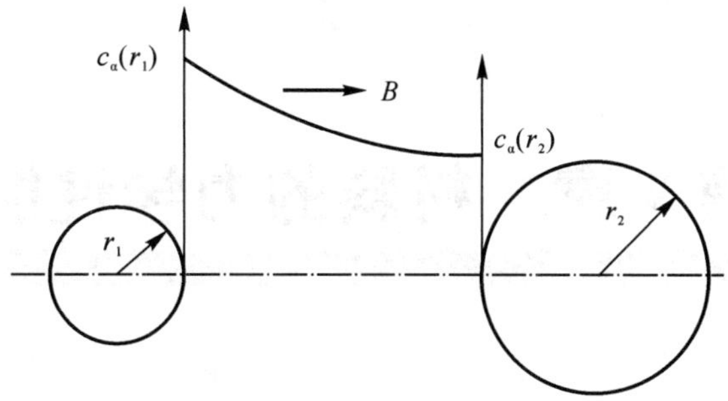

图 8-6　析出相颗粒聚集长大式的扩散过程

$$PA\,\mathrm{d}x = -\mathrm{d}G$$

$$P = -\frac{\mathrm{d}G}{A\,\mathrm{d}x}$$

现设有一球形晶粒，半径为 r，此时的球径就是晶界的曲率半径。晶界的总面积 A 为 $4\pi r^2$，总界面能为 $4\pi r^2\sigma$。晶界沿球径 r 向球心移动时界面将缩小，界面能将下降，由此可得

$$\frac{\mathrm{d}G}{\mathrm{d}x} = -\frac{\mathrm{d}(4\pi r^2\sigma)}{\mathrm{d}r} = -8\pi r\sigma$$

代入可得

$$P = \frac{8\pi r\sigma}{4\pi r^2} = \frac{2\sigma}{r}$$

对于曲面晶界，r 可由下式求得

$$\frac{1}{r} = \frac{1}{2}\left(\frac{1}{r_1} + \frac{1}{r_2}\right)$$

其中，r_1、r_2 为曲面晶界的最大及最小半径。

在 P 的作用下，大晶粒将进一步长大，小晶粒将消失，导致晶粒粗化。

8.2.9　界面溶质原子与异相对新相长大和晶粒粗化的影响

在相界面上如有溶质原子的存在，将对界面移动起拖曳作用；如存在另一相粒子时，将对界面移动起钉扎作用。拖曳和钉扎作用均会使界面推移变得困难。

(1) 溶质拖曳。

由于溶质原子与晶界或相界面的交互作用而使晶界或相界面的迁移发生困难的现象称为溶质的拖曳。

溶质原子进入位错形成柯垂尔(Cottrell)气团或吸附于晶界都降低位错及晶界的能量。如要使位错及晶界脱离溶质原子发生移动都将使能量提高，因此使位错及晶界的移动变得困难。

(2) 异相粒子的钉扎。

当相界面上存在有其他相的粒子时，这些粒子将对界面起钉扎作用，阻止界面移动。这是因为界面移出异相粒子时界面将增大。

第 9 章　材料的力学性能

世界上各种用途的机械物体和工具都是由零件构成，而零件都是由材料制造的。在零件生产过程中，要求材料有优良的力学性能和加工性能。材料的力学性能通常指材料的弹性、塑性和强度。弹性是指材料在外力的作用下保持固有形状和尺寸的能力，在外力除去后恢复固有形状和尺寸的能力。塑性是材料在外力的作用下发生不可逆的永久变形能力，而强度则是材料对塑形变形和断裂的抗力。另外，也应当考虑材料的寿命。材料的寿命是指材料在外力的长期和重复作用下，或在外力和环境因素复合作用下，抵抗损伤和失效的能力，使用材料所制造的零件在服役期限内安全、有效地运行。

材料的力学性能还要论述材料在不同形式外力的作用下，或者在外力、温度、环境等因素的共同作用下发生损伤、变形和断裂的过程、机制和力学模型、评定材料力学性能的各项指标、物理意义和工程实用意义、试验测定原理和方法、改善力学性能的途径等。

9.1　材料的拉伸性能

材料的弹性、塑性、强度、应变硬化和韧性等性能指标统称为材料拉伸性能，可以通过拉伸试验进行测试。拉伸性能是基本的力学性能，根据拉伸性能可预测其他的力学性能，如抗疲劳、断裂性能等，在工程应用中，拉伸性能是结构静强度设计的主要依据。

试件的标距长度 l_0 比直径 d_0 要大得多。一般 $l_0>5d_0$，使试件横截面上的应力均匀分布，以实现轴向均匀加载。试件做成圆柱形是便于测量径向应变，试件的加工也比较简单。当测量板材和带材的拉伸性能时，可采用板状试件。如图 9-1 所示。

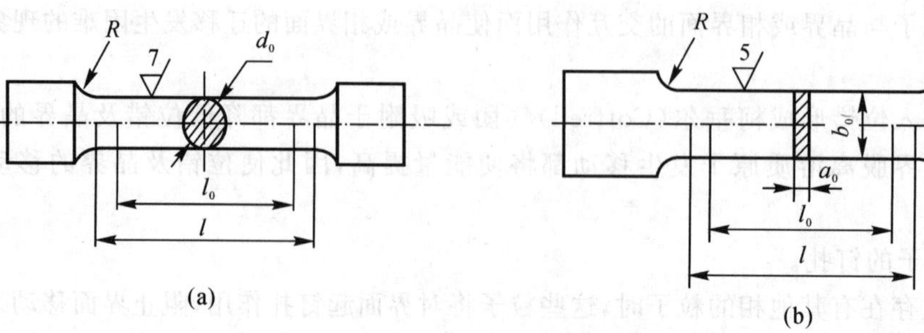

图 9-1　常用的拉伸试件

试件的标距长度 l_0 应满足下列关系式 $l_0=5.65A_0$ 或 $11.3A_0$，其中，A_0 为试件的初始横截面积。拉伸加载速率在屈服前规定为$\frac{d\sigma}{dt}=1\sim10$ MPa/s，拉伸试验可得到应力-应变曲线。其中，应力 $\sigma=P/A_0$；P 为载荷；A_0 为原始截面积；应变 $e=\Delta l/l_0$；伸长量 $\Delta l=l-l_0$；l 为加载后的标距间长度；l_0 为加载前的标距间长度。如图 9－2 所示。

图(a)只有弹性变形，脆断。

图(b)弹性变形，均匀塑性变形和出现颈缩后局集的塑性变形，断裂。

图(c)弹性变形，均匀塑性变形和断裂。

图(d)弹性变形，颈缩后局集的塑性变形，断裂。

图(e)非线性弹性变形，均匀塑性变形，颈缩后局集的塑性变形，断裂。

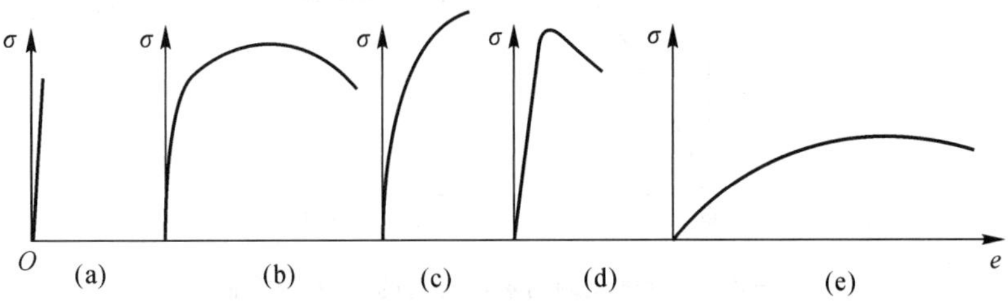

图 9－2　几种典型的应力-应变曲线

在工程实践中，常按材料在拉伸断裂前是否发生塑性变形，将材料分为脆性材料和塑性材料两大类。脆性材料在拉伸断裂前不产生塑性变形，塑性材料在拉伸断裂前不仅产生均匀的伸长，而且发生颈缩现象，且塑性变形量大。

9.1.1　脆性材料的拉伸性能

脆性材料，如玻璃、岩石、很多种的陶瓷以及一些处于低温下的金属材料，在拉伸断裂前只发生弹性变形，而不发生塑性变形，在弹性变形阶段，应力和应变成正比，即 $\sigma=Ee$，式中，E 为弹性模量或杨氏模量。

泊松比

$$\nu=-\frac{e_r}{e_l}$$

式中，e_r 为拉伸时的横向应变；e_l 为拉伸时的纵向应变。

9.1.2　高塑性材料的拉伸性能

本节介绍拉伸试验所能测定的力学性能指标。但在一般情况下，拉伸试验主要测定屈服强度、抗拉强度、延伸率和断面收缩率四个指标。

9.1.3　工程应力-工程应变曲线

如果材料具有塑性变形能力，且在断裂前塑性变形较大，其工程应力-工程应变曲线如图 9－3 所示。当应力很小时，是弹性变形阶段，应力和应变成正比，此后是一段光滑曲线，对应于材料的均匀塑性变形过程。曲线继续上升直到最大的工程应力，然后下降，直至试件发生断裂。

当拉伸应力超过弹性极限时，在试件的标距内的最弱部位产生塑性变形，这时，只有提高应力，才能在次弱的部位产生塑性变形，材料随即又在该处强化。因此在应力-应变曲线上表现为随着应变的增大，应力也在连续的升高，一直到 b 点，如图 9-3 所示。拉伸时试件发生轴向伸长的同时，也发生了横向收缩，引起试件横截面积的减小，因此，试件所受到的真实应力比工程应力大。

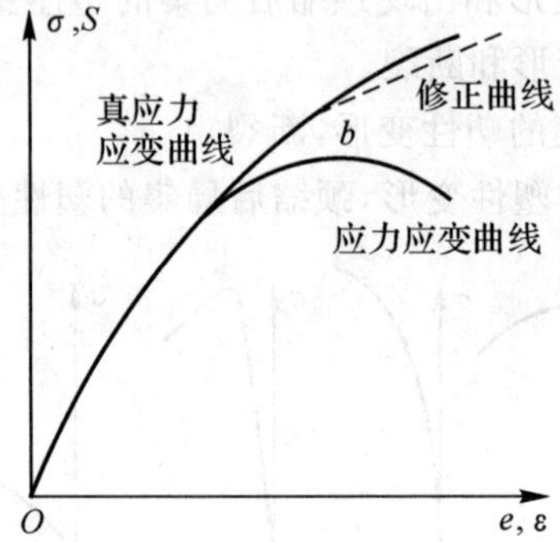

图 9-3　连续硬化的高塑性材料的应力-应变曲线

随着载荷的增大，最后达到某一点，即 b 点，材料的变形强化已不能补偿，由于横截面积的减小而引起承载能力的降低，因而在工程应力-应变曲线上出现应力随应变增大而降低的现象，b 点对应于局部塑性流动的开始，进一步的塑性变形集中于试件上很小的一段局部区域，宏观上出现颈缩现象，最后在颈缩区断裂。

9.1.4　几个概念

1）强度是材料对塑性变形和断裂的抗力。

2）塑性表示材料在断裂前发生的不可逆的变形量的大小。

3）韧性表示断裂前单位体积材料所吸收的变形和断裂能，即外力所做的功。

4）比例极限是应力和应变成严格正比关系的上限应力值。

5）弹性极限是材料发生可逆的弹性变形的上限应力值。

6）屈服强度是材料发生较明显的塑性变形的临界值。

7）抗拉强度为试件断裂前所能承受的最大工程应力，$\sigma_b = \frac{p_{max}}{A_0}$，$p_{max}$ 为拉伸图上的最大载荷，A_0 为原始截面积。

8）延伸率 $\sigma_k = \frac{l_k - l_0}{l_0} \times 100\%$，其中，$l_k$ 为拉伸断裂后测得的标距，l_0 为拉伸试验前测定试件的标距。

9）断面的收缩率 $\varphi = \frac{A_0 - A_k}{A_0} \times 100\%$，其中，$A_0$ 为原始的截面积，A_k 为断裂后试件的最小截面积。对于圆柱形拉伸试件 $\varphi_k = \frac{A_0 - A_k}{A_0} \times 100\% = \frac{d_0^2 - d_k^2}{d_0^2} \times 100\%$，$d_0$ 为原始的直径，d_k 为断裂后试件的最小直径。

9.1.5　真应力-真应变曲线

真应力可以认为是材料实际承受的最大应力，在相应的真应力下，材料所发生的实际应变量$\frac{\Delta l}{l}$为真应变，真应力 S 和真应变 ε 的定义如下：

$$S=\frac{P}{A}=\frac{P}{A_0}\frac{A_0}{A}=\frac{\sigma}{1-\varphi}=\sigma(1+e)$$

$$e=\frac{\varphi}{1-\varphi}$$

$$\varepsilon=\int_0^l\frac{\mathrm{d}l}{l}=\ln\frac{l}{l_0}=\ln(1+e)=\ln\frac{1}{1-\varphi}$$

式中，A 和 l 分别为试件瞬时截面积和标距；φ 为断面收缩率；P 为载荷。

9.1.6　不均匀塑性变形阶段的真应力和真应变

不均匀塑性变形阶段真应力和真应变不能用前面提到的工程应力和工程应变表示。Bridgeman 根据下列假设对颈部平均真应力做了以下修正：①假设颈部半径是一段圆弧，半径为 R；②在整个试验过程中颈缩区的截面依然是个圆，半径为 a；③在颈缩区截面上，应变是常数，与距截面中心的距离 r 无关；④应用 Von Mises 屈服判据和 Bridgeman 分析，给出了轴向真应力 S^*。轴向真应力 S^* 应按下式计算：

$$S^*=\frac{S}{\left(1+\frac{2R}{a}\right)\ln\left(1+\frac{a}{2R}\right)}$$

其中

$$\frac{a}{R}=0.76-0.94(1-\varepsilon)$$

9.1.7　断裂强度与断裂延性

断裂是试件在拉应力作用下至少分裂为两部分。拉伸断裂时的真应力称为断裂强度，记为 σ_f，则

$$\sigma_f=\frac{P_f}{A_f}$$

式中，P_f 为试验时测出断裂点的载荷；A_f 为试件最小的截面积。

求 σ_f 的经验方程如下：

$$\sigma_f=\sigma_b(1+\varphi_k)$$

其中，σ_b 为材料的最高应力值；φ_k 为断面收缩率。

拉伸断裂时的真应变称为断裂延性，记为 ε_f。断裂延时的计算公式如下：

$$\varepsilon_f=-\ln(1-\varphi_k)$$

9.1.8　韧度

单位体积材料在断裂前所吸收的能量，也就是外力使材料断裂所做的功称为金属的韧度，

记为 U_t。

$$U_t = \int_{l_0}^{l_f} \frac{P\,dl}{V} = \int_{l_0}^{l_t} \frac{P}{V}\,\frac{dl}{l} = \int_0^{\varepsilon_t} S\,d\varepsilon$$

9.2 弹性变形与塑性变形

塑性是材料的一种非常重要的力学性能。因为材料有塑性,材料才能制成各种几何形状的零件。当应用超过弹性极限,材料就开始塑性变形。在加工的过程中,应当提高材料的塑性,降低塑性变形抗力、弹性极限和屈服强度。在服役的过程中,应当提高材料的弹性极限和屈服强度,使零构件能承受更大的应力,同时也要有相当的塑性以防止发生脆性断裂。

9.2.1 弹性变形的概念

金属材料在外力的作用下发生尺寸和形状的变化,称为变形。若外力除去后,变形随之消失,称之为弹性变形。

9.2.2 弹性变形的物理本质

弹性变形的物理本质,当金属受到拉力作用时,相邻两原子间的距离增大,两原子间吸引力增大,金属发生了宏观的伸长变形。当金属受到压力作用时,相邻两原子间距离减少,宏观上表现为缩短变形,两原子间的排斥力增大。在拉力或压力除去后,由于原子间吸引力或排斥力的作用,使原子回复到原先的平衡位置,宏观变形也因而消失。这就是弹性变形的物理本质。

9.2.3 弹性常数

工程应用的材料都是多晶体,一般是伪各向同性体。其弹性常数为杨氏模量 E,切变模量 G,泊松比 ν,三者之间的关系为

$$E = 2(1+\nu)G$$

各应力分量和各应变分量间的关系,可表示为

$$\varepsilon_x = \frac{1}{E}[\sigma_x - \nu(\sigma_y + \sigma_z)]$$

$$\varepsilon_y = \frac{1}{E}[\sigma_y - \nu(\sigma_z + \sigma_x)]$$

$$\varepsilon_z = \frac{1}{E}[\sigma_z - \nu(\sigma_x + \sigma_y)]$$

$$\gamma_{xy} = \frac{1}{G}\tau_{xy}$$

$$\gamma_{yz} = \frac{1}{G}\tau_{yz}$$

$$\gamma_{zx} = \frac{1}{G}\tau_{zx}$$

其中,正应力 σ_x、σ_y、σ_z;正应变 ε_x、ε_y、ε_z;切应力 τ_{xy}、τ_{yz}、τ_{zx};切应变 γ_{xy}、γ_{yz}、γ_{zx},在单向拉伸

情况下

$$\varepsilon_x = \frac{1}{E}\sigma_x, \quad \varepsilon_y = \varepsilon_z = -\frac{\nu}{E}\sigma_x$$

9.2.4　弹性模量及影响因素

弹性模量表明了材料对弹性变形的抗力，代表了材料的刚度。弹性模量值愈大，在相同的应力下材料的弹性变形愈小。

影响弹性变量的因素如下述：

1）弹性模量是一个表征晶体中原子间结合力强弱的物理量，所以和组成物质的材料有关。

2）和物质中的第二相有关。

3）温度的影响，温度是对弹性模量影响较大的外部因素。弹性模量总是随温度的升高而降低。

4）加载速率的影响，一般情况下，加载速率并不影响弹性性能。

5）冷变形的影响，冷变形稍稍降低金属的弹性模量。

9.2.5　弹性模量各向异性

各向异性是晶体的一个主要特征。单晶体物体的弹性模量，其值在不同的结晶学方向是不同的，也表现出各向异性。多晶由于是由大量随机取向的晶粒组成，其弹性性能显示各向同性，其弹性模量介于单晶体弹性模量的最大值和最小值之间。而当多晶体经铸造、压力加工和热处理形成织构时弹性模量又重新表现出各向异性。

9.2.6　弹性极限与弹性比功

1. 比例极限

比例极限是金属弹性变形时应变与应力严格成正比关系的上限应力，即在应力-应变曲线上开始偏离直线时的应力 σ_p：

$$\sigma_p = \frac{P_p}{A_0}$$

式中，P_p 为拉伸图上开始偏离直线时的载荷。

2. 弹性极限

弹性极限是金属材料发生最大弹性变形时的应力值。当应力超过弹性极限时，金属便开始发生塑性变形。

3. 弹性比功

弹性比功，又可称为弹性应变能密度。它是指金属材料吸收变形功而又不发生永久变形的能力，是指开始塑性变形前单位体积金属所能吸收的最大弹性变形功，是韧度的一个指标。

4. 弹性不完善性

弹性不完善性主要指弹性后效、弹性滞后以及包申格(Banschinger)效应。这是由于应变不仅与应力有关，还与时间和加载方向有关，即使在弹性变形的范围内，应变和应力也不呈严格的对应关系。

5. 弹性后效

弹性后效是正弹性后效与反弹性后效的总称。把某一应力 σ_1 在 $t=0$ 的瞬间骤然加到多晶体的试件上，在保持应力 σ_1 不变的情况下，应变随时间的延长而逐渐增长，但增长的速度逐渐减慢，最后达到一极限，此时总应变为 $e_1+\Delta e_1$，Δe_1 是应力与时间的复合作用下产生的，这种现象称之正弹性后效或弹性蠕变。骤然除去应力，应变瞬时回复一部分 e_2，剩余部分 Δe_2 随时间的延长而逐渐消失，这种现象叫反弹性后效。通常用 $\frac{\Delta e_1}{e_1+\Delta e_1}$ 和 $\frac{\Delta e_2}{e_2+\Delta e_2}$ 分别表示正弹性后效和反弹性后效。

如果弹性后效明显，仪器仪表的精度就会降低，读数就会失真。减小弹性后效的办法是进行长时间回火。

6. 弹性滞后与内耗

加载和卸载时的应力-应变曲线不重合，形成一封闭的回线，称为弹性滞后环。这是由于正弹性后效与反弹性后效导致应变落后于应力而引起弹性滞后。因弹性不完善性而引起的不可逆的能量消耗，称为材料的内耗：

$$Q^{-1}=\frac{1}{2\pi}\frac{\Delta\omega}{\omega}$$

其中，Q^{-1} 为内耗大小；$\Delta\omega$ 为每一加载循环单位体积金属所吸收的变形能，即弹性滞后环所包围的面积；ω 为同一加载循环中单位体积金属所获得的最大变形能。

7. 包申格(Bauschinger)效应

金属材料预先经过少量的塑性变形后在同向加载，弹性极限与屈服强度升高；若反向加载，则弹性极限与屈服强度降低，这一现象称为包申格(Bauschinger)效应。

9.2.7 塑性变形

1. 金属塑性变形的主要方式

常见的塑性变形方式为滑移和孪生。滑移是金属在切应力作用下沿着一定的晶面和一定的晶向进行的切变过程，每一个滑移面和该面上的一个滑移方向组合成一个滑移系，它表示金属在滑移时可能采取一个空间取向。通常，金属晶体中的滑移系越多，这种金属的塑性就可能越好。

使金属单晶体产生滑移所需的分切应力，称为临界分切应力。

孪生是发生在金属晶体内局部区域的一个均匀切变过程，切变区的宽度较小，切变后已变形区的晶体取向与未变形区的晶体取向成镜面对称关系。孪生变形也是沿着特定晶面和特定晶向进行的。孪生可以改变晶体取向。孪生提供的直接塑性变形虽很小，但间接贡献却很大。

2. 实用金属材料的塑性变形特点

(1) 各晶体塑性变形的非同时性和不均一性。

由于多晶体中各晶粒的空间取向不同，在外力的作用下各晶粒的不同滑移系上的切应力分量不同。因此，那些滑移系上切应力分量最大值达到临界分切应力的晶粒，将首先开始塑性变形，而其他的晶粒仍处于弹性变形状态。

多晶体塑性变形的非同时性实际上也反映了塑性变形的不均一性。不仅在各个晶粒之间，基体晶粒与第二相晶粒之间，即使在同一晶粒内部变形也是不均一的。因此，当宏观塑性变形量不大时，个别晶粒的塑性变形量可能已超过极限，于是在这些区域出现裂纹和微孔，导致了早期的韧性断裂。

(2) 各晶粒塑性变形的相互制约性与协调性。

多晶体中某一晶粒发生塑性变形时会受到周围晶粒的制约。表面层晶粒所受的约束较少，因而先发生塑性变形。为使各晶粒的变形能相互协调，则周围的晶粒必须相应的变形，必须在更多的滑移系上配合地进行滑移。物体中任一点的应变状态可由三个正应变分量和三个切应变分量表示，而 6 个应变分量中有 5 个是独立的。多晶体内任意晶粒可以独立进行变形条件是在 5 个滑移系上同时进行滑移，滑移系多的面心立方和体心立方金属有良好的塑性。若各晶粒的变形因某种原因不能相互协调，就会产生裂纹。

(3) 形变织构和各向异性。

随着塑性变形程度的增加，各个晶粒的滑移方向逐渐向主形变方向转动，使多晶体中原来取向互不相同的各个晶粒在空间取向逐渐取向一致，这一现象称为择优取向，形变金属中这种组织状态称为形变织构。

随着形变织构的形成，多晶体的各相异性也逐渐显现。

9.2.8　屈服强度

1. 物理屈服现象及其解释

当外界条件和物质组分改变时，屈服现象都可能出现，它反映了材料内部的某种物理过程，故可称为物理屈服。

物理屈服现象有时效性。若在屈服后一定塑性变形处卸载，卸载后在室温和较高温度停留较长时间后再拉伸，物理屈服现象重现，且新的屈服平台高于卸载时应力-应变曲线。这种现象称为应变时效。

2. 屈服强度和条件屈服强度

屈服强度标志着金属对起始塑性变形的抗力，是工程技术上最为重要的力学性能指标之一。

由于很多的材料在拉伸时看不到屈服平台，因而人为地规定当试件发生一定残余塑性变形量时的应力作为材料的条件屈服强度。一般的机器零件用残余变形量为 0.2%时的应力 $\sigma_{0.2}$ 作为屈服强度。对于一些特殊的机件，如高压容器采用 $\sigma_{0.01}$ 甚至 $\sigma_{0.001}$ 作为条件屈服强度。对桥梁、建筑物等大型工程结构的构件用 $\sigma_{0.5}$ 作为屈服强度。

3. 提高屈服强度的途径

(1) 纯金属的屈服强度。

为使机件不致发生塑性变形而失效，常采取各种措施来提高屈服强度。影响屈服强度的各种因素如下：

1) 点阵阻力，这是一个使一个位错在晶体中运动所需克服的阻力，通常称为派-纳力，以 $\tau_{P\text{-}N}$ 表示，它与晶体结构和原子间作用力等因素有关。

$$\tau_{P\text{-}N}=\frac{2G}{1-\nu}\exp\left(-\frac{2\pi W}{b}\right)$$

式中，W 为位错宽度，$W=\dfrac{a}{1-\nu}$；a 为滑移面的面间距；b 为滑移方向上的原子间距。

2）位错间交互作用阻力，这部分阻力来自平行位错的长程弹性相互作用，相交位错产生会合位错的作用，以及运动位错与穿过滑移面的位错交截产生割阶的作用。

$$\tau = aGb\sqrt{\rho}$$

其中，τ 是位错间交互作用阻力；a 为与晶体本性、位错结构及分布有关的比例常数；b 为滑移方向上的原子间距；ρ 为位错密度。由此可见，位错密度的增加，临界切应力也增加，所以屈服应力随之提高。

3）晶界阻力-细晶强化。多晶体中的晶粒看作单晶体，多晶体中存在晶界，多晶体的位错运动还必须克服界面阻力。因为晶界两侧晶粒的取向不同，因而其中一个晶粒滑移并不能直接进入临近的晶粒，于是位错在晶界附近塞积，造成应力集中，从而激发相邻晶粒中的位错源开动，引起宏观的屈服应变。

$$\sigma_s = \sigma_0 + kd^{-\frac{1}{2}}$$

其中，σ_s 为屈服强度；σ_0 位错在晶体中的总阻力；k 表征晶界对强度影响程度的常数；d 为多晶体中各晶粒的平均直径。由此看出，细化晶粒是提高金属屈服强度的有效方法。

（2）合金的屈服强度。

1）固溶强化。纯金属中加入溶质元素，形成间隙型或置换型固溶体，可以显著提高屈服强度，这叫作固溶强化。固溶强化是由许多方面的作用引起的，主要有溶质原子与位错的弹性交互作用、电学作用、化学作用以及几何作用。

2）第二相强化。合金中的第二相存在，可能有两种情况：聚合物型和弥散型。第二相质点的强化作用主要是由于质点的成分和性质不同于基体，在质点周围形成应力场，而这些局部应力场对位错运动有阻碍作用。

4. 环境因素对屈服强度的影响

（1）温度的影响。

温度升高，屈服强度降低，但其变化趋势因不同的晶格类型而异。例如，体心立方金属对温度很敏感，面心立方金属对温度不太敏感，密排六方金属介于二者之间。

（2）加载速率（变形速率）的影响。

加载速率增大，金属的强度增高，但屈服强度的增高比抗拉强度的增高更为明显。

（3）应力状态的影响。

同一材料在不同的加载方式下，屈服强度不同。因为只有切应力才会使材料发生塑性变形。而不同的应力状态下，材料中某一点所受的切应力分量与正应力分量的比例不相同，切应力分量越大，越有利于塑性变形，屈服强度越低。所以，扭转屈服强度比拉伸屈服强度低，拉伸的又比弯曲的低，而三向不等拉伸下的屈服强度最高。

9.2.9 形变强度

1. 形变强化指数

绝大多数金属在室温下屈服后，要使塑性变形继续进行，必须不断增大应力，在真应力-真应变曲线上表现为流变应力的不断上升。这种现象称为形变强化。

2. 形变强化的容量

当试样被拉伸到出现颈缩之前，试样沿标距长度上的塑性变形是均匀的；产生颈缩后，塑性变形主要集中在颈缩区附近。表示金属最大塑性的力学性能指标应包括均匀变形和集中变形两部分。大多数形成颈缩的塑性金属，均匀变形量比集中变形量要小很多，一般不超过集中变形量的 50％。

3. 形变强化的技术意义

当应力达到屈服强度使金属发生塑性变形后，要使它继续变形，必须增大外力。这表明金属有一种抵抗继续塑性变形的能力，这就是形变强化性能。

1）形变强化与塑性变形相配合，保证了金属材料在截面上的均匀变形，得到均匀一致的冷变形制品。

2）形变强化性能使金属制件在工作中具有适当的抗偶然过载能力，保证了机器的安全工作。

3）形变强化是生产上强化金属的重要工艺手段，和合金化及热处理处于同等地位。

4）形变强化可以降低低碳钢的塑性，改善其切削加工的性能。

9.3　其他静加载下的力学性能

机械和工程结构的很多零件是在扭矩、弯矩或轴向压力作用下服役的。因此需要测定材料在扭转、弯曲和轴向压缩加载下的力学性能。

9.3.1　扭转试验应力应变分析

一个等直径圆杆受到扭矩作用时，其中应力应变分布如图 9－4 所示。在横截面上无正应力而只有切应力的作用。在弹性变形阶段，横截面上各点的切应力与半径方向垂直，其大小与该点距中心距离成正比，中心处切应力为零，表面处切应力最大（见图 9－4(b)）。当表层产生塑性变形后，在各点的切应变仍与该点距中心的距离成正比，但切应力则应塑性变形而降低，如图 9－4(c)所示。在圆杆表面上，在切线和平行于轴线的方向上切应力最大，在与轴线成 45° 的方向上正应力最大，正应力等于切应力（见图 9－4(a)）。

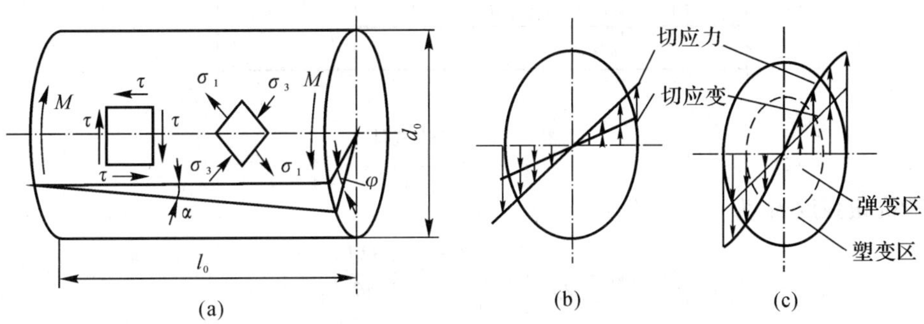

图 9－4　扭转试件中的应力与应变

在弹性变形的范围内，圆杆表面的切应力 τ 计算公式如下：

$$\tau = M/W \tag{9-1}$$

式中，M 为扭矩；W 为截面系数。对于实心圆杆，$W=\frac{\pi d_0^3}{16}$；对于空心圆杆，$W=\pi d_0^3(1-\frac{d_1^4}{d_0^4})/16$，其中 d_0 为外径，d_1 为内径。

因切应力作用而在圆杆表面产生的切应变 γ 为

$$\gamma=\tan\alpha=\frac{\varphi d_0}{2l_0}\times 100\% \tag{9-2}$$

式中，α 为圆杆表面任一平行于轴线的直线因 τ 的作用而转动的角度，如图 9-4 所示；φ 为扭转角；l_0 为杆的长度。

9.3.2 扭转试验测定的力学性能

扭转试验采用圆柱形(实心和空心)试件，在扭转试验机上进行，扭转试件如图 9-5 所示，有时也采用标距为 50 mm 的短试件。在扭转过程中，$M-\varphi$ 关系曲线称为扭转图，如图 9-6 所示。

利用扭转试验测定的扭转图、式(9-1)和式(9-2)，可确定材料的切变模量 G，扭转比例极限 τ_p，扭转屈服强度 $\tau_{0,3}$，和扭转强度 τ_b 等性能指标如下：

$$G=\frac{\tau}{\gamma}=\frac{32ML_0}{\pi\varphi d_0^4}$$

$$\tau_p=\frac{M_p}{W}$$

式中，M_p 为扭转曲线开始偏离直线时的扭矩。

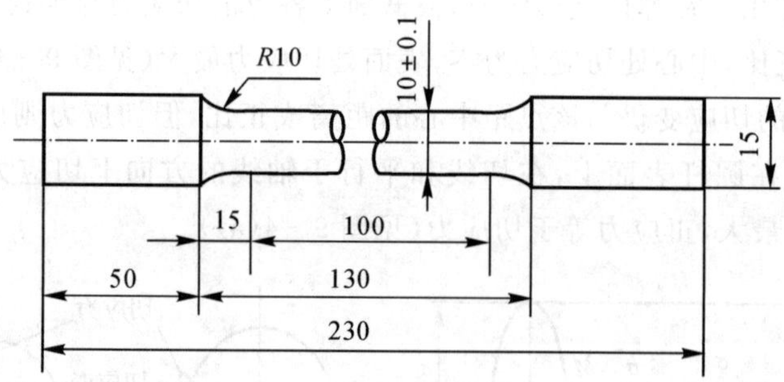

图 9-5 扭转试件

真实抗扭强度 t_k 为：

$$t_k=\frac{4}{\pi d_0^3}\left[3M_k+\theta_k\left(\frac{dM}{d\theta}\right)_k\right]$$

式中，M_k 为试件断裂前的最大扭矩；θ_k 为试件断裂时单位长度上的相对扭转角；$\left(\frac{dM}{d\theta}\right)_k$ 为 $M-\theta$ 曲线上 $M=M_k$ 点的切线斜率；d_0 为外径。

当$\left(\frac{dM}{d\theta}\right)_k=0$ 时，则

$$t_k=\frac{12M_k}{\pi d_0^3}$$

管状试件断裂时的切应力即为真抗扭强度 t_k：

$$t_k=\frac{M_k}{2\pi ar^2}$$

式中，M_k 是断裂时的扭矩；r 为管状试件内、外半径的平均值；a 为管壁厚度；$2\pi ar^2$ 为管状试件的截面系数。

扭转时的塑性变形可用残余扭转相对切应变 r_k 表示：

$$\gamma_k=\frac{\varphi_k d_0}{2l_0}\times 100\%$$

式中，φ_k 为试件断裂时标距长度 l_0 的相对扭转角；d_0 为外径；φ_k 为扭转角。

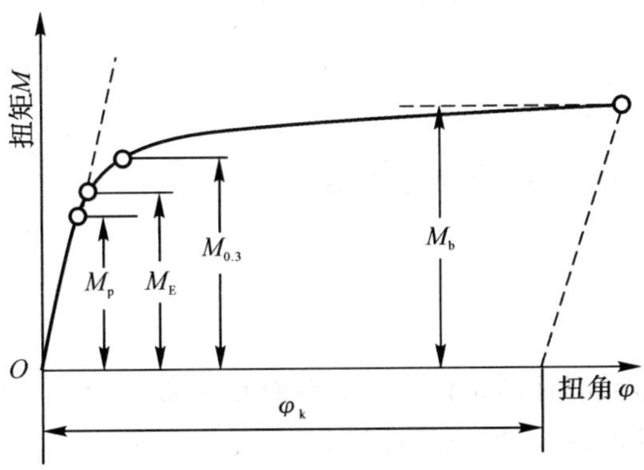

图 9－6　扭转图

9.3.3　扭转试验的特点及应用

扭转试验是重要的力学性能试验方法之一，其特点如下：

1）扭转时应力状态的柔度系数较大，因而可用于测定那些在拉伸时表现为脆性的材料塑性。

2）圆柱试件在扭转试验时整个长度上的塑性变形始终是均匀的，其截面及标距长度基本保持不变，不会出现静拉伸时试件上发生的颈缩现象。可用扭转试验精确的测定高塑性材料的变形抗力和变形能力。

3）扭转试验可以明确地区分材料的断裂方式，即正断抑或切断。对于塑性材料，断口与试件的轴线垂直，断口平整并有回旋状塑性变形的痕迹（见图 9－7(a)），这是由于切应力造成的切断。对于脆性材料，断口约与试件的轴线呈 45°，呈螺旋状（见图 9－7(b)）。若材料的轴向切断抗力比横向低，扭转断裂时可以出现层状或木片状断口（见图 9－7(c)）。所以可以根据扭转试件的断口特征，判断产生断裂的原因以及材料的抗扭强度的和抗拉强度的相对大小。

4）扭转试验时，试件截面上的应力应变分布表明，它对金属表面缺陷显示很大的敏感性。

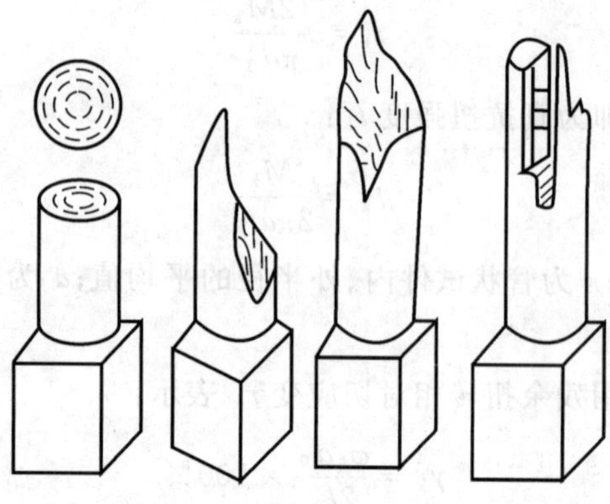

图 9-7 扭转断口形态

5）扭转试验时，试件受到较大的切应力，因而还被广泛地应用于研究有关初始塑性变形的非同时性问题，如弹性后效、弹性滞后以及内耗。综上所述，扭转试验可用于测定塑性材料和脆性材料的剪切变形和断裂的全部力学性能指标。

9.3.4 弯曲试验

1. 弯曲试验方法

弯曲试验时采用矩形或圆柱形试件。试验时将试件放在有一定跨度的支座上，施加一集中载荷（三点弯曲）或二等值载荷（四点弯曲），如图 9-8 所示。

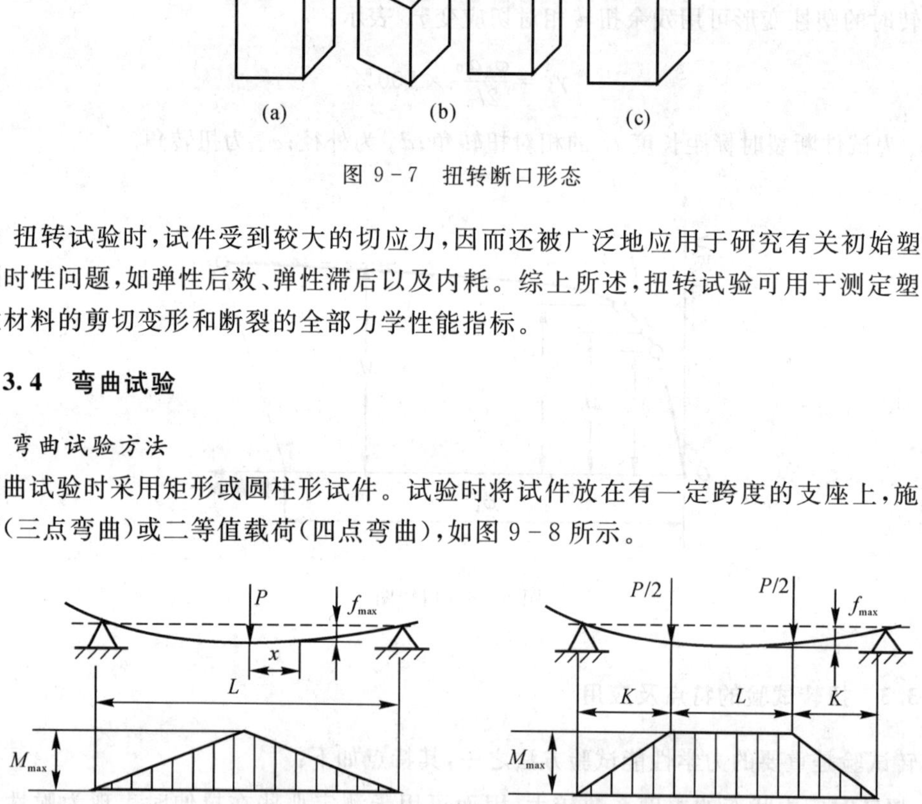

图 9-8 弯曲试验加载方式

（a）集中加载；（b）二等值加载

采用四点弯曲时，在两加载点之间试件受到等弯距的作用。因此，试件通常在该长度内具有组织缺陷处发生断裂，故能较好地反映材料的性质，而且试验结果也较精确。

通常用弯曲试件的最大挠度 f_{max} 表征材料的变形性能，挠度是指弯曲变形时横截面形中心沿轴线垂直的方向的线位移。试验时，在试件跨距的中心测定挠度，绘成 $P-f_{max}$ 关系曲线，称弯曲图，弯曲图不适用于高塑性材料。

对于脆性材料可根据弯曲图求抗弯强度 σ_{bb}：

$$\sigma_{bb}=\frac{M_b}{W}$$

式中，M_b 为试件断裂时的弯矩，三点弯曲 $M_b=\frac{P_bL}{4}$，四点弯曲 $M_b=\frac{P_bK}{2}$；P_b 弯曲图上的最

大载荷；L 为两支座之间的距离；K 为施力点与支座间的距离；W 为截面抗弯系数。

2. 弯曲试验的应用

1）用于测定灰铸铁的抗弯强度，灰铸铁的弯曲试件一般采用铸态毛坯圆柱试件。

2）用于测定硬质合金的抗弯强度，硬质合金一般由于硬度高，难以加工成拉伸试件，故常做弯曲试验以评价其性能和质量。

3）陶瓷材料的抗弯强度测定，由于陶瓷材料脆性大，测定抗弯强度很困难，难以得到精确的结果，故目前主要是测定抗弯强度作为评价陶瓷材料性能的指标。

9.3.5　压缩试验

1. 单向压缩试验

压缩可以看成是反向拉伸，由于压缩时的应力状态较软，故在拉伸、扭转和弯曲试验时不能显示的力学行为可以在压缩时获得。单向压缩时应力状态的柔度系数大，故用于测定脆性材料，如铸铁、轴承合金、水泥和砖石等力学性能。塑型材料则很少作压缩试验。

抗压强度 σ_{bc}、相对压缩 e_{ck} 和相对断面扩胀率 φ_{ck} 分别计算如下：

$$\sigma_{bc}=\frac{P_{bc}}{A_0}$$

$$e_{ck}=\frac{h_0-h_k}{h_0}\times 100\%$$

$$\varphi_{ck}=\frac{A_k-A_0}{A_0}\times 100\%$$

式中，P_{bc} 为试件压缩断裂时的载荷；h_0 和 h_k 分别为试件的原始高度和断裂时的高度；A_0 和 A_k 分别为试件的原始截面积和断裂时的截面积。常用的压缩试件为圆柱体，也可用立方体和棱柱体。试件的高度和直径之比 h_0/d_0 对试验结果有很大影响，为使抗压强度的试验结果能互相比较，必须使试件的 h_0/d_0 值相等。对于几何形状不同的试件，则应保持 h_0/A_0 为定值。

在进行压缩试验时，试件的两端面必须光滑平整、相互平行。

2. 压环强度试验

在陶瓷材料工业中，管状制品很多，所以试件采用圆环状。试验时将试件放在试验机上下压头之间，自上向下加压直至试件破断。

$$\sigma_r=\frac{1.908P_r(D-t)}{2Lt^2}$$

式中，σ_r 为压环强度；P_r 为试件压断时的载荷；D 为压环外径；t 为试件壁厚；L 为试件宽度。

9.3.6　剪切试验

制造承受剪切机件的材料，通常要进行剪切试验，以模拟实际服役条件，并提供材料的抗剪强度数据作为设计的依据。这对诸如铆钉、销子这样的零件来说尤为重要。常用的剪切试验方法有单剪试验、双剪试验和冲孔式剪切试验。

1. 单剪试验

剪切试验用于测定板材和线材的抗剪强度，故剪切试验取自板材和线材。试验时将试件固定在底座上，然后对上压模加压，直到试件沿剪切面 $m-m$ 剪断（见图9-9）。这时剪切面上的最大切应力即为材料的抗剪切强度 τ_b。

$$\tau_b = \frac{P_b}{A_0}$$

式中，P_b 为试件被剪断时的最大载荷；A_0 为试件的原始截面积。

图 9-9 表明了试件在单切试验时的受力和变形情况。作用于试件两侧面上的外力大小相等、方向相反，作用线相距很近，使试件两部分沿剪切面（$m-m$）发生相对错动。

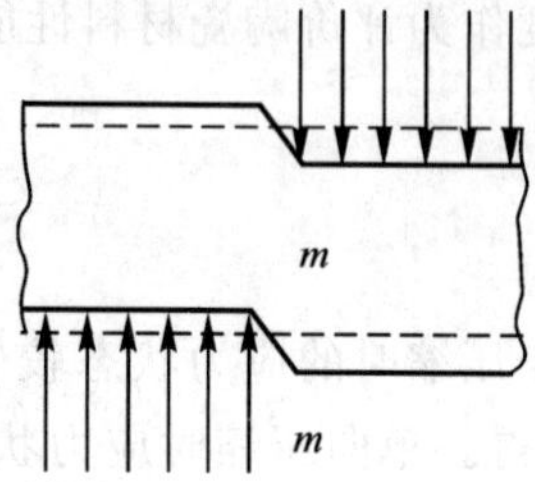

图 9-9　试验在单剪试验时受力和变形示意图

2. 双剪试验

双剪试验是最常用的剪切试验。试验时，将试样装在压式或拉式剪切器（见图 9-10(a) 压式剪切器）内，然后加载。这时，试件在Ⅰ-Ⅰ和Ⅱ-Ⅱ截面上同时受剪力的作用（见图 9-10(b)）。试件断裂时的载荷为 P_b，则抗剪强度 τ_b 为：

$$\tau_b = \frac{P_b}{2A_0}$$

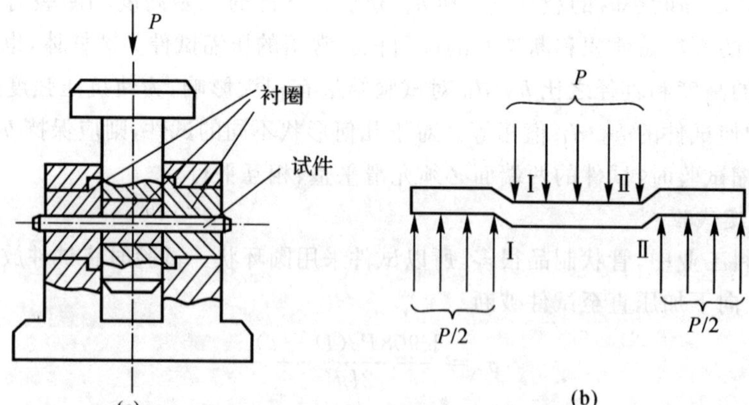

图 9-10　双剪试验装置

如试件发生明显的弯曲形变，则试验结果无效。

3. 冲孔式剪切试验

金属薄板的抗剪强度用冲孔式剪切试验法测定。试验装置如图 9-11 所示。试件断裂时的载荷为 P_b，断裂面为一圆柱面，故抗剪强度为：

$$\tau_b = \frac{P_b}{\pi d_0 t}$$

式中，d_0 为冲孔直径；t 为板料厚度。

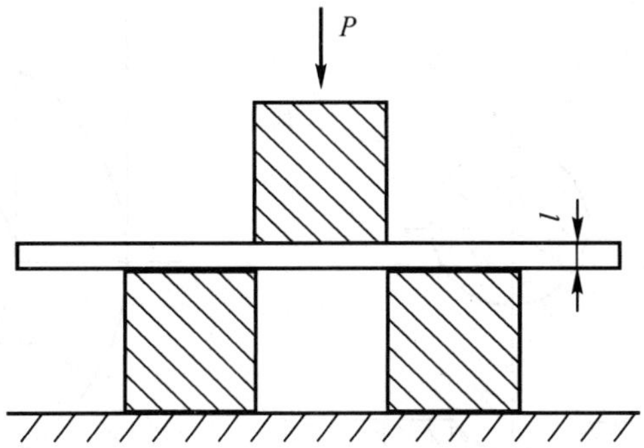

图 9－11　冲孔式剪切试验装置

9.4　材料的硬度

硬度表示材料的软硬程度。硬度值的大小不仅取决于材料的成分和显微组织，还取决于测量方法和条件。测定硬度的方法很多，主要有压入法、回跳法和刻划法三大类。

9.4.1　布氏硬度

压入法测定材料的硬度分布氏硬度、洛氏硬度和维氏硬度三种测量方法。这三种测定方法获得的硬度值均表征材料表面抵抗外物压入时引起的塑性变形的能力。

9.4.2　布氏硬度测定的原理和方法

测定布氏硬度，是用一定的压力将淬火钢球或硬质合金球压头压入试样表面，保持规定时间后卸出压力，于是在试件表面留下压痕（见图 9－12）。计算公式如下：

$$\mathrm{HB}=\frac{P}{A}=\frac{P}{\pi Dh}=\frac{2P}{\pi D(D-\sqrt{D^2-d^2})}$$

式中，HB 是布氏硬度值，即单位压痕表面积 A 上所承受的平均压力，一般不标注单位；P 为施加的压力（kgf，1 kgf＝9.8 N）；D 为压头直径；h 为表面上的压痕深度（mm）。测定布氏硬度时往往要选用不同直径的压头和压力用以比较同一材料和不同材料测得的硬度，要求压痕的形状要几何相似。图 9－13 表示用两个直径不同的压头 D_1 和 D_2，在不同的压力 P_1 和 P_2 的作用下压入试件表面的情况。要使两个压痕几何相似，则要保证两个压痕的压入角 φ 应相等，P/D^2 为常数。由图 9－13 可见：

$$d=D\sin\frac{\varphi}{2}$$

则 $\mathrm{HB}=\dfrac{P}{D^2}\dfrac{2}{\pi\left(1-\sqrt{1-\sin^2\dfrac{\varphi}{2}}\right)}$。

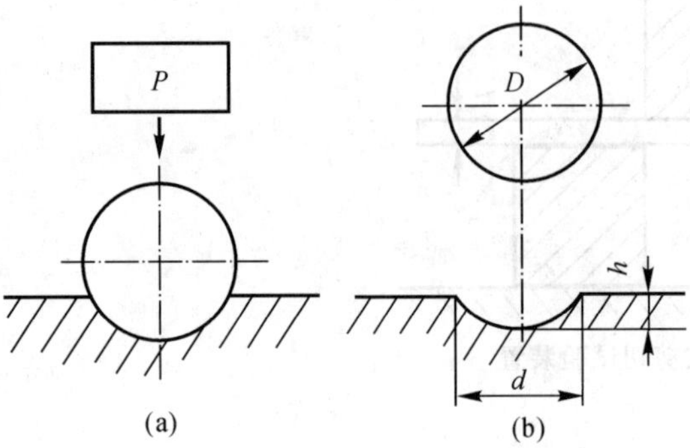

图 9-12 布氏硬度试验的原理图

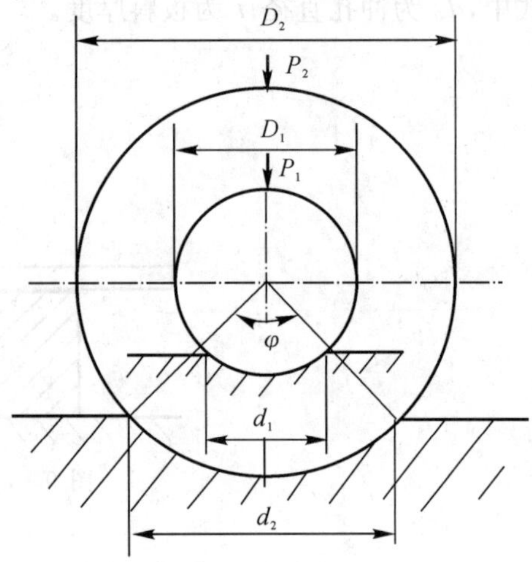

图 9-13 压痕几何相似

应当注意,压痕直径 d 应在 $(0.25\sim0.6)D$ 的范围内所测的硬度有效。布氏硬度的测试在布氏硬度试验机上进行。测试时必须保持所加压力与试件表面垂直,施加压力应均匀平稳,不得有冲击和震动。

9.4.3 布氏硬度的特点和适用范围

布氏硬度分散性小,重复性好,适合具有粗大晶粒或粗大组成相的材料硬度。

布氏硬度与抗拉强度存在如下的经验关系:

$$\sigma_b = k\,\mathrm{HB}$$

式中,k 为经验常数。

9.4.4 洛氏硬度

1. 洛氏硬度测定的原理和方法

洛氏硬度是直接测量压痕深度,并以压痕的深浅表示材料的硬度。采用不同压头并施加不同压力,可以组成不同的洛氏硬度标尺。常用的三种标尺 A、B、C 测得的硬度分别记为 HRA、HRB 和 HRC,其中 HRC 用的较普遍。

测定 HRC 时,采用金刚石压头,先加 10 kgf 的预载,压入材料表面的深度为 h_0,此时表盘上的指针指向零点(见图 9-14(a)),然后再加 140 kgf 主载荷,压头压入表面深度 h_1,表盘上的指针逆时针方向转到相应的刻度(见图 9-14(b))。在主载荷的作用下,金属表面的变形包括弹性变形和塑性变形两部分。卸除主载荷以后,表面变形中弹性部分将恢复,压头将回升一段距离,即 (h_1-e),表盘上的指针将相应回转(见图 9-14(c))。最后,在试件表面留下的残余压痕深度为 e_0。

人为规定:当 $e=0.2$ mm 时,HRC=0;当 $e=0$ 时,HRC=100,压痕深度每增加 0.002 mm,HRC 降低一个单位。

$$\mathrm{HRC}=(0.26-e)/0.002=130-e/0.002$$

测定 HRB 时,采用 $\Phi=1.588$ mm 的钢球作压头,主载荷为 100 kgf(980 N),测定方法与

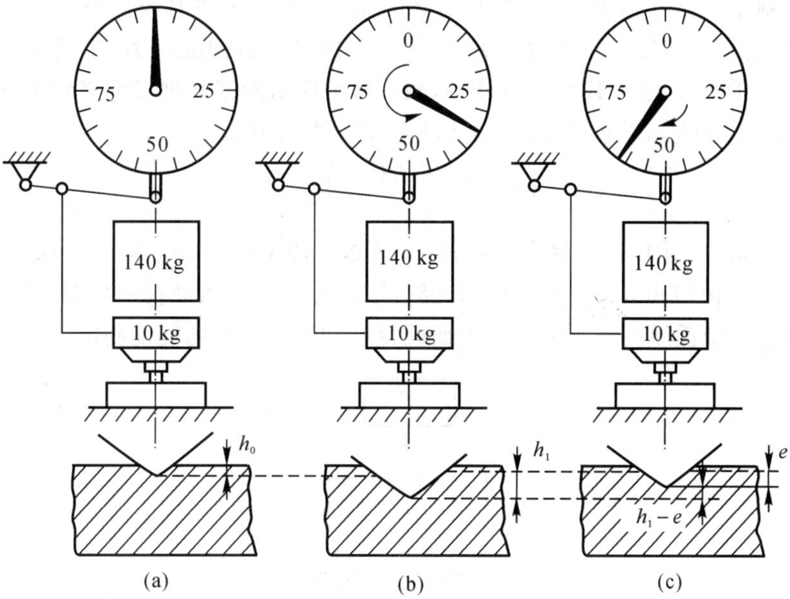

图 9-14　洛氏硬度测定的原理和方法

测定 HRC 的相同。

$$HRB=(0.26-e)/0.002=130-e/0.002$$

测定 HRA 时，所用总载荷为 600 kgf，其定义与 HRC 相同。

洛氏硬度测试时，试件表面应为平面。当在圆柱面或球面上测定洛氏硬度时，测得的硬度值比材料的真实硬度值要低。修正量 ΔHRC 可按下式计算：

对于圆柱面 $\Delta HRC=0.06\,(100-HRC')^2/D$

对于球面 $\Delta HRC=0.012\,(100-HRC')^2/D$

式中，HRC′为圆柱面或球面上测得的硬度；D 为圆柱体或球体的直径。

2. 洛氏硬度的优缺点及应用

洛氏硬度优点：① 硬度值可以从硬度机的表盘上直接读出。② 对试件表面造成的损失较少。③ 因加有预载荷，可以消除表面轻微的不平度对试验结果的影响。

洛氏硬度的缺点：① 不同标尺的洛氏硬度值无法相互比较。② 由于压痕小，所以洛氏硬度对材料硬度的不均匀性很敏感，测试结果比较分散，重复性差，因而不适用于具有粗大、不均匀组织材料的硬度测定。

3. 表面洛氏硬度

表面洛氏硬度与普通洛氏硬度的不同点主要是：① 预载荷为 29.02 N，总载荷比较小，分别为 147.1 N、294.2 N 和 441.3 N；② 取 $e=0.1$ mm 时的洛氏硬度为零，深度每增大 0.001 mm，表面洛氏硬度降低一个单位。

9.4.5　维氏硬度

1. 维氏硬度测定方法及原理

维氏硬度是根据单位压痕表面积上所承受的压力来定义硬度值。但测定维氏硬度所用的压头为金刚石制成的四方角锥体，两相对面间夹角为136°，所加的载荷较小。测定维氏硬度时，也是以一定的压力将压头压入试件表面，保持一定时间后卸除压力，于是在试件表面留下压痕，如图9-15所示。已知载荷P(kgf*)，测得压痕两对角线长度后取平均值d(mm)，代入下式求得维氏硬度(HV)，单位为kgf/mm^2，但一般不标注单位。

$$HV=\frac{2P\sin 68°}{d^2}=\frac{1.854P}{d^2}$$

维氏硬度试验时，所加的载荷为5 kgf(49.03 N)、10 kgf(98.07 N)、20 kgf(196.1 N)、30 kgf(294.2 N)、50 kgf(490.3 N)和100 kgf(980.7 N)等6种。当载荷一定时，即可根据d值，算出维氏硬度表。维氏硬度特别适用于表面硬化层和薄片材料的硬度测定。

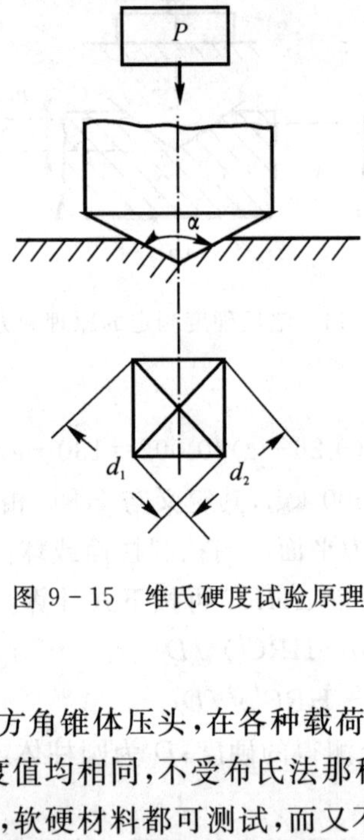

图 9-15　维氏硬度试验原理

2. 维氏硬度的特点和应用

由于维氏硬度测试采用了四方角锥体压头，在各种载荷作用下所得压痕几何相似。因此，载荷大小可以任意选择，所得硬度值均相同，不受布氏法那种载荷P和压头D的规定条件的约束。维氏硬度法测量范围较宽，软硬材料都可测试，而又不存在洛氏硬度法那种不同标尺的硬度无法统一的问题，并且比洛氏硬度法能更好地测定薄件和膜层的硬度，因而常用来测定表面硬化层以及仪器零件等的硬度。布氏、洛氏及维氏三种硬度的试验法只能测得材料组织的平均硬度值。

9.4.6　显微硬度

显微硬度试验一般是指测试载荷小于1.961 4 N力的硬度试验，其比布氏、洛氏及维氏三种试验的载荷小，用于测定极小范围内物质。例如，某个晶粒、某个组成相或夹杂物的硬度，或者研究扩散层的组织、偏析相、硬化层的深度以及极薄板等。常用的有显微维氏硬度和努氏硬度两种。

1. 显微维氏硬度

显微维氏硬度试验实质上就是小载荷的维氏硬度试验，其测试原理和维氏硬度试验相同。国标GB/T4342－91对金属显微维氏硬度测试载荷作了具体的规定，试验时可参照选取。

2. 努氏硬度

努氏硬度值的定义与维氏硬度的不同，它是用单位压痕投影面积上所承受的力来定义的。已知载荷 P，测出压痕长对角线长度 l 后，可按下式计算努氏硬度值(HK)：

$$\mathrm{HK}=\frac{14.22P}{l^2}$$

3. 显微硬度试验的特点及应用

显微硬度试验的最大特点是载荷小，因而产生的压痕极小，几乎不损坏试件，又便于测定微小区域内的硬度值。显微硬度试验的另一个特点是灵敏度高，故显微硬度试验特别适合于评定细线材的加工硬化程度，研究磨削时的烧伤情况和由于摩擦、磨损或者由于辐照、磁场和环境介质而引起材料表面层性质的变化，检查材料的化学和组织结构上的不均匀性，还可利用显微硬度测定疲劳裂纹尖端塑性区。

9.4.7　肖氏硬度

肖氏硬度又叫回跳硬度，其测定原理是将一定重量的具有金刚石圆头或钢球的标准冲头从一定高度 h_0 自由下落到试件表面，然后由于试件的弹性变形使其回跳到某一高度 h，用这两个高度的比值计算肖氏硬度值，即

$$\mathrm{HS}=\frac{kh}{h_0}$$

式中，HS 为肖氏硬度，k 为肖氏硬度系数。对于 C 型肖氏硬度计来说，$k=\frac{10^4}{65}$；对于 D 型肖氏硬度计来说，$k=140$。

9.5　断　裂

断裂是机械和工程构件失效的主要形式之一。研究断裂的主要目的是防止断裂，以保证构件在服役过程中的安全。

断裂是材料一种十分复杂的行为，在不同的力学、物理和化学环境下，会有不同的断裂形式，例如有疲劳断裂、蠕变断裂和腐蚀断裂等。

工程应用中，常根据断裂前是否发生宏观的塑性变形，把断裂分成韧性断裂和脆性断裂。

9.5.1　脆性断裂

脆性断裂是断裂前不发生塑性变形，而裂纹的扩展速度往往很快，几近音速。故脆性断裂前无明显的征兆可循，且断裂是突然发生的。

1. 解离断裂

解离断裂的微观机制有解理断裂和晶间断裂。解理断裂是材料在拉应力的作用下，由于原子间的结合键遭到破坏，严格地按一定的结晶学平面(解理面)劈开而造成的。解理面一般是表面能最小的晶面，且往往是低指数的晶面。

解理断口的宏观形貌是较为平坦的、发亮的结晶状断面。在电子显微镜下，解理断口的特征是河流状花样，河流状花样是由解理台阶的侧面汇合而形成的。解理断裂的另一个微观特征是舌状花样，它类似于伸出来的舌头，是解理裂纹沿孪晶界扩展而留下的舌状凸台或凹坑。

2. 准解理断裂

准解理断裂多在马氏体回火钢中出现。回火产物中细小的碳化物质点影响裂纹的产生和扩展。准解理断裂时，其解理面除(001)面外，还有(110)(112)等晶面，解理小平面间有明显的撕裂棱。

3. 沿晶界断裂

沿晶界断裂是裂纹沿晶界扩展的一种脆性断裂。裂纹扩展总是沿着消耗能量最小，即原子结合力最弱的区域进行的。降低晶界结合强度的原因有：① 晶界存在连续分布的脆性第二相；② 微量有害的杂质元素在晶界上偏聚；③ 由于环境介质的作用损害了晶界，如氢脆、应力腐蚀、应力和高温的复合作用在晶界造成损伤。

4. 理论断裂强度和脆性断裂强度

晶体的理论强度应由原子间结合力决定，现估计如下：一完整晶体在拉应力的作用下，会产生位移。理想晶体的解理断裂的理论断裂强度为：

$$\sigma_m = \left(\frac{E\gamma}{a_0}\right)^{\frac{1}{2}}$$

其中，σ_m 为理论断裂强度；E 为弹性模量；γ 为表面能；a_0 为原子间的平衡距离。

Griffith 假定在实际材料中存在着裂纹，当名义应力还很低时，裂纹尖端的局部应力已达到很高的数值，从而使裂纹快速扩展，并导致脆性断裂。

$$\sigma_c = \left(\frac{2E\gamma}{\pi a}\right)^{\frac{1}{2}}$$

式中，σ_c 是含裂纹板材的实际断裂强度；a 是裂纹长度；E 是弹性模量；γ 是表面能。

9.5.2 延性断裂

1. 延性断裂特征及过程

延性断裂的过程是“微孔形核-微孔长大-微孔聚合”三部曲。当光滑的圆柱试样受拉伸载荷作用，当载荷达到最大值时，试样发生颈缩。在颈缩区形成三项拉应力状态，且在试样的心部轴向应力最大。在三项应力的作用下，使得在试样心部的夹杂物或第二相质点破裂，或者夹杂物或第二相质点与基体界面脱离结合而形成微孔。增大外力，微孔在纵向和横向均长大，微孔不断长大并发生连接而形成大的中心空腔，最后，沿 45°方向切断，形成杯锥状断口。

延性断裂的微观特征是韧窝形貌，在电子显微镜下，可以看到断口有许多凹进和凸出的微坑组成。在微坑中可以发现有第二相粒子。一般情况下，断口具有韧窝形貌的构件，其宏观断裂是韧性的，断口的宏观形貌大多呈纤维状。

2. 微孔成核、长大与聚合

实际金属中总有第二相粒子存在，他们是微孔成核的源。第二相粒子分两大类，一类是夹杂物，另一类是强化相。他们本身比较坚实，与基体结合比较牢固，是在位错塞积引起的应力集中或在高应变条件下，第二相与基体塑性变形不协调而萌生微孔的。位错源不断激发新的位错，新的位错并入微孔，微孔就不断长大。

微孔成核并逐渐长大，有两种不同的聚合模式。一种是正常的聚合，即微孔长大后出现了“内颈缩”，使实际承载的面积减少而应力增加，起了“几何软化”的作用。这将促进变形的进一步发展，加速了微孔的长大，直至聚合。另一种聚合模式是裂纹尖端与微孔，或微孔和微孔之间产生了局部滑移，由于这种局部的应变量大，产生了快速剪切裂开。这种模式的微孔聚合速度快，消耗能量也较少，所以基体的塑性和韧性差。

3. 影响延性断裂的因素

1）基体的形变强化：基体的形变强化指数愈大，则塑性变形后的强化愈强烈。哪里变形，哪里便强化，其结果是各处均匀变形。

2）第二相粒子随着第二相体积分数的增加，钢的塑性下降，同时碳化物的形状对断裂应变有很大影响，球状的要比片状的好很多。

9.5.6　脆性-韧性的转变

构件或材料是韧性或脆性状态，不仅取决于材料本身的组织结构，还取决于应力状态、温度和加载速率等因素，因此，脆性与韧性是可以相互转化的。

1. 应力状态及其柔度系数

任何复杂的应力状态都可以用切应力和正应力表示。这两种应力对变形和断裂起的作用不同。只有切应力才能引起材料的塑性变形，因为切应力是位错运动的驱动力，而位错在障碍物前的塞积可以引起裂纹的萌生和发展，所以切应力对材料的变形和开裂都起作用，而拉应力只促进材料的断裂。

在各种加载的条件下，最大切应力 τ_{max} 与最大当量正应力 S_{max} 之比称为应力状态的柔度系数 α。

$$\alpha = \frac{\tau_{max}}{S_{max}} = \frac{(\sigma_1 - \sigma_3)}{\sigma_1 - \nu(\sigma_2 + \sigma_3)}$$

α 值愈大，应力状态愈柔，愈易变形而较不易开裂，即愈易处于韧性状态；α 值愈小，愈易倾向脆性断裂。

2. 温度和加载速率的影响

随着温度的升高，断裂应力 σ_c 变化不大，而屈服强度 σ_s 变化很大，σ_c 和 σ_s 的交点就是韧一脆转变温度，低于此温度是无屈服的脆性断裂（即脆断），高于此温度是韧断。

3. 材料的微观结构影响

影响韧性-脆性转变的组织因素很多，主要有以下几项。

（1）晶格类型的影响。

众所周知，面心立方晶格金属塑性、韧性好，体心立方和密排六方金属的塑性、韧性较差，是因为面心立方金属滑移系多，而且易出现多系滑移，所以面心立方晶格的金属一般不出现解理断裂而处于韧性状态，也没有韧-脆转变，其韧性可以维持到低温。

（2）成分的影响。

钢中含碳量增加，塑性变形抗力增加，不仅使冲击韧性降低，而且韧-脆转变的温度明显提高，转变温度的范围也加宽了。合金元素的影响比较复杂。

（3）晶粒大小的影响。

晶粒细，滑移距离短，在障碍物前塞积的位错数目较少，相应的应力集中较小，而且由于相邻晶粒取向不同，裂纹越过晶界有转折，需要消耗更多的能量，晶界对裂纹扩展有阻碍作用，裂纹能否越过晶界，往往是产不产生失稳扩展的关键。晶粒越细，则晶界越多，阻碍作用越大。

脆性强度和晶粒的平均直径的平方根成反比。晶粒细时，屈服应力低于断裂抗力，先屈服后断裂，断裂前有较大的塑性应变，是韧性断裂。

许多人对不同材料测量其脆断强度。由此可见，晶粒愈细，则解理断裂应力越高，该图不完全是直线，是因为与实际钢中的第二相有关。

晶粒细化，还降低了韧脆转变温度，因为解理断裂强度提高了，就有利于发生微孔聚合型的延性断裂。

晶粒细化既提高了材料强度，又提高了它的塑性和韧性。这是形变强化、固溶强化与弥散强化等方法所不及的。因为这些方法在提高材料强度的同时，总要降低一些塑性和韧性。但仅靠细晶强化，往往满足不了高强度、超高强度的要求。

9.6 切口强度与切口冲击韧性

本节主要论述应力集中、应变集中以及切口根部的局部应变的近似计算、切口强度的试验测定、切口强度的计算模型和公式，进而引入切口敏感度系数这一新的材料常数，以及切口的冲击韧性、低温脆性以及生产和研究工作中的应用。

9.6.1 局部应力和局部应变

1. 应力集中和局部应力

受拉伸载荷的薄板，其中的应力分布是均匀的。若在板的中心钻一圆孔，则在孔周围的应力分布就会发生很大变化。在孔的边缘，拉应力最大，离孔也越远，应力越小，最后趋于净断面的平均应力，即名义应力 σ_n。将最大应力 σ_{max} 与名义应力之比定义为应力集中因数 K_t。

$$K_t = \frac{\sigma_{max}}{\sigma_n}$$

当最大应力不超过弹性极限时，K_t 只与切口零构件的几何有关，故又称为几何应力集中因数或弹性应力集中因数。对于带中心的无限宽板，弹性力学给出各应力分量的解为

$$\sigma_r = \frac{\sigma}{2}\left(1-\frac{a^2}{r^2}\right)+\frac{\sigma}{2}\left(1+\frac{3a^4}{r^4}+\frac{4a^2}{r^2}\right)\cos 2\theta$$

$$\sigma_\theta = \frac{\sigma}{2}\left(1+\frac{a^2}{r^2}\right)-\frac{a}{2}\left(1+\frac{3a^4}{r^4}\right)\cos 2\theta$$

$$\tau_{r\theta} = -\frac{\sigma}{2}\left(1-\frac{3a^4}{r^4}+\frac{2a^2}{r^2}\right)\sin 2\theta$$

式中，a 是孔的半径；r 距孔边距离；θ 为孔中心与相应拉应力之间的夹角。

也就是说各点的应力状态随其位置坐标(r,θ)而变化，因此应力分布是不均匀的。

2. 应力集中与局部应变的计算

应力集中引起应变集中，在切口根部的局部应力不超过弹性极限的情况下，即 $K_t\sigma_n<\sigma_b$，则切口根部的局部应变，简称为局部应变 ε。

$$\varepsilon = \frac{\sigma}{E} = \frac{K_t\sigma_n}{E} = K_t\varepsilon_n$$

即局部应变较平均应变增大了 K_t 倍。将局部应变对平均应变之比定义为应变集中因数，即 $K_t = \frac{\varepsilon}{\varepsilon_n}$。

9.6.2　切口强度的试验测定

切口强度通常用切口圆柱试件(见图 9－16(a))或切口平板试件(见图 9－16(b)),进行拉伸试验予以测定。切口几何的三个主要参数为切口深度 t,切口根部的曲率半径 ρ 和切口张角 ω,如图 9－16(c)所示。常用的切口试件如图 9－17 所示。

切口试件拉伸试验时,记录下最大载荷,然后除以切口处的净断面积,即得切口强度 σ_{bN}:

$$\sigma_{bN}=\frac{4P_{max}}{\pi d_n^2}$$

其中,P_{max}为最大载荷;d_n 为切口处最小截面的直径。同时,还可测定切口断面得收缩率,称为切口塑性。试验测定的各种钢的切口强度和切口强度比 NSR 列入表 9－1,高强度钛合金和铝合金的切口强度列入表 9－2。

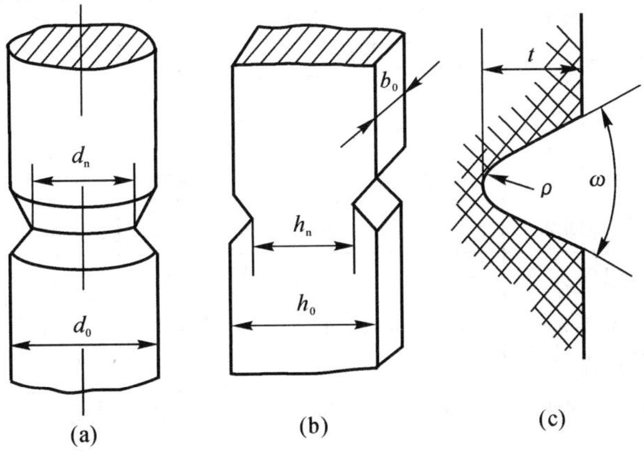

图 9－16　切口试件与切口几何

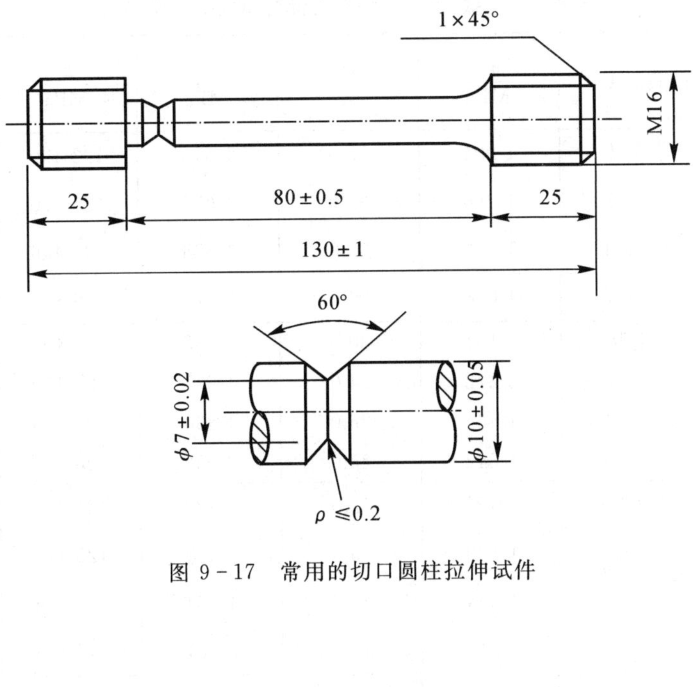

图 9－17　常用的切口圆柱拉伸试件

表 9-1 三种钢的拉伸性能与切口强度

钢号	热处理	性能					
		光滑试件			切口试件，$K_t=3.9^*$		
		$\frac{\sigma_b}{MPa}$	$\frac{\phi}{\%}$	$\frac{\sigma_f}{MPa}$	$\frac{\sigma_{bN}}{MPa}$	NSR	K_t
30GrMnSiA	320℃等温淬火	1 334	49.6	2 177	2 197	1.65	8.29
	370℃等温淬火	1 236	53.7	2 187	2 138	1.73	9.50
	450℃等温淬火	1 079	30.8	1 540	1 412	1.31	6.32
	淬火+420℃回火	1 530	53.0		2 187	1.43	7.87
	淬火+500℃回火	1 245	53.0		2 050	1.65	8.72
	淬火+550℃回火	1 079	53.0		1 500	1.39	9.36
40Cr	300℃等温淬火	1 334	52.0	2 059	1 834	1.37	8.34
	345℃等温淬火	1 089	61.5	1 844	1 687	1.55	11.03
	淬火+420℃回火	1 491	50.5	2 246	1 834	1.23	7.63
	淬火+510℃回火	1 260	51.5	1 961	1 893	1.50	8.56
60SiMn	300℃等温淬火	1 844	38.7	2 638	2 491	1.35	5.57
	350℃等温淬火	1 471	47.5	2 491	2 118	1.44	7.80
	420℃等温淬火	1 177	33.0	1 579	1 481	1.26	6.11
	淬火+400℃回火	2 059	30.0	2 452	2 256	1.10	4.11
	淬火+480℃回火	1 550	37.0	2 216	2 059	1.33	5.91
	淬火+560℃回火	1 177	37.0	1 540	1 765	1.50	6.49

表 9-2 钛、铝合金的拉伸性能和切口强度

合 金	试验温度/℃	$\frac{\sigma_b}{MPa}$	$\frac{\phi_k}{\%}$	$\frac{\sigma_f}{MPa}$	$\frac{E}{MPa}$	σ_{bN}/MPa	
						测定值	估算值
Ti-7Al-4Mo	室温	1 094	38.0	1 510	122 490	978	854
	−76	1 286	31.0	1 685	125 170	1 033	797
	−151	1 423	32.0	1 878	125 446	1 012	859
	−196	1 648	26.0	2 077	126 814	951	802
Ti-7Al-3Mo	室温	1 101	30.0	1 432	122 490	1 046	718
	−76	1 272	24.0	1 577	125 170	999	664
	−151	1 464	25.0	1 830	125 446	951	732
	−196	1 642	25.0	2 052	126 814	944	781
Ti-6Al-4V	室温	978	52.0	1 487	122 490	1 040	997
	−76	1 170	43.0	1 672	125 170	1 129	953
	−151	1 354	45.0	1 964	125 446	1 211	1 088
	−196	1 512	43.0	2 161	126 814	1 183	1 121

续 表

合　金	试验温度/℃	$\frac{\sigma_b}{MPa}$	$\frac{\phi_k}{\%}$	$\frac{\sigma_f}{MPa}$	$\frac{E}{MPa}$	σ_{bN}/MPa	
						测定值	估算值
7075 - T6	23	561	34.7	756	72 500	485	435
	−76	588	26.0	741	77 360	417	374
	−151	629	24.0	780	81 122	451	376
	−196	670	23.4	827	83 311	438	386
2024 - T3	23	492	32.4	652	72 500	410	388
	−76	506	24.3	629	77 360	424	332
	−151	534	22.6	653	81 122	458	332
	−196	595	16.5	694	83 311	499	291

注:试件的 $K_t=11.1$。

9.6.3　切口强度的估算

1. 切口根部裂纹形成准则

切口零件或试件的断裂可能包含三个阶段:在切口根部形成裂纹,形成于切口根部的裂纹的亚邻界扩展,当裂纹达到临界尺寸时发生断裂。

(1) 脆性材料。

脆性材料遵循正应力断裂准则。因此,当切口根部的局部应力达到材料的断裂强度时,则切口根部的材料元断裂而形成裂纹。

$$K_t\sigma_{ni}=\sigma_f$$

式中,σ_{ni}为裂纹形成时切口试件所受的名义应力,或称切口根部裂纹形成的应力;K_t 是应力集中系数;σ_f 为切口根部的局部应力。

(2) 塑性材料。

塑性材料遵循正应变断裂准则,当局部应变达到材料的断裂延性值 ε_f 时,切口根部材料元发生断裂而形成裂纹。

$$K_t\sigma_{ni}=\sqrt{E\sigma_f\varepsilon_f}$$

$$K_t\sigma_{ni}=0.64\sqrt{E\sigma_f\varepsilon_f}$$

2. 切口强度的估算及结果

裂纹在切口根部形成后,裂纹总长度即为切口深度 t 和形成初始裂纹深度 a_i 之和,通常 $t\gg a_i$,则裂纹长度 $a=t+a_i\approx t$。若裂纹在切口根部形成后,其临界长度立即达到临界裂纹长度 a_c,则切口试件将在不发生亚临界裂纹扩展的情况下断裂。在这种情况下,切口根部裂纹形成应力即近似的等于切口试件的断裂应力,即切口强度。

对于脆性材料,切口强度估算公式如下:

$$\sigma_{bN}=\frac{\sigma_f}{K_t}=\frac{\sigma_b}{K_t} \tag{9-1}$$

对于高塑性材料，其切口强度的估算公式可写为：

$$\sigma_{bN}=a(E\sigma_f\varepsilon_f)^{1/2}/K_t \tag{9-2}$$

根据拉伸性能，钢的切口强度为：

$$\sigma_{bN}=\frac{(8\ 030\sim 9\ 124)}{K_t} \tag{9-3}$$

9.6.4 切口敏感度评估

从导出切口强度的公式的基本假设，可以看出，式(9-1)和式(9-3)仅适用于切口强度低于屈服强度，即发生低应力脆断的情况，要使切口构件不发生低应力脆断，即$\sigma_{bN}\geqslant\sigma_{0.2}$。则由式(9-1)和式(9-3)可得

$$\sigma_{bN}=\frac{a\sqrt{E\sigma_f\varepsilon_f}}{K_t}\geqslant\sigma_{0.2}$$

$$K_{tn}=\frac{a\sqrt{E\sigma_f\varepsilon_f}}{\sigma_{0.2}}$$

显然，K_{tn}是材料常数，其物理意义是当构件的弹性应力集中系数小于K_{tn}之值时，构件不发生低应力脆裂，即当$K_t<K_{tn}$时，$\sigma_{bN}>\sigma_{0.2}$。据此，可将K_{tn}称为切口敏感度指数。对于屈强比$\frac{\sigma_{0.2}}{\sigma_b}$高的结构材料，式(9-3)适用范围的上限，可以近似的外延到抗拉强度之值。根据切口强度比的定义和式(9-3)，得

$$\text{NSR}=\frac{a\sqrt{E\sigma_f\varepsilon_f}}{K_t\sigma_b} \tag{9-4}$$

由式(9-4)可见，NSR并非材料常数，它与切口构件几何和切口根部的应力状态有关。若要求NSR≥1.0，则由$K_t\leqslant\frac{a\sqrt{E\sigma_f\varepsilon_f}}{K_t\sigma_b}$。于是，可以定义一个新的材料常数$K_{bN}$：

$$K_{bN}=\frac{a\sqrt{E\sigma_f\varepsilon_f}}{\sigma_b}$$

显然，K_{bN}的工程实用意义是：当$K_{bN}>K_t$时，NSR>1.0。为区别起见，可将K_{bN}称为材料的切口敏感度系数。K_{bN}之值愈大，材料切口敏感度愈小。这也很好的说明高强度材料的切口敏感度高，而低强度高塑性材料的切口敏感度低。

但应指出，对于浅的尖切口，裂纹在切口根部形成后，其长度小于临界裂纹长度，因而在断裂前会发生亚临界裂纹扩展，从而使断裂应力，即切口强度升高。

对于脆性材料，$K_{bN}=1.0$，因而脆性材料对切口是绝对敏感的；随着应力集中系数K_t的升高，切口强度不断降低。因此，在使用脆性材料时，应考虑切口的影响，对零部件精心设计和加工。

9.6.5 切口冲击韧性

1. 冲击载荷的特点

冲击载荷与净载荷的区别主要在于加载速率的不同，前者加载速率很高，而后者加载速率低。加载速率用应力增长率$\sigma=\frac{d\sigma}{dt}$表示，单位为MPa/s。变形速率有两种表示方法：绝对变形

速率和相对变形速率。绝对变形速率为单位时间内试件长度的增长率 $V=\dfrac{dl}{dt}$，单位为 m/s。相对变形速率即应变速率，$\varepsilon=\dfrac{d\varepsilon}{dt}$，单位为 s^{-1}。由于 $d\varepsilon=\dfrac{dl}{l}$，故两种变形速率之间的关系为 $\varepsilon=\dfrac{dl}{l}dt=\dfrac{V}{l}$。

众所周知，弹性变形以介质中声速传播，在钢中约为 5×10^3 m/s，而普通机械冲击时的绝对变形速率在 10^3 m/s 以下。在弹性变形速率高于加载变形速率时，则加载速率对金属的弹性性能没有影响。但是塑性变形发展缓慢，如加载速率较大，则塑性变形不能充分进行。因此，加载速率将对于塑性变形和断裂有关的性能发生重大影响。

静载下零件所受的应力取决于载荷和零件的最小断面积。而冲击载荷具有能量特性，故在冲击载荷下，冲击应力不仅与零件的断面积有关，而且与其形状和体积有关。若零件不含切口，则冲击能为零件的整个体积均匀的吸收，从而应力和应变也是均匀分布的。零件体积越大，单位体积吸收的能量越小，零件所受的应力和应变也越小。若零件中有切口，则切口根部单位体积将吸收更多的能量，使局部应变和应变速率大为升高。

能量载荷的另一个特点是整个承载系统承受的冲击能。因此，承载系统中各零件的刚度都会影响到冲击过程的持续时间，冲击瞬间的速度和冲击力的大小。这些量均难以精确测定和计算，因此，在冲击载荷下，常按能量守恒定律并假定冲击能全部转化为物体内的弹性能，进而计算冲击力和应力。当超过弹性范围时，用能量转化法精确计算冲击力和应力极为困难，因此，在力学性能试验中，直接用能量定性的表示力学性能特征，冲击韧性即属于这一类的力学性能。

2. 切口冲击韧性的测定

常用的冲击试验原理如图 9－18 所示。试验时将具有一定质量 m 的摆锤举至一定的高度 H_1，使之具有一定的势能 mgH_1，将试件置于支座上，然后将摆锤释放，在摆锤下落到最低位置时将试件冲断。

$$A_K=mgH_1-mgH_2$$

其中，A_K 的单位为 J。摆锤冲击试件时速度约为 4.0～5.0 m/s，应变速率约为 $10^3\ s^{-1}$。

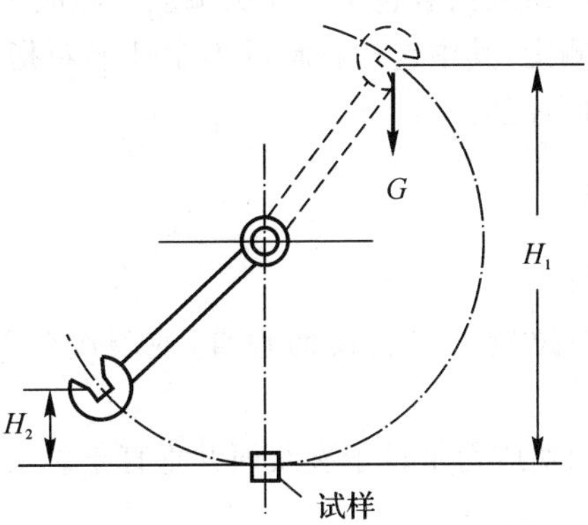

图 9－18　摆锤冲击试验原理试验图

3. 切口冲击韧性的意义及应用

长期以来，一直将切口冲击韧性视为评价材料韧一脆程度的指标，也是设计中保证构件安全的重要的力学性能指标之一。它是一个经验指标。

切口试件的断裂可能经历三个阶段：裂纹在切口根部形成、裂纹的亚临界扩展和最终断裂。所以切口试件的冲击断裂可能要吸收三部分能量，即裂纹形成、亚临界扩展和断裂能。这三部分的和应等于冲断试件所做的功，但这三部分的能量在总能量中所占的百分比和绝对值不仅取决于材料的性质，也取决于试件的几何尺寸。

$$A_k = A_i + A_p + A_f$$

其中，A_k 为冲击功；A_i 为裂纹形成功；A_p 为裂纹扩展功；A_f 为断裂功。

然而，由于切口冲击韧性对材料内部组织的变化十分敏感，而且试验测定又很简便，故在生产和研究工作中仍被广泛应用。具体途径：①评定原材料的冶金质量和热加工后的半成品质量，通过测定冲击韧性和对冲击试件的断口分析，可揭示原材料中的夹渣、气泡、偏析、严重分层等冶金缺陷和过热、过烧、回火脆性等锻造以及热处理缺陷等；②确定结构钢的冷脆倾向及韧一脆转变温度，供低温结构设计时选用材料和抗脆断做参考；③冲击韧性反映着材料对一次和少数次大能量冲击断裂的抗力，因而对某些在特殊条件下服役的零件，如弹壳、防弹甲板等，具有参考价值；④评定低合金高强钢及其焊缝金属的应变时效敏感性。

9.6.6 低温脆性

金属材料的强度一般均随温度的降低而升高，而塑性则相反。一些具有体心立方晶格的金属，当温度降低到某一温度时，由于塑性降低到零而变为脆性状态。这种现象称为低温脆性。

9.7 断裂韧性

很多脆断事故与构件中存在裂纹和缺陷有关，而且断裂应力低于屈服强度，即低应力脆断。为了防止裂纹体的低应力脆断，不得不对其强度-断裂抗力进行研究，从而形成断裂力学这样一个新学科。断裂力学的研究内容包括裂纹尖端应力和应变分析，建立新的断裂判据；断裂力学的参量的计算与试验测定，其中包括材料的力学性能新指标-断裂韧性及其测定、断裂机制和提高材料的断裂韧性的途径。

9.7.1 裂纹的应力分析

1. 裂纹体的三种变形模式

(1) Ⅰ型或张开型。外加拉应力与裂纹面垂直，使裂纹张开，即为Ⅰ型或张开型，如图9－19(a)所示。

(2) Ⅱ型或滑开型。外加切应力平行于裂纹面并垂直于裂纹前缘线，即为Ⅱ型或滑开型，如图9－19(b)所示。

(3) Ⅲ型或撕开型。外加切应力即平行于裂纹面又平行于裂纹前缘线，即为Ⅲ型或撕开型。

三种单一变形模式在工程实践中都能观察到。但也常常看到复合型裂纹，即裂纹体同时受到正应力和切应力的作用，或裂纹面与拉应力成一定的角度，即为Ⅰ型和Ⅱ型的复合。

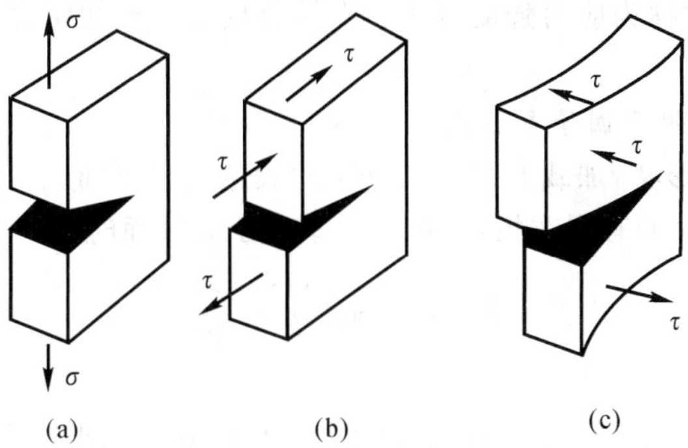

图 9-19　三种变形模式

(a)张开型；(b)滑开型；(c)撕开型

2.Ⅰ型裂纹尖端的应力场与位移场

裂纹体的断裂是因裂纹的失稳扩展引起的，而裂纹的扩展显然受裂纹尖端的力学状态控制的。因此有必要了解裂纹尖端的应力和应变场。应用线弹性理论，分析裂纹尖端的应力场和位移场，构成了线弹性断裂力学的力学基础。设有一无限大板，含有一长为 $2a$ 的中心穿透裂纹，在无限远处作用有均布双向拉应力。线弹性断裂力学给出裂纹尖端附近任意点 $p(r,\theta)$ 的各应力分量的解如下：

$$\sigma_x = \frac{K_1}{\sqrt{2\pi\gamma}}\cos\frac{\theta}{2}\left(1-\sin\frac{\theta}{2}\sin\frac{3\theta}{2}\right)$$

$$\sigma_y = \frac{K_1}{\sqrt{2\pi\gamma}}\cos\frac{\theta}{2}\left(1+\sin\frac{\theta}{2}\sin\frac{3\theta}{2}\right)$$

$$\tau_{xy} = \frac{K_1}{\sqrt{2\pi r}}\sin\frac{\theta}{2}\cos\frac{\theta}{2}\cos\frac{3\theta}{2}$$

若为薄板，裂纹尖端处于平面应力状态；若为厚板，裂纹尖端处于平面应变状态，故

$\sigma_z=0$　　平面应力

$\sigma_z=\nu(\sigma_x+\sigma_y)$　　平面应变

Ⅰ型裂纹尖端处于平面应变，三向拉伸应力状态，应力状态柔度系数很小，因而是危险的应力状态。

由虎克定律，可求出裂纹尖端的各应变分量，然后积分，求得各方向的位移分量。下面仅写出沿 y 方向位移分量 V 的表达式。在平面应力状态下：

$$V=\frac{K_1}{E}\sqrt{\frac{2\gamma}{\pi}}\sin\frac{\theta}{2}\left[2-(1+\nu)\cos^2\frac{\theta}{2}\right]$$

在平面应变状态下：

$$V=\frac{(1+\nu)K_1}{E}\sqrt{\frac{2\gamma}{\pi}}\sin\frac{\theta}{2}\left[2(1-\nu)-\cos^2\frac{\theta}{2}\right]$$

$$K_1=\sigma\sqrt{\pi a}$$

其中，K_1 为材料的弹性常数及参量；σ 为应力；$2a$ 为中心穿透裂纹长度。

若裂纹体的材料一定，且裂纹尖端附近某一点位置(r,θ)给定时，则该点的各应力分量唯

一的决定于 K_1 之值。K_1 之值越大，该点各应力位移分量之值越高。因此 K_1 反映了裂纹尖端区域应力场的强度，故称为应力强度因子。它综合反映了外加应力，裂纹长度对裂纹尖端的应力场强度影响。

3. 若干常用的应力强度因子表达式

试件和裂纹的几何形状，加载方式不同，K_1 的表达式也不同。

(1) 含中心穿透裂纹的有限宽板，当拉应力垂直于裂纹面时：

$$K_1=\sigma\sqrt{\pi\alpha}\sqrt{\sec\frac{\pi a}{W}}$$

(2) 紧凑拉伸试件。

厚度 $B=0.5\ W$，$H=0.6\ W$，$F=0.54\ H$，$W_1=1.25\ W$，如图 9-20 所示，其中，H 为试件长度的一半；W_1 为试件宽度；W 为试件左边到孔轴间的距离；F 为试件底边到孔轴间的距离。

$$K_1=\frac{P}{BW^{\frac{1}{2}}}f\left(\frac{a}{W}\right)$$

$$f\left(\frac{a}{W}\right)=29.6\left(\frac{a}{W}\right)^{\frac{1}{2}}-185.5\left(\frac{a}{W}\right)^{\frac{3}{2}}+655.7\left(\frac{a}{W}\right)^{\frac{5}{2}}-1\,017.0\left(\frac{a}{W}\right)^{\frac{7}{2}}+638.9\left(\frac{a}{W}\right)^{\frac{9}{2}}$$

其中，P 为确定裂纹扩展的对应载荷；a 为试件中心到孔轴的距离。

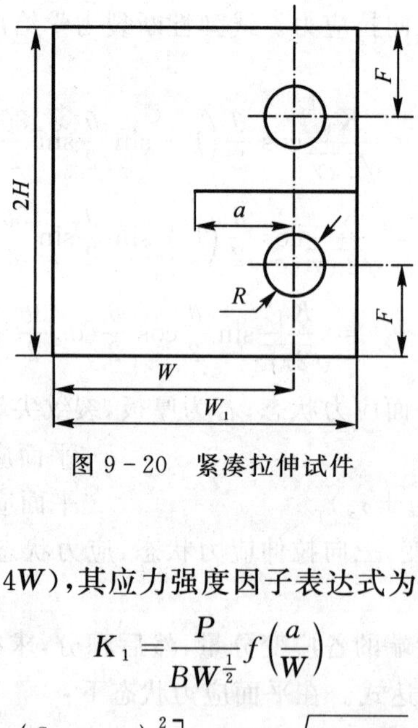

图 9-20　紧凑拉伸试件

(3) 单边裂纹弯曲试件。

常用的三点弯曲试件($S=4W$)，其应力强度因子表达式为，如图 9-21 所示。

$$K_1=\frac{P}{BW^{\frac{1}{2}}}f\left(\frac{a}{W}\right)$$

$$f\left(\frac{a}{W}\right)=\left[7.51+3.00\left(\frac{a}{W}-0.5\right)^2\right]\sec\frac{\pi\alpha}{W}\sqrt{\tan\frac{\pi a}{2W}}\qquad 0.25\leqslant\frac{a}{W}\leqslant 0.75$$

四点弯曲试件，如图 9-21(b)所示，在两压头之间受纯弯短作用，K_1 的表达式为

$$K_1=\frac{6Ma^{\frac{1}{2}}}{BW^2}f\left(\frac{a}{W}\right)$$

$$f\left(\frac{a}{W}\right)=1.99-2.47\left(\frac{a}{W}\right)+12.97\left(\frac{a}{W}\right)^2-23.17\left(\frac{a}{W}\right)^3+24.8\left(\frac{a}{W}\right)^4$$

当 $\frac{a}{W}\geqslant 0.5$ 时，

$$K_1=\frac{M}{BW^{\frac{3}{2}}}\frac{3.976}{\left(1-\frac{a}{W}\right)^{\frac{3}{2}}}$$

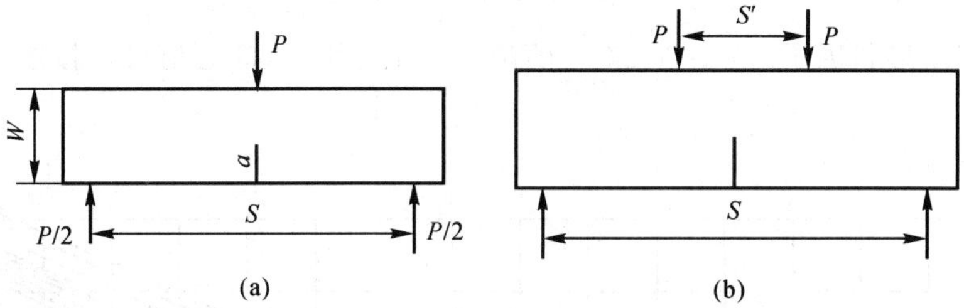

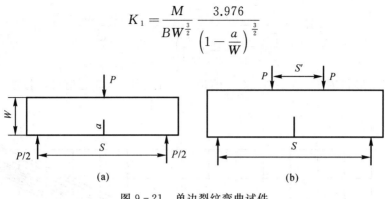

图 9-21　单边裂纹弯曲试件

(a)三点弯曲试件;(b)四点弯曲试件

(4) 体内椭圆裂纹。

无限大物体内含有椭圆状裂纹,远处受均匀拉伸应力,如图 9-22 所示。

$$K_1=\frac{\sigma\sqrt{\pi a}}{\varphi_0}\left(\sin^2\beta+\frac{a^2}{c^2}\cos^2\beta\right)^{\frac{1}{4}}$$

式中,c 是椭圆的半长轴;a 为半短轴;φ_0 是第二类椭圆积分。

由上式可知,在短轴的端点时,K_1 值最大,见下式:

$$K_1=\frac{\sigma\sqrt{\pi a}}{\varphi_0}$$

$$\varphi_0=\int_0^{\frac{\pi}{2}}\left[\cos^2\theta-\left(\frac{a}{c}\right)^2\sin^2\theta\right]^{\frac{1}{2}}\mathrm{d}\theta$$

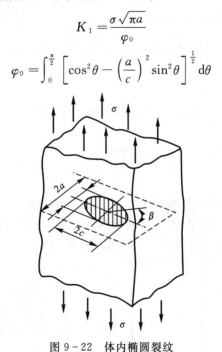

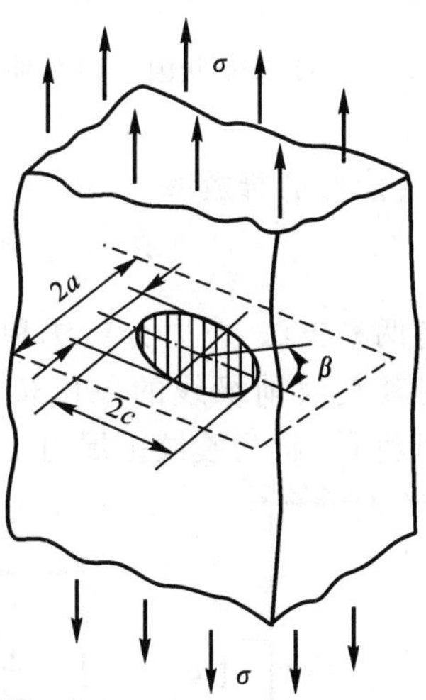

图 9-22　体内椭圆裂纹

(5) 表面半椭圆裂纹。

将含体内椭圆裂纹的无限大物体沿椭圆长轴并平行于拉应力的方向切开,形成带表面裂纹的半无限大物体,显露出来的表面称为前表面。

$$K_1=\frac{1.1\sigma\sqrt{\pi a}}{\left[\varphi_0^2-0.212\left(\frac{\sigma}{\sigma_{0.2}}\right)^2\right]^{\frac{1}{2}}}=\frac{1.1\sigma\sqrt{\pi a}}{\sqrt{Q}}$$

式中，Q称为裂纹形状因子，是$a/2c$和$\frac{\sigma}{\sigma_{0.2}}$的函数。在实用中，$Q$之值可以按图9－23中曲线求得。

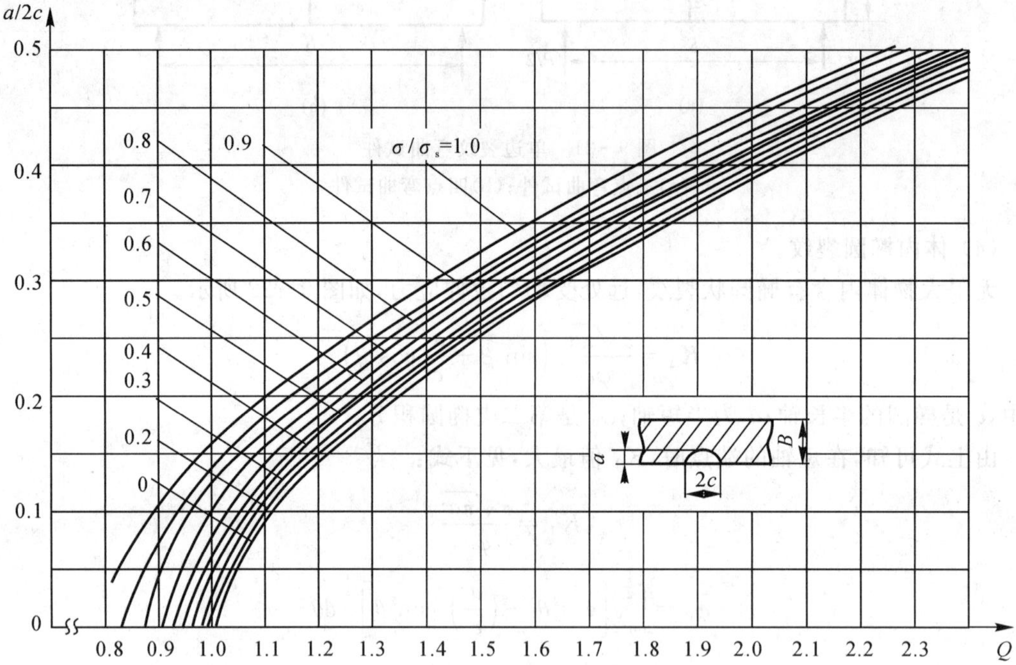

图9－23　裂纹形状因子Q的曲线

9.7.2　裂纹扩展力或裂纹扩展能量的释放率

1. 裂纹扩展力

断裂力学处理裂纹体的问题有两种方法：应力分析法和能量分析法。设想一含有单边穿透裂纹的板，受拉力P的作用，在其裂纹前缘线的单位长度上有一作用力G_1（见图9－24(b)），驱使裂纹前缘向前运动，故可将G_1称为裂纹扩展力。

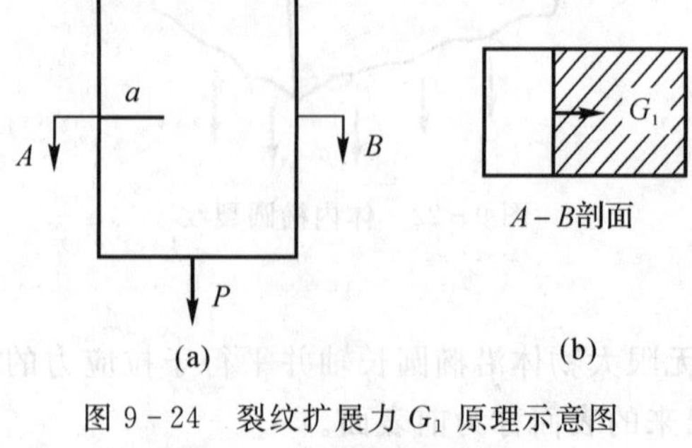

图9－24　裂纹扩展力G_1原理示意图

(a)受拉的裂纹板；(b)裂纹面及G_1

2. 裂纹扩展的能量释放率

设裂纹在 G_1 的作用下向前扩展一段距 Δa，则由裂纹扩展力所做的功为 $G_1 \times B \times \Delta a$，$B$ 为裂纹前线线长度（即试件厚度），ΔU_e 为弹性体的内能。

$$W = G_1 \times \Delta a + \Delta U_e$$

$$G_1 = \frac{W - \Delta U_e}{\Delta a}$$

若外力之功 $W=0$，则有

$$G_1 = -\frac{\Delta U_e}{\Delta a} = -\frac{2U_e}{2a}$$

在 Griffith 理论中，若在均匀拉伸的板中开出长度为 $2a$ 的裂纹，则释放弹能为

$$U_e = -\frac{\sigma^2 \pi a^2}{E}$$

$$G_1 = -\frac{\partial U_e}{\partial (2a)} = -\frac{\partial}{\partial (2a)}\left(\frac{\pi \sigma^2 a^2}{E}\right) = \frac{\pi \sigma^2 a}{E}$$

$$G_1 = \frac{K_1^2}{E}$$

$$G_1 = \frac{(1-\nu^2)K_1^2}{E}$$

9.7.3　平面应变断裂韧性

当 G_1 增大，达到材料对裂纹扩展的极限抗力时，裂纹体处于临界状态，裂纹体发生断裂，裂纹体的断裂应力为 σ_c。

$$\sigma_c = \left(\frac{EG_{IC}}{\pi \alpha}\right)^{\frac{1}{2}}$$

其中，G_{IC}为临界值。

对于脆性材料：

$$G_{IC} = 2\gamma$$

对于金属材料：

$G_{IC} = 2(\gamma + W_p)$，其中 W_p 为塑性功。

平面应变断裂韧性：

$$K_{IC} = \sqrt{\frac{EG_{IC}}{1-\nu^2}}$$

9.7.4　裂纹尖端塑性区

1. 塑性区的形状与尺寸

实际金属，当裂纹的尖端附近的应力等于或大于屈服强度时，金属要发生塑性变形，改变了裂纹尖端的应力分布。Irwin 根据 Von Mises 屈服判据，计算出裂纹尖端塑性区的形状和尺寸。

根据材料力学，可求得三个主应力 σ_1、σ_2、σ_3：

$$\sigma_1=\frac{\sigma_x+\sigma_y}{2}+\sqrt{\left(\frac{\sigma_x-\sigma_y}{2}\right)^2+\tau_{xy}^2}$$

$$\sigma_2=\frac{\sigma_x+\sigma_y}{2}+\sqrt{\left(\frac{\sigma_x-\sigma_y}{2}\right)^2+\tau_{xy}^2}$$

$$\sigma_3=\nu(\sigma_1+\sigma_2)$$

2. 平面应变断裂韧性 K_{IC} 的测定

与其他力学性能指标的测定相比，平面应变断裂韧性 K_{IC} 的测定具有严格的技术规定，这些规定是根据线弹性断裂力学的理论提出的。在临界状态下，塑性区的尺寸正比于 $\left(\frac{K_{IC}}{\sigma_{0.2}}\right)^2$。$K_{IC}$ 值愈高，则临界塑性区尺寸愈大。测定 K_{IC} 时为保证裂纹尖端塑性区尺寸远小于周围弹性区尺寸，即小范围内屈服并处于平面应变状态，故对试件的尺寸作了严格规定。

(1) 试件及其制备。

用于测定 K_{IC} 的试件为紧凑拉伸试件和三点弯曲试件。在确定试件尺寸之前，要测定材料的 $\sigma_{0.2}$ 之值，并估计 K_{IC} 值。然后按 $B>2.5\left(\frac{K_{IC}}{\sigma_{0.2}}\right)^2$ 的要求，定出试件的最小厚度。若材料的 K_{IC} 值无法估算，可根据 $\frac{\sigma_{0.2}}{E}$ 值列出的图表估计 B 值。

(2) 测定方法。

首先要测定载荷 P 与裂纹嘴张开位移 V 的关系曲线。载荷 P 由载荷传感器测量，裂纹嘴张开位移 V 由跨接于试件的切口两侧的夹式引伸计测量。载荷与位移讯号经放大器放大后，描绘出 $P-V$ 曲线。根据 $P-V$ 曲线，可求出裂纹失稳扩展时的临界载荷 P_Q。P_Q 相当于裂纹扩展量 $\frac{\Delta a}{a}=2\%$ 时的载荷。

3. 金属的韧化

高强度结构材料断裂韧性的提高，对保证构件安全，是很重要的。但是，某些韧化技术虽能有效地提高 K_{IC}，但付出的代价却很高。因此，要考虑好性价比进行取舍。

(1) 提高冶金质量。

金属材料中的夹杂物和某些未溶的第二相质点，都是一些脆性相。它们的存在都将不同程度的降低钢的塑性和断裂韧性 K_{IC}，钢和铝合金中的夹杂物含量越高，K_{IC} 值越低。

第二相质点的类型和形状对断裂延性有不同的影响。钢中硫含量增加，则硫化物含量增加。因此，钢的断裂韧性随硫含量增加而降低。

(2) 控制钢的成分与组织。

一般的合金结构钢采用碳化物进行强化，含碳量越高，钢的强度越高。在含碳质量分数 W_C 为 0.003 的情况下，经淬火和低温回火状态下钢中出现较多的片状马氏体组织，使钢的塑性和韧性降低。一般用碳化物强化的高强度钢，要进一步提高强度，必须提高含碳量，因而钢中片状孪晶马氏体含量的增加，引起塑性和韧性的降低。

9.7.5 热处理

常规热处理力求获得细晶的板条马氏体和下贝氏体组织。下面介绍两种热处理工艺。

(1) 临界区淬火。结构钢加热到 A_{C_1} 与 A_{C_3} 之间淬火，再回火，称为亚临界处理或亚温淬火。它可以提高钢的低温韧性和抑制高温回火脆性。应当指出，只有原始组织处于调质状态，在临界区某一范围内加热淬火，韧化效果才能显著。

(2) 形变热处理。综合运用压力加工和热处理技术可以进一步提高钢的断裂韧性。

9.7.6　估算 K_{IC} 的模型和经验关系式

平面应变断裂韧性 K_{IC} 是防止构件低应力脆断，进行断裂控制设计的一个重要指标。而 K_{IC} 的测量技术比较复杂，费用较高。因此，试图提出根据常规力学性能估算 K_{IC} 的模型和经验关系式。

1. 韧断模型

Kraft 提出微孔聚合断裂模型，其要点为加载时裂纹尖端钝化并在裂纹尖端的前方的三轴拉应力区形成微孔，于是在裂纹尖端和微孔之间形成韧带。当韧带中应变达到临界值时，韧带将发生断裂，裂纹体即处于临界状态。

从弹性区中一直到韧带的边沿，应变分布用线弹性理论给出：

$$\varepsilon = \frac{K_1}{E\sqrt{2\pi r}}$$

韧带中的应变是

$$\varepsilon_1 = \frac{K_1}{E\sqrt{2\pi d_T}} = \frac{\sigma}{E} + \varepsilon_p$$

式中，σ 为名义应力；ε_p 为塑性应变，d_T 可看作材料中不均匀区或夹杂物质点的平均间距。

$$K_{IC} = E\varepsilon_b\sqrt{2\pi d_T} = E_n\sqrt{2\pi d_T}$$

Kraft 模型可以很好地解释钢中夹杂物对 K_{IC} 的影响；夹杂物数量多，间距小，则 K_{IC} 值下降。

2. 解离断裂模型

Hahn 和 Rosenfield 根据临界解离应力(σ^*)判据提出，当裂纹尖端由于塑性约束，使拉应力达到 σ^* 时，断裂发生。根据试验数据整理的经验式为：

$$K_{IC}\sigma_s^2 = \left(\frac{\sigma^*}{2.35}\right)^3$$

Tetelman 提出了适用脆性断裂的关系式为

$$K_{IC} = 2.9\sigma_s\left[\exp\left(\frac{\sigma_f}{\sigma_s} - 1\right) - 1\right]^{\frac{1}{2}}\rho_0^{\frac{1}{2}}$$

式中，ρ_0 是裂纹尖端钝化半径，是一个重要的参数。

3. 其他经验公式

$$\frac{K_{IC}}{\sigma_s} = \frac{5}{\sigma_s}\left(\mathrm{CVN} - \frac{\sigma_s}{20}\right)$$

式中，CVN 为冲击功，单位为 J。

断裂韧性是强度、塑性和微观结构参数的综合表现。

4. 裂纹尖端钝化模型

为了保持裂纹尖端的力学平衡，加载时裂纹尖端必须钝化，以使裂纹尖端的应力和应变不超过临界值。外加载荷越高，纹尖钝化半径越大，已在电子显微镜下观察到。对于塑性材料，裂尖的应变值不应超过断裂延性 ε_f 之值。当裂尖钝化半径达到临界值 ρ_c，试件将发生断裂。于是，得到一个新的根据拉伸性能估算 K_{IC} 的公式，即

$$K_{IC}=0.32\sqrt{\pi E\sigma_f\varepsilon_f\rho_c}$$

式中，ρ_c 是裂纹尖端临界钝化半径。对于具有板条马氏体组织的高强度钢，ρ_c 等于应变硬化指数 n，单位为 mm；对于具有片状马氏体和板条马氏体混合组织的高强度钢，ρ_c 约等于奥氏体晶粒直径，或均匀伸长率 δ_b(mm)。

5. *裂纹尖端张开位移*

对于大量使用的中、低强度的钢构件，如船体和压力容器，曾发生不少低应力脆断事故，90%的断口具有结晶状特征。而从这些断裂构件上制取的小试样，却在整体屈服后发生纤维状韧断。由此推断，是由于构件承受多向应力，使裂纹尖端的塑性变形受到约束，使应变量达到某一临界值，材料就发生断裂。

弹性条件下裂纹尖端的张开位移 CTOD 的意义及表达式如下：

在平面应力的条件下：

$$\delta=2\nu=\frac{4K_{IC}^2}{\pi E\sigma_s}=\frac{4}{\pi}\frac{G_1}{\sigma_s}$$

作为工程估算：

$$\delta=\frac{G_1}{\sigma_s}$$

$$\delta=\frac{4\sigma^2 a}{E\sigma_s}$$

在临界条件下：

$$\delta_c=\frac{4\sigma_c^2 a}{E\sigma_s}$$

9.8 金属的疲劳

金属在循环载荷的作用下，即使所受的应力低于屈服强度，也会发生断裂，这种现象称为疲劳断裂。疲劳断裂，尤其是高强度材料的疲劳断裂，一般不发生明显的塑性变形。

疲劳研究的主要目的有：①精确的估算机械结构的零构件的疲劳寿命，简称定寿，保证在服役期内零构件不会发生疲劳失效。②采用经济而有效的技术和管理措施以延长疲劳寿命，简称延寿。疲劳失效是机件的主要失效形式之一。

9.8.1 金属在对称循环应力下的疲劳

所谓循环应力是指应力随时间呈周期性变化，变化波形通常是正弦波，如图 9－25 所示。应力循环特征如下：①应力幅 σ_a 或应力范围 $\Delta\sigma$，$\sigma_a=\frac{\Delta\sigma}{2}=\frac{\sigma_{max}-\sigma_{min}}{2}$，$\sigma_{max}$ 和 σ_{min} 分别为循环最大应力和循环最小应力。②平均应力 σ_m 或应力比 R，$\sigma_m=\frac{\sigma_{max}+\sigma_{min}}{2}$，$R=\frac{\sigma_{min}}{\sigma_{max}}$。

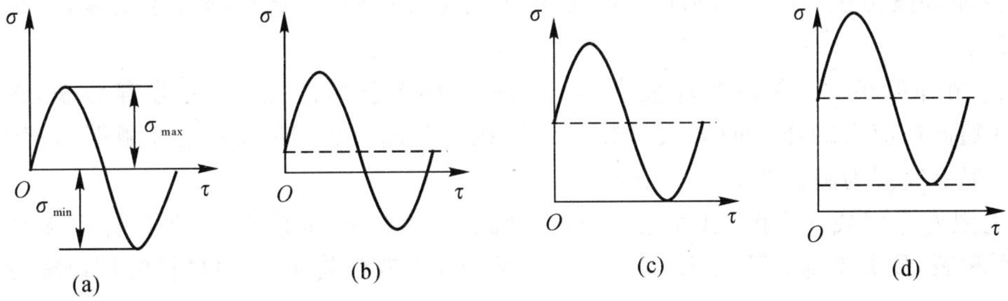

图 9-25　各种循环加载方式的应力-时间图

通常按照应力幅和平均应力的相对大小，将循环应力分为下列几种情况：

(1) 交变对称循环，$\sigma_m=0, R=-1$，如图 9-25(a)所示。大多数轴类零件，通常受到交变对称循环应力的作用，这种应力可能是弯曲应力、扭转应力，或者两者复合。

(2) 交变不对称循环，$0<\sigma_m<\sigma_a, -1<R<0$，如图 9-25(b)所示。结构中某些支撑件受到这种循环应力一大拉小压的作用。

(3) 脉动循环，$\sigma_m=\sigma_a, R=0$，如图 9-25(c)所示。齿轮的齿根和某些压力容器受到这种脉动循环应力的作用。

(4) 波动循环，$\sigma_m>\sigma_a, 0<R<1$，如图 9-25(d)所示，飞机机翼下的翼面，钢梁的下翼缘以及预紧螺栓等，均承受这种循环应力的作用。

9.8.2　疲劳寿命曲线

旋转弯曲疲劳试验：试验时采用光滑试件，试验装置如图 9－26 所示。试验时试件旋转一周，其表面受到交变对称循环应力的作用一次。从加载开始到试件断裂所经历的应力循环数，定义为该试件的疲劳寿命 N_f。每个试件的试验结果对应于(σ_a, N_f)平面上的一个点。在不同的应力幅下试验一组试件。可以得到一组点，描绘出图 9-27 中的曲线。这就是疲劳寿命曲线。

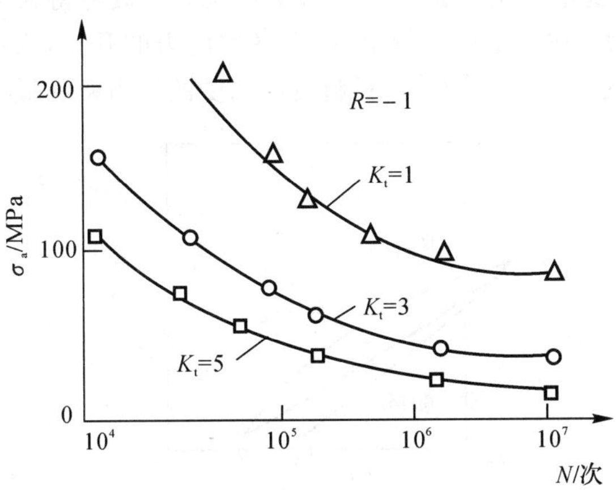

图 9-26　旋转弯曲疲劳试验机简图

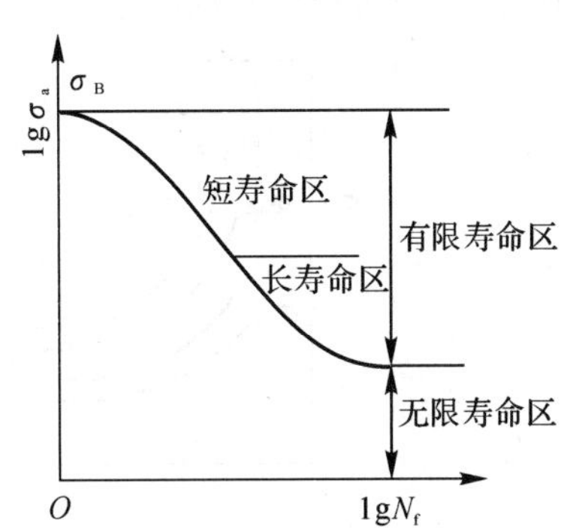

图 9-27　典型的疲劳寿命曲

疲劳寿命曲线可以分为三个区：

1) 低循环疲劳区,在很高的应力下,在很少的循环次数后,试件即发生断裂,并有较明显的塑性变形。

2) 高循环疲劳区,在高循环疲劳区,循环应力低于弹性极限,疲劳寿命长,$N_f > 10^5$ cycles,且随循环应力的降低而大大延长。试件在最终断裂前,整体上无可测得的塑性变形,因而在宏观上表现为脆性断裂。

3) 无限寿命区或安全区,试件在低于某一临界应力幅 σ_{ac} 的应力下,可以经受无数次应力循环而不断裂,疲劳寿命趋于无限,即 $\sigma_a < \sigma_{ac}$,$N_f \to \infty$。故可将 σ_{ac} 称为材料的理论疲劳极限或耐久线。

9.8.3 疲劳极限及其试验测定

工程实践中,疲劳极限定义为,在指定疲劳寿命下,试件所能承受的上限应力幅值。对于结构钢,指定寿命通常取 $N_f = 10^7$ cycles,在应力比 $R=-1$ 时测定的疲劳极限计为 σ_{-1}。测定疲劳极限最简单的方法如下:假定在应力幅 $\sigma_{a,i}$ 下,试件的疲劳寿命 $N_f < 10^7$ cycles,降低在应力幅至 $\sigma_{a,i+1}$,而疲劳寿命 $N_f > 10^7$ 次循环而不断裂,这种情况叫作越出。若 $\Delta\sigma_{a,i} = \sigma_{a,i} - \sigma_{a,i+1} \leqslant 5\%\sigma_{a,i}$,则疲劳极限

$$\sigma_{-1} = \frac{\sigma_{a,i} + \sigma_{a,i+1}}{2}$$

9.8.4 疲劳寿命曲线的数学表达式

疲劳寿命曲线的数学表达式,对构件的疲劳设计是十分必要和有用的,它反映了金属疲劳的宏观规律。在高循环的疲劳区,当 $R=-1$ 时,疲劳寿命和应力幅间关系可表示为

$$N_f = A'(\sigma_a - \sigma_{ac})^{-2}$$

式中,A' 是与材料拉伸性能有关的常数。当 $\sigma_a \leqslant \sigma_{ac}$,$N_f \to \infty$,从而表现了疲劳极限的存在。

9.8.5 非对称循环应力下的疲劳

1. 平均应力对疲劳寿命的影响

平均应力或应力比对疲劳寿命的影响,直到最近仍有试验测定。平均应力对疲劳寿命的影响的一般规律如图 9-28(a)所示。由此可见,在给定应力幅下,随着平均应力的升高,疲劳寿命缩短,疲劳极限降低,对于给定的疲劳寿命,平均应力升高,材料所能承受的应力幅降低。

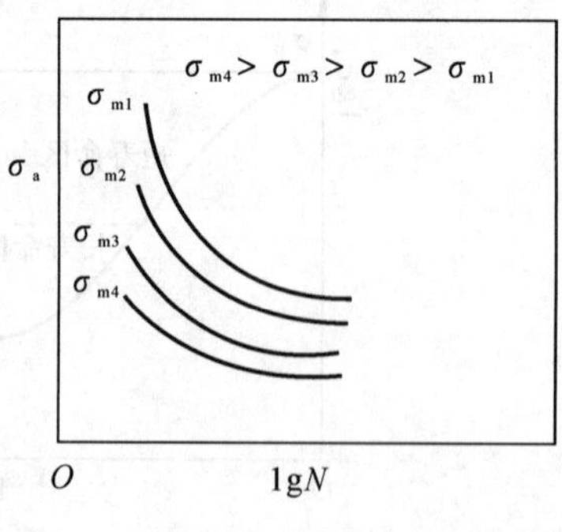

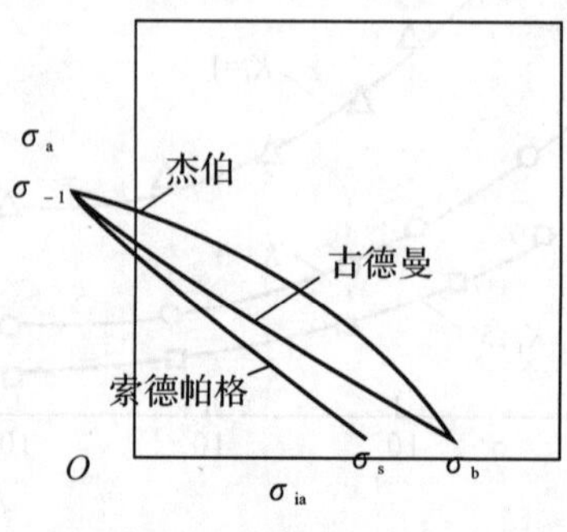

图 9-28　平均应力对疲劳寿命和疲劳极限的影响

(a)对疲劳寿命的影响;(b)对疲劳极限的影响

2. 平均应力对疲劳极限的影响

关于平均应力对疲劳极限的影响，提出过许多经验公式。已经在工程设计中采用的公式如下：

古德曼公式　$$\sigma_a=\sigma_{-1}\left(1-\frac{\sigma_m}{\sigma_b}\right)$$

杰伯公式　$$\sigma_a=\sigma_{-1}\left[1-\left(\frac{\sigma_m}{\sigma_b}\right)^2\right]$$

索德伯格公式　$$\sigma_a=\sigma_{-1}\left(1-\frac{\sigma_m}{\sigma_s}\right)$$

上述三个公式表示于图 9-28(b)中。图中横坐标为平均应力 σ_m，纵坐标为给定平均应力和寿命时材料所能承受的应力幅，即疲劳极限。

3. 疲劳寿命的通用表达式

平均应力或应力比影响疲劳寿命的表达式如下：

$$N_f=A'\left[\sigma_{eqv}-(\sigma_{eqv})_c\right]^{-2}$$

$$\sigma_{eqv}=\sqrt{\frac{1}{2(1-R)}}\Delta\sigma=\sqrt{\sigma_a\sigma_{max}}$$

式中，σ_{eqv}为当量应力幅；$(\sigma_{eqv})_c$ 是用当量应力幅表示的理论疲劳极限。

4. 疲劳切口敏感度

实际零件中由于存在切口而引起应力集中，从而使疲劳寿命缩短和疲劳极限降低。图 9-29表明应力集中系数 K_t 对 LC9 高强度铝合金疲劳寿命的影响。由图 9-29 可见，应力集中系数 K_t 越大，疲劳强度越低。人们试图根据光滑试件的疲劳极限 σ_{-1}，预测切口试件的疲劳极限 σ_{-1n}，为此，定义一个参数 K_f，$K_f=\frac{\sigma_{-1}}{\sigma_{-1n}}$，称为疲劳强度缩减系数，并且寻求 K_f 估算公式。

$$q=\frac{K_f-1}{K_t-1}$$

其中，参数 q 称为疲劳切口敏感度。$q=0$，$K_f=1$，疲劳极限不因切口的存在而降低，即对切口不敏感。当 $q=1$，$K_f=K_t$，即表示对切口的敏感。

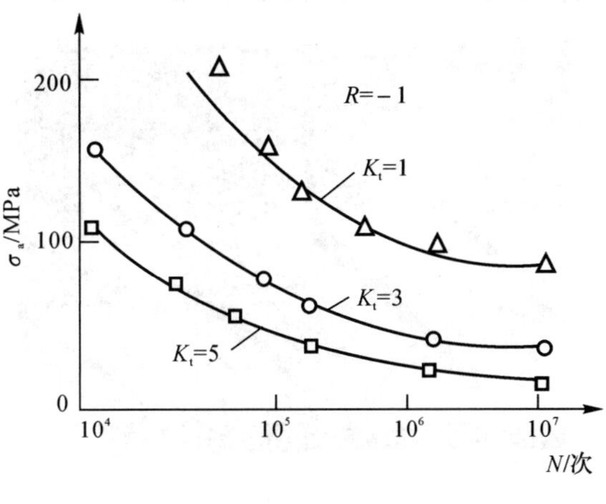

图 9-29　应力集中对高强度铝合金 LC9 疲劳寿命的影响

5. 积累疲劳损伤

很多零件在服役过程中所受的应力是随时间而改变其最大值，即零件受到变幅载荷的作用。图 9-30 示意地表示零件所受的变幅应力。这种按某种规律随时间而变化的载荷简称为疲劳载荷谱。

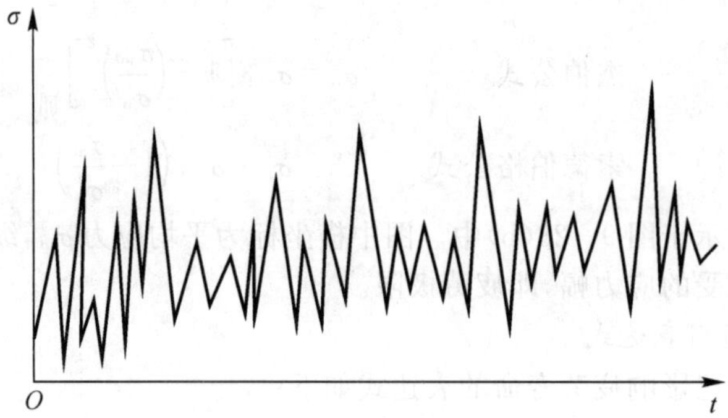

图 9-30　疲劳载荷谱示意图

6. 疲劳失效过程和机制

疲劳失效的过程可以分为三个主要阶段：①疲劳裂纹形成；②疲劳裂纹扩展；③当裂纹扩展达到临界尺寸时，发生最终断裂。

(1) 疲劳裂纹形成的过程和机制。

疲劳裂纹通常形成于试件或零件的表面。疲劳微裂纹形成可能有三种方式：表面滑移带开裂，夹杂物与基体相界面分离或夹杂物本身断裂以及晶界或亚晶界开裂。微裂纹只有穿过晶界，才能与相邻晶粒内的微裂纹连接，或向相邻晶粒内扩展，以形成宏观尺度的疲劳裂纹。

(2) 疲劳裂纹扩展过程和机制。

在光滑试件中，疲劳裂纹的扩展可分为两个阶段。第一阶段，裂纹沿着与拉应力成 45°的方向，即在切应力最大滑移面内扩展，如图 9-31 所示。第Ⅰ阶段裂纹扩展的距离一般都很小，约 2～3 个晶粒，并且随着名义应力范围的升高而减小。裂纹扩展进入第Ⅱ阶段，其扩展方向与拉应力垂直。在裂纹扩展的第二阶段中，疲劳断口在电子显微镜下可显示出疲劳条带。

图 9-31　铝合金光滑试件中疲劳裂纹扩展的两个阶段

9.8.6　应变疲劳

疲劳失效过程的分析表明，零件的疲劳寿命由疲劳裂纹形成寿命和裂纹扩展寿命两部分所组成。

1. 关于应变疲劳的基本假设

尽管零件所受的名义应力低于 $\sigma_{0.2}$，但由于应力集中，零件切口根部的材料屈服，在切口根部形成塑性区。因此，零件受到循环应力的作用，而切口根部材料则受到循环塑性应变的作用，故疲劳裂纹总是在切口根部形成。

若零件及其切口根部塑性区足够大，则可将塑性区内的材料取出做成疲劳试件，再按塑性区内材料所受的应变谱进行疲劳试验。

2. 循环应力-应变曲线

金属在弹性范围内加载或卸载，其变形在宏观上是可逆的。当加载超出弹性范围，应变的变化落后于应力，形成应力-应变回线。在循环加载初期，应力一应变回线并不封闭，它的形状随循环数而改变。因此，要保持循环应变范围 $\Delta\varepsilon$ 或其塑性分量 $\Delta\varepsilon_p$ 为常数，则加于试件上的循环应力幅必须不断地进行调整。

循环硬化或软化达到饱和状态后，应力-应变回线封闭，其形状不在改变。在每一个 $\Delta\varepsilon$ 值下，都形成一条封闭的稳定的应力-应变回线，将一系列稳定的应力-应变回线的端点连接起来，即得循环应力-应变曲线。

$$\sigma_{as}=K'\varepsilon_{ap}^{n'}$$

式中，σ_{as}、ε_{ap}分别为循环饱和状态下应力幅与塑性应变幅；K'为循环强度系数；n'为循环应变硬化指数，在多数情况下，$n'=0.15\sim0.20$。

3. 应变疲劳曲线和表达式

应变疲劳主要用于研究切口根部塑性区内材料的疲劳特性。因此，应变疲劳试验时试件所受得循环应变幅超出弹性极限，故试件的疲劳寿命短，故又将应变疲劳称为低循环疲劳或低周疲劳。加于试件上的总应变范围 $\Delta\varepsilon=\Delta\varepsilon_e+\Delta\varepsilon_p$，其中，$\Delta\varepsilon_e$ 为弹性应变范围；$\Delta\varepsilon_p$ 为塑性应变范围。

$$\frac{\Delta\varepsilon}{2}=\frac{\Delta\varepsilon_e}{2}+\frac{\Delta\varepsilon_p}{2}=\frac{\sigma'_f}{E}N_f^b+\varepsilon'_f N_f^c$$

式中，σ'_f 是疲劳强度系数；b 是疲劳强度指数；ε'_f 是疲劳塑性系数；c 是疲劳塑性指数。

将 $\sigma'_f=3.5\sigma_b$，$b=-0.12$，$\varepsilon_f'=\varepsilon_f 0.6$，$c=-0.6$ 代入得

$$\frac{\Delta\varepsilon}{2}=\frac{\Delta\varepsilon_e}{2}+\frac{\Delta\varepsilon_p}{2}=\frac{3.5\sigma_b}{E}N_f^{-0.12}+\varepsilon_f^{0.6}N_f^{-0.6}$$

后来为了计算累计损伤的方便，得出目前的通用形式：

$$\frac{\Delta\varepsilon}{2}=\frac{\Delta\varepsilon_e}{2}+\frac{\Delta\varepsilon_p}{2}=\frac{\sigma'_f}{E}(2N_f)^b+\varepsilon'_f(2N_f)^c$$

式中，$2N_f$ 表示加载的反向数，即一次加载循环包含一次正向加载和一次反向加载。

4. 改进的应变疲劳公式

应变疲劳公式　　$N_f=A(\Delta\varepsilon-\Delta\varepsilon_c)^{-2}$　　(9-5)

式中，A 是与断裂延性有关的常数；$A=\varepsilon_f^2$；$\Delta\varepsilon_c$ 是理论疲劳极限。当 $\Delta\varepsilon\leqslant\Delta\varepsilon_c$ 时，$N_f\to\infty$。

理论疲劳极限是表征金属材料疲劳性能的最主要的参数。若已知理论疲劳极限，即可由式(9-5)和材料的断裂延性估算出应变疲劳寿命。

9.8.7 疲劳裂纹形成寿命的估算

1. 局部应力-应变法简介

应变疲劳主要是模拟零件切口根部材料元的疲劳失效。若切口根部材料元经受了与光滑模拟试件相同的应力-应变历程，则光滑试件的疲劳断裂即相应于切口根部的裂纹形成；光滑试件的疲劳寿命即为切口零件的裂纹形成寿命。根据这一基本假设提出估算零件裂纹形成寿命的局部应力-应变法。

用局部应力-应变法估算零件裂纹形成寿命的关键步骤是根据载荷谱计算切口根部的局部应变范围 $\Delta\varepsilon$ 和局部应力范围 $\Delta\sigma$。根据 Neuber 定则，可得

$$\Delta\sigma\Delta\varepsilon=(K_f\Delta\sigma_n)^2/E$$

2. 疲劳裂纹形成寿命的直接测定与估算

裂纹形成寿命可表示为当量应力幅 $\Delta\sigma_{eqv}$($\Delta\sigma_{eqv}=\sqrt{\frac{1}{2(1-R)}}K_t\Delta S$)的函数，式中，$R$ 是应力比；K_t 理论应力集中系数；ΔS 名义应力范围；$\Delta\sigma_{eqv}$ 为当量应力幅。

疲劳裂纹起始寿命表达式为如下：

$$N_i=C\left[\Delta\sigma_{eqv}^{\frac{2}{1+n}}-(\Delta\sigma_{eqv})_{th}^{\frac{2}{1+n}}\right]^{-2}$$

式中，N_i 为疲劳裂纹起始寿命；C 为始裂抗力系数；$(\Delta\sigma_{eqv})_{th}$ 为以等效应力幅表示的疲劳裂纹起始门槛值；n 为应变硬化指数。其中，C 和 $(\Delta\sigma_{eqv})_{th}$ 均为材料常数。

9.8.8 疲劳裂纹扩展速率及门槛值

疲劳裂纹在零件中形成后，继续循环加载，裂纹即逐渐扩展。当裂纹扩展到临界尺寸时，零件发生断裂。裂纹由初始尺寸扩展到临界尺寸所经历的加载循环数，即为裂纹扩展寿命 N_P。

1. 疲劳裂纹扩展速率的测定

测定裂纹扩展速率采用紧凑拉伸试件、中心裂纹试件或三点弯曲试件，在固定载荷 ΔP 和应力比 R 下进行。试验时每隔一定的加载循环数，测定裂纹长度 a，做出 $a-N$ 关系曲线。

一条完整的疲劳裂纹扩展速率曲线可以分为三个区：Ⅰ区、Ⅱ区和Ⅲ区。在Ⅰ区，裂纹扩展速率随着 ΔK 的降低而迅速降低，以至 $da/dN\to 0$。与此相对应的 ΔK 值称为疲劳裂纹扩展门槛值，记为 ΔK_{th}。当 $\Delta K\leqslant\Delta K_{th}$ 时，$da/dN=0$。这是裂纹扩展门槛值的物理意义或理论意义，Ⅰ区称为近门槛区。Ⅱ区为中部区或稳定扩展区，对应于 $da/dN=10^{-8}-10^{-6}$ m/cycle，并随着 ΔK 值的增大而迅速升高。当 $K_{max}=\frac{\Delta K}{1-R}=K_{IC}$ 时，试件或零件断裂。

2. 疲劳裂纹扩展速率表达式

裂纹扩展速率公式如下：

$$\frac{da}{dN}=C\Delta K^m$$

式中，C、m 为试验测定常数。

根据裂尖材料元的断裂模型，并考虑到裂纹尖端的钝化和门槛值的存在，导出了下列表达式：

$$\frac{da}{dN}=B(\Delta K-\Delta K_{th})^2 \tag{9-6}$$

式中，B 是疲劳裂纹的扩展系数，是与拉伸性能和裂纹扩展机制有关的常数。

$$B=\frac{15.9}{E^2}$$

$$B=\frac{1}{2\pi E\sigma_f\varepsilon_f}$$

$$\Delta K_{th}=\Delta K_{th0}(1-R)^r \qquad R<R_0$$

$$\Delta K_{th}=\text{常数} \qquad R>R_0$$

式中，ΔK_{th0} 是 $R=0$ 的门槛值；r 和 R_0 为试验测定的常数：$0\leqslant r\leqslant 1$，$R_0>0$。

包含应力比影响的裂纹扩展速率表达式：

$$\frac{da}{dN}=B[\Delta K-\Delta K_{th0}(1-R)^r]^2,\quad R<R_0$$

$$\frac{da}{dN}=B(\Delta K-\Delta K_{th})^2,\quad R>R_0$$

3. 降低疲劳裂纹扩展速率的途径

由式(9-6)可以看出，近门槛区的裂纹扩展速率主要决定于 ΔK_{th} 之值，在相同的 ΔK 下，提高 ΔK_{th} 之值，使裂纹扩展速率大大降低。在Ⅱ区，裂纹的扩展速率主要取决于裂纹扩展系数 B，而 B 值取决于材料的性能和裂纹在Ⅱ区的扩展机制。

9.8.9　延寿技术

在高强度材料制成的构件中，裂纹形成寿命在疲劳总寿命中占主要部分。因此，在本节中将要讨论各种组织和工艺因素对裂纹形成寿命的影响，以及相应的延寿技术措施。

1. 细化晶粒

随着晶粒尺寸的减少，合金裂纹形成寿命和疲劳总寿命延长。晶粒细化可以提高金属的微量塑性抗力，使塑性变形均匀分布，因而会延缓疲劳微裂纹的形成。再者，晶界有阻碍微裂纹长大和连接作用。故晶粒细化可延长裂纹形成的寿命，因而延长疲劳总寿命。

2. 减少和细化合金中的夹杂物

细化合金中夹杂物颗粒，可以延长疲劳寿命。合金表面上和近表面层的夹杂物尺寸对疲劳寿命有影响。表面或近表面层加杂物尺寸愈大，疲劳寿命越短，在低的循环应力下，夹杂物尺寸对疲劳寿命的影响更大。

3. 微量合金化

向低碳钢中加铌，大幅度提高钢的强度和裂纹形成的门槛值，大幅度延长裂纹形成的寿命。微量合金化是改善低碳钢综合力学性能经济而有效的办法。

4. 减小高强度钢中的残余奥氏体

将高强度马氏体钢中的残余奥氏体由 12%减少到 5%，钢的屈服强度会提高。裂纹形成寿命在短寿命范围内延长约 30%。尽管残余奥氏体能提高裂纹扩展门槛值，降低近门槛区的裂纹扩展速率，延长裂纹扩展寿命，但高强度钢零件的裂纹形成寿命在疲劳总寿命中占主要部分，因而降低残余奥氏体含量以提高屈服强度和延长裂纹形成寿命，对净强度和疲劳总寿命将更有利。

5. 改善切口根部的表面状态

切削加工会引起零件表面层的几何、物理和化学变化。这些变化包括表面光洁度、表面层残余应力和金属的加工硬化。切削加工在切口根部表面造成的残余压应力和应变的硬化，提高裂纹形成寿命，退火消除表面残余压应力和应变硬化，因而降低裂纹的形成寿命。切口根部表面粗糙度越小，裂纹形成寿命越长，在低的循环应力下，降低切口根部表面的粗糙度，延长裂纹形成寿命的效果更为显著。

6. 孔挤压强化

飞机结构件中含有大量的铆钉孔。疲劳裂纹通常在孔边形成，因而对孔壁进行冷挤压，在孔边造成残余压应力并使孔边材料发生强化，从而延长裂纹形成寿命。

9.8.10 冲击疲劳

在很多机械和结构中，一些零件、构件常常受到小能量的多次冲击，例如飞机起落架的着陆撞击，风动工具零件受风能冲击等。冲击疲劳试验就是模拟这类零件，构件的服役条件而提出的试验方法，以研究材料在小能量多次冲击——冲击疲劳条件下的力学性能。

冲击疲劳试验时，锤头以一定量的能量冲击试件，从而使试件发生疲劳断裂。冲击疲劳试验可以是光滑的试件，也可以是切口试件。在做冲击弯曲疲劳试验时，可以用圆柱形试件进行旋转弯曲疲劳试验，也可用矩形截面试件做单向弯曲疲劳试验。试件的形状和尺寸根据研究的目的和试验机的结构细节进行设计。

9.8.11 疲劳短裂纹简介

根据疲劳裂纹扩展门槛值的概念，当 $\Delta K<\Delta K_{th}$时，裂纹不扩展。对于从自由表面生长的裂纹，有 $\Delta K=1.12\Delta\sigma\sqrt{\pi a_0}$，于是，可得出门槛应力 $\Delta\sigma_{th}$为：

$$\Delta\sigma_{th}=\frac{\Delta K_{th}}{1.12\sqrt{\pi a}}$$

当 $\Delta\sigma<\Delta\sigma_{th}$时，裂纹不会扩展，构件也不会断裂。当裂纹长度很短，$\Delta\sigma_{th}$值很大，以致超过光滑试件的疲劳极限，如图 9－32(a)所示。事实上，门槛应力 $\Delta\sigma_{th}$不可能超过疲劳极限。所以图 9－32(a)的实线以下是安全区，即裂纹不扩展，实线以上是不安全区。两条实线的交点对应裂纹长度 a_0，是长短裂纹的分界点。当 $a>a_0$ 时，要用短裂纹来处理问题。当 $a>a_0$ 时，可用裂纹扩展门槛值的概念判断裂纹是否扩展。在短裂纹范围内，裂纹扩展门槛值已不再是常数，而是随着裂纹长度的减小而降低，如图 9－32(b)所示。

由于短裂纹的门槛值低，根据式(9－6)可以预测，短裂纹的扩展速率将比长裂纹的要高，或者说比正常裂纹扩展速率要高。图 9－33 表示短裂纹扩展具有与长裂纹不同的规律，当裂纹很短时，裂纹扩展速率很高，随着裂纹的长大，裂纹扩展速率降低，最后与长裂纹扩展曲线汇合。

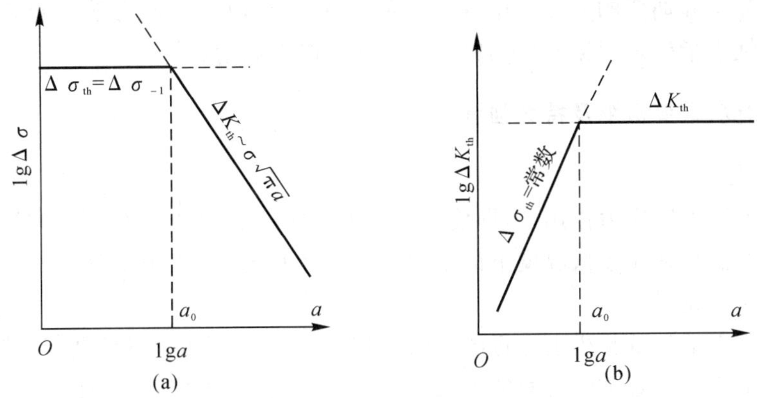

9－32　裂纹长度对门槛应力和 ΔK_{th} 的影响

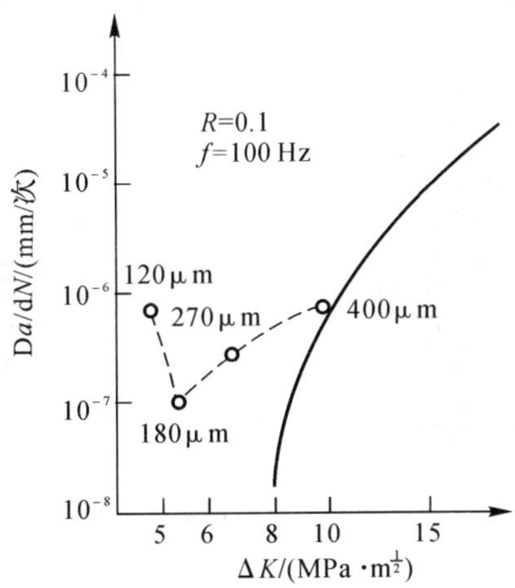

图 9－33　镍铝铜短裂纹(虚线)与长裂纹(实线)扩展速率的试验结果

对于软钢，由于其 ΔK_{th} 值较高，而疲劳极限值较低。故 a_0 值较大，约为 0.2 mm，而对高强度钢，其 ΔK_{th} 较低，疲劳极限高。故 a_0 值低，最小仅为 6 μm，小于一个晶粒的直径。

9.9　材料在高温下的力学性能

如何评价材料的高温力学性能，并利用这些力学性能评估高温构件的安全性和寿命，是一个更为复杂的课题。所谓高温是指机件的服役温度超过金属的再结晶温度，即(0.4～0.5)T_m，T_m 为金属的熔点。在这样的高温下长时间的服役，金属的微观结构、形变和断裂机制都会发生变化，评定材料的高温力学性能还要考虑时间因素，即载荷作用的时间影响。很多金属材料在高温短时拉伸试验时，塑性变形的机制是晶内滑移，最后发生穿晶的韧性断裂。而在应力的长时间作用下，即使应力不超过屈服强度，也会发生晶界滑动，导致延晶的脆性断裂。在研究高温疲劳时，还要考虑加载频率、负载波形等的影响。

本节将介绍和讨论高温蠕变现象、蠕变抗力和持久强度、蠕变损伤和断裂机制、应力松弛、高温疲劳以及疲劳和蠕变的交互作用等。同时，还将讨论改善高温力学性能的途径。评价材料的高温力学性能指标是根据机件的服役条件并加以近似制定的。

9.9.1 蠕变、蠕变极限及持久强度

1. 高温蠕变

材料在高温和恒定应力作用下，即使应力低于弹性极限，也会发生缓慢的塑性变形。这种现象称之为蠕变。材料在较低温度下的蠕变现象极不明显，温度升高至 $0.3T_m$ 以上时，蠕变现象才会变得越来越明显。

蠕变试验是在蠕变试验机上进行的，其原理如图 9－34 所示。试验期间，试样的温度和所受的应力保持恒定。随着试验时间的延长，试样逐渐伸长。试样标距内的伸长量通过引伸剂测出后，做试样伸长和时间 t 的关系曲线，如图 9－35 所示，即为蠕变曲线。

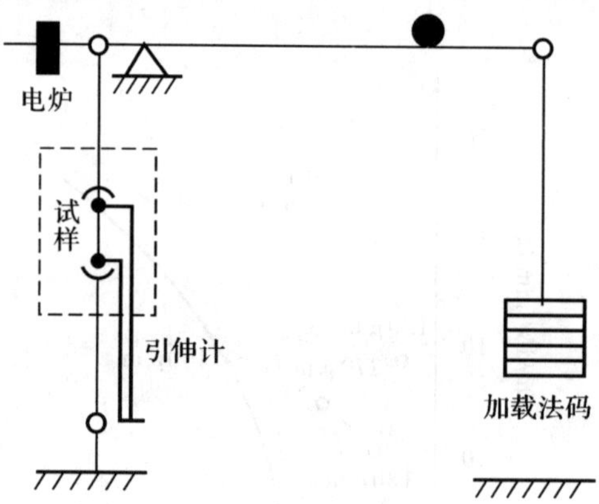

图 9－34　拉伸蠕变试验机

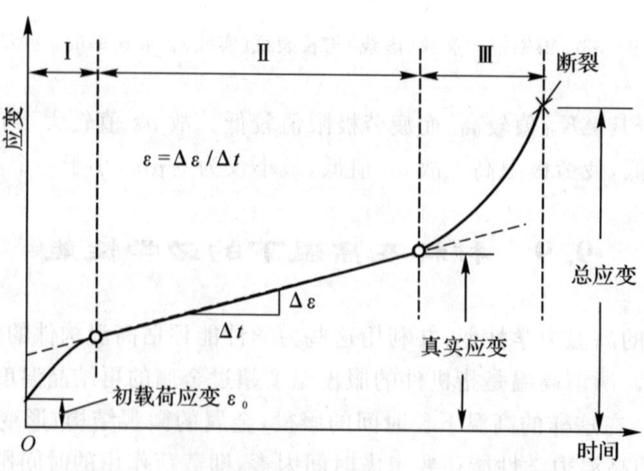

图 9－35　说明蠕变断裂全过程三个阶段的示意图

蠕变大致可分为三个阶段：第Ⅰ阶段为减速蠕变，第Ⅱ阶段为稳态蠕变，第Ⅲ阶段为加速蠕变。对同一种材料，蠕变曲线的形状随外加应力和温度的变化而变化。

2. 蠕变曲线的经验公式

整个蠕变曲线可用如下的公式描述：

$$\varepsilon = \varepsilon_0 + \beta t^n + \alpha t \tag{9-7}$$

其中，β、α、n 为常数；第二项反映减速蠕变应变；第三项反映恒速蠕变应变。

对式(9－7)求导有

$$\varepsilon' = \beta n t^{n-1} + \alpha$$

因为 $n<1$，所以第一项表示第一阶段的蠕变；第二项表示第二阶段蠕变。温度和应力对蠕变应变的影响经验关系如下：

$$\varepsilon = A'\sigma^n [t\exp(-Q_c/kT)]^{m'}$$

式中，A'、n、m'为常数；Q_c 为蠕变激活能；k 为玻耳兹曼常数。

3. 蠕变极限

高温服役的机件，在其服役期间，不允许产生过量的蠕变变形，否则将引起机件的早期失效。

蠕变极限既表示材料对高温蠕变变形的抗力，又是选用高温材料，设计高温下服役的机件的主要依据之一。

确定蠕变极限有两种方法：①在给定的温度下，第Ⅱ阶段内的蠕变速率等于规定值的应力，定义为蠕变极限，记作 $\sigma_{\dot{\varepsilon}}^{T}$(MPa)，其中 T 表示温度(℃)，$\dot{\varepsilon}$ 表示为第Ⅱ阶段蠕变速率((%)/h)。例如 $\sigma_{10^{-5}}^{500}=80$ MPa，表示在 500℃ 的条件下，第Ⅱ阶段的蠕变速率等于 1×10^{-5}(%)/h 的蠕变极限为 80 MPa。高温长期服役的机件，如汽轮机、电站、锅炉的设计中，常以蠕变速率等于 1×10^{-5}(%)/h 的应力定为蠕变极限，作为选择材料、设计机件的依据。②在给定温度和试验时间内，产生规定的总应变量为 ε% 的应力定义为蠕变极限，并记为 $\sigma_{\frac{\varepsilon}{t}}^{T}$，其中 T 表示测试温度(℃)，ε/t 表示在规定的时间 t 内产生的总应变 ε%。例如，$\sigma_{1/10\,000}^{500}=100$ MPa，即表示材料在 500℃下，10 000 h 产生 1%的总应变所能承受的应力为 100 MPa。

4. 持久强度和持久塑性

持久强度是材料在一定温度下和规定的时间内，不发生蠕变断裂的最大应力，记作 σ_t^T(MPa)。例如，$\sigma_{10^3}^{600}=200$ MPa，表示某材料在 600℃，受 200 MPa 应力的作用 1 000 h 不发生断裂，或者说在 600℃下工作 1 000 h 的持久强度为 200 MPa。若 $\sigma>200$ MPa 或 $t>1\,000$ h，试件会发生断裂。对于有些重要的零件，例如航空发动机的涡轮盘、叶片，不仅要求材料具有一定的蠕变极限，也要求材料具有一定的持久强度，两者都是设计的重要依据。

通过持久强度的试验，还可以测定材料的持久塑性。持久塑性用试样断裂后的延伸率和断面收缩来表示。它反映了材料在高温长时间作用下的塑性性能，是衡量材料蠕变脆性的一个重要指标。

持久性塑性一般随着试验时间的增加而下降，但在某一时间范围内可能出现最低值，以后随时间的增加，持久塑性复又上升。持久塑性的最低值出现的时间与材料在高温下的内部组织变化有关，因而也与温度有关。

5. 蠕变过程中合金组织的变化、变形和断裂机制

(1) 蠕变过程中合金组织的变化。

高温蠕变中的滑移变形与室温下的基本相同，但在高温下会出现新的滑移系。但高温蠕变中滑移变形不像室温那样均匀分布，而是有些晶粒的变形较大，另一些晶粒的变形较小。

高温形变的同时，有时还会出现回复现象。在蠕变减速阶段就能观察到亚晶的形成。进入稳态蠕变阶段，亚晶逐渐变得完整，尺寸也有所增加，其大小达到一定的程度后一直到第Ⅲ

阶段保持不变。亚晶尺寸随应力的减小和温度的提高而增加。按蠕变期间是否发生回复再结晶将蠕变分为以下两大类:低温蠕变和高温蠕变。低温蠕变是指蠕变期间完全不发生回复再结晶的现象;而高温蠕变是指蠕变期间同时进行回复,再结晶的过程,再结晶温度比通常的再结晶温度要低,并且不一定在回复过程完成后才开始再结晶。

(2) 蠕变的变形机制。

1) 蠕变中的强化和软化。蠕变过程中位错因受到各种障碍的阻滞产生塞积现象,滑移便不能继续进行,只有施加了更大的外力才能引起位错的重新运动和继续变形,这就是强化。但蠕变就是在恒应力下进行的,位错可借助于热激活来克服某些障碍,使得变形不断产生,这就是软化。

在蠕变初期,最容易激活的位错首先运动产生蠕变,随着时间的增加,易动位错消耗完毕,剩下的位错运动需要比较高的激活能,因而蠕变对激活能的要求越来越高。若是低温蠕变,易动位错随时间的减少,出现了减速蠕变的阶段。而高温时,蠕变可能靠原子扩散使位错产生攀移,这样回复过程就可不断取得进展。

在整个蠕变过程中,材料的强化和软化是一起发生的。位错的交截、塞积阻碍了位错的运动,强化便产生了。而位错从障碍中解脱出来重新运动,造成软化和继续变形。温度提供热激活的能量,帮助位错摆脱障碍引起进一步的变形。

2) 扩散蠕变。在蠕变温度高、蠕变速度又较低的情况下,会发生以原子做定向流动的扩散蠕变。在拉应力长时间的作用下,多晶体内存在不均匀的应力场。若部分晶界受拉应力,则该处空位浓度增加。而部分晶界受压力的作用,则该处空位浓度较小。这样的晶体各部分形成不同的空位平衡浓度,空位将会从拉应力区域沿着应力梯度扩散到压应力区域,而原子则做相反方向的运动。扩散的路径可能是沿着晶内和晶间进行。

3) 蠕变中的晶界运动。当温度较高时,晶界运动也是蠕变的一个组成部分。一种是晶界的滑动,即晶界两边的晶体沿晶界相错动;另一种是晶界沿着它的法线方向迁移。晶界滑动引起的硬化可通过晶界迁移得到回复。晶界运动所引起的变形占总蠕变量的比例并不大,即便在较高的晶界滑移引起的变形占总蠕变量的比例仅为10%左右。

4) 变形机制图。温度、应变速率和外加应力不同,控制蠕变变形的机制不同。为了确定在各种特定的条件下蠕变变形是受何种机制所支配,Asbby 与其他合作者建立了变形机制图,如图 9-36 所示。若已知应力、温度就可以从图中求得蠕变速度,以及控制蠕变的变形机制。应力较高、温度较低的条件下发生低温蠕变;应力、蠕变速率和温度都较高时,产生高温蠕变;应力和温度都很低时,主要以晶界扩散方式产生蠕变,而在应力和应变速率很低、温度很高的条件下,产生如图9-37所示的体扩散。

蠕变变形的基本特点是高温下晶界可能产生滑动,于是晶内和晶界都参与了变形;变形过程中,强化和软化过程同时进行;在高温下,原子扩散能促进各种形式的位错运动。在很高的温度、应力很低的条件下,扩散将成为控制变形的主要机制。

(3) 蠕变损伤与断裂机制。

金属在高温持久载荷作用下断裂,多数为沿晶断裂。可见蠕变造成的损伤主要产生在晶界。细化晶粒是室温下强韧化金属材料的及其重要的手段,但是在高温条件下可能会使材料强度下降。这是因为晶内强度和晶界强度均随温度的升高而降低,但晶界强度降低较快。在某一温度下晶界强度与晶内强度相等,如图 9-38 所示,这个温度被称为“等强温度”。在等强温度以上时，晶界强度低于晶内，故常常发生沿晶断裂。而在等强度以下情况恰好相反。所以材料在等强温度以上工作时，应使晶粒适当粗化，这样不仅减少了晶界面积，而且也减少了高能晶界，从而使晶界扩散有所减缓。

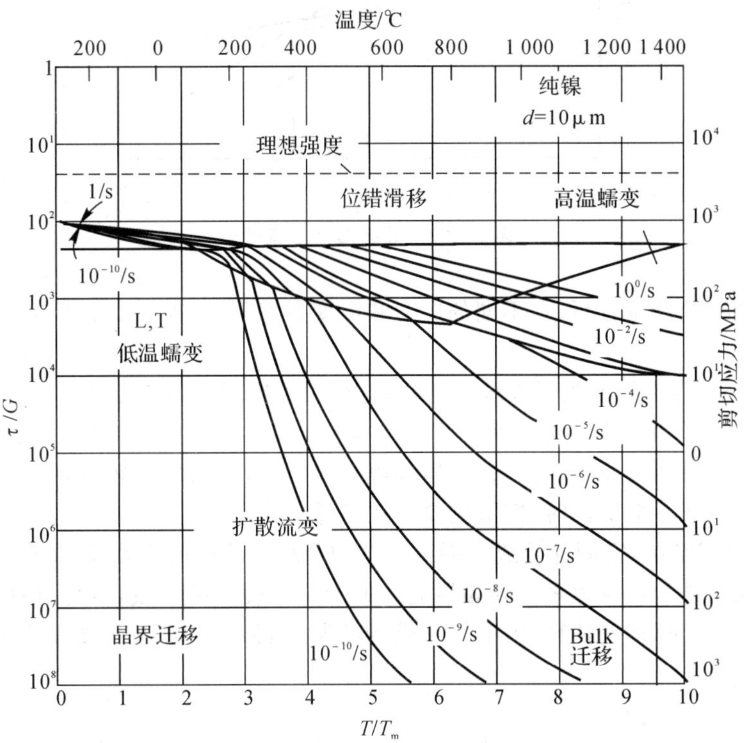

图 9－36　晶粒尺寸为 10 μm 的镍的变形图

（图上画出了一些等应变速率线）

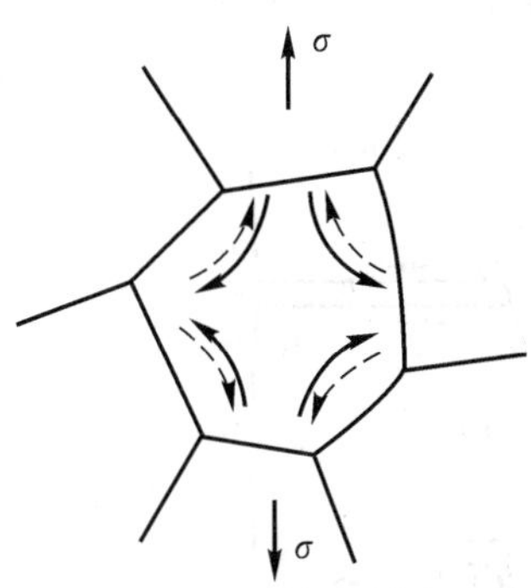

图 9－37　晶粒内部扩散蠕变

－－→原子流动方向

→空位流动方向

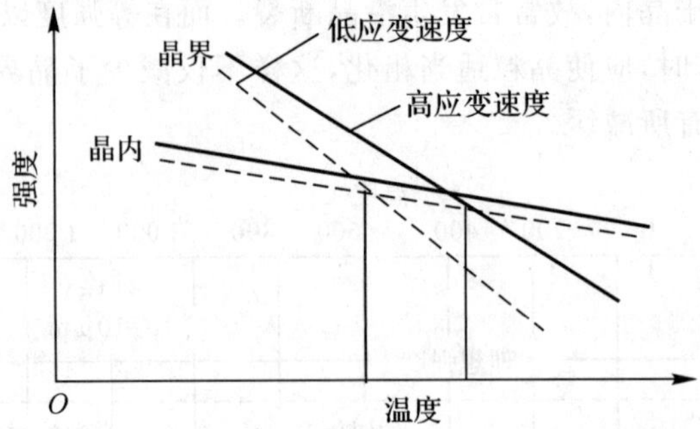

图 9-38　等强温度示意图

根据试验观察和理论分析，在不同的应力和温度条件下，晶界裂纹的形成主要有以下两种形式。

1）在三晶交汇点上形成楔形裂纹。通常，这种裂纹出现在高应力和较低温度下。沿晶界的滑动要和晶内变形相协调。沿晶界的滑动在晶内形成能量较高的畸变区，使晶界滑动受阻。这种畸变在高温下可通过原子扩散、位错攀移等方式消除，为晶界的继续滑动创造条件。但当晶界滑动与晶内变形不能协调时，楔形裂纹就在晶界形成。

2）在晶界形成空洞，空洞连接成为裂纹。这种裂纹一般在低应力，较高温度下形成，其形成位置往往处在与外加拉应力垂直的晶界上。关于这种裂纹的形成，一种解释是空位通过扩散在晶界集聚而成。据理论估算，由空位形成半径为 R 的球形空洞时，要使得能量不致升高，其临界半径应为：

$$R_c=\frac{2\gamma}{\sigma}$$

式中，γ 为空洞单位面积的表面能；σ 为垂直于晶界的拉应力。空洞要稳定存在时的半径 R 更大，约为 $10R_c$。这样大的空洞完全靠空位扩散形成是比较困难的。于是又进一步提出晶界滑动产生空洞机制，证明沿晶界断裂的程度与晶界滑动量成正比。当晶界存在比较硬的第二相质点或晶界有坎时，晶界滑动受阻产生空洞裂纹，如图 9-39 所示。此外，晶内滑移和晶界相交也能形成空洞(见图 9-40)。

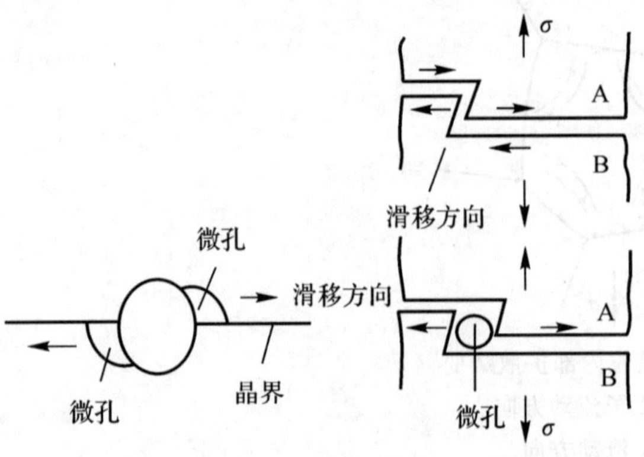

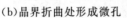

图 9-39　晶界形成微孔示意图
(a)晶界上第二点质点处形成微孔；
(b)晶界折曲处形成微孔

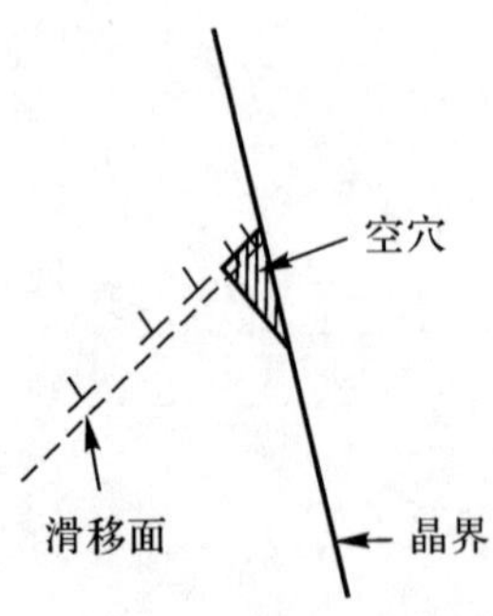

图 9-40　位错在晶界塞积形成空洞示意图

晶界裂纹形成后，在蠕变过程中进一步长大，聚集成更大的裂纹，最后造成沿界断裂。蠕变断裂的宏观断口特征为：一是断口附近产生塑型变形，在变形区域附近有许多裂纹，机件表面呈现龟裂现象；二是由于环境的侵蚀，断口表面被一层氧化膜所覆盖。微观断口特征为以沿晶断裂为主，如图 9-41 所示。高温沿晶断裂后，塑性下降，断裂寿命缩短。

图 9-41　CH33 材料 650℃的沿晶蠕变断口

综上所述，由于蠕变断裂主要发生在晶界，因此晶界状态、结构和析出物对蠕变断裂均会造成重大影响。

（4）提高蠕变极限和持久强度的主要措施。

提高蠕变极限和持久强度的主要途径是增加位错移动阻力，抑制晶界滑动和空穴扩散，下面分几个方面具体加以讨论。

在温度较低、变形速率大的条件下，金属变形以滑移机制为主。这时对形变抗力和强化因素的考虑与室温相同。但在使用温度提高、应变速率小的情况下，金属内部的扩散常常控制着蠕变。因此，从扩散蠕变的角度选择高温材料时，应该首先选择高熔点，具有密排结构的金属材料，因为这类材料的自扩散激活能大；从阻碍位错运动的能力考虑，应选择层错能低、形成固溶体、含有弥散相的合金。

改进冶金质量能大大提高蠕变极限和持久强度。当有害杂质元素在晶界聚集后，会导致晶界严重弱化，使高温性能急剧降低。因此冶炼中要急剧减少有害杂质，还应当减少非金属夹杂物和冶金缺陷，因为它们也严重降低材料的高温性能。冶炼时在合金中应添加适量的硼和稀土元素，这些元素能增加晶界的扩散激活能，既能阻碍晶界滑动，又增大形成晶界裂纹的表面能，因而可以提高蠕变极限和持久强度。

当温度高于等强温度时，粗晶粒有较高的蠕变抗力和持久强度。等强温度以上工作的材料，也并非晶粒越大越好，过大的晶粒又会使持久的塑性和韧性降低。因此，要根据材料的使用条件如温度、时间、应力等优选出最佳晶粒度。

鉴于与应力方向垂直的晶界上蠕变中裂纹优先生核，近年来采用定向凝固的方法获得粗大的柱状晶，使用时则使受力方向平行于柱状方向，以提高其抗蠕变和断裂能力。

9.9.2 应力松弛

1. 应力松弛现象

零件或材料在总应变保持不变，但其中应力随时间自行降低的现象，叫应力松弛。高温条件下材料会出现明显的应力松弛现象。

零件总应变 ε 等于弹性应变 ε_e 和塑型应变 ε_p 之和，即

$$\varepsilon=\varepsilon_e+\varepsilon_p=常数$$

随着时间的增长，一部分弹性变形转化为塑性变形，即弹性应变 ε_e 不断减小，零件中的应力相应降低。零件中弹性变形的减小与塑性变形的增加是同时等量产生的。蠕变与松弛在本质上差别不大，可以把松弛现象看成是应力不断降低的多级蠕变。蠕变抗力高的材料，其应力松弛抗力一般也高。某些材料即使在室温下也存在应力松弛现象，但进行得非常缓慢，在高温条件下这种现象比较明显。松弛现象在工业设备零件中较为普遍，例如高温管道接头螺栓需定期再拧紧一次，以免发生泄漏事故。

2. 松弛稳定性

应力松弛曲线是在给定温度和总应变条件下，测定的应力随时间的变化曲线，见图9-42。加于试件上的初应力 σ_0，在开始阶段应力下降很快，称为松弛第Ⅰ阶段。以后应力下降逐渐减缓，称为松弛的第Ⅱ阶段。最后，曲线趋向于与时间轴平行，此时的应力称为松弛极限 σ_r。它表示在一定的初应力和温度下，不再继续发生松弛的剩余应力。

材料抵抗应力松弛的性能称为松弛的稳定性。松弛稳定性可用在初始应力 σ_0 和一定温度 T 下经规定时间 t 后的"剩余应力"σ 的大小来评定。

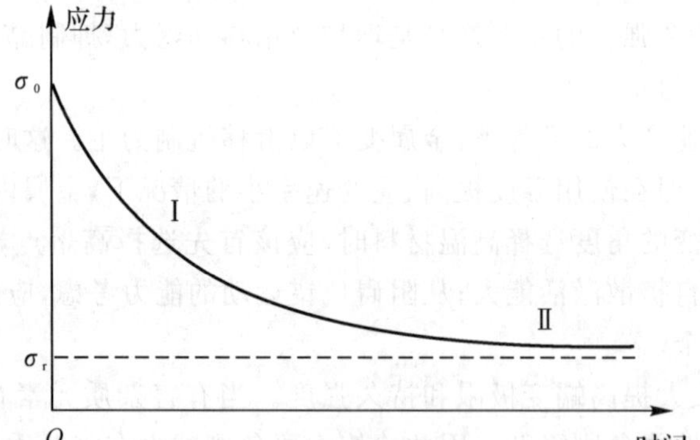

图 9-42 典型的松弛曲线

9.9.3 高温疲劳及疲劳与蠕变的交互作用

通常我们把高于再结晶温度所发生的疲劳叫作高温疲劳。

1. 基本加载方式和 $\sigma-\varepsilon$ 曲线

高温疲劳试验通常采用控制应力和控制应变两种加载方式，有时在最大拉应力下保持一定的时间，简称为保时，或在保时过程中叠加高频波以模拟实际使用条件。这种在变动载荷的条件下应变量随时间而缓慢增加的现象称为动态蠕变，简称动蠕变，而把通常在恒定载荷下的

蠕变叫静蠕变。

2. 高温疲劳的一般规律

无论光滑试样或缺口试样，总的趋势是试验温度提高，高温疲劳温度降低。温度升高，疲劳强度下降，但和持久强度相比下降较慢，所以它们存在一交点。在交点左边时，材料主要是疲劳破坏，这时的疲劳强化比持久强度在设计中更为重要。在交点以右，则以持久强度为主要设计指标。

3. 疲劳和蠕变的交互作用

高温疲劳中主要存在疲劳损伤成分和蠕变损伤成分。近年来的研究表明，在一定的条件下，两种损伤过程不是各自独立发展，而是存在着交互作用的。交互作用的结果可能会加剧损伤过程，使疲劳寿命大大减少。

把蠕变疲劳的交互作用大致分为两类：一类叫作瞬时交互作用，另一类叫作顺序交互作用。

9.10　环境介质作用下的金属力学性能

工程结构和机器总是在一定的环境介质中服役的，环境介质对构件的材料力学性能往往有着重要的影响，有时腐蚀性很弱的介质，像水、潮湿空气也能起很大作用。介质与应力的协同作用，常比它们的单独作用或者二者简单的叠加更为严重。应力与化学介质协同作用引起材料力学性能下降，甚至发生提早断裂的现象，称为材料的环境敏感断裂。

结构零件的受力状态是多种多样的，如拉伸应力、交变应力、摩擦力、震动等。不同状态的应力与介质的协同作用所造成的环境敏感断裂形式各不相同，据此可以将他们分为应力腐蚀断裂、腐蚀疲劳、磨损腐蚀和微动腐蚀等。在静载荷作用下的环境敏感断裂有应力腐蚀断裂和氢脆断裂。从破坏机理来看，应力腐蚀断裂可能是裂纹尖端阳极溶解引起的，也可能是阴极反应产生的氢进入金属引起的。氢还可以导致材料的其他形式破坏，如氢鼓泡、氢腐蚀等。为了说明氢的作用，我们将由氢造成的材料性能的蜕变，统称为氢损伤或广义氢脆。在交变载荷的作用下的环境敏感断裂，则称之为腐蚀疲劳。

9.10.1　应力腐蚀断裂

材料在静应力和腐蚀介质共同作用下发生的脆性断裂称为应力腐蚀断裂。应力腐蚀断裂并不是应力和腐蚀介质两个因素分别对材料性能损伤的简单叠加。

应力腐蚀断裂有如下三个基本特征：

1）必须有应力，特别是拉伸应力的作用。

2）对于一定成分的合金，只有在特定介质中才能发生应力腐蚀断裂。

3）对于确定的金属与环境介质组合来说，应力腐蚀断裂速度取决于应力或应力强度因子的水平，通常在 $10^{-3} \sim 10^{-1}$ cm/h 数量级范围。

9.10.2　应力腐蚀断裂的评定指标

用经典力学的方法评定金属的应力腐蚀断裂倾向性，通常以光滑或缺口试样在介质中的拉伸应力与断裂时间的关系曲线为依据。断裂时间 t_f 是随着外加拉伸应力的降低而增加。

当外加应力低于某一定值时，应力腐蚀断裂时间 t_f 趋于无限长，此应力称为临界应力 σ_c（见图 9-43(a)）。若断裂时间 t_f 是随外加应力降低而持续不断的缓慢生长，则采取在给定时间基数下发生应力腐蚀断裂的应力，作为条件临界应力 σ'_c（见图 9-43(b)）。

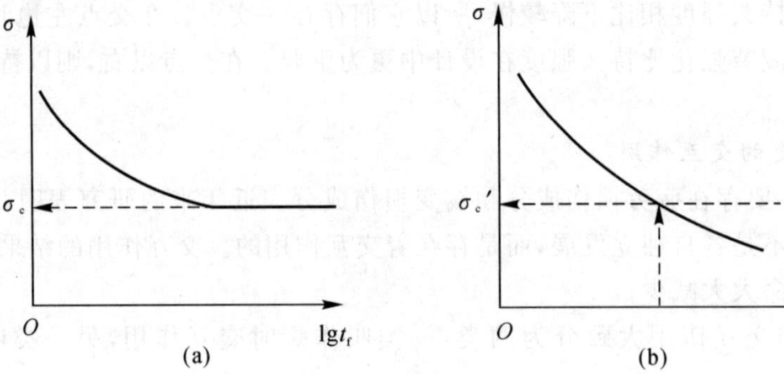

图 9-43　应力腐蚀断裂曲线

(a)存在极限应力的情况；(b)不存在极限应力的情况

有些情况也可以采用介质影响系数 β 来表示应力腐蚀的敏感性。

$$\beta=\frac{\varphi_{空气}-\varphi_{介质}}{\varphi_{空气}}\times 100\%$$

式中，$\varphi_{空气}$ 和 $\varphi_{介质}$ 分别为在空气和介质中试验时试样的断面收缩率。

运用断裂力学的方法研究应力腐蚀断裂，通常采用预制裂纹试样。断裂时间 t_f 是随着应力强度因子 K_1 的降低而增加的，当 K_1 值降低到某一临界值时，应力腐蚀断裂实际上就不发生了，这时的 K_1 值称为应力腐蚀临界应力强度因子或门槛值，以 K_{ISCC} 表示（见图 9-44）。

当裂纹尖端的应力强度因子 K_1 高于 K_{ISCC} 时，裂纹将扩展。裂纹扩展速度 $\frac{d\alpha}{dt}$ 与应力强度因子 K_1 的关系可分为三个阶段（见图 9-45）。

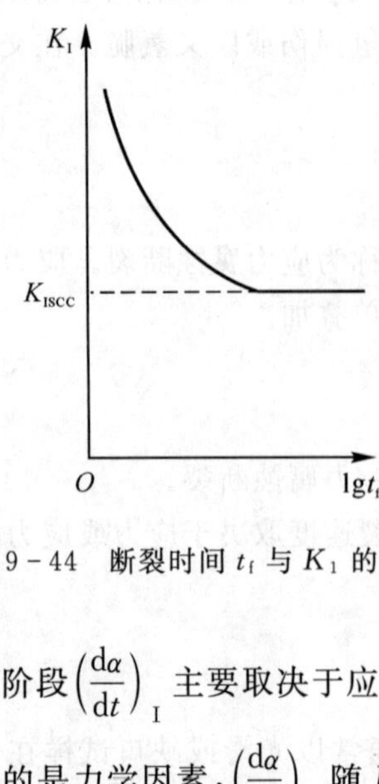

图 9-44　断裂时间 t_f 与 K_1 的关系

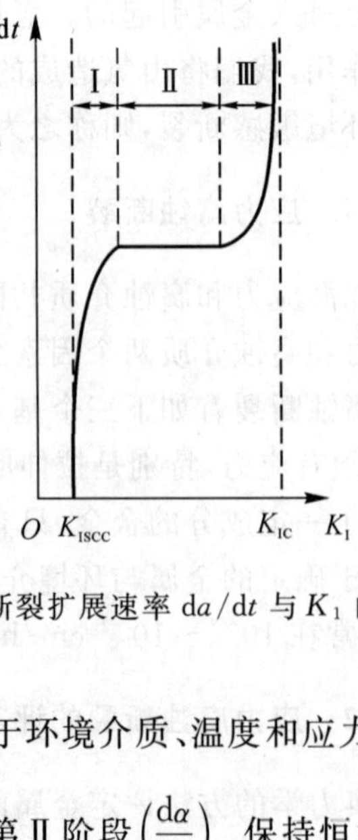

图 9-45　断裂扩展速率 da/dt 与 K_1 的关系

第Ⅰ阶段 $\left(\frac{d\alpha}{dt}\right)_{\mathrm{I}}$ 主要取决于应力强度因子，同时也取决于环境介质、温度和应力。这时起主导作用的是力学因素，$\left(\frac{d\alpha}{dt}\right)_{\mathrm{I}}$ 随 K_1 的增大而迅速增加。第Ⅱ阶段 $\left(\frac{d\alpha}{dt}\right)_{\mathrm{II}}$ 保持恒定，不随应

力强度因子 K_1 而改变，这时化学因素起决定作用。第Ⅲ阶段 $\left(\frac{d\alpha}{dt}\right)_{Ⅲ}$ 随 K_1 值的增加而迅速增大，当 K_1 达到 K_{1C} 时，裂纹便失稳扩展，迅即导致断裂。

应力腐蚀断裂的断裂力学的测试方法可以分为恒载荷法和恒位移法。

(1) 恒载荷法。

给试样施加一个恒定的载荷，在试验过程中随着裂纹的扩展，裂纹顶端的应力强度因子 K_1 逐渐增大。

$$K_1 = \frac{4.12M\ (\alpha^{-3} - \alpha^3)^{\frac{1}{2}}}{BW^{\frac{3}{2}}}$$

式中，$M = P \times L$，为裂纹截面上的弯矩；B 为试样厚度；W 为试样宽度；$\alpha = 1 - \frac{a}{W}$，a 为裂纹长度。裂纹扩展时，外加弯矩保持恒定，故裂纹顶端 K_1 不断增大。

(2) 恒位移法。

在整个试验过程中，裂纹张开位移保持恒定，随着裂纹的扩展，裂纹顶端的应力强度因子 K_1 逐渐减小。

$$K_1 = \frac{Pf\left(\frac{a}{W}\right)}{BW^{\frac{1}{2}}}$$

式中，P 为施加载荷；a 为裂纹长度，即从加载螺钉中心线至裂纹顶端的距离；W 为试样宽度；B 为试样厚度；$f\left(\frac{a}{W}\right)$ 为形状因子函数。

$$f\left(\frac{a}{W}\right) = 30.96\left(\frac{a}{W}\right)^{\frac{1}{2}} - 195.8\left(\frac{a}{W}\right)^{\frac{3}{2}} + 730.6\left(\frac{a}{W}\right)^{\frac{5}{2}} - 1186.3\left(\frac{a}{W}\right)^{\frac{7}{2}} + 754.6\left(\frac{a}{W}\right)^{\frac{9}{2}}$$

当裂纹在介质中扩展时，a 逐渐增大，P 相应逐渐降低。P 下降对 K_1 的影响大于 a 增加对 K_1 的影响，使 K_1 不断减小，$\frac{da}{dt}$ 相应也降低，最终导致了裂纹扩展的停止。这时 $K_1 = K_{ISCC}$。

恒位移法的优点是在试验开始之后，试样自行加载，因此不需要特殊的试验机，便于现场测试。原则上使用一个试样就可以测得 K_{ISSC} 和 $\frac{da}{dt}$ 的全部数据。该方法缺点是裂纹扩展趋向停止的时间很长，当停止试验时扩展后的裂纹前沿有时不太规整，因此在计算 K_{ISSC} 时就有一定的误差。恒载荷法能够较准确的确定 K_{ISSC}，但需要专用的试验机，且所需的试样较多。

9.10.3　应力腐蚀断裂的机制

(1) 关于应力腐蚀断裂的机制曾提出许多学说，但是迄今没有一种机制能够令人满意地解释各种应力腐蚀断裂现象。

1) 阳极溶解机制：这一机制也称为活性通道机制。应力腐蚀裂纹的形成与扩展的过程，即是阳极溶解通道的形成和其延伸的过程。

2) 氢脆机制：应力腐蚀的另一个机制是氢脆机制，或称为氢致开裂机制。

(2) 应力腐蚀断裂控制。

应力腐蚀断裂是材料与环境介质、力学因素等三个方面协同作用的结果。预防和降低合金应力腐蚀断裂的倾向,也应当从这三个方面来采取措施。

1) 改善介质条件。可从两方面考虑,一方面设法消除或减少促进应力腐蚀断裂的有害化学物质。

2) 降低和消除零件内的残余拉应力。零件设计不当或加工工艺不合理会造成残余拉应力,这往往是产生应力腐蚀断裂的重要原因。因此在设计上应尽量减少零件的应力集中效应,冷热加工工艺应尽量避免造成零件各部分物理状态的不均匀性,必要时应采用退火处理,消除加工内应力。

3) 合理选用材料及对冶金因素的控制根据零件负荷情况及环境介质合理选材,这是防止和控制应力腐蚀断裂的先决措施。

4) 采用电化学保护。除上述几个方面外,还可采用电化学的保护方法来控制应力腐蚀的断裂。一定的材料只有在特定的电位范围内才会发生应力腐蚀断裂。

9.10.4 氢脆

1. 氢脆的类型及特征

氢脆也称为氢损伤,它是一种氢引起的材料塑性下降或开裂的现象。应力腐蚀断裂的一种机制便是氢脆,然而绝不可以认为氢脆只是应力腐蚀的一种情况。氢脆可分为内部氢脆与环境氢脆。前者是由于在材料冶炼或零件加工制造过程中吸收了过量的氢造成的;后者则是由于构件在含氢环境中使用时吸收了氢所造成的。氢脆按其与外力作用的关系又分为第一类氢脆和第二类氢脆两类。第一类氢脆是在负荷之前材料内部已存在某种氢脆断裂源,在应力的作用下裂纹迅速生成和扩展,因而随着加载速率的增加,氢脆的敏感性增加。第二类氢脆则是在负荷之前材料内部并不存在氢脆断裂源,加载后由于氢与应力的交互作用才形成断裂源,裂纹逐渐扩展并导致脆断,因而氢脆的敏感性是随着加载速度的降低而增大。

在高温高压下氢与钢中的固溶体或渗碳体发生下列反应:

$$C_{(Fe)} + 4H \rightarrow CH_4$$

$$Fe_3C \rightarrow 3Fe + C$$

$$C + 2H_2 \rightarrow CH_4$$

所生成的甲烷在晶界处聚集达到一定密度后,由于内压升高将会使钢发生沿晶裂纹,从而使钢的塑性大幅度降低。

由图 9-46 可知,降低钢的含碳量以及加入铬、钼、钛或钒能改善钢的抗氢蚀能力。球化处理和消除冷加工应力也能降低钢的氢蚀倾向。氢化物致脆在纯钛、α 钛合金、钒、锆、铌及其合金中的氢应形成氢化物,使材料的塑性、韧性降低,产生脆化。氢在 β 钛中的溶解度较高,故很少遇到这种脆性。根据氢化物生成的过程不同,氢化物致脆又分为两种情况。一种是当熔融金属冷凝时,由于溶解度的降低,氢自固溶体中析出,并与基体金属化合生成氢化物。这种由于预先存在的氢化物所引致的脆化属于第一类氢脆。另一种情况是合金中原有的含氢量较低,不足以形成氢化物,但是当受应力作用时,氢将向拉应力区域裂纹前沿聚集,一旦达到足够浓度,过饱和氢将从固溶体中析出并形成氢化物,这种由于应力感生氢化物所引致的脆化,属于第二类氢脆,并且是不可逆的。这两种氢化物致脆虽然过程不一样,但本质相同。

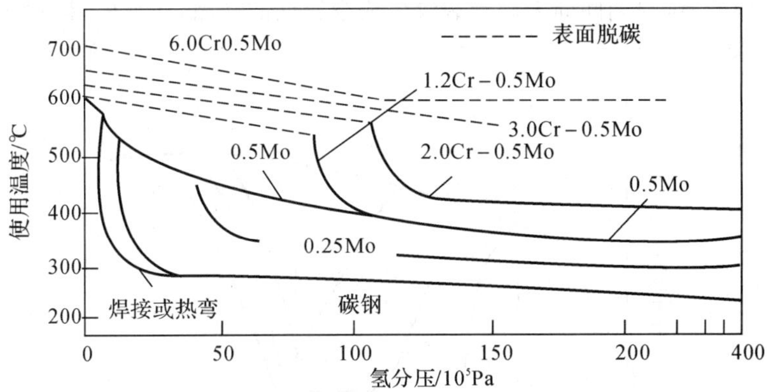

图 9－46　碳钢和铬钼钢在气相氢环境中的使用界限

2．可逆氢脆

可逆氢脆是氢脆的一种重要类型。高强度钢及 α＋β 钛合金对可逆氢脆非常敏感。当材料含有微量处于固溶状态的氢，在低于屈服强度的静载荷的作用下，经过一段时间后，材料内部的三向拉应力区将出现裂纹，裂纹逐步扩展并导致断裂。这种在低应力作用下由氢引起的延滞断裂现象，称为延滞氢脆或可逆氢脆。

氢致延滞断裂应力(或应力强度因子)与断裂时间的关系如图 9－47 所示。跟应力腐蚀情况类似，氢致延滞断裂过程也包含孕育期、裂纹稳定扩展和快速断裂三个阶段。外加应力超过氢脆临界应力 σ_{CH}，所加应力越大，孕育期越短，裂纹传播速度越快，断裂时间提前。材料发生延滞氢脆时，除断面收缩率降低外，其他常规力学性能没有发生异常变化。工程上的氢脆很大一部分属于这种氢脆。

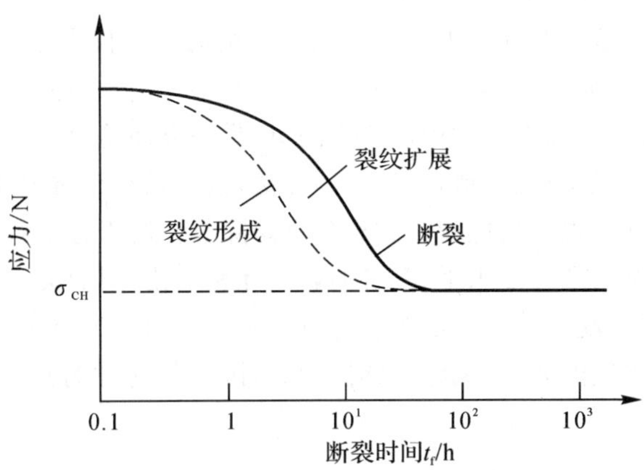

图 9－47　氢致延滞断裂曲线

延滞氢脆具有如下特点：①延滞氢脆只在一定温度范围内出现。出现氢脆的温度区间取决于合金成分及形变速度。高强钢的敏感温度一般在－100～150℃之间。②材料的延滞氢脆倾向随着形变速度的增加而降低。在形变速率大于某一临界值后，氢脆完全不表现出来。因此，只有在慢速加载试验中才能显示这类氢脆。上述两个特点见图 9－48。③可逆性，在静疲劳(低应力慢速应变)试验期间尚未超越裂纹生成孕育期的样品,卸载停留一段时间后,则氢脆变消退。

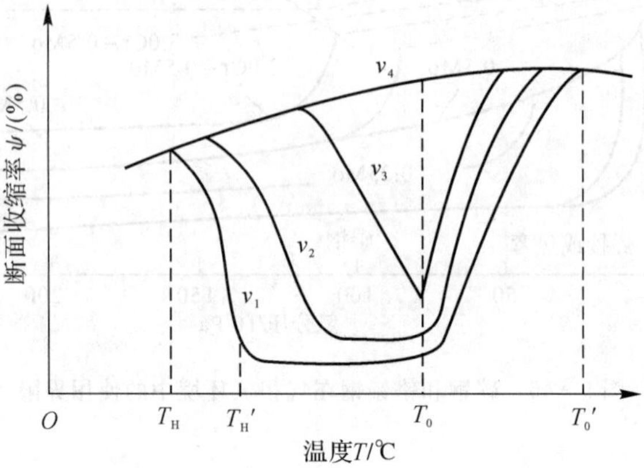

图 9-48　延滞氢脆敏感性与形变速度和温度的关系(形变速率 $v_1<v_2<v_3<v_4$)

延滞氢脆裂纹扩展速率(da/dt)与裂纹尖端应力强度因子 K_I 的关系具有与图 9-45 类似的形式,不过此时应当用氢致延滞断裂的临界强度因子 K_{IH}来代替 K_{ISCC}。只有当裂纹前沿的应力强度因子 K_I 高于 K_{IH}时,裂纹才会扩展。

第一段裂纹扩展速率$(da/dt)_I$,主要取决于力学因素,与应力强度因子 K_I 呈指数关系,而与温度无关。第二阶段裂纹扩展速率$(da/dt)_{II}$,取决于化学因素,与应力强度因子 K_I 无关,而与温度有密切的关系,是典型的热激活过程。

3. 氢脆的控制

各种类型氢脆的产生原因和影响因素不同,其预防和控制的方法也不一样。对于第一类氢脆的预防和控制,已结合其具体类型做了介绍。这里的论述仅限于第二类氢脆。第二类氢脆是在应力促进下氢与金属互相作用的结果。因此,对第二类氢脆的预防和控制,一方面要阻止氢自环境介质进入金属和除去工件中已含有的氢,另一方面是改变材料对氢脆的敏感性。

阻止氢进入金属,可以采用涂(镀)保护层的方法,也可以在介质中加入析氢抑制剂。对氢脆敏感的材料,在酸洗和电镀之后应及时的充分烘烤除氢。对于合金对氢脆的敏感性,这涉及合金对化学成分、组织结构和强度水平,三者的影响互相交错,因而关系比较复杂。

材料的强度水平对氢脆敏感性有着重要影响。强度高于 700 MPa 的钢便具有较明显的氢脆敏感性,并且随着强度的升高,氢脆敏感性增高,因此氢脆称为高强度钢应用中一个突出的问题。

9.10.5 腐蚀疲劳

1. 腐蚀疲劳现象及其特点

在循环应力和腐蚀介质的共同作用下,引起金属疲劳强度和疲劳寿命降低的现象,称为腐蚀疲劳。腐蚀疲劳是许多工业部门经常遇到的重要问题,诸如舰船的推进器、轴、舵,飞机的机翼、机身框架,车辆的弹簧、发动机转轴,海洋平台的构架等,腐蚀疲劳常是其失效的主要形式之一。

腐蚀疲劳(含水介质)与纯机械疲劳(空气介质)应力腐蚀断裂相比,有以下几方面的特点:

1) 腐蚀疲劳没有真实的疲劳极限值,即使交变应力很低,只要循环载周次 N 足够大,材料总会发生断裂。这时便采取条件疲劳极限作为评定指标。通常规定交变载荷循环周数在 10^7 次时,材料所能承受的循环应力为其条件疲劳极限。

2) 腐蚀疲劳在任何腐蚀介质中都会发生,没有特定的材料-介质组合关系,但是循环应力和腐蚀介质必须同时作用,才能产生腐蚀疲劳。

3) 腐蚀疲劳极限与静强度之间不存在直接关系。

4) 腐蚀疲劳性能与所作用载荷的频率(f)、波形、应力比(R)有着密切的关系。一般地说,载荷频率越低,在一定载荷周期数下,材料与腐蚀介质接触时间越长,介质腐蚀作用越强,材料的腐蚀疲劳性能就越低。

5) 与介质机械疲劳不同,腐蚀疲劳裂纹的产生往往是多源的,断口上疲劳条带因受介质的腐蚀作用而变的不明显,甚至引起断口形貌的变化。与应力腐蚀相比较,腐蚀疲劳裂纹的扩展很少有分叉的情况(见图 9-49)。

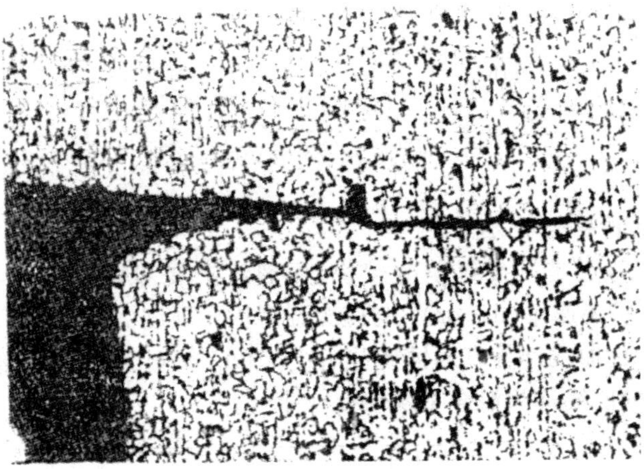

图 9-49　腐蚀疲劳裂纹扩展的特征

2. 腐蚀疲劳的机制

腐蚀疲劳的机制有许多模型。

1) 滑动-溶解机制。这种理论认为,循环的交变应力导致金属变形的不均匀,在变形区发生强烈的滑移,出现滑移台阶。在往复的交变载荷作用下,滑移台阶不断溶解,促进了腐蚀疲劳裂纹的形成与发展(见图 9-50)。图 9-50 中(a)局部应变区;(b)生成滑移台阶;(c)滑移台阶溶解生成新表面;(d)裂源形成。

2) 孔蚀-应力集中机制。这个机制强调了孔蚀对腐蚀疲劳裂纹萌生的重要作用,认为腐蚀坑的缺口效应使坑底往往成为腐蚀疲劳的起源点,往复的交变应力促进了孔蚀的形成,因而使腐蚀疲劳裂纹更快萌生。

3) 表面膜被破坏机制。许多合金在环境介质中,表面会形成一层氧化膜。通常这层氧化膜对合金具有一定的氧化作用。但是由于比容和结构的差异,膜与基体合金之间存在着内应力。在外加循环交变载荷的作用下,表面膜可能发生破裂。膜破裂处将成为微阳极,其周围则成为氧化膜覆盖的阴极区。于是在交变载荷和介质的共同作用下，导致腐蚀疲劳裂纹的形成和扩展。

4）吸附化学机制。这个理论认为，在金属与介质的接触界面处，由于吸附了表面活性物质，使金属表面的键合强度削弱。于是在交变载荷的作用下，表面滑移带的产生和微裂纹的扩展均变得容易，由此导致了腐蚀疲劳现象。如果吸附的物质是氢原子，氢进入金属，通过扩散向三轴拉应力区聚集，引起金属脆化，这就是氢致腐蚀疲劳断裂。

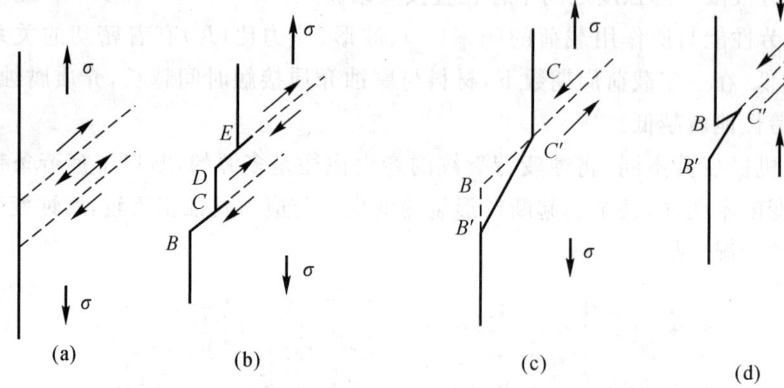

图 9－50　腐蚀疲劳的滑移-溶解机制示意图

3．腐蚀疲劳裂纹扩展速率及模型

腐蚀疲劳断裂的特点是其裂纹萌生较快，而裂纹扩展期相对较长，约占疲劳总寿命的 90％。腐蚀疲劳裂纹扩展速率$(\mathrm{d}a/\mathrm{d}t)_{CF}$与应力强度因子强度 ΔK 的关系，一般可分为三种类型。图 9－51(a)所示的曲线称为真腐蚀疲劳曲线，图 9－51(b)所示的曲线为应力腐蚀疲劳曲线，图 9－51(c)所示的曲线称为混合型腐蚀疲劳曲线。

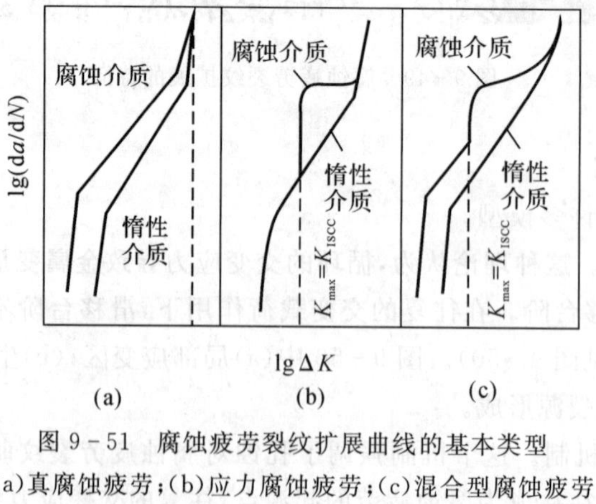

图 9－51　腐蚀疲劳裂纹扩展曲线的基本类型

(a)真腐蚀疲劳；(b)应力腐蚀疲劳；(c)混合型腐蚀疲劳

关于腐蚀疲劳裂纹扩展的定量研究方面，目前主要有两种模型，即线型叠加模型和竞争模型。

1）线型叠加模型。认为腐蚀疲劳裂纹扩展速率为同一环境中应力腐蚀裂纹扩展速率与惰性环境中纯机械疲劳裂纹扩展速率之和。即

$$\left(\frac{\mathrm{d}a}{\mathrm{d}t}\right)_{\mathrm{CF}}=\left(\frac{\mathrm{d}a}{\mathrm{d}t}\right)_{\mathrm{SCC}}+\left(\frac{\mathrm{d}a}{\mathrm{d}t}\right)_{\mathrm{F}}$$

其中

$$\left(\frac{\mathrm{d}a}{\mathrm{d}t}\right)_{\mathrm{SCC}}=\int_{\mathrm{T}}\left(\frac{\mathrm{d}a}{\mathrm{d}t}\right)\mathrm{d}t$$

$(\mathrm{d}a/\mathrm{d}t)_{\mathrm{SCC}}$为交变载荷一个周期($T$)的时间内，由于应力腐蚀作用所引起的裂纹扩展。

2) 竞争模型。这一模型认为腐蚀疲劳裂纹扩展是疲劳和应力腐蚀裂纹扩展相互竞争的结果，腐蚀疲劳裂纹扩展速率等于两者中裂纹扩展速率高的那个，而不是他们的线性叠加。

4. 腐蚀疲劳的控制

腐蚀疲劳的机制虽未完全探明，但是了解腐蚀疲劳现象中各种因素的相互关系，对其加以适当控制是可能的。

正确选材和控制合金的材质是最基本的因素(见表 9-3)。合理设计和改进制造工艺是控制腐蚀疲劳的重要方面。对工作介质进行处理和对结构进行电化学防护，常常是控制腐蚀疲劳的有效措施。

表 9-3　各种结构材料的疲劳强度

材　料	5×10^7 次的疲劳强度/MPa			疲劳强度比值(相对于空气)	
	空　气	水	3%NaCl 水溶液	水	3%NaCl 水溶液
低碳钢	±250	±140	±55	0.56	0.22
钢($\omega_{\mathrm{Ni}}=0.035$)	±340	±155	±110	0.46	0.32
钢($\omega_{\mathrm{Ct}}=0.15$)	±385	±250	±140	0.65	0.36
钢($\omega_{\mathrm{C}}=0.005$)	±370		±40		0.11
奥氏体不锈钢($\omega_{\mathrm{Ct}}=0.18$，$\omega_{\mathrm{Ni}}=0.08$)	±385	±355	±250	0.92	0.65
Al-Cu 合金($\omega_{\mathrm{Cu}}=0.045$)	±145	±70	±65	0.48	0.38
蒙乃尔合金	±250	±185	±185	0.74	0.74
青铜($\omega_{\mathrm{Al}}=0.075$)	±230	±170	±155	0.74	0.67
Al-Mg 合金($\omega_{\mathrm{Mg}}=0.08$)	±140		±30		0.21
镍	±340	±200	±160	0.59	0.47

5. 金属的磨损

任何机器运转时，相互接触的零件之间都将因相对运动而产生摩擦，而磨损是摩擦产生的结果。磨损造成表层材料的损耗，使零件尺寸发生变化，影响了零件的使用寿命。磨损降低机器的工作效率、精度，使材料和能源消耗，甚至造成机器的报废。所以，生产上总是力求提高零件的耐磨性，从而延长其使用寿命。

9.11 摩擦及磨损的概念

9.11.1 摩擦

两个相互接触的物体或物体与介质之间在外力的作用下，发生相对运动。或者具有相对运动的趋势时，在接触表面上所产生的阻碍作用称为摩擦，阻碍相对运动的力称为摩擦力。摩擦力的方向总是沿着接触面的切线方向，与物体相对运动的方向相反，以阻碍物体间的相对运动。摩擦力(F)与施加在摩擦面上的法向压力(P)之比称为摩擦因数，用 μ 表示，即 $\mu = F/P$。

用于克服摩擦力所做的功会转化成热能，使零件表面层和周围介质的温度升高，导致机器的机械效率降低。按照两接触面运动方式不同，可以将摩擦分为：①滑动摩擦，指的是一个物体在另一个物体上滑动时产生的摩擦。②滚动摩擦，指的是物体在力矩作用下，沿接触表面滚动时的摩擦。

9.11.2 磨损的类型

磨损和摩擦是物体相互接触并作相对运动时伴生的两种现象。摩擦是磨损的原因，而磨损是摩擦的必然结果。磨损是多种因素相互影响的复杂过程，其结果将造成摩擦面多种形式的损伤和破坏，因而磨损的类型也就相应的有所不同。

磨损分类：按环境和介质分为流体磨损、湿磨损、干磨损：按磨损的失效机制分类为①黏着磨损；②磨料磨损；③腐蚀磨损；④微动磨损；⑤表面疲劳磨损。

磨损类型并非固定不变，在不同的外部条件和材料特性的情况下，损伤机制会发生转化。外部条件主要指摩擦类型(滚动或滑动)、摩擦表面的相对滑动速率和接触压力的大小。图 9-52(a)是在压力一定的条件下，滑动速率和磨损量的关系。图 9-52(b)是滑动速率一定，接触压力与磨损量的关系。

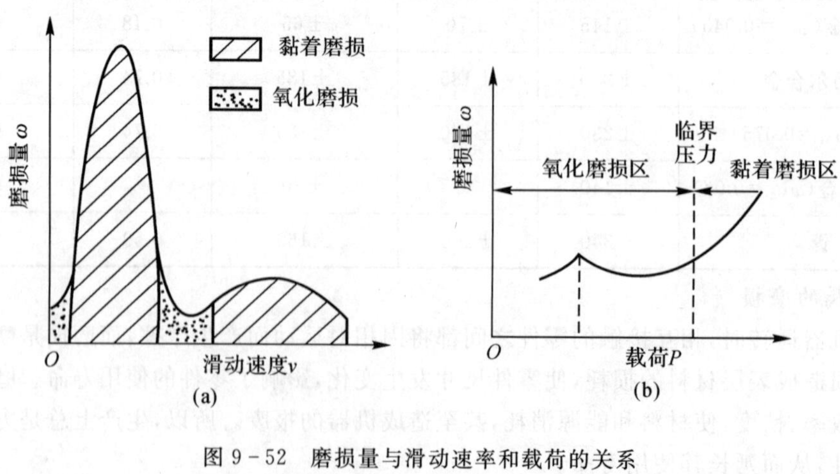

图 9-52 磨损量与滑动速率和载荷的关系

(a)与滑动速率的关系；(b)与载荷的关系

9.11.3　耐磨性评价

耐磨性是材料抵抗磨损的一个性能指标，可用磨损量来表示。表示磨损量的方法很多，可用摩擦表面法向尺寸减小量来表示，称为线磨损量；也可用体积和重量法来表示，分别称为体积磨损量和重量磨损量；也可用耐磨强度或耐磨率表示其磨损特性，前者指单位行程的磨损量，单位为 μm/m 或 mg/m；后者为单位时间的磨损量，单位为 μm/h 或 mg/h。

相对耐磨性(ε)：

$$\varepsilon=\frac{\text{被测试样的磨损量}}{\text{标准试样的磨损量}}$$

磨损量随摩擦行程的关系曲线一般分为三个阶段，如图 9－53 所示。

1）跑合阶段(磨损速率较大)(见图 9－53(a)中的 Oa 段)

2）稳定磨损阶段(磨损速率恒定)(见图 9－53(a)中的 ab 段)

3）剧烈磨损阶段(磨损速率急剧增加)(见图 9－53(a)中 b 点以后)

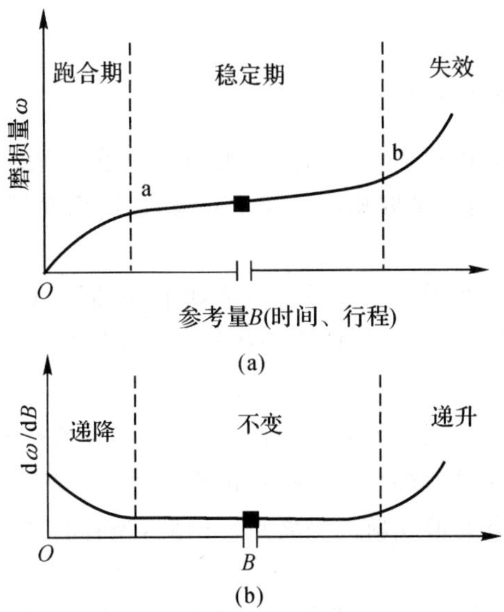

图 9－53　典型的磨损曲线

(a)磨损量与行程或时间的关系曲线；(b)磨损速率与行程或时间的关系曲线

9.11.4　磨损试验方法

磨损试验方法可分为零件磨损试验和试件磨损试验两类。前者是以实际零件在机器服役条件下进行试验。这种试验具有真实性和实用性，但其试验结果是结构、材料、工艺等多种因素的综合反映，不易进行单因素考察。后者是将待试材料制成试件，在给定的条件下进行试验，可以通过调整试验条件，对磨损的某一因素进行研究，以探讨磨损机制及其影响规律。图 9－54 为其中有代表性的几种。图 9－54(a)为圆盘-销式磨损试验机；图 9－54(b)、(d)为滚子式磨损试验机；图 9－54(c)为往复运动式磨损机；图 9－54(e)为砂纸磨损试验机；图 9－54(f)为切入式磨损试验机。

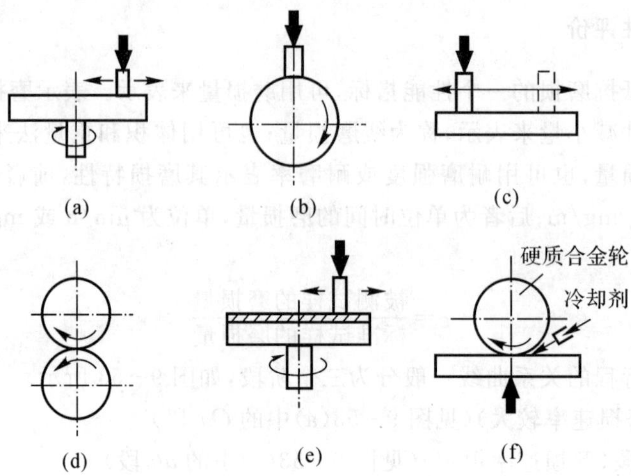

图 9-54　磨损试验机示意图

9.11.5　磨损机制及影响因素

所谓磨损机制，是研究磨损过程中材料是如何发生损伤并从表面脱落的。研究磨损机制和类型有利于根据不同失效类型采取相应的技术对策，以降低磨损，因而具有重要意义。

1. 黏着磨损

黏着磨损又称擦伤、咬合磨损。磨损过程简述如下：实际材料表面不可能完全平整，总存在可以检测的粗糙度。当两个相互作用的表面接触时，其真正接触仅在少数几个孤立的微凸体顶尖上；这样，在这些接触面积上便产生了很高的局部应力，以致超过了接触点处的屈服强度而发生塑性变形，使得这部分表面上的润滑油膜、氧化膜等被挤破，摩擦表面温度升高，结果造成裸露出来的金属表面直接接触而产生黏着，由于摩擦面不断相对运动，刚形成的黏着点被剪切破坏，同时在另一些地方又形成新的黏着点。因此，黏着磨损过程就是黏着点不断形成又不断被剪断的过程。

设摩擦面上有 n 个微凸体相接触，其中一个微凸体在压力 P 作用下发生塑性流变，最后发生黏着。若黏着点的直径为 d，软材料压缩屈服强度为 σ_{sb}，则

$$P = n\,\frac{\pi d^2}{4}\sigma_{sb}$$

相对滑动使黏着点分离时，一部分黏着点便从软材料中拽出直径为 d 的半球。若发生这种现象的概率为 K，则当滑动一段距离 L 后，总的磨损量 ω 可写成

$$\omega = Kn\,\frac{1}{2}\times\frac{1}{6}\pi d^3\,\frac{L}{d} = K\,\frac{PL}{3\sigma_{sb}} = K\,\frac{PL}{\mathrm{HB}}$$

其中，HB 是材料的布氏硬度值。

2. 磨料磨损

在硬的磨粒或凸出物对零件表面的摩擦过程中，使表面层材料发生磨耗的现象，称为磨料的磨损。这种磨粒或凸出物一般指石英、沙土、矿石等非金属磨料，也包括零件本身磨损产物随润滑油进入摩擦面而形成的磨粒。磨料磨损过程和磨料性质、形状有关。

磨料在表面滑过后往往只能犁出一条沟槽来，使金属发生塑性变形而在两侧堆积起来，在随后的摩擦过程中，这些被堆积部分又被压平。如此反复的塑性变形，导致裂纹形成而引起剥落。因此，这种磨损实际上是疲劳破坏过程。

$$P = H_m \frac{1}{8}\pi d^2$$

其中，P 为接触压力；H_m 为软材料硬度；d 单颗磨料直径。

$$\omega = \frac{d}{2}\frac{d}{2}\tan\theta L$$

$$\omega = \frac{\tan\theta}{\pi}\frac{PL}{H_m}$$

其中，ω 为磨损量；θ 为凸出部分圆锥面与软材料平面的夹角；L 为磨料与金属表面相对滑动的距离。

材料因素对磨料磨损的影响如下：

(1) 材料硬度。

(2) 材料的显微组织。

1) 基体组织。具有不同基体组织的钢，其耐磨性按铁素体、珠光体、贝氏体和马氏体顺序递增。

2) 第二相。钢中碳化物是最重要的第二相，可以起到阻止磨料磨损的作用。

3) 加工硬化的影响。因塑性变形而加工硬化的材料提高了材料的硬度值，也降低了耐磨性。

3. *腐蚀磨损*

腐蚀磨损是摩擦面与周围介质发生化学和电化学反应，形成的腐蚀产物并在摩擦过程中被剥离出来而造成的磨损，即腐蚀磨损和机械磨损同时发生。

一般洁净的金属表面与空气中的氧接触时发生氧化而形成氧化膜，且膜厚逐渐增长，通常氧化膜的厚度约为 0.01～0.02 μm。研究表明，摩擦状态下氧化反应的速度比通常氧化速度快。这是因为摩擦过程中，在发生氧化的同时，还会因发生塑性变形而使氧化膜在接触点处加速破坏，紧接着新鲜表面又因摩擦引起升温及机械活化作用而加速氧化。氧化膜自金属表面不断脱离，使零件表面的物质逐渐消耗。

氧化磨损速率主要取决于所形成的氧化膜性质和它与基体的结合强度，同时也与金属表层的塑性变形性抗力有关。

4. *微动磨损*

两接触表面间小幅度的相对切向运动称为微动。在压紧的表面之间由于微动而发生的磨损称为微动磨损。在一些机器的紧配合处，它们之间虽然没有明显的相对位移，但在外加循环载荷和震动的作用下，在配合面的某些局部地区将会发生微幅的相对滑动，导致了局部磨损。

微动磨损是黏着、磨料、腐蚀和表面疲劳的复合磨损过程。一般可能出现三个过程：①两接触面微凸体因微动出现塑性变形，黏着，随后发生的切向位移使黏着点脱落。②脱落的颗粒具有较大的活性，很快与大气中的氧起反应生成氧化物。③接触区产生疲劳。微动损伤区与无微动损伤区存在明显的边界，在微动损伤区内有大量的磨粒和黏着剥落现象，而在周界处最严重，因在周界附近受到的交变切应力也最大，因而成为微裂纹源区。裂纹形成后，与表面成近似垂直方向向内部扩展，导致疲劳失效。

根据接触面所处环境和外界机械作用不同，微动磨损失效并不一定全部包括上述三个过程。可能只出现其中某一种或两种磨损形式为主的微动磨损。这样，微动磨损便出现了不同的术语，如以化学反应为主的微动磨损称为微动磨蚀；当磨损和疲劳同时发生作用时，则称微动疲劳磨损。

微动损伤区出现的氧化、疏松以及蚀坑不仅使零件精度下降，还将引起应力集中，导致零件提前出现疲劳失效。

$$\sigma_{rf}=\sigma_r-2P_0\mu\left[1-\exp\left(-\frac{S}{R}\right)\right]$$

式中，P_0 为接触压力；μ 为摩擦因数；S 为两摩擦面相对滑动量，即滑移幅度；R 为气体常数。接触压力 P_0、摩擦因数 μ 和滑移幅度 S 增大，都将导致微动疲劳强度 σ_{rf} 的降低。

9.11.6 接触疲劳

接触疲劳也称表面疲劳磨损，是指滚动轴承、齿轮等类零件在表面接触压力长期反复的作用下所引起的一种表面疲劳现象。其损坏形式是在接触表面上出现许多深浅不同的针状和痘状凹坑或较大面积的表面压碎。

1. 接触应力的概念

两物体相互接触时，在接触面上产生的局部压力叫作接触应力，一般有下述两种情况。

1）两接触物体在接触前为线接触，加载后，接触面会产生局部的弹性变形，形成一个很小的接触面积。

$$\sigma_z=\sigma_{max}\sqrt{1-\left(\frac{y}{b}\right)^2}$$

$$b=1.52\sqrt{\frac{P}{EL}\,\frac{R_1R_2}{R_1+R_2}}$$

$$\sigma_{max}=0.418\sqrt{\frac{PE}{L}\left(\frac{1}{R_1}+\frac{1}{R_2}\right)}$$

式中，半径分别为 R_1 和 R_2、长度为 L 的两圆柱体接触时的情况。承受法向压应力 P 后，因弹性变形使线接触变为面接触，接触面宽为 $2b$，面积为 $2bL$，y 为 y 坐标。

根据弹性力学，接触面上的法向应力 σ_z 沿 y 方向呈半椭圆分布，而最大压应力是在接触面的中点上。

2）两接触物体在加载前为点接触，其接触应力大小与分布和线接触相似。对于半径为 R 的球面与平面接触，经推导得

接触面半宽：

$$b=1.11\sqrt[3]{\frac{PR}{E}}$$

最大接触压应力：

$$\sigma_{max}=0.388\sqrt[3]{\frac{PE^2}{R^2}}$$

接触疲劳裂纹也就可能在次表面层形成。

2. 接触疲劳类型和损伤过程

接触疲劳也是一个裂纹形成和扩散的过程。接触疲劳裂纹的形成也是局部金属反复塑性变形的结果。某些裂纹的不断扩展,就在金属表面上产生了剥落,剥落后的断口反映了接触疲劳的过程。

(1) 点蚀。

通常把 0.1～0.2 mm 以下的小块剥落叫点蚀。裂纹一般起源于表面,剥落坑呈针状或痘状。其形成过程可根据裂纹发展方向分为两种:一种是裂纹开口背离接触运动方向。当裂纹逐渐进入接触时,由于裂缝口没有被堵住,润滑油被挤出。在这种情况下,裂纹不向纵深扩展,小麻点不继续扩大。另一种是裂纹开口朝向接触处,由于接触压力而产生高压油波,高速进入裂缝,对裂纹壁产生强烈冲击,迫使裂纹继续向纵深扩展。当裂纹发展到一定深度后,裂纹与表面金属间犹如悬臂梁承受弯曲一样,在随后的加载中折断,小麻点发展成痘状而留下凹坑。在齿轮节圆附近经常出现点蚀型损伤,它是由于零件在运行中存在着滚动和滑动复合作用的结果。

(2) 浅层剥落。

剥落深度一般为 0.2～0.4 mm。在纯滚动或摩擦力很小的情况下,次表层将承受着更大的切应力,因此,裂纹易于在该处形成。金属磨损的剥层理论认为,在法向和切向载荷的作用下,次表层将产生塑性变形,并在变形层内出现位错和空位,并逐步形成裂纹。当有第二相硬质点和夹杂物存在时,将加速这一过程。由于基体围绕硬质点发生塑性流动,将在界面使空位集聚而形成裂纹。一般认为裂纹沿着平行于表面的方向扩展,而后折向表面,形成薄而长的剥落片,形成浅盆形的凹坑。

(3) 深层剥落。

这类剥落坑较深(>0.4 mm)、块大。一般发生在表面强化的材料中,如渗碳钢中。裂纹源往往位于硬化层与心部的交界处。这是因为该交界处是零件强度最薄弱的地方。如果其塑性变形抗力低于该处的最大合成切应力,则将在该处形成裂纹,最终造成大块剥落。因此,可以认为这类剥落产生的原因是由于过渡区强度不足的结果。

3. 影响接触疲劳抗力的因素

接触疲劳寿命首先取决于加载条件,特别是载荷大小,此外还和其他因素有关。

(1) 材料的冶金质量。

钢在冶炼时总会有非金属夹杂物等冶金缺陷存在,它对零件接触的疲劳寿命影响很大。轴承钢中的夹杂物有塑性的、脆性的和球形不变的三类。这是由于非金属夹杂物和基体弹性模量的不同,容易和在基体交界处引起应力集中,在夹杂物的边缘部分造成微裂纹,或是夹杂物本身在应力的作用下破碎而引发裂纹,降低了接触疲劳寿命。

(2) 热处理和组织状态。

1) 马氏体含碳量。对轴承钢的研究表明,在未溶碳化物状态相同的条件下,马氏体含碳量在 0.004～0.005,接触疲劳寿命最高。这可能与形成的马氏体形态及亚结构有关。位错马氏体的强度和韧性都很好,而孪晶马氏体的强韧性配合则不佳。若马氏体含碳量过高,得到的将是孪晶马氏体,由于其脆性较大而降低了接触疲劳寿命。当马氏体含碳量太低时,马氏体本身强度低也是不利的。

2) 未溶碳化物的影响。研究指出,在基体为马氏体组织中,疲劳裂纹总是易于在碳化物处形成。随着碳化物数量的增加，接触疲劳寿命降低。采取合适的工艺措施，减小碳化物的粒度并使其呈球状均匀分布，并使未溶碳化物与基体为马氏体和残余奥氏体之间有着最佳匹配是提高接触寿命的主要措施。

3）硬度。材料的表面硬度可部分的反映材料塑性变形抗力和剪切强度。在一定的硬度范围内，接触疲劳抗力随硬度的升高而升高，但并不总是保持正比关系。

4）残余奥氏体的影响。表层中适量的残余奥氏体的存在对接触疲劳抗力起着有利的影响。对残余奥氏体这种影响认为是基于如下两种原因：一是残余奥氏体具有良好的塑性，在接触应力的作用下，表面上发生了塑性变形，接触宽度增大，使得接触压力下降。二是在反复接触应力下，发生了应变诱发马氏体相变。前者可以降低单位面积上的接触应力，使裂纹扩展困难；后者可以通过塑性变形使能量得到消耗，且可以使应力集中得到缓和。

4. 接触疲劳试验方法

接触疲劳试验是在接触疲劳试验机上进行。目前常用的试验机有单面对滚式、双面对滚式和止推式等几种（见图 9－55）。

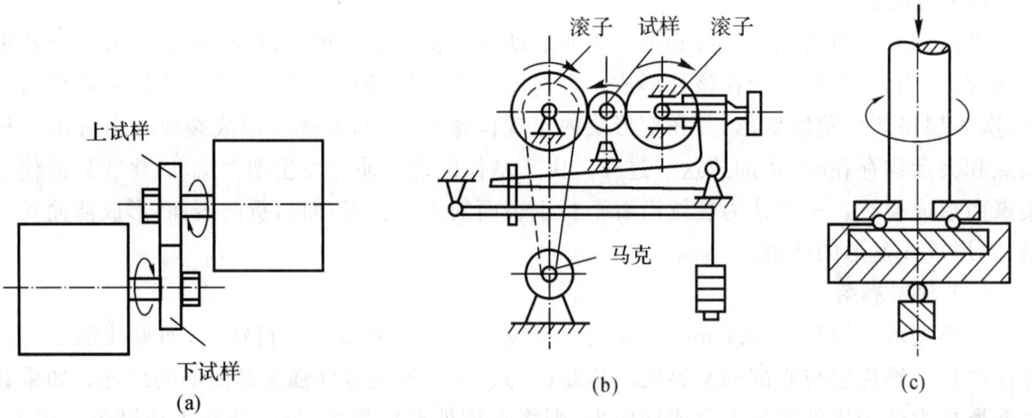

图 9－55　接触疲劳试验机种类

(a)单面对滚式；(b)双面对滚式；(c)止推式

金属接触疲劳寿命是一种随机变量，其评定标准是用在某一接触应力下，出现相同的失效概率所经历的应力循环周次来衡量，如破坏概率为 10％的经历循环周次用 N_{10} 表示，称为额定寿命；用 N_{50} 表示 50％破坏概率时所经历的循环周次，称为中值寿命。

9.12　复合材料的力学性能

复合材料的比强度、比刚度、耐热性、减震性和抗疲劳性都远远优于作为基体的原材料，越来越受到人们的重视。复合材料有着与其他工程材料力学性能的共同点，也有其自身的许多特点。

9.12.1　研究单向连续纤维增强复合材料力学性能的基本假设

连续纤维在基体中呈同向平行等距排列的复合材料叫单向连续纤维增强的复合材料。其中纤维方向称为纵向，该方向的力学性能最强；与纤维垂直的方向称为横向，分别记作 L 向和

T向，或用1和2表示。

为方便预测这种复合材料的基本力学性能，可先做出如下基本假设：

(1) 各组分材料都是均匀的。纤维平行等距的排列。其性质与直径也是均匀的。

(2) 各组分材料都是连续的，且单向复合材料也是连续的，即认为纤维和基体结合良好。因此，当受力时，在与纤维相同的方向上，各组分的应变相等。

(3) 各相在复合状态下，其性能与未复合前相同。基体与纤维是各向同性的。

(4) 加载前，组分材料和单向复合材料无应力。加载后，纤维与基体不产生横向应力。

9.12.2 代表性体元

代表性体元是研究单向复合材料的模型。单元体的选取，应当小到足以表示出细观材料的组成结构，而又必须大到足以能代表单向复合材料体内的全部特性。即应力应变在宏观上是均匀的，而从细观尺度来说，因为由两种不同的材料构成，所以应力一应变是不均匀的。利用代表性体元各组分材料应力一应变关系所反映的弹性性能和强度，可建立起单向连续纤维增强复合材料应力-应变关系所反映的弹性性能和强度。

9.12.3 纵向弹性模量

设在代表性体元的纤维方向(L)上，作用在复合材料上的力为 P_L，细观上则分别由纤维和基体来承受 P_L，即

$$P_L = P_{fb} + P_m$$

P_{fb}和 P_m 分别表示纤维和基体承受的载荷。当用应力表示时，则有

$$\sigma_L A_L = \sigma_{fb} A_{fb} + \sigma_m A_m$$

式中，σ_L、σ_{fb}和 σ_m 分别表示作用在复合材料、纤维和基体上的应力；A_L、A_{fb}、A_m 分别表示复合材料、纤维和基体的横截面积。各组分所占的体积分数为

$$\varphi_{fb} = \frac{A_{fb}}{A_L}$$

$$\varphi_m = \frac{A_m}{A_L}$$

$$\sigma_L = \sigma_{fb}\varphi_{fb} + \sigma_m\varphi_m$$

由基本假设(2)可知

$$\varepsilon_L = \varepsilon_{fb} = \varepsilon_m$$

式中，ε_L、ε_{fb}和 ε_m 分别代表复合材料、纤维和基体的应变，若应力和应变均遵守胡克定律，则 $\sigma_L = E_L\varepsilon_L$，$\sigma_{fb} = E_{fb}\varepsilon_{fb}$，$\sigma_m = E_m\varepsilon_m$ 。

因此这种关系称为混合定则，即纤维和基体对复合材料的力学性能所做的贡献与它们的体积分数成正比。

$$E_L = E_{fb}\varphi_{fb} + E_m\varphi_m \tag{9-8}$$

由于 $\varphi_f + \varphi_m = 1$，则

$$E_L = E_{fb}\varphi_{fb} + E_m(1 - \varphi_{fb}) \tag{9-9}$$

当施加拉伸载荷时，按式(9-8)预测的值与试验结果接近，而当施加压缩载荷时，按式(9-8)预测的值偏离试验结果较大。

9.12.4 纵向应力-应变曲线

图 9－56 同时绘出了纤维、基体和复合材料的应力-应变曲线。

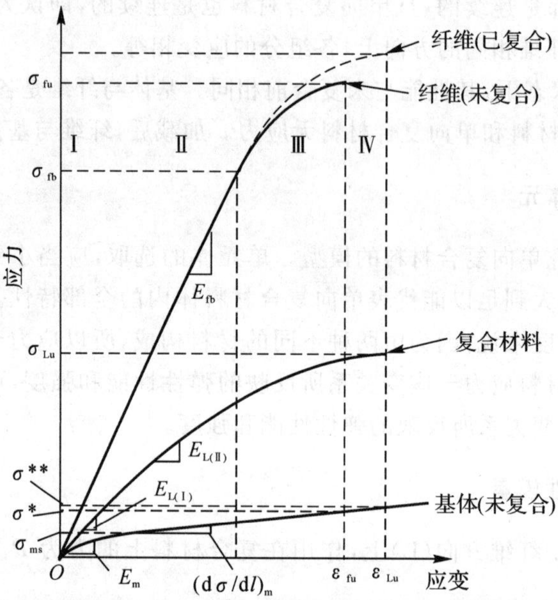

图 9－56　单向连续纤维增强复合材料及其基体、纤维应力-应变曲线示意图

复合材料的应力-应变曲线在纤维和基体的应力-应变曲线之间。复合材料的应力-应变曲线的位置取决于纤维和基体的力学性能，同时也取决于纤维的体积分数。如果纤维的体积分数越高，复合材料应力-应变曲线越接近纤维的应力-应变曲线，反之，当基体体积分数高时，复合材料应力-应变曲线则接近基体的应力-应变曲线。

复合材料的应力-应变曲线按其变形和断裂的过程，可分为四个阶段：①纤维和基体的变形都是弹性的；②纤维的变形仍是弹性的，但基体的变形是非弹性的；③纤维和基体两者的变形都是非弹性的；④纤维断裂，进而复合材料断裂。

第一阶段直线段的斜率，即弹性模量 E_L，可用式(9－9)来估算。

第二阶段可能占应力-应变曲线的大部分，特别是金属基复合材料，大多数复合材料服役时处于这个范围。第二阶段和第一阶段间有一拐点，该点对应于基体应力-应变曲线上的拐点；对于像金属那样的韧性基体，该拐点可看作基体发生屈服时的应力。当基体的整个应力-应变曲线是线性变化时，则不出现这个拐点，第一和第二阶段是同一条直线。因为复合材料纤维体积分数一般较高，且纤维模量又比基体高的多，所以第二阶段的应力-应变关系取决于纤维的力学性能，表现为一近似的直线关系，其斜率与第一阶段直线相差不大。

将式 $\sigma_L = \sigma_{fb}V_{fb} + \sigma_m V_m$ 对应变 ε 求导得

$$\frac{d\sigma_L}{d\varepsilon} = \frac{d\sigma_{fb}}{d\varepsilon}\varphi_{fb} + \frac{d\sigma_m}{d\varepsilon}(1-\varphi_{fb}) \tag{9-10}$$

式中，$\frac{d\sigma_{fb}}{d\varepsilon}$ 即为纤维应力-应变曲线的斜率，在弹性范围内即纤维的弹性模量 E_{fb}。由于纤维控制了第二阶段的力学行为，所以 $\frac{d\sigma_{fb}}{d\varepsilon}$ 即可表示复合材料第二阶段的弹性模量。改写式(9-10)得

$$E_L = E_{fb}\varphi_{fb} + \left(\frac{d\sigma_m}{d\varepsilon}\right)_\varepsilon (1-\varphi_{fb}) \tag{9-11}$$

式中，$\left(\frac{d\sigma_m}{d\varepsilon}\right)_\varepsilon$ 表示应变为 ε 时基体应力-应变曲线斜率。

第三阶段从纤维出现非弹性变形时开始，对于脆性纤维，观察不到第三阶段。对于拉伸时发生颈缩的某些韧性纤维，基体对纤维施加了阻止颈缩的侧向约束，使颈缩的发生推迟。实用的复合材料中，载荷主要由纤维承担。所以，在第四阶段断裂发生时，因 $\varepsilon_{fu}<\varepsilon_{mu}$，纤维先于基体断裂，亦即复合材料中的脆性纤维在应变达到纤维的断裂应变时断裂。然而，纤维在基体内能发生塑性变形时，纤维的断裂应变可能大于纤维本身(无基体)的断裂应变。因而复合材料的断裂应变可以高于纤维的断裂应变。纤维断裂后，复合材料与短纤维增强的复合材料相似，即复合材料因基体不能承受外力而发生完全失效。对于脆性纤维，因 $\varepsilon_{fu}<\varepsilon_{mu}$，复合材料的抗拉强度 σ_{Lu} 应为

$$\sigma_{Lu} = \sigma_{fu}\varphi_{fb} + (\sigma_m)_{\varepsilon^*fb}(1-\varphi_{fb})$$

式中，σ_{Lu} 为复合材料的抗拉强度；σ_{fu} 为纤维的抗拉强度；$(\sigma_m)_{\varepsilon^*fb}$ 为纤维达到断裂应变时基体所承受的应力。

9.12.5　增强纤维的临界体积分数

制作复合材料的目的就是为了使复合材料的强度极限(抗拉强度)σ_{Lu} 大于基体单独使用时的抗拉强度 σ_{mu}，即

$$\sigma_{Lu} = \sigma_{fu}\varphi_{fb} + (\sigma_m)_{\varepsilon^*fb}(1-\varphi_{fb}) > \sigma_{mu}$$

当 $\sigma_{Lu}=\sigma_{mu}$ 时的 φ_{fb} 值为临界纤维体积分数 φ_{cr}。

而

$$\varphi_{cr} = \frac{\sigma_{mu}-(\sigma_m)_{\varepsilon^*fb}}{\sigma_{fu}-(\sigma_m)_{\varepsilon^*fb}}$$

当纤维体积分数小于 φ_{min}(纤维断裂时的体积分数)时，复合材料的抗拉强度由下式决定：

$$\sigma_{Lu} = \sigma_{mu}(1-\varphi_{fb})$$

$$\sigma_{Lu} = \sigma_{fu}\varphi_{fb} + (\sigma_m)_{\varepsilon^*fb}(1-\varphi_{fb}) \geqslant \sigma_{mu}(1-\varphi_{fb})$$

当取 $\sigma_{Lu}=\sigma_{mu}(1-\varphi_{fb})$ 时，$\varphi_{fb}=\varphi_{min}$。

故

$$\varphi_{min} = \frac{\sigma_{mu}-(\sigma_m)_{\varepsilon^*fb}}{\sigma_{fu}+\sigma_{mu}-(\sigma_m)_{\varepsilon^*fb}}$$

对于延性纤维，因为其在受力条件下能在基体内产生塑性变形，基本可阻止其产生颈缩，纤维断裂时的应变会大于纤维单独试验时的断裂应变。所以按 $\sigma_{Lu}=\sigma_{fu}\varphi_{fu}+(\sigma_m)_{\varepsilon^*fb}(1-\varphi_{fb})$ 预测的复合材料强度会低于其实际强度，即用延性高强纤维总是会增强基体材料的。在金属基复合材料中，φ_{cr} 和 φ_{min} 之值会因为基体的拉伸形变强化而增大，亦即因基体强度接近纤维强度而增大。

由图 9-57 可见，纤维含量越高，复合材料强度越高，但实际纤维体积分数不可能达到

100%。但是，体积分数太高时，基体不可能润湿和渗透纤维束，导致基体与纤维结合不佳造成复合材料强度降低。

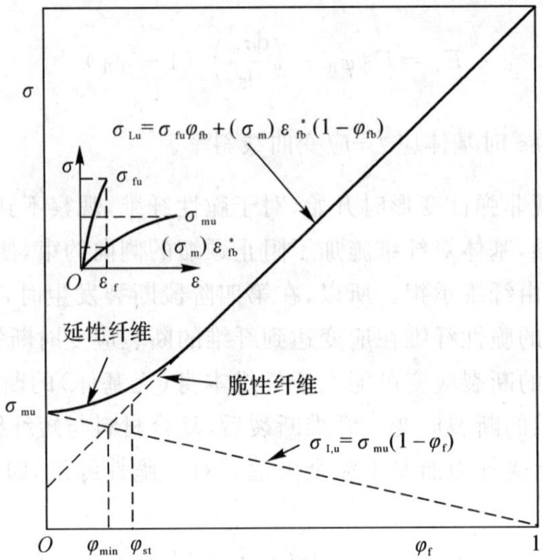

图 9-57　复合材料的强度与纤维体积分数的关系

9.12.6　纵向抗压强度

单向复合材料承受压缩载荷时，可将纤维看作在弹性基体中的细长柱体。若复合材料纤维体积含量很低时，即使基体在其弹性范围内，纤维也会发生微屈曲。纤维的屈曲可能有两种形式：一种是纤维彼此反向屈曲，使基体出现受拉部分和受压部分，称为“拉压”型屈曲。另一种是纤维彼此同向屈曲，形成基体受剪切变形，称为“剪切”型屈曲。

对纤维是“拉压”型屈曲的情形：

$$\sigma_{Lu压}=2\varphi_{fb}\sqrt{\frac{\varphi_{fb}E_{fb}E_m}{3(1-\varphi_{fb})}}$$

对纤维是“剪切”型屈曲的情形：

$$\sigma_{Lu压}=\frac{G_m}{1-\varphi_{fb}}$$

式中，G_m 为基体的切变模量。

9.12.7　影响复合材料刚度和强度的因素

1）纤维取向错误，这是制造过程中由工艺问题引起的。

2）纤维强度不均匀，例如直径的变化、纤维表面处理的不均匀等。

3）复合材料制造过程中纤维断裂成不连续的短纤维。

4）纤维与基体界面结合不佳。

5）边界条件。纤维的长度和直径之比$\frac{l}{d}$较小时，纤维的端部效应不能忽略。

6）残余应力。由于制造温度和使用温度不同，两组分材料膨胀系数不同而引起的热残余应力以及发生相变而引起的相变残余应力。

9.12.8 复合材料的横向力学性能

1. 横向刚度

在图9-58(b)中代表性体元上横向加载，则在加载方向上的伸长量 Δt_t 应是基体伸长 Δt_m 和纤维伸长 Δt_{fb} 之和，即

$$\Delta t_t = \Delta t_{fb} + \Delta t_m$$

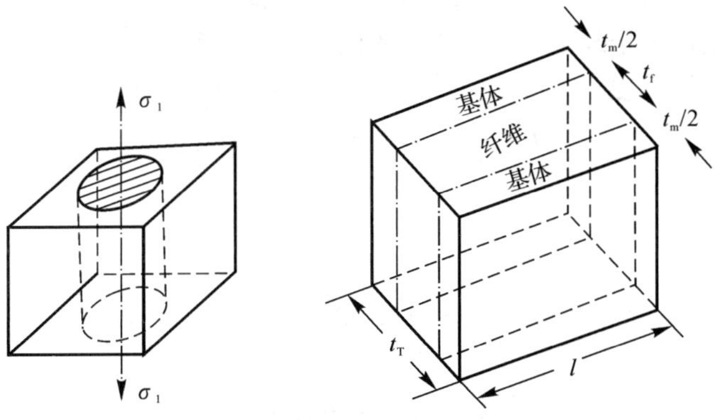

图9-58 复合材料中体积元示意图
(a)体积单元；(b)代表性体积单元

将 $\Delta t_t = \varepsilon_t t_t$，$\Delta t_{fb} = \varepsilon_{fb} t_{fb}$ 和 $\Delta t_m = \varepsilon_m t_m$ 代入上式中，有

$$\varepsilon_t t_t = \varepsilon_{fb} t_{fb} + \varepsilon_m t_m$$

两边同除以 t_t 得

$$\varepsilon_t = \varepsilon_{fb} \frac{t_{fb}}{t_t} + \varepsilon_m \frac{t_m}{t_t}$$

因为 $\varphi_{fb} = \dfrac{t_{fb}}{t_t}$，$\varphi_m = \dfrac{t_m}{t_t}$

所以 $\varepsilon_t = \varepsilon_{fb}\varphi_{fb} + \varepsilon_m \varphi_m = \varepsilon_{fb}\varphi_{fb} + \varepsilon_m(1-\varphi_{fb})$

考虑到 $\sigma_T = E_T \varepsilon_T$，$\sigma_T = E_{fb}\varepsilon_{fb}$ 和 $\sigma_T = E_m \varepsilon_m$ 得

$$\frac{1}{E_T} = \frac{\varphi_{fb}}{E_{fb}} + \frac{(1-\varphi_{fb})}{E_m}$$

其中，σ_T 为横向应力；E_T 为横向弹性横量；ε_T 为横向应变。

Halpin 和 Tsai 提出了一个简单得公式为：

$$\frac{E_T}{E_m} = \frac{1+\xi\eta\varphi_{fb}}{1+\eta\varphi_{fb}}$$

$$\eta = \frac{\dfrac{E_{fb}}{E_m - 1}}{\dfrac{E_{fb}}{E_m} + \xi}$$

对于纤维呈圆形和正方形截面，且纤维呈正方形在基体中排列，ξ 值取 2。对于矩形截面的纤维，ξ 按下式计算

$$\xi = 2\frac{a}{b}$$

其中，a 是与加载方向相同一边的长度 AB；b 是另一边的长度 AC。

2. 主泊松比 ν_{Lt}

定义：单层纤维增强复合材料沿正轴纵向单轴载荷作用下，横向应变与轴向应变的比值。

单向复合材料沿纤维方向受拉时，横向会发生收缩，收缩变形量为

$$\Delta t_t = t_t\varepsilon_t = -t_L\varepsilon_L\nu_{Lt}$$

横向收缩变形量应等于纤维和基体横向收缩变形量之和，即

$$\Delta t_t = \Delta t_{ft} + \Delta t_{mt} = -t_{fb}\varepsilon_{fL}\nu_{fb} - t_m\varepsilon_{mL}\nu_m$$

$$t_t\varepsilon_L\nu_{Lt} = t_f\varepsilon_{fL}\nu_{fb} + t_m\varepsilon_{mL}\nu_m$$

因为 $\varepsilon_L = \varepsilon_{fL} = \varepsilon_{mL}$

且

$$\varphi_{fb} = \frac{t_{ft}}{t_t},\quad \varphi_m = \frac{t_m}{t_t}$$

故

$$\nu_{Lt} = \varphi_{fb}\nu_{fb} + \varphi_m\nu_m$$

3. 复合材料的面内剪切弹性模量

面内剪切弹性模量 G_{LT} 称为纵-横切变模量，则单元的剪切变形 Δt_L 为

$$\Delta t_L = \gamma_{12}t_t = \frac{\tau_{LT}}{G_{LT}}t_t$$

式中，γ_{12} 为剪切应变。从细观上分析，单元剪切变形等于纤维剪切变形与基体剪切变形之和，即 $\Delta t_t = \Delta t_{fb} + \Delta t_m = \frac{\tau_{LT}}{G_f}t_{fb} + \frac{\tau_{LT}}{G_m}t_m$。

式中，G_f 为纤维的切变模量。

$$\frac{1}{G_{LT}} = \frac{1}{G_{fb}}\varphi_{fb} + \frac{1}{G_m}\varphi_m$$

Halpin - Tsai 给出一个预测 G_{LT} 的公式为

$$\frac{G_{LT}}{G_m} = \frac{1+\eta\varphi_{fb}}{1-\eta\varphi_{fb}}$$

$$\eta = \frac{\frac{G_{fb}}{G_m} - 1}{\frac{G_{fb}}{G_m} + 1}$$

9.13 短纤维复合材料的力学性能

短纤维(或不连续纤维)增强的复合材料在一定的工艺条件下具有各相同性的优点，制备工艺简单，可以广泛应用。本节主要介绍单向短纤维复合材料的力学性能。

9.13.1　应力传递理论

Rosen 提出的剪滞理论为初学者提供一个简单的方法。考虑如图 9－59 所示的简单模型，长为 l 的短纤维呈伸直状态并与基体结合。复合材料受力时，载荷加于基体上，然后基体把载荷通过纤维与基体间的界面上的剪应力传递到纤维上。由于纤维端部附近应力集中，造成端部附近基体屈服或是基体和纤维脱离。因此，端部应力的传递可不予考虑。

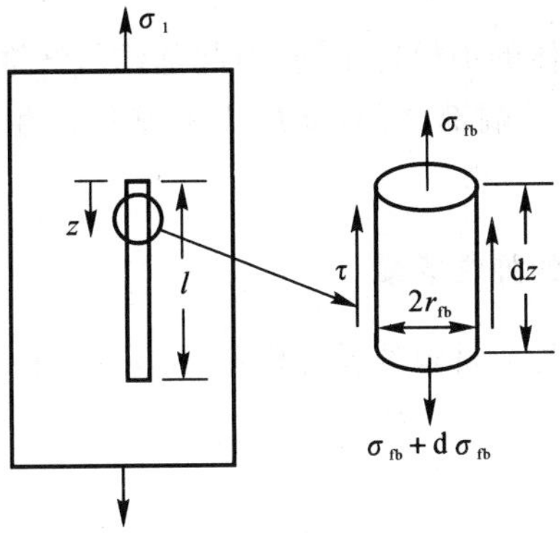

图 9－59　平行于外载荷的较直不连续纤维微元的平衡

取图 9－59 所示的纤维微元体，根据应力平衡法则，可列出下式

$$(\pi r_{fb}^2)\sigma_{fb}+(2\pi r_{fb}\mathrm{d}z)\tau=\pi r_{fb}^2(\sigma_{fb}+\mathrm{d}\sigma_{fb})$$

或

$$\frac{\mathrm{d}\sigma_{fb}}{\mathrm{d}z}=\frac{2\tau}{r_{fb}} \qquad (9-12)$$

式中，σ_{fb}是纤维的轴向应力；τ 是基体-纤维界面的剪切力；r_{fb}是纤维半径。对一根粗细均匀的纤维来说，式(9－12)表示纤维上应力沿 z 的方向上的增长率与界面上的剪切力成正比。

离纤维末端距离为 z 处纤维上的应力可用以下积分求得：

$$\sigma_{fb}=\sigma_{fb}+\frac{2}{r_{fb}}\int_0^z\tau\mathrm{d}z$$

式中，σ_{f0}是纤维末端的正应力。

对于短纤维，最大的纤维应力 σ_{fb}发生在纤维长度的中点处，即 $z=\frac{L}{2}$处，于是有

$$(\sigma_{fb})_{max}=\frac{\tau_s L}{r_{fb}} \qquad (9-13)$$

式中，L 是纤维长度；τ_s 是基体的剪切屈服应力；r_{fb}是纤维半径。不难断定，短纤维的最大纤维应力$(\sigma_{fb})_{max}$不会超过同样外力作用下连续或无限长纤维增强的复合材料中的纤维应力 σ_{fb}。由前述单向复合材料(连续纤维)中的假设：$\varepsilon_L=\varepsilon_{fb}=\varepsilon_m$，即有 $\varepsilon_L=\frac{\sigma_L}{E_L}=\varepsilon_{fb}=\frac{\sigma_{fb}}{E_{fb}}$，可以求得 σ_{fb}。因此，当达到连续纤维应力时的值$(\sigma_{fb})_{max}$可由下式给出：

$$(\sigma_{fb})_{max}=\frac{E_{fb}}{E_L}\sigma_L \qquad (9-13)$$

式中，E_L 是按(9－9)计算出的。$(\sigma_{fb})_{max}$能够达到连续纤维应力时最小纤维长度定义为载荷

传递长度 L_t。由式(9-13)得

$$\frac{L_t}{d_{fb}}=\frac{(\sigma_{fb})_{max}}{2\tau_s}$$

式中,$d_{fb}=2r_{fb}$为纤维的直径。由于$(\sigma_{fb})_{max}$是施加应力的函数,所以载荷传递长度也是施加应力的函数。而能够达到的最大纤维应力(即纤维强度极限σ_{fu})的最小长度称为临界长度L_c。

$$L_c=d_{fb}\frac{\sigma_{fu}}{2\tau_s}$$

复合材料内部因纤维和基体的泊松比不同,引起基体与纤维在垂直于纤维方向收缩不同,这会导致径向应力存在。各纤维端部之间,高应力的基体产生局部收缩会使径向应力急剧增加。

9.13.2 短纤维复合材料的弹性模量

估算短纤维定向随机排列复合材料的弹性模量,可采用 Halpin-Tsai 方程。

$$\frac{E_l}{E_m}=\frac{1+\xi\eta\varphi_{fb}}{1-\eta\varphi_{fb}}$$

$$\eta=\frac{\dfrac{E_{fb}}{E_m}-1}{\dfrac{E_{fb}}{E_m}+\xi}$$

对纵向弹性模量 E_l,$\xi=\dfrac{2L}{d_f}$;对横向弹性模量 E_t,$\xi=2$:其中,d_{fb}为纤维直径。对于随机取向的短纤维复合材料,其弹性模量的预测更为复杂,可采用下述经验公式计算

$$E_{拉}=\frac{3}{8}E_l+\frac{5}{8}E_t$$

式中,$E_{拉}$ 为拉伸弹性模量。用图 9-60 所示的模型,并在 $\varepsilon_{fu}<\varepsilon_{mu}$的条件下,分别测出相同的体积分数时的 E_l 和 E_t。

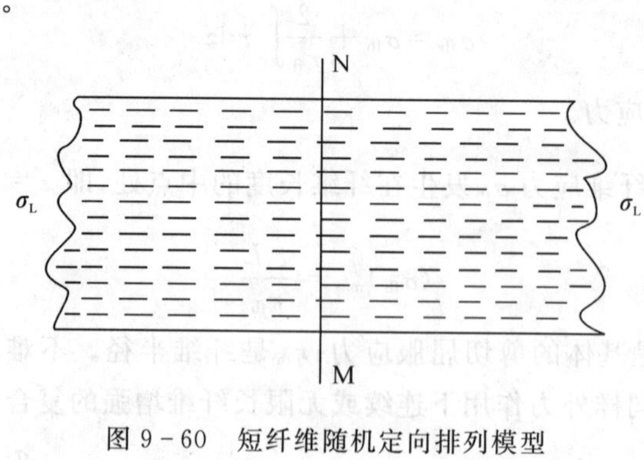

图 9-60 短纤维随机定向排列模型

9.13.3 短纤维增强复合材料的强度

$$\sigma_L=\overline{\sigma_{fb}}\varphi_{fb}+\sigma_m(1-\varphi_{fb})$$

式中,$\overline{\sigma_{fb}}$为纤维的平均应力。

$$\overline{\sigma_{fb}}=\beta(\sigma_{fb})_{max}=\frac{2\beta\tau_s L}{d_{fb}},\quad L\leqslant L_t$$

$$\overline{\sigma_{fb}}=(\sigma_{fb})_{max}\left[1-(1-\beta)\frac{L_t}{L}\right],\quad L>L_t$$

式中，β 小于 1 的正数。

如果纤维长度 L 远远大于载荷传递长度 L_t，则因 $1-(1-\beta)\frac{L_t}{L}\approx 1$，而

$$\sigma_L=(\sigma_{fb})_{max}\varphi_{fb}+\sigma_m\varphi_m\quad L\geqslant L_t$$

复合材料的强度极限：

$$\sigma_{Lu}=\frac{2\beta\tau_s L}{d_{fb}}\varphi_{fb}+\sigma_m\varphi_m\quad L\leqslant L_t$$

$$\sigma_{Lu}=\sigma_{fu}\left[1-(1-\beta)\frac{L_c}{L}\right]\varphi_{fb}+(\sigma_m)_{\varepsilon_{fb}^*}(1-\varphi_{fb}),\quad L\geqslant L_c$$

$$\varphi_{cr}=\frac{\sigma_{mu}-(\sigma_m)_{\varepsilon_{fb}^*}}{\sigma_{fb}-(\sigma_m)_{\varepsilon_{fb}^*}}$$

式中，ε_{fb}^* 为纤维的断裂应变。

$$\sigma_{Lu}\geqslant\sigma_{fu}\beta\frac{L_c}{L}\varphi_{fb}+\sigma_{mu}(1-\varphi_{fb})$$

$$\varphi_{min}=\frac{\sigma_{mu}-(\sigma_m)_{\varepsilon_{fb}^*}}{\sigma_{fu}\left(1-\frac{L_c}{L}\right)+\sigma_{mu}-(\sigma_m)_{\varepsilon_{fb}^*}}$$

9.13.4　复合材料的断裂、冲击与疲劳性能的特点

影响复合材料的断裂、冲击和疲劳性能等因素比金属材料更多，此处只介绍比较成熟的研究成果。

1. 断裂的能量吸收机制和断裂模式

复合材料的破坏是从材料中固有的小缺陷开始的，例如有缺陷的纤维、基体与纤维界面处的缺陷和界面不良的反应物等。在形成裂纹的尖端及其附近，有可能以发生纤维断裂、基体变形和开裂、纤维与基体分离(纤维脱黏)、纤维拔出等模式破坏。

(1) 纤维的拔出。

考虑图 9-59(a)所示的模型，裂纹尖端短纤维具有平行排列且具有相同的长度和直径的情形。在应力作用下裂纹张开的同时，使纤维从两个裂纹面中拔出，假定拔出过程中界面剪切力不变且等于 τ_s，纤维埋入端的长度为$\frac{L}{2}(L<L_c)$，拔出的阻力为 $\pi r_{fb}L\tau_S$，拉力若为 $\pi r_{fb}^2\sigma_{fb}$，则有

$$\sigma_{fb}=\frac{L\tau_S}{r_{fb}},L<L_c$$

拔出一根纤维所做的功为 U_{fb}，则：

$$U_{fb}=\int_0^{\frac{L}{2}}2\pi r_{fb}x\tau_s\,\mathrm{d}x=\frac{1}{4}\pi r_{fb}L^2\tau_S$$

若单位裂纹表面有 N 根纤维，则裂纹一侧单位面积上埋入长度在 $\frac{L}{2}$ 到 $\frac{L}{2}+dL$ 范围内的纤维数为 $2N\mathrm{d}l/L$，设裂纹一侧单位面积上纤维的拔出功为 $\frac{G_{fb}}{2}$，考虑到裂纹有两个表面，因此有 $\frac{G_{fb}}{2}=\int_0^{\frac{L}{2}}\frac{2NU_{fb}\mathrm{d}l}{L}=\frac{2N}{L}\int_0^{\frac{L}{2}}\frac{1}{4}\pi r_{fb}l^2\tau_s\mathrm{d}l$

由于 $V_{fb}=N\pi r_{fb}^2$，所以

$$G_{fb}=\frac{V_{fb}\tau_s L^2}{24r_{fb}}$$

当 $L=L_c$ 时 G_{fb} 最大，即

$$G_{fb\max}=\frac{V_{fb}\tau_s L_c^2}{48\tau_s}$$

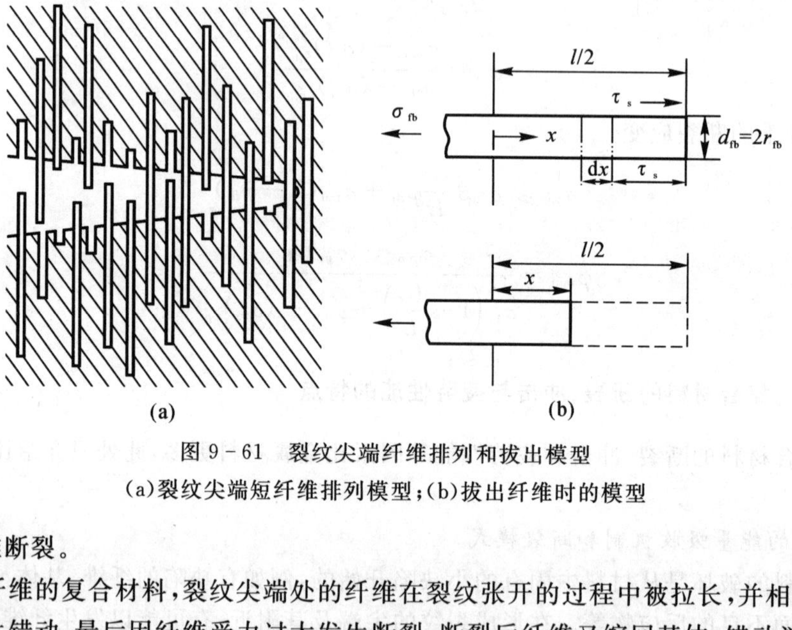

图 9-61 裂纹尖端纤维排列和拔出模型

(a)裂纹尖端短纤维排列模型；(b)拔出纤维时的模型

(2) 纤维断裂。

对连续纤维的复合材料，裂纹尖端处的纤维在裂纹张开的过程中被拉长，并相对于没有屈服的基体产生错动，最后因纤维受力过大发生断裂，断裂后纤维又缩回基体，错动消失，释放出弹性变形能。储藏在长为 $\mathrm{d}x$ 一段纤维的弹性势能为 $(\pi r_{fb}^2\mathrm{d}x)\left(\frac{\sigma_{fb}^2}{2E_{fb}}\right)$。由于纤维断裂可以发生在距离裂纹面的 $\frac{L_c}{2}$ 处(见图 9-62)，则只需考虑这一段长度的弹性能和相对于弹性基体的错动。若 x 为纤维断裂时从纤维断面到裂纹表面的长度，即纤维伸出裂纹表面的长度(见图 9-62)，则在计算 σ_{fb} 时应用 $\frac{L_c}{2}-x$ 代替 $\sigma_{fb}=\frac{L\tau_S}{r_{fb}}(L<L_c)$ 式中的 $\frac{L}{2}$，而纤维元 $\mathrm{d}x$ 上存储的弹性能为

$$\mathrm{d}U_{fb}=\frac{\pi r_{fb}^2\mathrm{d}x\sigma_{fb}^2}{2E_{fb}}=\frac{\pi(L_c-2x)^2\tau_s^2\mathrm{d}x}{2E_{fb}}$$

这段纤维元相对于基体错动所做的功为

$$\mathrm{d}U_{mf}=2\pi r_{fb}\tau_s\mathrm{d}xu$$

上式中 u 为纤维元相对于基体的移动距离，即

$$u=\int_{x}^{\frac{Lc}{2}}\varepsilon_{fb}\,dx$$

ε_{fb}可由$\dfrac{\sigma_{fb}}{E_{fb}}$计算出，注意到 $\sigma_{fb}=\dfrac{(L_c-2x)\tau_s}{r_{fb}}$，代入上式积分得

$$u=\frac{(L_c-2x)^2\tau_s}{4r_{fb}E_{fb}}$$

将 u 的关系式代入式 $dU_{mf}=2\pi r_{fb}\tau_s dxu$，可知 $dU_{mf}=dU_{fb}$，总功应为 dU_{mf} 与 dU_{fb} 之和，因它们的积分区间均为$\dfrac{L_c}{2}$到 0，则有

$$U_{fb}+U_{mf}=\frac{1}{E_{fb}}\int_0^{\frac{Lc}{2}}\pi\tau_s^2(L_c-2x)^2dx$$

相应的断裂功 G_{fb} 为 $2N(U_{fb}+U_{mf})$，其中 N 为单位面积上的纤维数。对上式积分，并用$\dfrac{\sigma_{fu}d_{fb}}{4\tau_s}$代替$\dfrac{L_c}{2}$，$N\pi r_{fc}^2$ 代替 V_{fb}，得

$$G_{fb}=\frac{V_{fb}d_{fb}\sigma_{fu}^3}{3E_{fb}\tau_s}$$

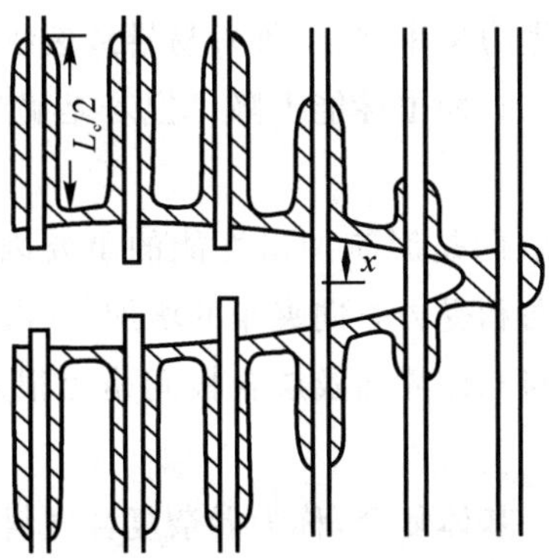

图 9－62　连续纤维当裂纹张开时在裂纹面处的破坏模型，其中埋入基体内 $L_c/2$ 长的一段纤维被拉长和相对于基体错动，影线部分标明基体屈服

3. 基体变形和开裂

在塑性区中，假设基体为理想塑型材料(见图 9－63)，单位体积基体变形能为 $\varepsilon_{mu}\sigma_m$(ε_{mu}、σ_m 是基体最大应变和应力)，基体对形成复合材料单位面积裂纹面的能量 G_{mb}正比于基体体积 V_m 与基体体积塑性变形能的乘积，可导出

$$G_{mb}=V_m\varepsilon_{mu}\sigma_m\lambda=\frac{V_m\varepsilon_{mu}\sigma_m d_{fb}V_m}{V_{fb}}=\frac{V_m^2\varepsilon_{mu}\sigma_m d_{fb}}{V_{fb}}$$

当裂纹仅沿一个方向扩展时，产生的新表面积是很小的，因而断裂能也小。当基体裂纹碰到垂直于裂纹扩展方向的强纤维时，裂纹可能分叉，平行于纤维扩展。

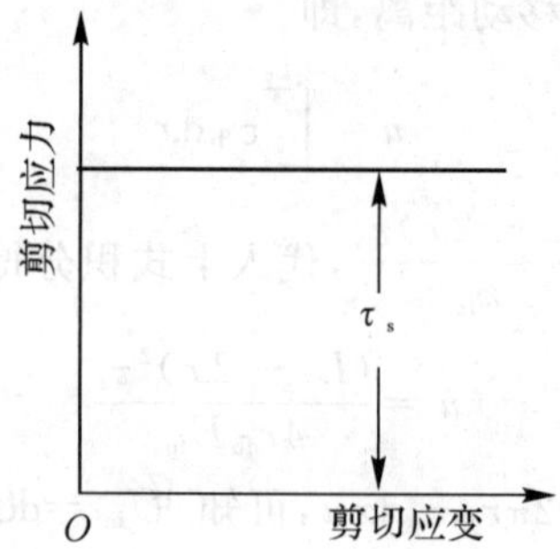

图 9－63 基体的理想剪切应力-应变曲线

4．纤维脱黏和分层裂纹

断裂过程中，当裂纹平行于纤维方向扩展时，纤维可能与基体发生分离。纤维与基体间的界面结合较弱时，容易发生这一类现象。

9.13.5 冲击性能特点

为全面评定复合材料的性能，还必须进行冲击试验。因为拉伸性能好的复合材料，其抗冲击性能不一定好。使复合材料冲击性能下降的原因：①纤维增强复合材料的塑性一般较原基体塑性差。②纤维末端附近产生力集中（短纤维），易导致裂纹很快的产生和发展，使冲击性能下降。因此，随着纤维含量的增加，冲击性能下降。但若是脆性的基体，加入韧性纤维则可改善冲击性能。

复合材料中纤维与外力的取向是影响冲击性能的重要因素。纤维方向与受力方向垂直时，冲击性能最高，随着纤维方向和受力方向夹角的增加，冲击性能连续下降，而在当纤维方向与受力方向平行时最低。纤维与基体界面及层合板间是否很好地结合，也是影响冲击性能的重要因素之一。

两种或更多种的纤维与同一基体复合，称为混杂复合材料。研究表明，若将断裂延伸率高的纤维加入到混杂复合材料中，可提高其冲击性能。

9.13.6 疲劳性能特点

与金属材料比较，复合材料有以下特点：

复合材料有多种疲劳损伤形式，如界面脱黏、分层、纤维断裂、空隙增大等，比金属材料的损伤形式多。复合材料中，虽然有多种损伤的存在，裂纹起始寿命较短，但由于增强纤维的牵制，对切口、裂纹和缺陷不敏感，因此，有较大的安全寿命。

复合材料不会发生骤然的疲劳破坏。因此，复合材料常以模量下降的百分数（如下降1%～2%）作为破坏的依据，有时还以频率变化（如 1～2 Hz）作为复合材料的破坏依据。复合材料疲劳试验常采用强迫振动疲劳试验机。

聚合物基复合材料疲劳试验时，温度明显升高，这是由于材料导热性差，吸收机械能变为热能。试样温度的升高会导致材料性能的下降，降低频率可减少试样温度升高。

复合材料较大的应变将使纤维和基体变形不一致而引起纤维与基体的破坏，形成疲劳源，压缩应变会使复合材料纵向开裂而提前破坏，所以，复合材料对应变、特别是压缩应变特别敏感。只有当纤维和基体变形一致时，复合材料才能表现出较好的抗疲劳性能。

疲劳性能与纤维的取向有关，在纤维方向上具有很好的疲劳强度。这是因为在这种条件下，纤维是主要承载成分，纤维的疲劳性能又较好之故。

在纤维垂直于载荷方向或与载荷方向成大角度铺层中纤维密集的区域，损伤起源于纤维与基体的分离。短纤维复合材料中，损伤还常常位于纤维的末端，这是因为纤维与基体界面和纤维末端的应力和应变集中会导致裂纹产生。

疲劳性能与基体材料和纤维长度有关，基体塑性好的复合材料比脆性基体复合材料疲劳寿命长，复合材料的疲劳性能对环境也是较敏感的。

9.14　高分子材料的力学性能

高分子材料（聚合物或高聚物）具有大分子链结构和特有的热运动，高分子材料和低分子材料的主要区别列入表 9-4。

表 9-4　高分子材料与低分子材料的特点

特　点	材　料	
	高分子材料	低分子材料
相对分子质量	$10^3 \sim 10^6$	<500
分子可否分割	可分割成短链	不可分割
热运动单元	链节、链段、整链等多重热运动单元	整个分子或原子
结晶程度	非晶态或部分结晶	大部分或完全结晶
分子间力	加和后可大于主键力	极小
熔点	软化温度区间	固定
物理状态	只有液态和固态（包括高弹态）	气、液、固三态

高分子材料的力学性能区别于低分子材料最大特点是它具有高弹性和黏弹性，在外力和能量的作用下，更容易受到温度和载荷作用时间等因素的影响。高分子材料的力学性能的变化幅度较大。

9.14.1　线性非晶态高分子材料的力学性能

线性非晶态高聚物是指结构上无交联、聚集态无结晶的高分子材料。随所处的温度不同，这种高分子材料可处于玻璃态、高弹态和黏流态等力学性能三态（见图 9-64）。从相态角度看，力学性能三态均属于液相，即分子间排列是无序的；其主要差别是变形能力不同，模量不同，因而称作力学性能三态。

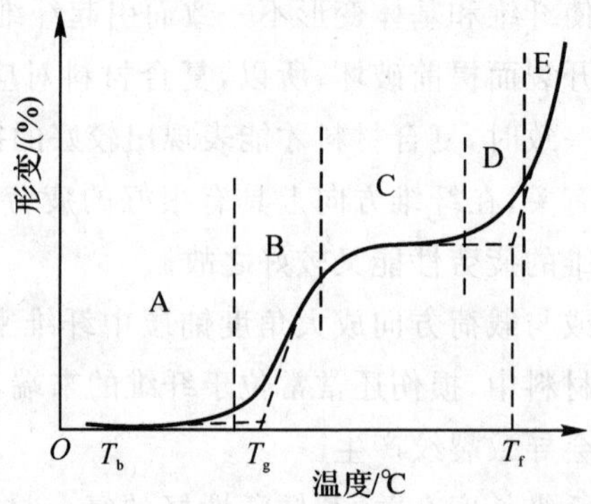

图 9-64　高聚物在定载荷作用下的变形-温度曲线(定作用速率)

A —玻璃态；B —过渡态；C —高弹态；D —过渡态；E —黏流态；

T_b —脆化温度；T_g —玻璃化温度；T_f —黏流温度

9.12.2　玻璃态

温度低于 T_g(玻璃化温度)时，高聚物的内部结构类似于玻璃，故称为玻璃态。室温下处于玻璃态的高聚物称为塑料。玻璃态高聚物拉伸时，其强度变化规律如图 9-65 所示。当温度 $T<T_b$(塑料的脆化温度)时，高聚物处于硬玻璃态。进行拉伸试验，发生脆性断裂，拉伸曲线见图 9-66 中的曲线 a。

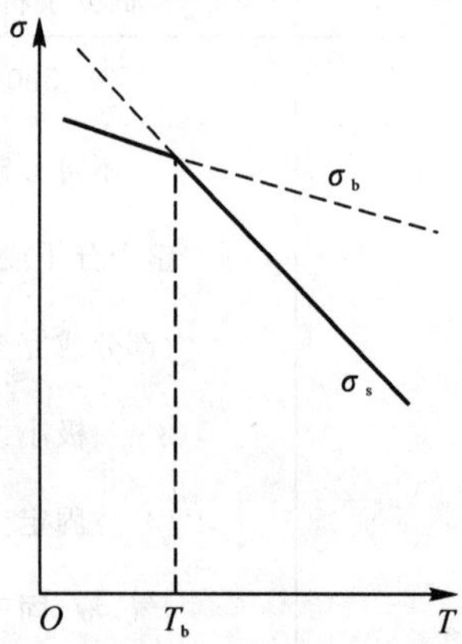

图 9-65　脆化温度 T_b 的示意图

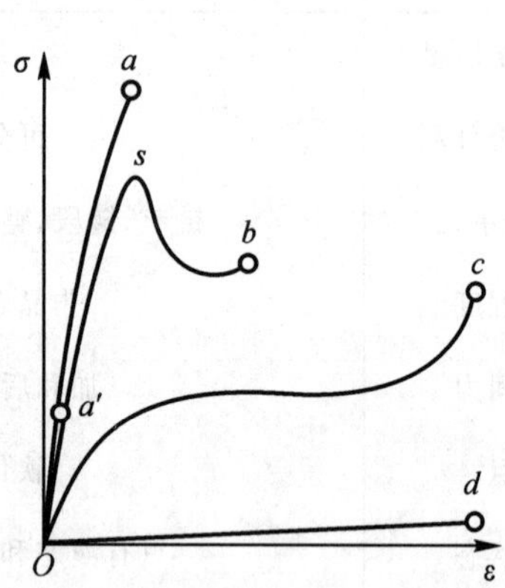

图 9-66　线性无定形高聚物在不同温度下的 σ-ε 曲线

当 $T_b<T<T_g$ 时，高聚物处于软玻璃状态。图 9-64 中的曲线 b 为软玻璃态高聚物的拉伸曲线。图 9-66 中的曲线 ba'以下为普弹性变形。普弹性变形后 $a's$ 段所产生的变形为受迫高弹性变形。在外力去除后，受迫高弹性变形被保留下来，成为“永久变形”，其数值可达 300%～1 000%。这种变形在本质上是可逆的，但只有加热到 T_g 以上，变形的恢复才有可能。

玻璃态温度较低，分子热运动能力低，处于所谓的“冻结”状态。除链段和链节的热振动、键长和键角的变化外，链段不会做其他形式的运动。因此受力时产生的普弹性变形来源于键长和键角的改变。图 9-67(a)示意地表示主键受拉伸时产生的弹性变形。而在受迫高弹性变形时，外力强迫本来不可运动的链段发生运动，导致了分子沿受力方向取向。

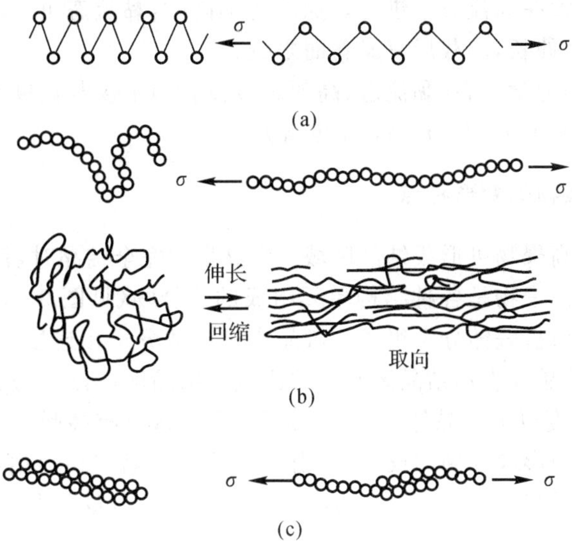

图 9－67　长链聚合物变形方式示意图

9.14.3　高弹态

在 $T_g < T < T_f$ 范围内，高分子材料处于高弹性或橡胶态，它是高分子材料特有的力学状态。高弹态是高分子材料的使用状态，所有在室温下处于高弹态的高分子都称之为橡胶，显然，其玻璃化温度 T_g 低于室温。图 9－66 中的曲线 C 为橡胶态的拉伸曲线。在高弹态，高分子材料的弹性模量随温度的升高而增加。这与金属的弹性模量随温度的变化趋势相反。

高弹态的高弹性来源于高分子链段的热运动。当 $T > T_g$ 时，分子链动能增加，同时因膨胀造成链间未被分子占据的体积增大，链段得以运动。大分子链间的空间形象成为构象。当高弹态受外力时，分子链通过链段调整构象，使原来卷曲的链沿受力方向伸展，宏观上表现为很大的变形，如图 9－67(b)所示。应当指出，高弹性变形时，分子链的质量中心并未产生移动，因为无规则缠结在一起的大量分子链间有许多结合点，在除去外力后，通过链段运动，分子链又恢复至卷曲状态，宏观变形消失，不过这种调整构象的恢复过程需要一定的时间。

高分子材料具有高弹性的必要条件是分子链应有柔度。但柔性链易引起链间滑动，导致非弹性变形的黏性流动(见图 9－67(c))。采用分子链适当交联可防止链间滑动，以保证高弹性。

9.14.4　黏流态

温度高于 T_f 时，高聚物成为黏态熔体。此时，大分子链的热运动是以整链作为运动单元的。熔体的强度很低，稍一受力即可产生缓慢的变形，链段沿外力方向运动，而且还引起分子间滑动。熔体的黏性变形是大分子链质量中心移动产生的。这种变形是不可逆的永久变形。

塑性和黏性都具有流动性，其结果都产生不可逆的永久变形。通常把无屈服应力出现的流动变形称之为黏性，黏流态的永久变形称之为黏性变形。图 9－68 中的曲线 d 为黏流温度附近处于半固态和黏流态的拉伸曲线。由该图可见，当外力很小时即可产生很大的变形。因此，高聚物的加工成型常在黏流态下进行。加载速率高时，黏流态可显示出部分的弹性，这是因为卷曲的分子可暂时伸长，卸载后复又卷曲之故。

线性非晶态高聚的力学三态(黏流态、高弹态、玻璃态)不仅与温度有关，还与相对分子质量有关，随相对分子质量增大，T_g 升高，T_f 也增大。

9.14.5 结晶高聚物的变形特点

在一定的条件下，高聚物可形成结晶区域。当高聚物完全结晶时，其变形规律和低分子晶体材料相似。实际上，高聚物是各种结构单元组成的复合物(见图 9-68)。结晶区域由一个微单晶组成，微晶内部由折叠链分子组成。微晶通过束缚分子相连接。在结晶部分还存在着链端和缺陷。一般用结晶度表示结晶区所占的比例。结晶区链段无法运动，因而这些区域不存在高弹性。在 T_g 温度以上和晶体熔点 T_m 以下，非晶区具有高弹性，晶体区则具有较高的强度和硬度，两者复合则形成强韧的皮革态，当 $T>T_m$ 时，晶体相熔化，高聚物全部由非晶态组成，转化为高弹性的橡胶态。图 9-69 给出的由相对分子质量和温度决定的各力学状态存在的范围。

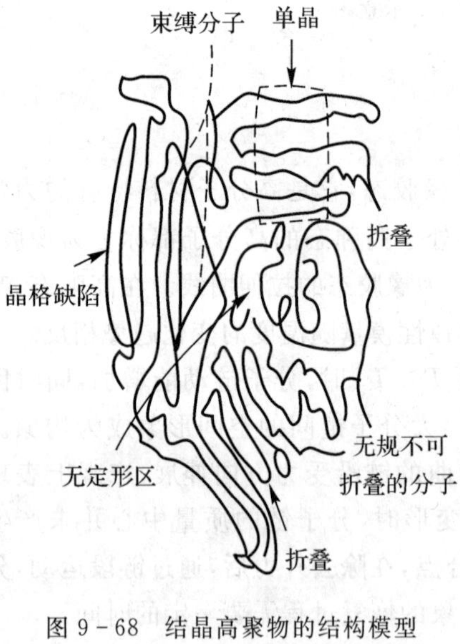

图 9-68 结晶高聚物的结构模型

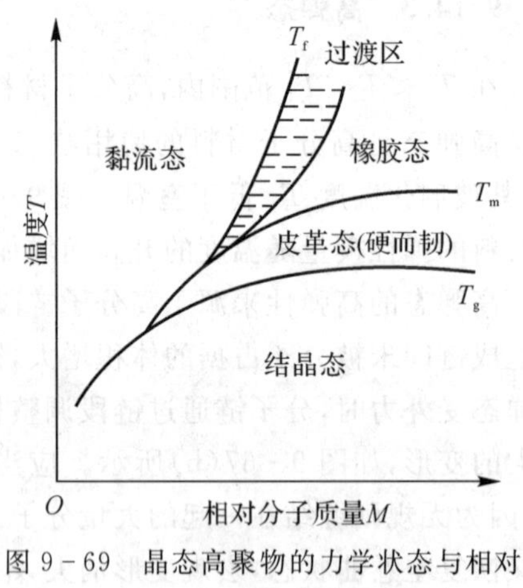

图 9-69 晶态高聚物的力学状态与相对分子质量和温度间的关系

未取向的片状态结晶高聚物的微晶倾向于无序分布，其拉伸曲线如图 9-70 所示。与应力方向垂直的晶片可能沿晶片间的非晶边界分离，其他取向的晶片可逐渐转向应力方向，拉伸时原晶粒破碎成小块后，应力-应变曲线上出现了屈服，同时，试件上出现了颈缩，颈缩向两边发展，使试件均匀变细，尽管晶体碎成小块，但链仍保持其折叠结构。从同一薄片撕出来的一些小束沿拉力方向串联排列，形成长的微纤维。每一束内伸开的链以及充分伸开的联系分子都平行于拉伸方向(见图 9-71)。微纤维中的束，通过联系分子仍然保持联系。由于每个小纤维束的定向排列，以及许多更加充分伸开的联系分子的共同作用，使其强度和刚度很快增加，拉伸曲线重又上升(见图 9-70)。曲线最低点代表材料原始结构的破坏。开始出现颈缩时的应力称为受迫高弹性应力，工程上也称之为屈服应力。它是材料加工和零件设计中重要力学性能指标。所有的高聚物拉伸后分子已有取向性，故显示各向异性。此外，加载速率的升高对高聚物力学性能的影响与温度降低对力学性能的影响的规律相似。

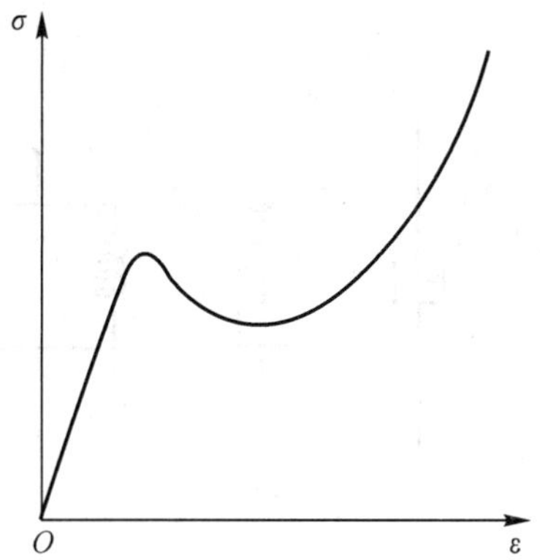

图 9 - 70　片状结晶聚合物的应力-应变曲线

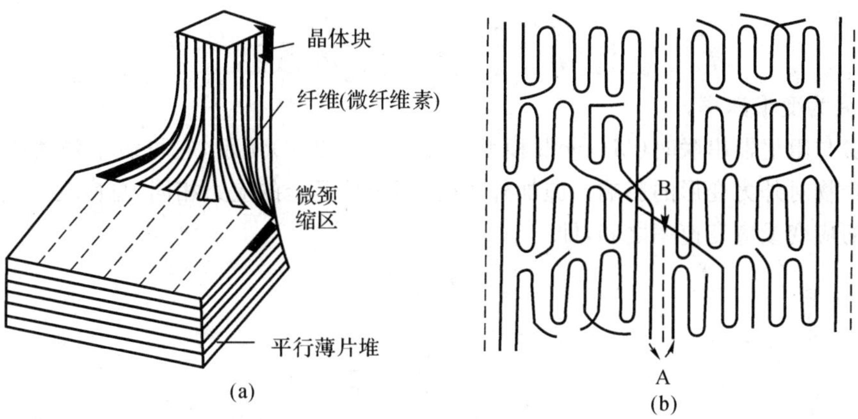

图 9 - 71　结晶高聚物的变形模型示意图

9.14.6　高聚物的黏弹性

高聚物除瞬间的普弹性变形外，有慢性的黏性流变，通常称为黏弹性。高聚物的黏弹性又可分为静态黏弹性和动态黏弹性两类。

1. 静态黏弹性

静态黏弹性指蠕变和松弛现象。高聚物在室温下有明显的蠕变和松弛现象。各种高聚物都有一个临界应力 σ_c，当 $\sigma>\sigma_c$ 时，蠕变变形急剧增加。对恒载下工作的高聚物应在低于 σ_c 的应力下服役。经足够长的时间后，线性高聚物应力松弛可使应力降低到零。经交联后，应力松弛速度减慢，且松弛后应力不会到零。

蠕变和松弛现象所表现出的黏弹性常以机械模型加以模拟，例如弹簧模拟高聚物的普弹性变形，如图 9 - 72(a)所示，其应力-应变关系服从于胡克定律，即

$$\varepsilon=\frac{\sigma}{E} \text{ 或 } \gamma=\frac{\tau}{G}$$

若取一杯盛着很黏的液体,其中置一小球,以拉出小球表示变形。若除去外力,其自身无法复原,所以变形是不可逆的,如图 9-72(b)所示。图 9-72(c)为经简化而形成的模拟阻尼器(高聚物黏性模型)。

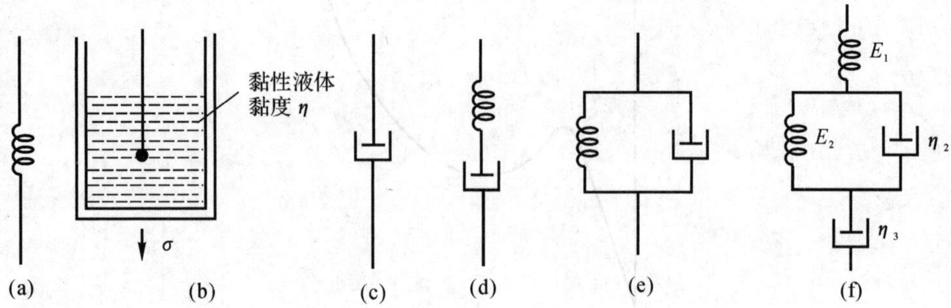

图 9-72 聚合物变形过程的机械模拟

变形速度与应力间的关系服从牛顿流动公式,即

$$\dot{\varepsilon}=\frac{d\varepsilon}{dt}=\frac{\sigma}{\eta} \quad 或 \quad \dot{\gamma}=\frac{d\gamma}{dt}=\frac{\tau}{\eta}$$

式中,ε 成 $\dot{\gamma}$ 为变形速率。

当弹簧与阻尼器串联时(Maxwell 模型),如图 9-72(d)所示,它可表示弹性成分和黏性成分的高聚物对外力变形的影响。施加外力时,两个单元上的应力相同,总应变或应变速率为两个单元的应变或应变速率之和,即

$$\begin{cases}\varepsilon=\dfrac{\sigma}{E}+\dfrac{\sigma}{\eta}t \\ \dot{\varepsilon}=\dfrac{1}{E}\dfrac{\mathrm{d}\sigma}{\mathrm{d}t}+\dfrac{\sigma}{\eta}\end{cases} \tag{9-14}$$

上式第一项是弹簧产生的应变与时间无关,第二项由阻尼器产生的应变与时间有关(见图 9-73(a))。

对于应力松弛的情况,$\varepsilon=\varepsilon_0$,$\dfrac{\mathrm{d}\varepsilon}{\mathrm{d}t}=0$,由式(9-14)的第二式积分得

$$\sigma(t)=\sigma_0 \mathrm{e}^{-\frac{Et}{\eta}}=\sigma_0 \mathrm{e}^{-\frac{t}{T}}$$

若 $t \gg T$,则黏性的产生有充分得时间,随时间 t 的延长,应力将不断降低(见图 9-73(b))。若 $t \ll T$,则材料是近弹性的,$\sigma(t)=\sigma_0$。

当弹簧与阻尼器并联时(Voigt-Kelvin 模型),如图 9-72(e)所示。它可模拟高聚物的另一种与时间相关的变形行为。在这一模型中,两单元的应变是相等的,总压力等于两单元中应力之和。即

$$\sigma(t)=E\varepsilon+\eta\frac{\mathrm{d}\varepsilon}{\mathrm{d}t}$$

若固定应力 $\sigma(t)=\sigma_0$,则相当于蠕变现象。由上式可得

$$\varepsilon(t)=\frac{\sigma_0}{E}(1-\mathrm{e}^{-\frac{t}{T}})$$

应变随时间的变化如图 9－74 所示。这种模型模拟了高聚物的蠕变行为，变形后可完全恢复。

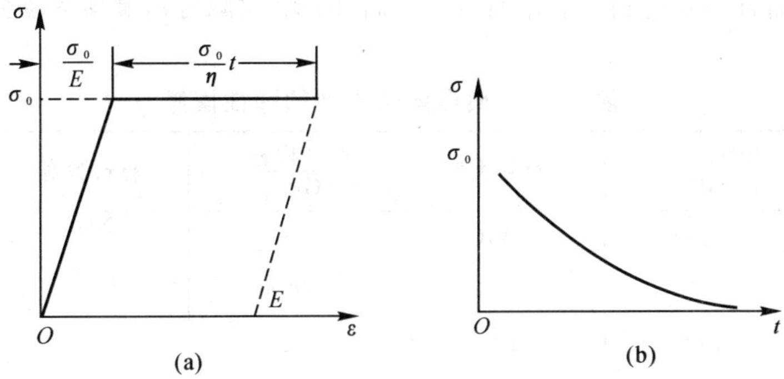

图 9－73　用 Maxwell 模型描述的蠕变与松弛曲线

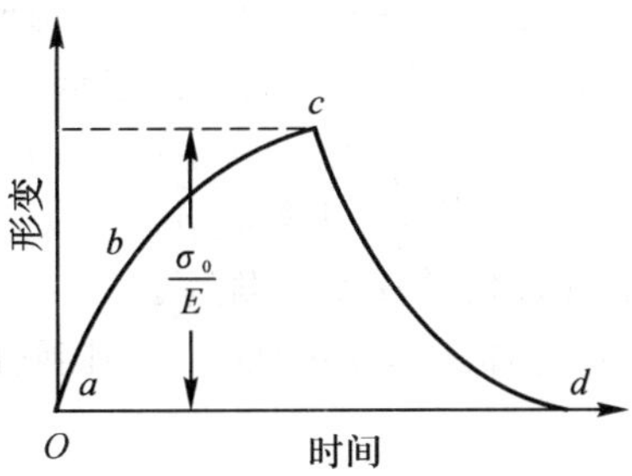

图 9－74　并联模型的变形规律

2. 动态黏弹性

由于高聚物的变形与时间密切相关，当承受连续变化的应力时，应变落后于应力，会产生内耗。

9.15　陶瓷材料的力学性能

陶瓷材料具有强度高、重量轻、耐高温、耐腐蚀、耐磨损及原材料便宜等独特优点，然而，陶瓷材料大都是脆性材料，对缺陷十分敏感，故其力学性能分散性大。本节主要介绍陶瓷材料的弹性、强度、疲劳、与断裂性能以及增韧机制与方法。

9.15.1　陶瓷材料的弹性模量

一般陶瓷材料的晶体结构复杂，室温下没有塑性，因而是脆性材料。陶瓷材料在室温静拉伸时，大都不出现塑性变形，即弹性变形阶段结束后，立即发生脆性断裂。

和金属材料相比，陶瓷材料的弹性有如下特点：

(1) 陶瓷材料的弹性模量比金属大得多，常高出 1 倍至几倍。陶瓷材料的弹性模量列于表 9－5。陶瓷材料弹性模量较高的原因是原子间键的特点所决定的。陶瓷材料的原子键主要由离子键和共价键两大类，且多数具有双重性。共价键的晶体结构的主要特点是键具有方向性，它使晶体拥有较高的抗晶格畸变和阻碍位错运动的能力，使共价键陶瓷具有比金属高得多的硬度和弹性模量。离子键晶体结构的键方向性不明显，但滑移系不仅要受到密排面与密排方向的限制，而且还要受到静电作用力的限制，因此，实际可动滑移系较少，其弹性模量也较高。

表 9－5　典型陶瓷材料的弹性模量

材料类型	弹性模量/GPa	材料类型	弹性模量/GPa	材料类型	弹性模量/GPa
金刚石	1 200	W_2C	428	NbC	345
WC	717	$MoSi_2$	380	Be_2C	317
TiB_2	648	BeO	352	SiC	485
Al_2O_3	510	FeS_2	345	B_4C	455
TiC	490	ZrC	345	ZrB_2	440

（2）陶瓷材料的弹性模量不仅与结合键有关，而且还与构成陶瓷材料相的种类、体积分数及气孔率有关。孔隙率对弹性模量 E_{eff} 的影响可用下式表示：

$$E_{eff}=\frac{E_0(1-\rho)}{1+2.5\rho}$$

式中，E_0 为无孔隙时陶瓷材料的弹性模量；ρ 为孔隙率。

（3）众所周知，金属无论是在拉伸还是压缩状态下，其弹性模量相等，即拉伸和压缩两部分的曲线为一直线。

9.15.2　陶瓷材料的断裂强度

强度与塑性是材料的基本力学性能。但陶瓷材料是脆性材料。在常温下基本上不出现和极少出现塑性变形，因而其塑性指标、延伸率 δ 和断面收缩率 φ 均近似为零。因此，可以认为陶瓷材料的抗拉强度 σ_b，断裂强度 σ_f 和屈服强度 $\sigma_{0.2}$ 在数值上是相等的。此外，由图 9－75(b)可见，陶瓷材料在高温下具有良好的抗蠕变性能，而且在高温下也具有一定的塑性。

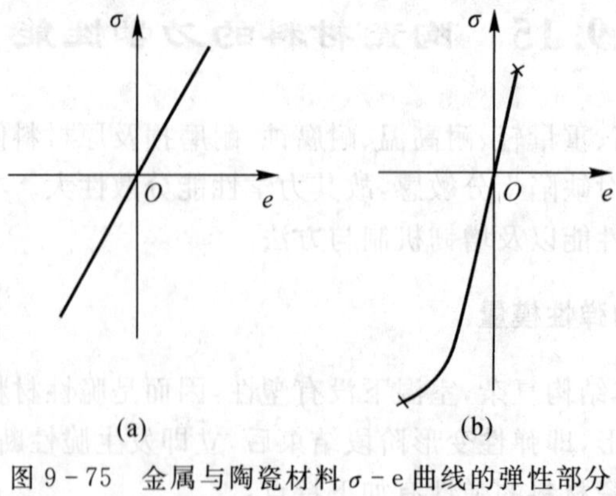

图 9－75　金属与陶瓷材料 $\sigma-e$ 曲线的弹性部分

(a)金属；(b)陶瓷

9.15.3 陶瓷材料的抗弯强度

目前，以测定弯曲强度作为评价陶瓷强度的性能指标。陶瓷材料的强度试验结果分散性大，因而要进行统计分析。因为内部孔洞和表面状态对陶瓷材料的强度有很大影响，如图9－76所示。

陶瓷材料强度的试验结果不仅遵循威布尔（Weibull）分布，也遵循正态分布和对数正态分布。试样表面粗糙度对陶瓷材料的弯曲强度影响，如图9－77所示。

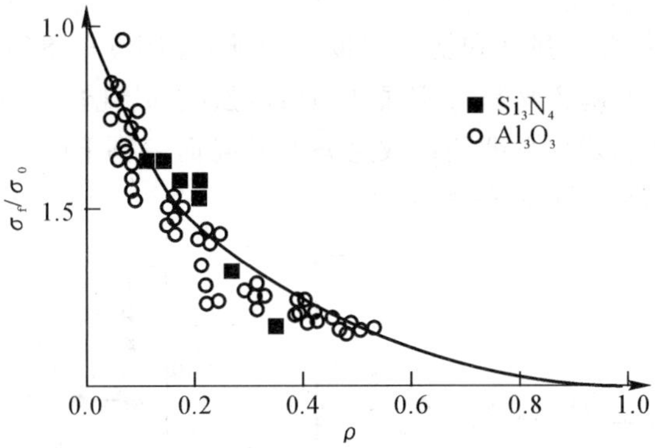

图9－76　孔隙率对陶瓷材料断裂强度的影响

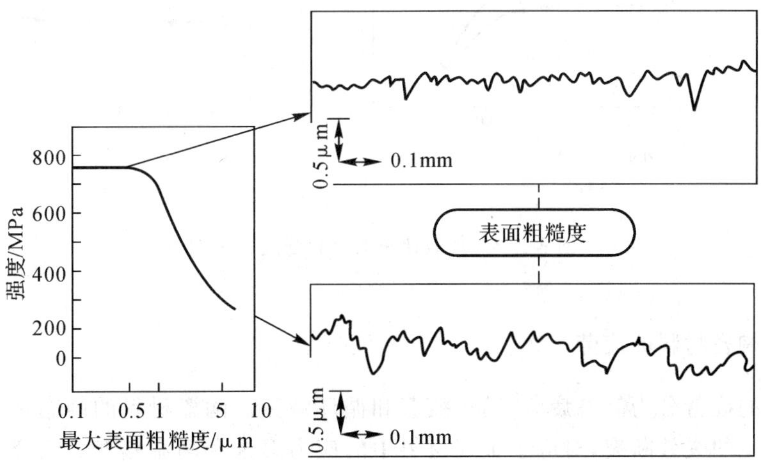

图9－77　因加工产生的表面伤痕与AIN强度的关系

9.15.4 陶瓷材料的切口强度

因为陶瓷是脆性材料，所以应力集中对切口强度的影响也可用 $\sigma_{bn}=\sigma_f/K_t=\sigma_b/K_t$ 表示，但陶瓷材料的切口强度的试验结果分散性大，也要进行统计分析。陶瓷材料的切口强度试验结果也遵循威布尔分布、正态分布和对数正态分布。

在陶瓷材料弯曲强度和切口强度的正态分布情况下，其平均值和标准差可分别用下式表示

$$\sigma_{bN}=\frac{\sigma_f}{K_t}$$

$$s_{bN}=\frac{s_f}{K_t}$$

式中，σ_f、σ_{bN}分别为弯曲强度和切口强度的平均值，s_f、s_{bN}分别为弯曲强度和切口强度的标准差。

9.15.5 加载速率对陶瓷材料强度的影响

加载速率对陶瓷材料弯曲强度和切口强度的影响，如图 9-78(a)所示。由此可见，当加载速率较低时，加载速率对陶瓷材料弯曲强度和切口强度的影响不大；当加载速率高于某一数值时，陶瓷材料弯曲强度和切口强度随加载速率的升高而急剧下降。这与加载速率对金属拉伸强度的影响(见图 9-78(b))，刚好相反。

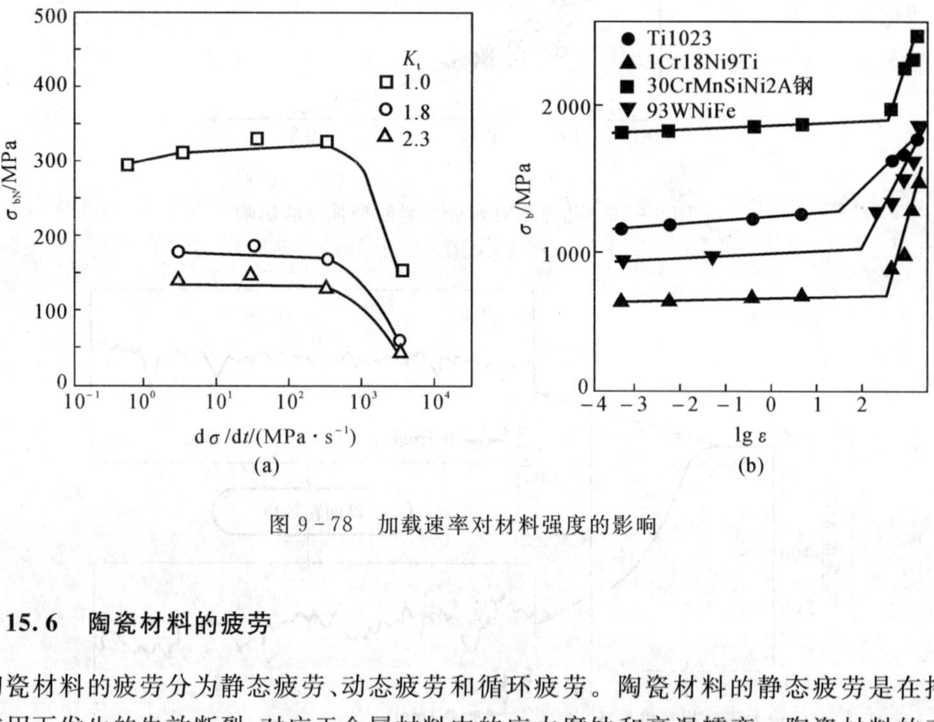

图 9-78 加载速率对材料强度的影响

9.15.6 陶瓷材料的疲劳

陶瓷材料的疲劳分为静态疲劳、动态疲劳和循环疲劳。陶瓷材料的静态疲劳是在持久载荷的作用下发生的失效断裂，对应于金属材料中的应力腐蚀和高温蠕变。陶瓷材料的动态疲劳，是以恒定的速率加载，研究材料的失效断裂对加载速率的敏感性，类似于金属材料应力腐蚀研究中的慢应变速率拉伸。陶瓷材料的循环疲劳，是在循环应力的作用下发生的失效断裂，对应于金属中的疲劳。

1. 陶瓷材料的循环疲劳寿命

陶瓷材料的循环疲劳的一个主要特点是疲劳寿命的试验结果非常分散，最长和最短的疲劳寿命相差达 5～6 个数量级。因此，对陶瓷材料的循环疲劳寿命的试验结果也遵循对数正态分布，如图 9-79 所示。

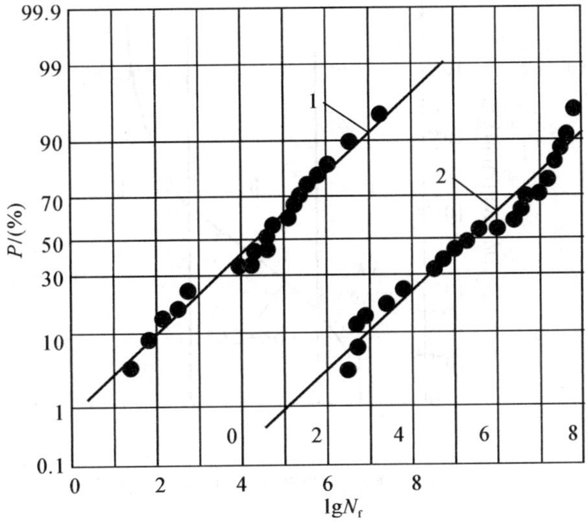

图 9-79　Al_2O_3 陶瓷循环疲劳寿命试验结果的概率分布

2. 陶瓷材料的疲劳裂纹扩展速率

在循环载荷或静载荷下，陶瓷材料的完整裂纹扩展速率曲线包括三个区：近门槛区、中部区（或稳态扩展区）和快速扩展区，如图 9-80 所示。这与金属的裂纹扩展速率曲线相似，如图 9-81 所示。由图 9-80 和图 9-81 可见裂纹扩展曲线的下边界是门槛值 ΔK_{th}，上边界是 K_{IC}。

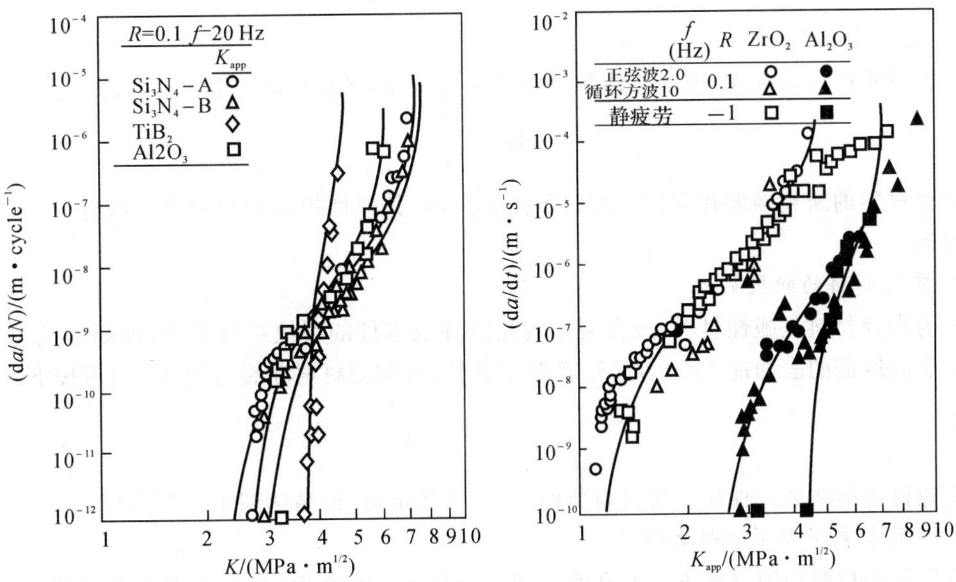

(a)　　　　(b)

图 9-80　陶瓷材料的裂纹扩展速率曲线

(a)循环疲劳；(b)静疲劳

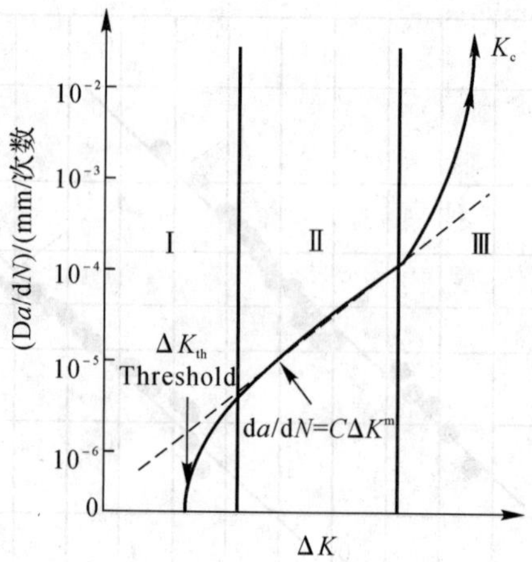

图 9-81　典型的疲劳裂纹扩展速率曲线

然而，陶瓷材料的 K_{IC} 值和 $\frac{\Delta K_{th}}{K_{IC}}$ 的比值很低，只有金属的十分之一至几十分之一。因此，陶瓷材料的裂纹扩展曲线非常陡峭。而且当 $\Delta K < \Delta K_{th}$ 时，裂纹不扩展；若一旦开始扩展，则裂纹扩展非常快(见图 9-80)。当 $K_{max} = \frac{\Delta K}{1-R} = K_{IC}$，裂纹失稳扩展，引起陶瓷零部件的断裂。降低陶瓷材料裂纹扩展速率的主要措施是提高断裂韧性 K_{IC}。

9.15.7　陶瓷材料的韧性

1. 陶瓷材料的静态韧性

陶瓷材料的静态韧性，即单位体积材料断裂前所吸收的功，可按下式计算，即

$$W = \frac{\sigma_f^2}{2E}$$

陶瓷材料的断裂强度并不比钢的屈服强度高，但其弹性模量却比钢高。陶瓷材料的静态韧性很低。

2. 陶瓷材料的断裂韧性

因为陶瓷材料是脆性材料，故含裂纹陶瓷试件或零件的裂纹扩展阻力，即断裂抗力，即为形成新表面所需的表面能 2γ。若已知表面能 γ 值，则陶瓷材料断裂韧性 K_{IC} 值可按下式估算

$$K_{IC} = \left(\frac{2E\gamma}{1-\nu^2}\right)^{\frac{1}{2}}$$

陶瓷材料的断裂韧性比金属材料要低 1～2 个数量级，最高达到 12～15 MPa。

3. 陶瓷材料的断裂韧性的测定

测定陶瓷材料断裂韧性 K_{IC} 的原理与测定金属 K_{IC} 的原理相同，测定陶瓷材料 K_{IC} 的试件，其尺寸可以很小即能满足平面应变的要求，主要是因为厚度方向拉应力无法通过该方向的塑性变形而松弛；其次，含裂纹的陶瓷试件在断裂前不发生或极少发生亚临界裂纹扩展，因而将断裂载荷代入相应的 K_1 表达式，即可求得 K_{IC} 之值。

但是，在测定陶瓷裂纹断裂韧性 K_{IC} 试件中预制裂纹十分困难。目前用于测定陶瓷材料

K_{IC}的试件相当多，尚未形成测定陶瓷材料断裂韧性 K_{IC}的标准。文献[10]报道了陶瓷三点弯曲试件中制备尖切口的新方法，用所制的尖切口试件测定陶瓷材料断裂韧性 K_{IC}，所得结果与压缩疲劳方法制备裂纹试件测得的 K_{IC}相符。

4. 陶瓷材料的增韧

(1) 陶瓷与金属的复合增韧。

在裂纹扩展的过程中，弥散于陶瓷基体中的韧性相，通过其自身的塑性变形，起着使裂纹尖端区域高度集中的应力得以部分松弛的作用，也起着吸收能量的作用。因此，裂纹扩展所需的能量将超过为新形成新裂纹面所需的表面能，从而提高了材料对裂纹扩展的抗力，改善了材料的韧性。复合增韧的金属陶瓷，其断裂韧性可用下式表示

$$G_{IC}=2(\gamma+W_p)$$

式中，γ 为表面能；W_p 为塑性变形功，W_p 的值取决于韧性相的数量。

(2) 相变增韧。

ZrO_2 在 1 150℃左右发生四方(t)→单斜(m)的可逆相变，当 t→m 相变时，伴有 3%～5%的体积膨胀。颗粒弥散于陶瓷基体中，上述相变就受到了抑制，并导致相变温度 M_s 移向低温。温度降低的幅度随着 ZrO_2 颗粒的减小而加剧。ZrO_2 颗粒减小到一定值，足以使相变温度降低到常温以下，则陶瓷基体中四方 ZrO_2 颗粒可一直保持到室温。当裂纹扩展时，处于裂纹尖端区域的四方 ZrO_2 颗粒能否发生 t→m 相变和体积膨胀，相变要吸收能量，而体积膨胀可松弛裂纹尖端的拉应力，甚至产生压应力，从而提高了材料对裂纹扩散的抗力，改善了材料的断裂韧性。材料中四方 ZrO_2 颗粒能否发生 t→m 相变，起到增韧作用，决定于颗粒大小。向 ZrO_2 中加入 Y_2O_3、CaO、MgO、CeO 等，降低了 t→m 相变温度到稍低于室温。于是，在室温下得到四方 ZrO_2 组织，在裂纹扩展时发生 t→m 相变，提高材料的断裂韧性。

(3) 微裂纹增韧。

在陶瓷基体相和弥散相之间，由于温度的变化引起热膨胀差或相变引起的体积差，会产生弥散均匀的微裂纹。若微裂纹是弯曲的并有一定的曲率，当它和主裂纹连接时，将使裂尖钝化，增大裂尖钝化半径，从而提高断裂韧性。另一方面，这些均布微裂和主裂纹连接，会促使主裂纹分叉，改变主裂纹尖端的应力场，并使主裂纹扩展路径曲折，增加了扩展过程中表面能，从而使裂纹快速扩展受到阻碍，增加了材料的断裂韧性。微裂纹增韧效果取决于微裂纹的曲率、尺寸和密度；若微裂纹比较平直，尺寸和密度较大，则陶瓷材料受力时，微裂纹会互相联结，形成大尺寸的裂纹而引起断裂。在这种情况下，微裂纹不但不能增韧，还会降低陶瓷材料强度和断裂韧性。

另外，利用表面处理技术，使陶瓷表面层中介稳四方 ZrO_2 相发生 t→m 相变，在表面层中造成压应力，使裂纹在表面层中不易形成和扩展以增韧，称之为表面增韧。向陶瓷材料中加入增强纤维和晶须，形成陶瓷基复合材料以增强和增韧，也可控制陶瓷材料组织形成过程，使第二相呈棒状和针状，形成自生陶瓷基复合材料以增强和增韧。

9.15.8　陶瓷材料的抗热震性

大多数陶瓷在生产和使用过程中都处于高温状态，而陶瓷材料的导热性差，因此，温度变化引起的热应力，会导致陶瓷构件的失效。材料承受温度骤变而不破坏的能力称为热抗震性。材料热震失效可分为两大类：一类是瞬时断裂；另一类是在热冲击循环作用下，材料先出现开

裂、剥落、然后碎裂和变质，终至整体破坏，称之为热震损伤。以下分别给出抗热震参数的计算方法。

1. 抗热震断裂

表征材料抗热震断裂的性能参数，是根据热弹性理论导出的，并以材料的力学和热学性能参数加以表征。对急剧受热或冷却的陶瓷材料，若温差 ΔT 引起的热效应达到陶瓷材料的断裂强度 σ_f，则热震断裂发生。据此，导出抗热震断裂参数 R 为

$$R=\Delta T_c=\frac{(1-\nu)\sigma_f}{Ea}$$

式中，ΔT_c 是发生热震断裂的临界温度；E、ν、a 分别为弹性模量、泊松比与热膨胀系数。

对应缓慢受热和冷却的陶瓷材料，抗热震断裂参数为

$$R'=\frac{k(1-\nu)\sigma_f}{Ea}=kR$$

式中，k 为热传导系数。

2. 抗热震损伤

陶瓷材料中不可避免地存在着或大或小、数量不等的微裂纹，在热震环境中出现的裂纹核亦不总是导致材料的断裂。例如，气孔率为10%～20%的非致密性陶瓷中的热震裂纹核往往受到气孔的抑制。

由能量原理，可导出陶瓷的抗热震损伤参数 R'' 为

$$R''=\frac{E}{(1-\nu)\sigma_f^2}$$

抗热震断裂要求低弹性模量、高强度、抗热震损伤要求高弹性模量、低强度。适量的微裂纹存在于陶瓷材料中将提高抗热震的损伤性。致密高强的陶瓷材料易于炸裂，而多孔陶瓷适用于热震起伏的环境是由于抗热震损伤性能差异的缘故。

第 10 章　材料的检测

材料的检测需要仪器设备，本章将介绍常用的材料检测仪器设备。

10.1　光学显微分析

10.1.1　光学显微镜的构造和使用

1. 显微镜的种类

普通光学显微镜类型很多，常分台式、立式和卧式三大类。若按用途的不同来分，还有各类特种显微镜，如偏光显微镜、相衬显微镜、干涉显微镜及高温、低温金相显微镜等，台式显微镜主要由镜筒、镜体、光源系统和样品台四部分组成。

台式显微镜具有体积小、质量轻、携带方便等优点，多用于钨丝灯泡做光源，分直立式光程和倒立式光程两种。

2. 显微镜的光学原理

放大镜是最简单的一种光学仪器，它实际上是一块凸透镜，可以将物体放大，其成像光学原理如图 10－1 所示。

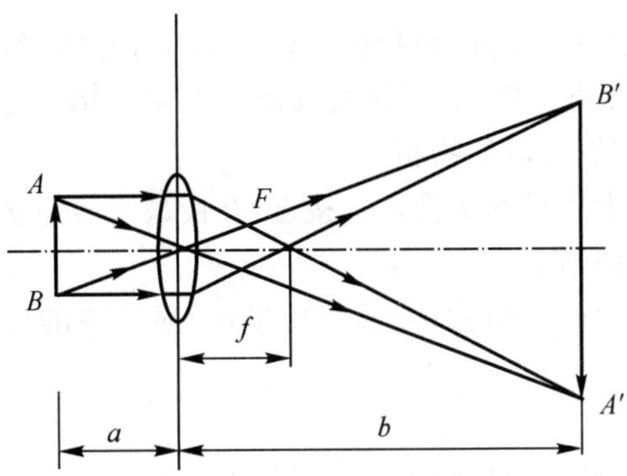

(a)实像放大

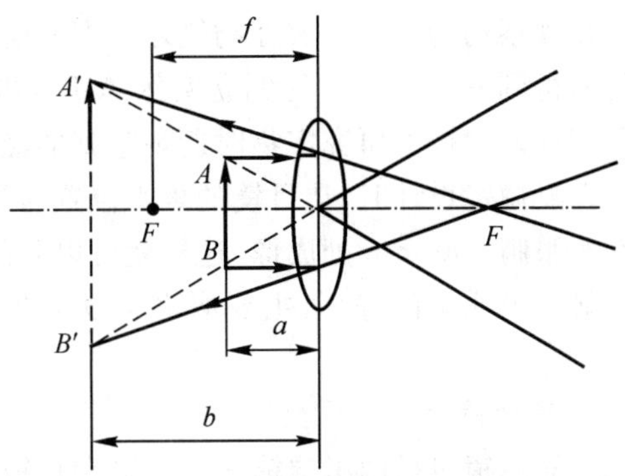

(b)虚像放大

图 10－1　放大镜的光学原理图

当物体 AB 置于透镜焦距 f 以外时，得到倒立的放大实相 $A'B'$（见图 10－1(a)），它的位置在 2 倍焦距长度以外。如果将物体 AB 放在透镜焦距以内，就可看到一个放大了的正虚像

$A'B'$(如图 10-1(b))。映像的长度与物体的长度之比$\left(\frac{A'B'}{AB}\right)$就是放大镜的放大倍率(放大率)。由于放大镜到物体之间的距离 a 近似的等于透镜的焦距($a\approx f$),而放大镜到像间的距离 b 近似地相当于人眼的明视距离(250 mm),故放大镜的放大倍数为:

$$N=\frac{b}{a}=\frac{250}{f}$$

由上式可知,透镜的焦距 f 越短,则放大镜的放大倍数越大。一般采用的放大镜焦距在10～100 mm 范围内,因而放大倍数在 2.5～25 倍之间。进一步提高放大倍数,将会由于透镜焦距的缩短和表面曲率过分增大而使形成的映像变得模糊不清。为了得到更高的放大倍数,就要采用显微镜,显微镜可以使放大倍数达到 1 500～2 000 倍。

显微镜不像放大镜那样由单个透镜组成,而是由两组透镜组成。靠近所观察物体的透镜叫做物镜,而靠近眼睛的透镜叫目镜。借助物镜与目镜的两次放大,就能将物体放大到很高的倍数(40～2 000 倍)。图 10-2 是在显微镜中得到放大物像的光学原理图。

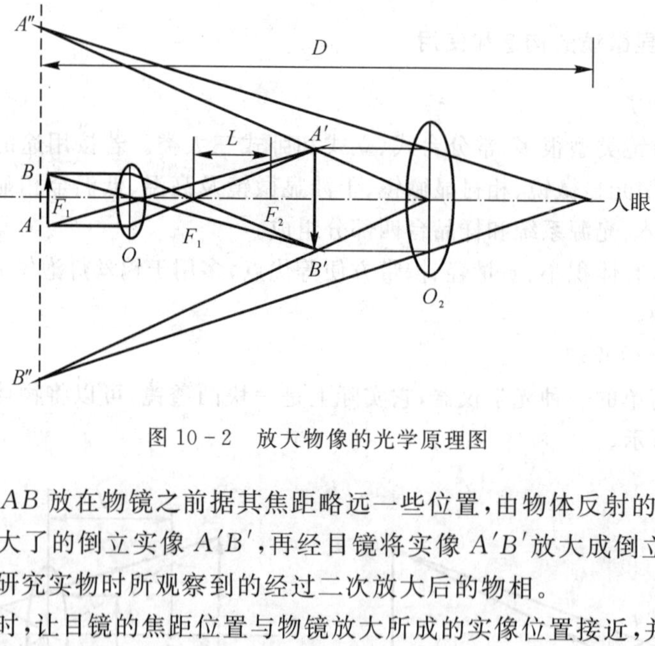

图 10-2　放大物像的光学原理图

被观察的物体 AB 放在物镜之前据其焦距略远一些位置,由物体反射的光线穿过物镜,经折射后得到一个放大了的倒立实像 $A'B'$,再经目镜将实像 $A'B'$放大成倒立虚像 $A''B''$,这就是我们在显微镜下研究实物时所观察到的经过二次放大后的物相。

在显微镜设计时,让目镜的焦距位置与物镜放大所成的实像位置接近,并使最终的倒立虚像在距眼睛 250 mm 处成像,这样就可以看的最为清晰。

显微镜质量的好坏,主要取决于以下几方面:①放大倍数;②透镜质量;③显微镜的分辨能力。

3. 显微镜的放大倍数

显微镜包括两组透镜——物镜和目镜。物镜的放大倍数可由下式得出,即

$$M_{物}=\frac{L}{F_1}$$

式中,L 为显微镜的光学筒长度(即物镜后的焦点与目镜前焦点的距离);F_1 为物镜焦距;而 $A'B'$经目镜放大后的放大倍数由下列公式计算

$$M_{目}=\frac{D}{F_2}$$

式中，D 为明视距离(250 mm)；F_2 为目镜焦距。

显微镜的总放大倍数为物镜与目镜放大倍数的乘积，即

$$M_{总}=M_{目}\times M_{物}=\frac{250L}{F_1\times F_2}$$

显微镜主要放大倍数通过物镜来保证，物镜最高放大倍数可达 100 倍，目镜放大倍数可达 25 倍。

放大倍数用符号“×”表示，例如物镜的放大倍数为 40×，目镜的放大倍数为 10×，则显微镜的放大倍数为 400×。放大倍数均分别标注在物镜和目镜的镜筒上。

4. 透镜成像的质量

单个透镜在成像的过程中，由于几何光学条件的限制，映像会变得模糊不清或发生畸变，这种缺陷称为像差。像差主要包括球面像差和色像差。像差的产生降低了光学仪器的精确性。

球面像差的产生是由于透镜表面呈球曲形，通过透镜中心及边缘光线折射后不能交于一点(如图 10-3(a)所示)，而变成几个交点呈前后分布；来自透镜边缘的光线靠近透镜交集，而靠近透镜中心的光线则交集在较远的位置，这样得到的映像显然是不清晰的。球面像差的程度与光透过透镜的面积有关。光圈放的越大，则光线透过透镜的面积越大，球面像差就越严重；反之，缩小光圈，限制边缘光线射入，使通过透镜的光线只有中心的一部分，则可减小球面像差。但是光圈太小，也会影响成像的清晰度。

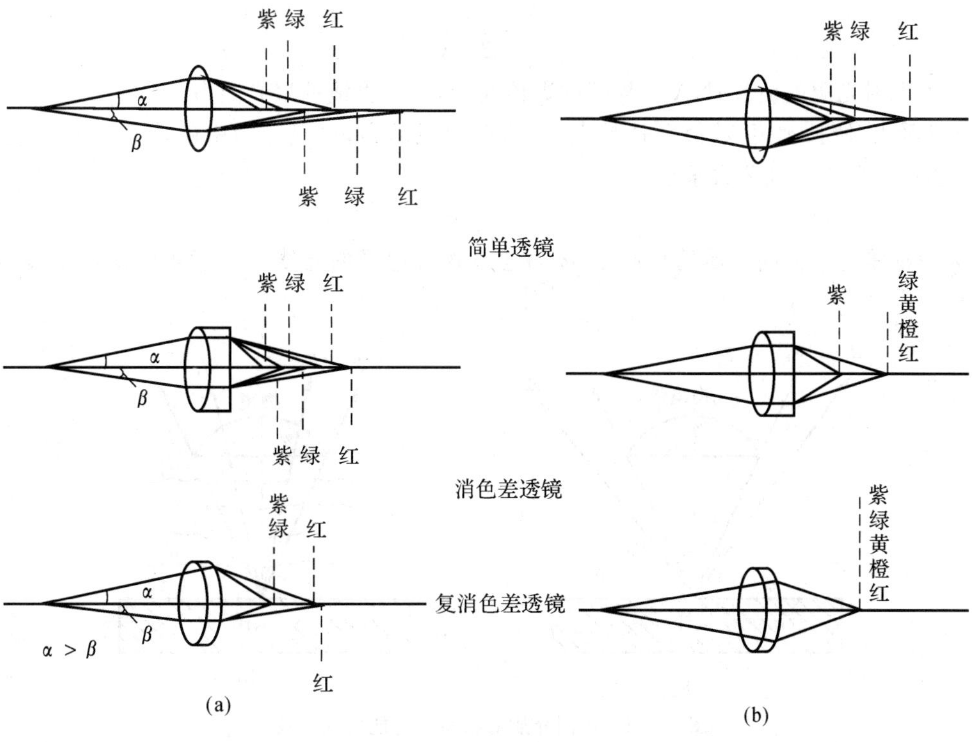

图 10-3　透镜产生像差示意图

校正透镜球面差的方法是采用多片透镜组成透镜组，即将凸透镜和凹透镜组合在一起，由

于这两种透镜有着性质相反的球面差，因此可以相互抵消。

色像差的产生是由于组成的光线由各种不同波长的光线在穿过透镜时折射率不同，其中紫色光线波长最短，折射率最大，在离透镜最近处成像；红色光线的波长最长，折射率最小，在离透镜最远处成像；其余的黄、绿、蓝等有色光线则在它们之间成像。这些光在平面上成的像不能集中于一点，而呈现带有彩色边缘的光环（如图 10－3(b)所示）。色像差的存在也会降低透镜成像的清晰度，应予以校正。通常采用单色光源。

显微镜的放大作用主要取决于物镜，物镜质量的好坏直接影响显微镜映像的质量，所以对物镜的校正是很重要的。物镜的类型，根据对透镜球面像差和色像差的校正程度不同而分为消色差物镜、复消色差物镜和半复消色差物镜等。

目镜也是显微镜的主要组成部分，它的主要作用是将由物镜放大所得的实像再度放大，因此它的质量将最后影响到物象的质量，按照目镜的构造形式，一般可分为普通目镜、补偿目镜和测微目镜等。普通目镜其映像未被校正，应与消色差物镜配合使用。补偿目镜须与复消色差物镜或半复消色差物镜配合使用，以抵消这些物镜的残余色像差。

5. 显微镜的分辨能力

显微镜的分辨能力是由物镜决定。它是指显微镜对试样上最细微的部分所能获得清晰映像的能力，通常用可以辨别物体上两点间的最小距离 d 来表示。被分辨的距离越短，表示显微镜的分辨能力越高。

显微镜的分辨能力可由下式求得

$$d=\frac{\lambda}{2\mathrm{NA}}$$

式中，λ 为入射光源的波长；NA 为物镜的数值孔径，表示物镜的聚光能力。

可以看出，波长越短，数值孔径越大，分辨能力就越高，在显微镜中就能看到更细微的部分。数值孔径可用下列公式求出：

$$\mathrm{NA}=\eta\sin\varphi$$

式中，η 为物镜与物体间介质的折射率；φ 为通过物镜边缘的光线与物镜轴线所成的角度（见图 10－4）。

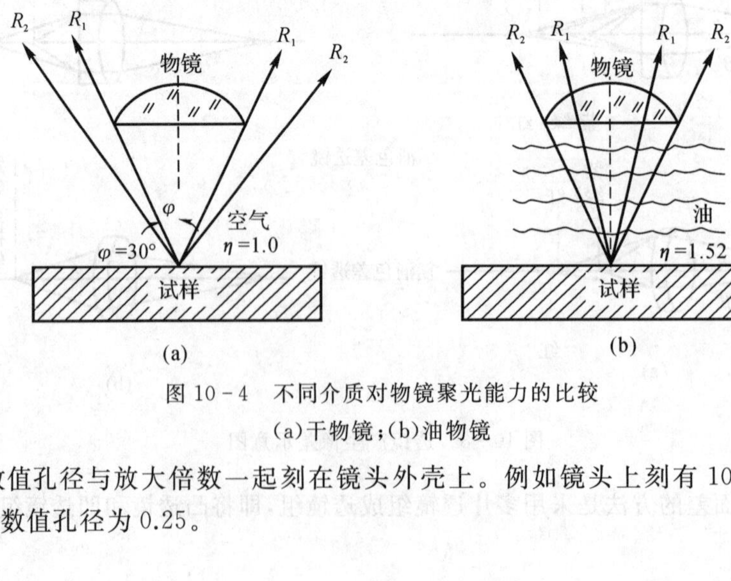

图 10－4　不同介质对物镜聚光能力的比较

(a)干物镜；(b)油物镜

物镜的数值孔径与放大倍数一起刻在镜头外壳上。例如镜头上刻有 10×/0.25，即放大 10 倍，物镜的数值孔径为 0.25。

6. 金相显微镜的构造

金相显微镜通常由光学系统、照明系统和机械系统三大部分组成，有的显微镜还附有摄影装置。

10.1.2　偏光和相衬显微分析

1. 偏光显微镜工作原理

偏光显微技术按其应用领域分为两类：金相分析和岩相分析。两者在显微镜的结构、分析内容、样品制备上都有不同。这里我们介绍的仅是金相分析用“偏光金相显微镜”。

物质发出的光波具有一切可能的振动方向，且各方向的震动矢量大小相等，称为“自然光”。与自然光不同，当光矢量在一个固定平面内只沿一个固定方向做振动，这种光称为线偏振光(或平面偏振光)，简称偏振光。偏振光的光矢量震动方向和传播方向所构成的面称为振动面。产生偏振光的装置称为起偏振镜，如果起偏振镜绕主轴旋转，则透过起偏振镜的直线偏振光的振动面也跟着转动。为了分辨光的偏振状态，在起偏镜后加入同样一个偏光镜，它能鉴别起偏振镜造成的偏振光，这个偏光镜叫“检偏镜”。不同状态的偏振光通过检偏镜后，将有不同的光强度的变化规律。

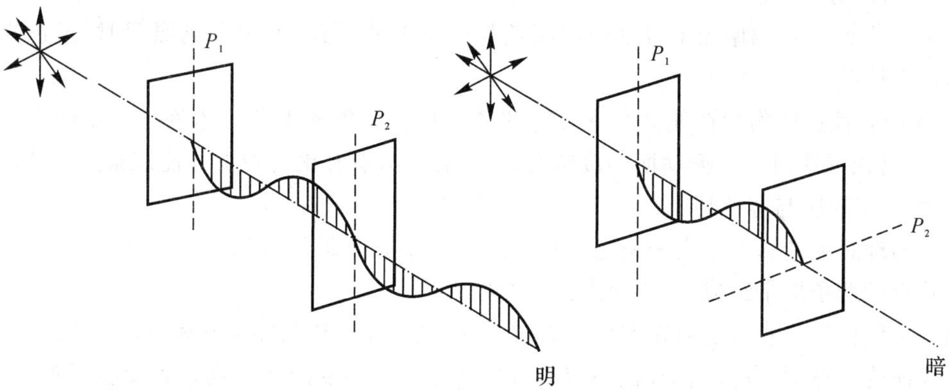

图 10－5　线偏振光通过不同位置检偏镜后光强度的变化

线偏振光：如图 10－5 所示，当起偏镜 P_1 与检偏镜 P_2 成正交位置时，线偏振光不能通过，产生消光现象；当起偏镜 P_1 与检偏镜 P_2 成平行位置时，通过检偏镜的光线最强；当起偏镜 P_1 与检偏镜 P_2 成为其他任意角度时只有部分光线可以通过。因此，随着起偏镜与检偏镜位置的变化，每 360^0 交替出现两次光强度最大和消光。

圆偏振光：不论检偏镜的位置如何，总有一定等量的光线通过，光的强度不变，无消光现象。

椭圆偏振光：光的强度随检偏镜的位置而改变。当椭圆长轴与检偏镜振动方向(即透光方向)一致时，光的强度最大；当椭圆短轴与检偏镜振动方向一致时，光的强度最小。但不发生消光现象(见图 10－6)。

在金相研究中常常需要鉴别光的偏振状态，可以通过光的强度随检偏镜的位置变化的规律来推论入射光的偏振状态。

(1) 偏振光在材料磨面上的反射。

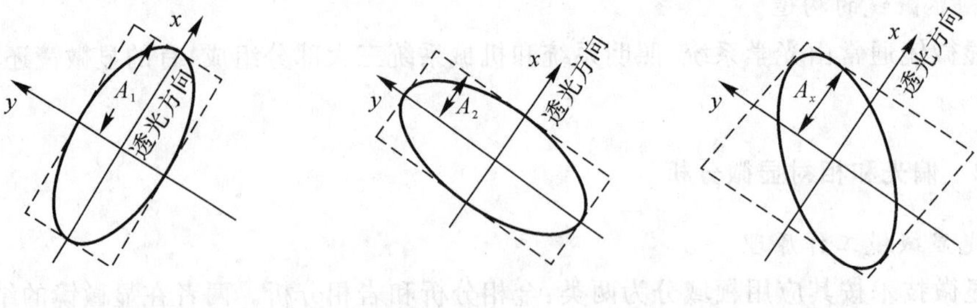

图 10-6　透光强度随椭圆偏振光长短半轴与检偏镜位置的变化

金属材料按它的晶体结构不同可分各向同性和各向异性。凡属立方点阵的金属都具有各向同性的特征，一般情况下对偏振光不起作用，非立方点阵的金属，对偏振光极为灵敏。

（2）偏振光下透明物象的特殊光学效应。

金属的组成相是不透明的，在偏振光下只能靠金属磨面的反射规律观察与鉴别。而另有一些物相，如钢或合金中的某些加杂物是透明的，并有其固有色彩（又称体色）。后者即属我们所指的透明物相。以夹杂物为例说明其偏振光下的特殊光学效应。

1）显示透明度及色彩。

a. 各向同性体在偏振光下观察到的颜色与暗场下的一致，即为白光照明时，透色光所显示的颜色为体色。

b. 各向异性透明物相在偏振光下观察的颜色包括体色和表色。体色与不规则内反射有关，表色与磨面反应时发生振动面的旋转有关。因此，只有在消光位置才能观察到体色。

2）黑十字效应与等色环。

透明的球状夹杂物在正交偏振光下可看到一个十分有趣的现象——黑十字效应：黑十字由相互垂直的两条黑带组成，十字交点位于物像中心。

当一束线偏振光垂直透射在试样表面时，入射光在球状透明体与基体界面处发生内反射，由于分界面为半球面，各方向的反射都有，因此仍有一定强度的光可通过正交位置的检偏镜。但有两个方位的反射光仍为线偏振光，不能通过正交位置的检偏镜，它们是与振动面平行的入射面及振动面垂直的入射面，使球体透明体呈现黑十字特征。显然，黑十字的方位是与正交位置的起偏镜、检偏镜振动方向相对应的。

2. 偏光显微镜的结构

如图 10-7 所示是偏光显微镜结构示意图。与普通光学显微镜相比，偏光显微镜除增加两个附件——起偏镜和检偏镜外，尚要求载物台沿显微镜的机械中心在水平面内可做 360^0 旋转，为读出角度变化，载物台上标有角度刻度。

（1）偏光装置的调整。

1）起偏镜位置的调整。

2）检偏镜位置的调整。

3）校正载物台中心的位置。

3. 偏振光显微分析

在偏振光下研究金相组织，一般只需抛光而不需侵蚀便可获得清晰、真实的组织。应用如下：

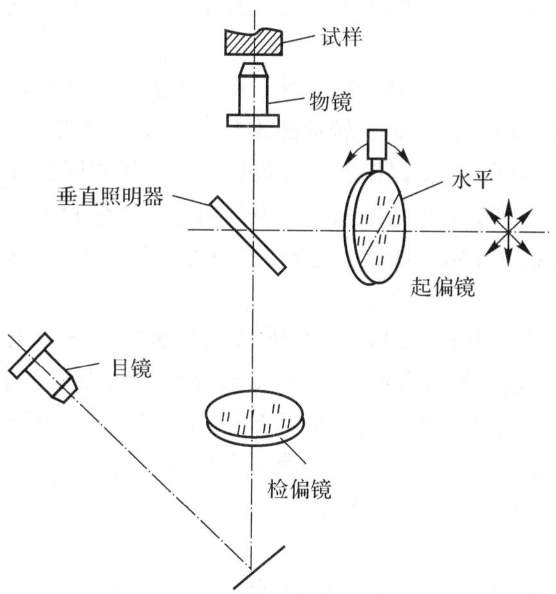

图 10－7　偏光显微镜结构示意图

（1）组织与晶粒的显示。

各向异性金属的多晶体，其晶粒在正交偏振光下可看到不同的亮度。亮度不同，表征晶粒位相的差别；具有相同亮度的两个晶粒，有相同的位相。见图 10－8。

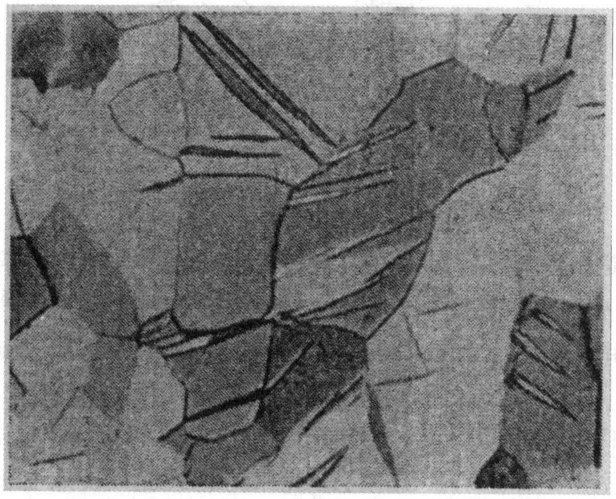

图 10－8　纯锌的金相组织

（2）非金属夹杂物的鉴别。

非金属夹杂物的鉴别需要多种方法（金相法、岩相法、化学分析法、电子显微镜等）综合分析，才能得到正确判断。金相法是最常用的方法之一，占重要地位。通常是在显微镜下利用明视场、暗视场、偏振光下的光学特性进行分析。在正交偏振光下各类加杂物将有不同的反射规律。

1）各向同性的不透明加杂物反射光仍为线偏振光。正交偏振光下呈黑暗一片，转动载物台一周无明暗变化。

2）各向异性不透明夹杂物在线偏振光照射下将发生振动面旋转，使反射振动光与检偏镜改变正交位置，部分光线可通过检偏镜。转动载物台一周观察到四次明亮、四次消光。

3）各向同性透明夹杂物在正交偏振光下可观察到与暗场相同的颜色(体色)。

4）各向异性透明夹杂物在正交偏振光下可观察到包括体色和表色组成的色彩。

5）透明球形夹杂物除可显示透明度及色彩外，还可看到黑十字效应等色环。

4. 相衬金相分析

金相分析时，要正确鉴别金相组织，首先要在金相显微镜中能够识别、区分它们。一般金相显微镜是靠试样上反射光的强弱来鉴别组织，即靠反射光的强度大小来识别它们。反射光强度差别产生的原因，有的是组织中两相反射系数不同，有时在多相组织中，由组成相的固有色彩不同或透过薄膜染色后，各相显示不同的色彩来区别不同相。另外，晶粒间界面侵蚀而凹陷，使直射光线发生散色，所以晶界呈暗黑色，总之，各种组织是借助人物镜的反射光强弱，产生足够的衬度而被识别的。

有时试样上被识别的两相的反射系数相近，经过侵蚀后略有凹凸的差别(如图 10－9(a)中所示)；或者是单相组织，在塑料变形后或第二类共格相变时引起的表面浮凸(如图 10－9(b)所示)，在这些情况下，反射光线几乎没有振幅差别，只有因反射光程不同而引起的相位差别。这时组织衬度微弱，难以用一般的金相显微镜鉴别，特别是当表面高低起伏极小时更为困难。在这种情况下只能借助于相衬金相显微分析法或微分干涉衬度法来分析。

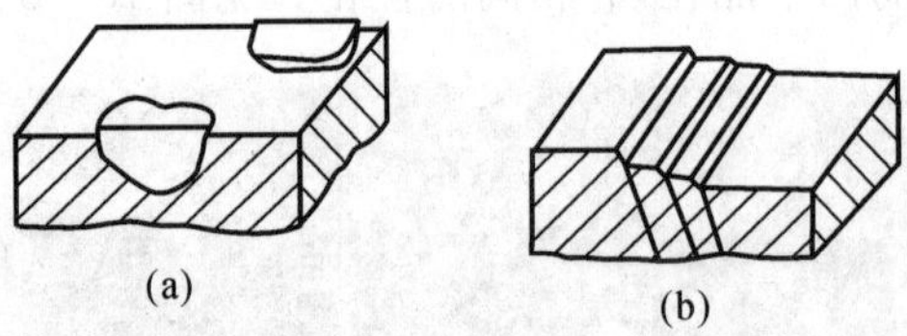

图 10－9　金相试样的不同磨面示意图

相衬金相分析就是在显微镜上，利用一些特殊的光学附件来提高组织反差的方法。对于表面高低差别在 200～500 nm 范围内的组织，很容易用相衬金相显微镜来鉴别。它是通过相衬装置，将具有微小相位差的光转化为具有强度差的光，来提高映像衬度，利于组织的识别、分析。

图 10－10 示为相衬金相显微镜的光学系统简图，它是在普通金相显微镜上加了两件特殊的光学附件组成。首先在光源照明系统的孔径光阑附近放置一块遮光板。在使用相衬照明时，应将孔径光阑开大。遮光板常呈圆环形或同心双环形。在物镜的后焦面上放置一块相板。相板是一块圆形平面的光学玻璃，在对应于环形遮板透光的圆环形狭缝处，涂有两层不同物质的镀膜，起移相和减幅作用，称为相环。在使用时，光束经过狭缝遮板形成圆筒形光束，射入显微镜筒，调节透镜 L 的位置，使狭缝遮板 A 恰好聚焦在相板 B 上，借助遮板 A 的侧向移动，使入射的筒形光速与相板上的环形涂层完全吻合，故相板上相环的尺寸必须与遮板狭缝的尺寸与形状相适应。实际上，为了克服透镜成像的不完全性，相环的尺寸略大于狭缝的投像。

筒形光速透过相环后，经物镜透射在试样表面。如果试样是一块平整光滑的磨面，那么由磨面反射进入物镜的光线(直射光)必须只与相环吻合,然后透过相环进入目镜筒。

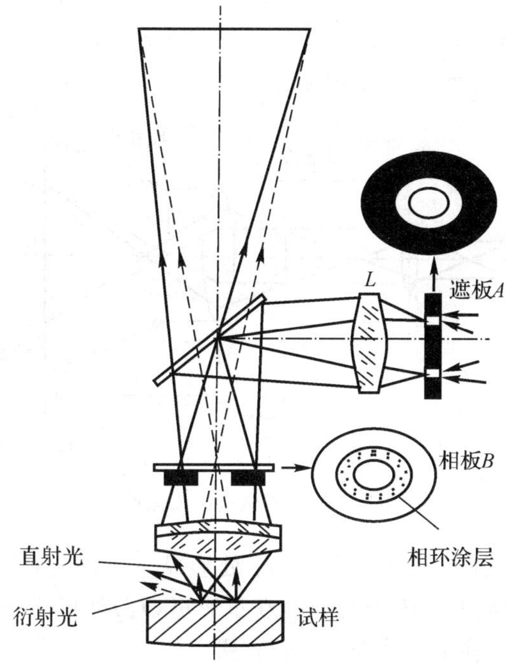

图 10-10　相衬显微镜的结构简图

如果磨面有微小凹凸的差别,则不同部位的反射就有不同的结果。凸起部分的反射光是直射光$\overrightarrow{S}$,经物镜后重又投在相环上,透过相环进入目镜筒;凹陷部分的反射光$\overrightarrow{P}$,它包括直射光$\overrightarrow{S}$与衍射光$\overrightarrow{D}$两部分,衍射光由各个方向进入物镜,投射在相板的整个面积上。在这里可以初步看到相板的作用:借遮板和相板的配合,使直射光与衍射光在相板上通过不同的指定区域。直射光通过相板上的相环部分,而衍射光通过相板上其他部分,这样就把两部分光线分开了,就有可能使直射光相位推移$\frac{1}{4}\lambda$或$\frac{3}{4}\lambda$(λ 为波长),与衍色光产生干涉现象。

直射光的相位移动与振幅的减小都是靠相板完成的。在相板指定的相环部分,用真空镀膜的方法镀上一层氟化镁,使通过镀层部分的光线比其他部分通过的光线推迟一定的相位。控制氟化镁镀层的厚度,就可以控制直射光的相位角。除了使直射光相位推移外,还需要减小直射光的振幅。为此,在相环上还需要喷镀一层银或铝,使直射光在透过镀银层时振幅显著减小,一般能将直射光吸收 80%左右。

除相环、相板外,显微镜调解时还需使用辅助透镜和贝特兰透镜,借不同曲率的辅助透镜作用,可使通过固定大小的环形遮板的环形光束适应于不同倍率物镜的相环,更换物镜时,只需要更换相应的辅助透镜,就可使环形光阑的影像总是与相环大小完全一致。

在较新型的显微镜中,都把贝特兰透镜安装在显微镜上使用时只需将其旋入光程,经适当调焦后,目镜中就可观察到环形光阑和相环在物镜后焦面的影像,这时调整遮板就比较方便,调整完毕后,将贝特兰透镜旋出光程,就可进行相衬分析。

相变引起的表面浮凸,机械力引起的表面不平;抛光引起较硬的第二相的突起;轻度侵蚀后某些相的凸出和凹陷等均可采用相衬分析的方法来完成。

10.1.3 显微摄影

1. 显微摄影的成像原理

显微摄影的成像原理见图 10－11 说明。

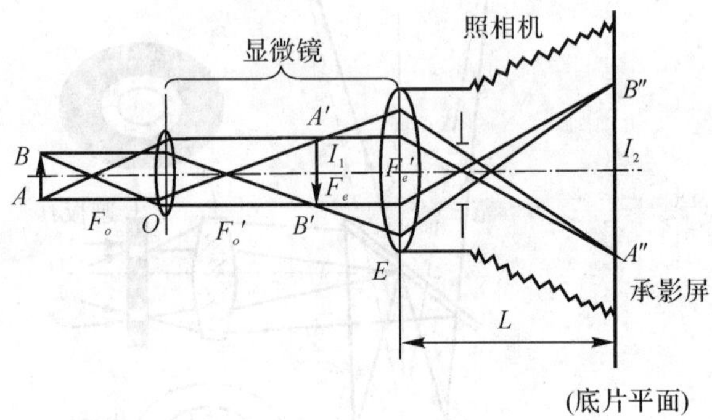

图 10－11 显微摄影成像原理

光线从微小物体 AB 射入物镜 O 后，在 I_1 处形成一个放大而倒立的实像 $A'B'$，由于 I_1 位于目镜的前交点以外，所以 $A'B'$ 经目镜后在承影屏（I_2）处形成一个进一步放大的实像 $A''B''$，将物像 $A''B''$ 聚焦清晰，换上底片即可进行拍摄。

2. 照相显微镜

金相显微摄影借助于照相显微镜来完成，其照相原理和普通摄影相同。照相显微镜的构造和观察用的金相显微镜基本相同，只是附加了 1 套照相装置。一类照相显微镜是在主体上已经配备了完善的照相用暗箱装置及照相镜头，如卧式及立式金相显微镜。另一类显微镜的主体不带照相装置，但另配了一套适用该显微镜的摄影附件，这类显微镜是指直立式光程的台式金相显微镜。

3. 显微摄影放大倍数

显微摄影时的放大倍数是由像在承影屏上的放大倍数来决定的。由于照相目镜至承影屏的距离 L 和显微观察时的明示距离不完全一致，所以摄影时的放大倍数 M_p 应为

$$M_p = \frac{L}{250}M$$

式中，M 为显微镜总的放大倍数；L 是目镜至承影屏的距离。

与显微观察时不同，照相时的有效放大倍数 M' 应等于底片的分辨能力 d'' 与物镜鉴别能力 d 的比值，即

$$M' = \frac{d''}{d} = \frac{2d''}{\lambda}\mathrm{NA}$$

其中，NA 表示物镜的数值孔径。

一般底片的分辨能力 $d'' = 0.03$ mm；当采用黄绿光射影时 $\lambda = 5\,500$ Å

$$M' \approx 120\ \mathrm{NA}$$

若考虑到相片不经放大，人眼观察时的分辨能力为 0.15nm，那么 M' 应改为 M''

$$M'' = \frac{2 \times 0.15}{5\,500 \times 10^{-7}}\mathrm{NA} \approx 500\ \mathrm{NA}$$

所以照相时的有效放大倍数在 M' 到 M'' 之间，它比观察时的有效放大倍数小。

4. 显微摄影的操作

显微摄影过程包括：摄影物镜、目镜的选择，安装摄影的装置，调整光源，选用滤色片，调节光阑，摄影调焦，摄影曝光等。这些过程的选择、调整是否合适，对摄影结果将会产生直接影响。

试样制备的好坏直接影响成像质量的高低，由于人眼的分辨能力比相片低得多，观察试样时可能看不到划痕和缺陷，往往会在摄影像片上被保留下来。因此，对需要拍照的试样制备时更应特别注意，要无划痕，无金属扰乱层，腐蚀深浅适度，组织清晰，一些石墨、夹杂物、第二相等不能有剥落和曳尾。有了标准的试样才能保证有好的成像质量的前提，才可以顺利进行摄影操作。

(1) 物镜的选择。

显微摄影时最好选用平场复消色差物镜。它对球差、色差及像场弯曲都做了校正，能获得平坦而清晰的映像。物镜的数值孔径对显微摄影也有影响。物镜的数值孔径大，照片呈现的细节数量显著增加，数值孔径小的，显现的细节数量少。

(2) 目镜的选择。

在显微摄影装置中都附有专供摄影用的摄影目镜。霍曼型摄影目镜只宜与平场消色差物镜、平场复消色差物镜配合使用。

(3) 光学系统的调整。

首先光源的亮度应较强，使整个视场得到均匀而充足的照明。同时也应注意孔径光阑和视场光阑的调节。为使物像清晰明亮，轮廓分明，一般把孔径光阑调节到使光斑充满物镜后透镜 3/4 为宜，小型台式金相显微镜则可使用 3～5 格刻度的孔径。缩小视场光阑，不但不影响物镜的分辨率，而且还可降低像差的影响，通常将视场光阑调到刚好达到摄影时摄影照片宽度为限。

(4) 调焦。

摄影前要仔细调整显微镜，选择好合适的显微组织，然后将试样组织投影到毛玻璃上。为提高调焦的准确性，还可使用专用的摄影对焦放大镜。

(5) 曝光。

曝光是显微摄影过程中的重要环节，曝光正确与否，直接决定照片的质量。即使一切参数都合适，唯独曝光参数没有掌握好，也会前功尽弃。所以一定要有正确的曝光时间，而正确的曝光时间的选定还应考虑以下因素：

1) 照明光源的亮度对曝光时间影响很大，用高亮度的氙灯照明，曝光时间在几分之一秒到几秒之间；而普通的白炽灯照明，曝光时间长达几分钟或十几分钟。

2) 物镜数值孔径与曝光时间的关系：曝光时间与物镜有效数值孔径的平方成反比。

3) 暗箱伸长距离与曝光时间的关系：暗箱伸长度是指目镜至胶片的距离，曝光时间与此距离的平方成正比。

4) 曝光时间的确定：正确的曝光时间可采用试摄法和曝光表测定法。

10.1.4　定量金相分析

定量金相的基础是体视学，由于金属不透明，不能直接观察三维空间的组织图像，故只能在二维截面上得到显微组织的有关几何参数，然后运用数理统计的方法推断三维空间的几何参数。故这门科学称为“体视学”。

用于做定量测定时显示显微组织图像的工具是多种多样的，凡是能显示测量对象的各类显微镜均可做定量测量。如光学显微镜、电子显微镜、图像分析仪、场离子显微镜等，其中光学显微镜和自动图像分析仪的使用较为广泛。测量可通过装在目镜上的测量模板直接测量观察到的组织，也可以在投影显微镜的投影屏幕上或在显微组织照片上进行测量。测量手段可由人工进行，也可借助专门的图像分析仪进行。

1. 晶粒度测定

晶粒度指多晶体内晶粒的大小。晶粒大小对材料性能重要性是不言而喻的，它早已成为评定材料质量的一项重要的指标。因此，晶粒大小的测定是金相检验的一项重要工作。

在实际工作中，晶粒大小的概念常采用晶粒直径大小来表示。用晶粒直径来表示晶粒大小时，因为直径的概念只有对球体才具有明确的意义，而对于形状不规则的晶粒，其含义就不确切。因此，一般可用平均截距来表示。平均截距是指在截面上任意测量直线穿过每个晶粒长度的平均值。在二维平面上截取的平均截距为 L_2，三维空间的平均截距记为 L_3，当测量的晶粒数目具有足够的统计意义时，它们的值相等 $L_2=L_3$。对于单相晶粒，其平均截距 $\overline{L}$，常用的计量单位为 mm。

$$\overline{L}=L_2=\frac{1}{N_L}=\frac{1}{P_L}$$

式中，N_L 为单位长度测量线上截到的晶粒数；P_L 为单位长度测量线与晶界的交点数。

晶粒度是用来描述单相合金晶粒大小及复相合金中连续分布的基体相晶粒大小的，按晶粒度的定义

$$n=2^{G-1}$$

式中，G 为晶粒度指数；n 为线放大倍数 100× 时每平方英寸的晶粒个数。

根据 GB6394 — 86 规定，测定晶粒度的方法有比较法、面积法和截点法。对于非等轴晶粒不能使用比较法。遇有争议时，截点法是仲裁方法。

比较法是通过与标准晶粒度评级图对比来确定材料的晶粒度。

面积法是通过测定给定面积内晶粒数目来确定晶粒度。

截点法是通过统计给定长度的测量网格上的晶界截点数来测定晶粒度。它是通过测出测量网格与晶界的交点，求出 P_L 值，求出晶粒的平均截距 $\overline{L}$，再求出晶粒度的级别。

测量前不论放大倍数如何，均要先用标尺校对已装入目镜筒中的测微尺，求得测微尺的精确数字，然后被测试样放入载物台观察被测微尺所截的晶粒截点。代入下列公式计算出晶粒级数。

$$G=-3.287\,7+6.643\,9\lg\frac{MP}{L_T}$$

式中，L_T 为所使用的测量网格长度；M 为观察用的放大倍数；P 为测量网格 L_T 上的截点数。

2. 多相合金中各组成相的相对量

在金相检验的工作中，常需测定多相合金组织中各组成相所占的相对量。

测定组织相对量的原理是依据 $V_V=A_A=L_L=P_P$，式中，V_V 表示单位测量体积中某测量

对象所占的体积，A_A 表示单位测量面积中某测量对象所占的面积。只要测出被测组织的 P_P（P_P 是指测量网络总点数上某测量对象所占的格点数）或 L_L（L_L 是指单位测量长度上某测量对象所占的长度），即可求得该组织所占体积百分数 V_V。

常用的测量方法即为前述的线分析法和点分析法。

(1) 线分析法（测 L_L 法）。

在显微组织图像上做任意直线，它被组织中各相截成若干线段，把落在被测相上的线段相加，得总长度 L_a，然后除以测量线总长度 L_T，即得被测相的体积百分数：

$$V_V = L_L = \frac{L_a}{L_T}$$

线段长度可用刻度尺在显微组织照片上测量。也可直接在显微镜的毛玻璃上测量。由于测量的是组织相对量，所以对所用刻度尺的比例和组织的放大倍数对测量结果不起作用。可不予考虑。

(2) 点分析法（测 P_P 法）。

在目镜筒上装以附有“＋”字线的目镜，每次将显微镜载物台移动相同距离，观察通过十字线交点的第二相，把交点落在第二相的次数加起来即为 P_a，除以观察总次数 P_T，就得第二相的体积百分数。

3. 线长度及界面面积的测量

单位面积内特征物的线长度，是指试样截面上的晶界线长度、孪晶与基体间的界面总长度、针状、细棒状的第二相长度、灰铸铁中片状石墨的长度及链状非金属加杂物的长度等。单位体积内特征物界面面积，通常是指单相或多相合金中的晶粒表面积、第二相粒子的表面积等。这些特征参数对材料的力学性能有很大的影响，因此，对这些特征参数的测量是很有意义的。

对于分布在基体上的第二相（α 相）粒子，可用公式：

$$(L_A)_\alpha = \frac{\pi}{2} P_L = \pi N_L$$

$$(S_V)_\alpha = 2P_L = 4N_L$$

求得第二相粒子在截面上的线长度及单位体积中的界面面积。

对于求片状石墨的平均长度 L_G 及周长 L_S 则用公式

$$L_G = \frac{\pi}{2} \frac{Pd}{NM}$$

式中，P 为测量线与石墨的交点数；M 为放大倍数；d 为测量线间距；N 为测量面积内石墨片的片数。

4. 自动图像分析仪

自动图像分析仪作为定量研究材料显微组织结构是近几十年发展起来的新方法。图像分析仪代替人工自动测量具有准确性高、重现性好、速度快、用途广等特点。它是由成像系统、分析、处理系统、测量系统及输出外围系统构成。

(1) 原理。

用一扫描光束或电子束，在所分析得图像上进行扫描，当扫描束从一个组成物转移到另一个组成物时，由于彼此间的明暗程度或彩色衬度不同，就会产生脉冲并引起脉冲幅度的变化。把沿着扫描束所走过的一定长度的脉冲数和脉冲持续时间记录下来，根据这两个基本参数，就可以测出组织的二维或三维特征，如合金组成相的体积分数、单位相界面积、各种相的轮廓长度及相的总面积及面积百分数等。

(2) 应用。

1) 测量组成相的体积百分数，如钢和铸铁中磷化物、石墨等的含量。

2) 测量晶粒度。

3) 测量非金属夹杂物，如硫化物、氧化物的数量、形状、分布及平均尺寸等。

4) 测量钢中碳化物的平均尺寸及平均间距等。

5) 测量高速钢中碳化物的带状偏析。

6) 研究再结晶过程。

7) 测量晶界总长度、总面积。

由于图像分析仪的检测是通过区别不同灰度特征物来实现的，因此，制备足够衬度的试样是保证测量精度的主要条件。

10.2 透射电子显微镜

10.2.1 透射电镜的基本构造

透射电镜是以波长极短的电子束作为照明源，利用磁透镜聚焦成像的一种高分辨本领、高放大倍数的电子光学仪器。它由电子光学系统、电源、控制系统、真空系统等五部分构成。

1. 电子光学系统

整个电子光学系统完全置于显微镜筒之内，类似于积木式结构，自上而下顺序排列着电子枪、聚光镜、试样室、物镜、中间镜、投影镜、观察室、荧光屏、照相机构等装置。其结构原理和光路如图 10-12 所示。上述装置又可化为照明、成像放大和图像观察与记录三大部分。

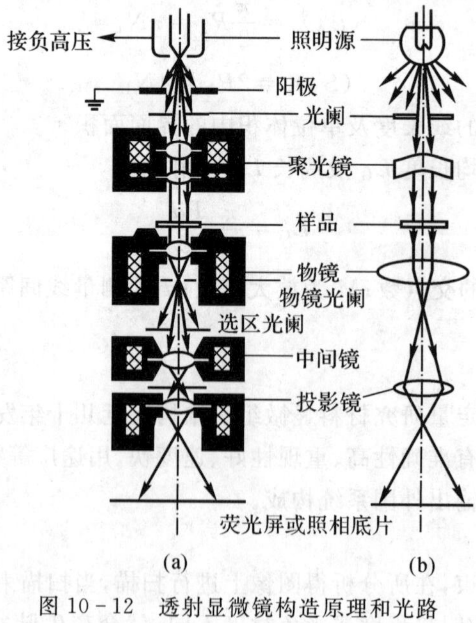

图 10-12 透射显微镜构造原理和光路

(a)透射电子；(b)透射光学显微镜

（1）照明系统。

透射电镜照明系统由电子枪、聚光镜和平移、倾斜调节装置组成，其作用是提供一束亮度高、照明孔径小、束流稳定的照明源。

1）电子枪。电子枪是透射电镜的电子源，它由丝径为0.1～0.15 mm的钨丝制成作为阴极以及栅极帽和阳极组成。阴极与栅极帽一起装在高压瓷瓶上，可通过镜筒外边的四个固定螺钉相对阳极进行平移调整。

2）聚光镜。聚光镜是用来会聚电子枪射出来的电子束，并通过固定光阑和活动光阑的限制、改变照明孔径角和束斑大小。

3）垂直照明和倾斜照明。通过调节倾斜、平移、下偏转旋钮，使电子束相对物镜作倾斜、水平移动以便适用于倾斜照明的暗场成像和垂直照明的明场成像。

（2）成像放大系统。

成像放大系统由试样室、物镜、中间镜、投影镜、观察室、照相装置等组成。

1）试样室。试样室位于照明部分与物镜之间，其作用是通过试样台承载试样、移动试样。转动样品台调节杆能使样品沿水平 x、y 方向上移动。为了观看金属薄膜衍衬像，样品台还可沿其中心作±(0°～60°)的倾斜移动。另外，在特殊的情况下，试样室内还可分别装设加热、冷却、形变试样台，以对试样进行各种状态的观察研究。

2）物镜。物镜是电镜最关键的部分，是获得第一幅放大电子像或电子衍射花样的电磁透镜，决定了透射电镜分辨本领的好坏，通常采用强激磁、短焦距(1.5～3 mm)的物镜，像差较小。此外还借助于物镜光阑和消像散器来进一步降低球差、消除像散、提高分辨本领。

3）中间镜。中间镜是一个弱激磁的长焦距变倍透镜，可以在0～20倍范围内调节。在中间镜的物平面上插入一个选区光阑，其孔径能无级调节，可以进行选区电子衍射操作。

4）投影镜。投影镜是一个强激磁、短焦距透镜，可提供尽可能大的放大倍数，将中间镜像放大并透射在荧光屏或照相底片上。投影镜上装有高分辨衍射装置。

2. 真空系统

为了防止电子枪两电极间放电、钨丝阴极氧化，减少样品污染，使整个电子通道从电子枪至照相底板盒都必须置于真空系统之内，一般真空度为 10^{-2}～10^{-3} Pa。

真空系统由机械泵、油扩散泵、阀门、真空测量仪和管道等部分组成。开机前首先开机械泵和扩散泵的电炉，先抽储气筒，待5 min后抽镜筒，再经20 min后使机械泵再抽储气筒，同时打开扩散泵，很快即可达到设备要求的真空度。

为使扩散泵和透镜正常工作，还设有水冷系统，以冷却扩散泵并使各透镜温度恒定。

（1）供电系统。

电源的稳定度是电镜性能好坏的一个极为重要的标志。加速电压和透镜电流的不稳定将使电子光学系统产生严重色差，使分辨本领下降。所以供电系统的主要任务是产生高稳定的加速电压和各透镜的激磁电流。透射电镜将220 V交流电网电压分别送至：

1）600 V稳压器，产生直流高压，再送到高压振荡器，电子枪灯丝振荡器，220 V稳压器，它们又都输入给高压油箱，通过倍压整流，产生所需稳定的高压及电子枪灯丝电流。

2）780 V稳压器，为物镜、中间镜、投影镜提供电源。

3）24 V电源，为电子束倾斜、平移、摇摆、聚光镜及各继电器提供电源。

4）真空系统，使机械泵、扩散泵工作及实现自动控制。

10.2.2　透射电镜的成像原理

照明部分提供一束具有一定照明孔径和一定强度的电子束，照射到样品上。由于样品各微区厚度、原子序数和晶体结构不同，使电子束透过样品时发生部分散色，其散射结果使通过物镜光阑孔的电子束强度产生差别，则在物镜像平面上，形成第一幅反映微区特征的电子像。再经中间镜，投影镜两级放大，透射到荧光屏或电子感光板上，即可获得一幅具有一定衬度的高放大倍率的图像，如图 10－13 所示。若三级放大图像总的放大倍数为 M，则

$$M = M_0 M_i M_p$$

式中，M_0、M_i、M_p 分别是物镜、中间镜、投影镜的放大倍数。

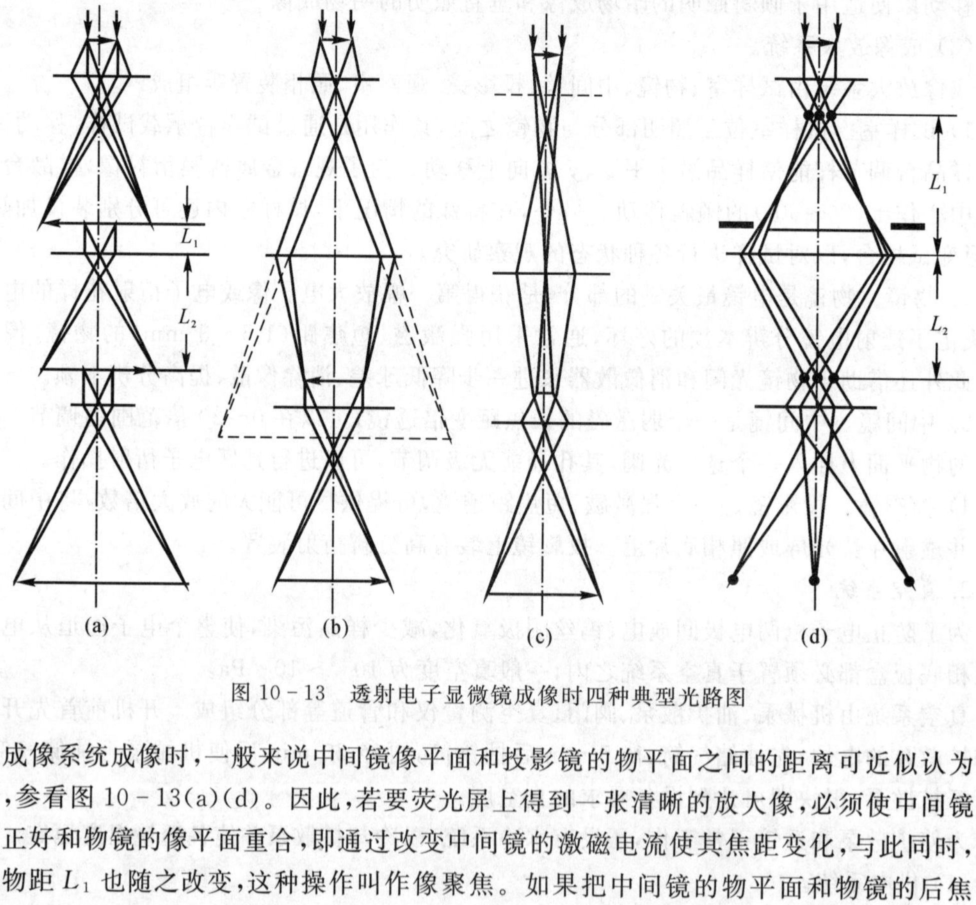

图 10－13　透射电子显微镜成像时四种典型光路图

成像系统成像时，一般来说中间镜像平面和投影镜的物平面之间的距离可近似认为固定不变，参看图 10－13(a)(d)。因此，若要荧光屏上得到一张清晰的放大像，必须使中间镜的物平面正好和物镜的像平面重合，即通过改变中间镜的激磁电流使其焦距变化，与此同时，中间镜的物距 L_1 也随之改变，这种操作叫作像聚焦。如果把中间镜的物平面和物镜的后焦面位置重合时，在荧光屏上得到的是一幅电子衍射花样，这就是所谓电镜中电子衍射操作。

10.2.3　透射电镜的调整和操作

(1) 合轴调整。

透射电镜在大清洗重新组装后必须进行合轴调整，使照明和成像组成部分严格合轴，充分发挥仪器性能。

(2) 透射电镜操作。

① 接通电源；②打开冷水泵；③放试样；④抽真空；⑤调整物镜电流聚焦，测定。

10.2.4　透射电镜倍率标定

透射电镜的放大倍数将随样品的平面高度、加速电压、透镜电流而变化。为了保持仪器放大倍数的精度，必须定期进行标定。常用的标定方法如下：

(1) 1.5 万倍以下倍数的标定。

利用刻有一定间距的平行线或方格的光栅作为标样。在一定的条件(加速电压、透镜电流下)，拍摄标样的放大像，如图 10－14 所示。然后从照片上测量光栅条纹的平均距离与实际光栅条纹间距之比，即为电镜在此条件下的放大倍数。图 10－14 所示的光栅复型为 1 152 条/mm，(a)中 6 条间距为 29.4 mm；则放大倍数 M 为

$$M=\frac{29.4/6}{1/1\ 152}=5\ 700 \text{ 倍}$$

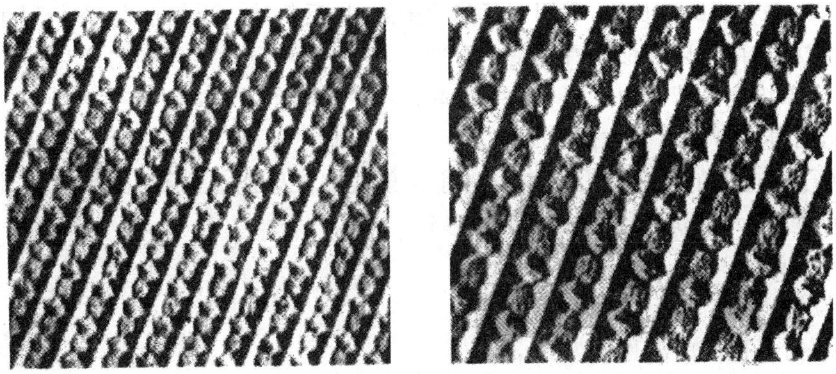

(a)　　(b)

图 10－14　1 152 条/毫米衍射光栅复型放大像

(a) 中间镜激磁电流 22 mA，5 700×；(b) 中间镜激磁电流 24 mA，8 750×

(2) 高放大倍数(5 万倍以上)的标定。

利用已精确知道晶格间距的晶体作为标样。在衍射的条件下，寻找好衍射花样，然后用物镜光阑将选定的衍射斑点和中心斑点一起套用，利用两束(或多束)干涉成像，如图 10－15 所示，获得晶格条纹像并拍摄记录。测出照片上条纹像的间距与实际晶格间距比值，即为相应条件下仪器的放大倍率。

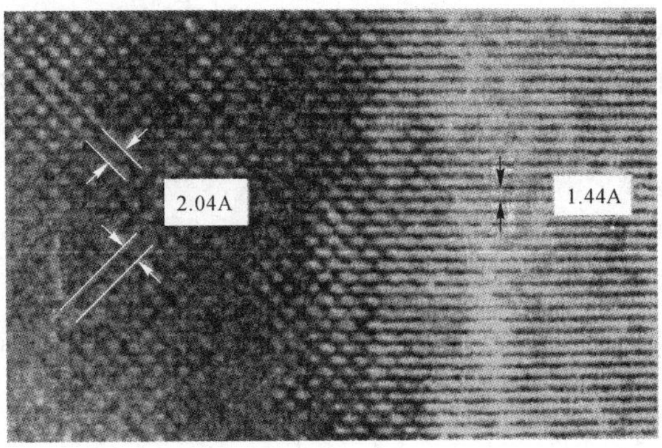

图 10－15　黄金(200)(220)晶格条纹像

10.2.5 电子衍射

透射电子显微镜的特点是它即可以进行形貌分析又可以做电子衍射分析。在同一台仪器上把这两种方法结合起来可使组织结构分析的试验过程大为简化。

电子衍射的原理和 X 射线衍射相似，是以满足布拉格方程作为产生衍射的必要条件。但是，由于电子波有其本身的特性，电子衍射和 X 射线衍射相比较时，具有下列不同的地方。

首先，电子波的波长比 X 射线短得多，在同样满足布拉格条件时，它的衍射角很小，约为 10^{-2} rad，而 X 射线产生衍射时，其衍射角最大可接近$\frac{\pi}{2}$。

第二，在进行电子衍射操作时采用薄晶样品，略微偏离布拉格条件的电子束也能发生衍射。

第三，因为电子波的波长短，采用厄瓦尔德图解时，反射球的半径很大，在衍射角 θ 较小的范围内反射球的球面可以近似地看成是一个平面，从而也可认为电子衍射产生的衍射斑点大致分布在一个二维倒易截面内。这个结果使晶体产生的衍射花样能比较直观地反映晶体内各晶面的位向，给分析带来不少方便。

最后，原子对电子的散射能力远高于它对 X 射线的散射能力（约高出四个数量级），故电子衍射束的强度较大，摄取衍射花样仅需数秒钟。

1. 电子衍射原理

(1) 布拉格定律。

设相邻平行晶面间的波程差为 2λ，则

$$2d_{h'k'l'}\sin\theta = 2\lambda$$

式中，$d_{h'k'l'}$ 为衍射晶面组的面间距；θ 为布拉格衍射角；λ 为波长。式中等号右边的数值 2 表示衍射级数 $n=2$。如果令$\frac{d_{h'k'l'}}{n}=d_{hkl}$，则布拉格方程就可改写成恒为一级的衍射形式，即

$$2d_{hkl}\sin\theta = \lambda$$

把以上公式改变其形式

$$\sin\theta = \frac{\lambda}{2d_{hkl}}$$

因为 $\sin\theta \leqslant 1$，所以 $\lambda \leqslant 2d_{hkl}$。一般情况下，金属和合金晶体的晶面间距大都在 0.2～0.4 nm 范围之内，而电子波的波长均小于 0.005 nm，因此，电子束和金属或合金晶体作用时，极易产生衍射，只是电子衍射时 $\sin\theta$ 在数值上很小，从而具有特别小的衍射角。

2. 电子衍射的基本公式

电子衍射的基本公式如下：

$$\boldsymbol{R} = \lambda L \boldsymbol{g}_{hkl}$$

其中，λL 称为电子衍射的相机常数；L 为相机长度。λL 的量纲为 mm · nm。$\boldsymbol{R}$ 是正空间中的矢量（$\boldsymbol{R}$ 的长度为衍射斑点到中心斑点的距离），$\boldsymbol{g}_{hkl}$ 为倒空间的矢量。

$$g_{hkl} = \frac{1}{d_{hkl}}$$

在进行衍射操作时，入射电子束和样品相遇，通常有多组晶面产生布拉格衍射，在底片上

可得到一系列的斑点。

3. 结构因素

满足布拉格方程只是产生衍射的必要条件，要使衍射能够产生，还必须保证结构因素不等于零。结构因素 F_{hkl} 是描述晶胞类型和衍射强度之间关系的一个函数，它可以理解成晶体中单位晶胞内所有原子散射波在某一(hkl)晶面的衍射方向上的振幅之和。结构因数的模称为结构振幅。

结构因数 F_{hkl} 的数学式如下：

$$F_{hkl}=\sum_{j=1}^{N} f_j \mathrm{e}^{2\pi i(hx_j+ky_j+lz_j)}$$

式中，h、k、l 为衍射晶面的指数；x_j、y_j、z_j 为晶胞中第 j 个原子坐标；f_j 为晶胞中第 j 个原子的散射振幅；N 为单位晶胞的原子数。

4. 单晶体电子衍射花样的标定

（1）已知相机常数和已知样品的晶体结构时衍射花样的标定。

1）测定靠近中心斑点的几个衍射斑点至中心斑点的距离 R_1、R_2、R_3……

2）根据衍射的基本公式 $R=\lambda L\ \dfrac{1}{d}$，求出相应的晶面间距 d_1、d_2、d_3……

3）因为晶体结构是已知的，每一个 d 值相当于该晶体某一晶面族的面间距，故可根据 d 值定出相应的晶面族指数$\{hkl\}$。

4）测定各衍射斑点之间的夹角。

5）决定离开中心斑点最近的衍射斑指数。

6）决定第二个斑点的指数

7）一旦决定了两个斑点，那么其他斑点可以根据矢量运算求得。

8）根据晶带定理求零层倒易面法线的方向，即晶带轴的指数。

（2）未知晶体结构，相机常数已知时衍射花样的标定。

1）测定低指数斑点的 R 值。应在几个不同的方位摄取电子衍射花样，保证能测出最前面的 8 个 R 值。

2)根据 R，计算出各个 d 值。

3)查 ASTM 卡片和各 d 值都相符的物相即为待测的晶体。

5. 多晶体的电子衍射花样

（1）环状电子衍射花样的产生。

多晶体薄膜电子衍射花样的照片上，花样中出现多个同心圆环，每个圆环是由多晶样品中同一个$\{hkl\}$面族的晶面发生的衍射而造成的。因为电子束方向一定时，多晶样品中与入射束成 $\theta\pm\Delta\theta$ 交角的所有晶面都能产生衍射束（θ 为布拉格角，$\pm\Delta\theta$ 是偏离布拉格角的最大范围），因此，晶面间距相同的$\{hkl\}$面族，基本符合布拉格条件的晶面所产生的衍射束，$\theta\pm\Delta\theta$ 为半顶角的圆锥衍射束。根据衍射的基本公式，衍射束和底片将相交成圆环，其半径为 $R=\dfrac{\lambda L}{d}$，同一样品中不同的晶面族因其面间距的不同，各自产生半径不同的同心圆环。

单晶衍射花样与中心斑点的距离为 R 的某一衍射斑点，实际上是相应多晶体衍射圆环（半径为 R）上的一个点。多晶薄膜中晶粒数目变少时，环状花样将出现断续状，图 10－16 为多晶体环状衍射花样产生的示意图。

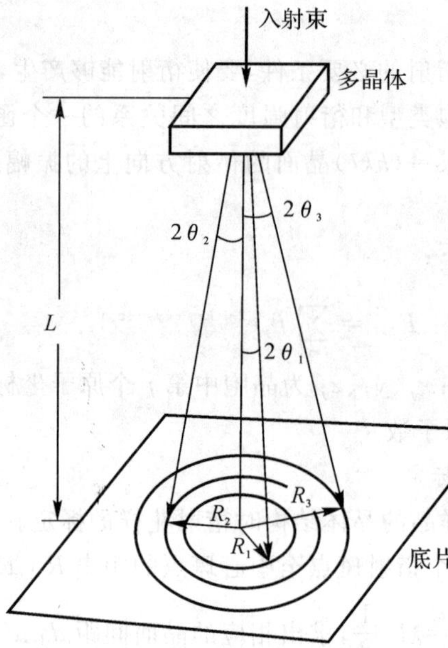

图 10－16　多晶体环状衍生花样产生的示意图

(2) 利用环状花样进行物相鉴定。

图 10－17 为一张多晶体薄膜的环状衍射花样示意图，相机常数 $\lambda L=1.70\ \mathrm{mm\cdot nm}$。衍射花样的物相鉴定步骤如下：

1) 测量各圆环的 R 值；

2) 根据 R 值求出相应的 d 值；

3) 把最强圆环强度定为 100，求出各圆环的相对强度。在图 10－17 中第一圆环强度最大，故其他圆环的相对强度应是 I/I_1。

4) 把 R、d、I/I_1 三项列表；

5) 查 ASTM 物相卡片。

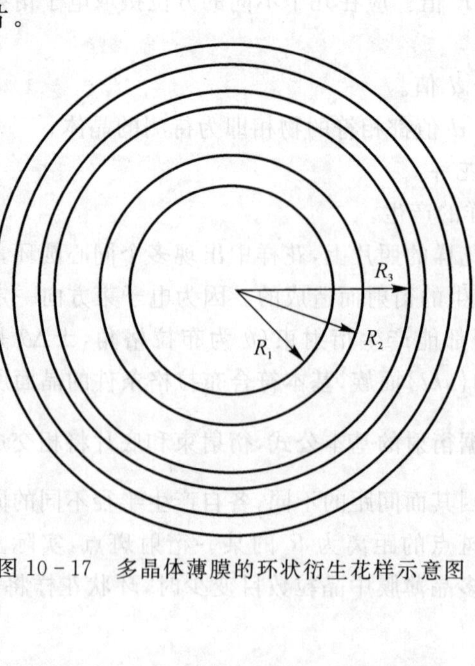

图 10－17　多晶体薄膜的环状衍生花样示意图

10.3　扫描电镜

扫描电子显微镜的成像原理和透射电子显微镜完全不同。它是利用扫描电子束从样品表面激发出各种物理信号来调制成像的。新式扫描电子显微镜的二次电子显微像的分辨率已达到 4～5 nm，放大倍数可从数倍原位放大到 20 万倍左右。由于扫描电子显微镜的景深远比光学显微镜大，可以用它进行显微断口分析。用扫描电子显微镜观察断口时，样品不必复制，这给分析带来了极大的方便。

10.3.1　扫描电镜的构造及工作原理

扫描电镜是由电子枪发射并经过聚焦的电子束在样品表面扫描，激发样品产生各种物理信号，经过检测、视频放大和信号处理，在荧光屏上获得能反映样品表面各种特征的扫描图像。

扫描电镜由电子光学系统、扫描系统、信号检测放大系统、真空系统和电源系统等五部分组成，如图 10－18(a)所示。各部分的主要作用简介如下。

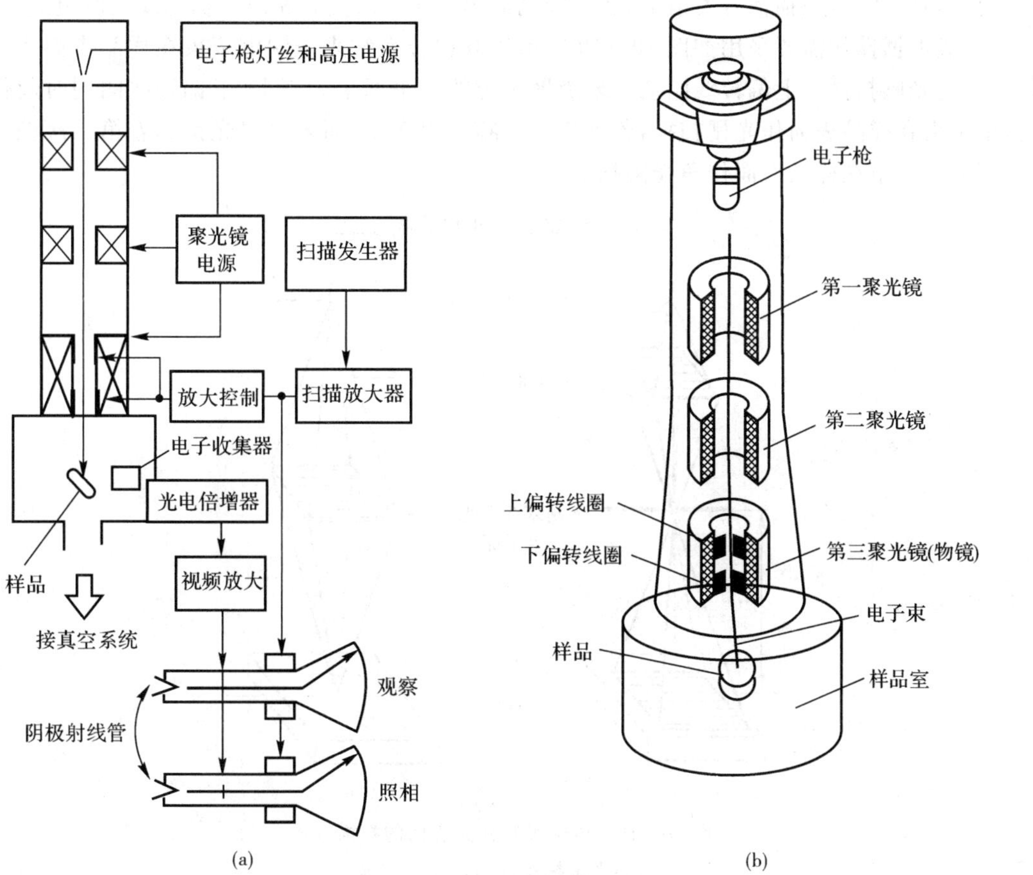

图 10－18　扫描电子显微镜构造示意图

1. 电子光学系统

它由电子枪、电磁聚光镜、光阑、样品室等部件组成，如图 10－18(b)所示。为了获得较高的信号强度和扫描像，由电子枪发射的扫描电子束应具有较高的亮度和尽可能小的束斑直径。常用的电子枪有三种形式：普通的热阴极三极电子枪、六硼化镧阴极电子枪和场发射电子枪，其性能在亮度、电子源直径、寿命和真空度方面均有不同。热发射电子枪有普通热阴极三极电子枪和六硼化镧阴极电子枪。冷发射电子枪也叫场发射电子枪。其中场发射电子枪的亮度最高、电子源直径最小，是高分辨本领扫描电镜的理想电子源。

电磁聚光镜的功能是把电子枪的束斑逐级聚焦缩小，因照射到样品上的电子束光斑越小，其分辨率就越高。扫描电镜通常都有三个聚光镜，前两个是强透镜，缩小束斑，第三个透镜是弱透镜，焦距长，便于在样品室和聚光镜之间装入各种信号探测器。为了降低电子束的发散程度，每级聚光镜都装有光阑。为了消除像散，装有消像散器。

样品室中有样品台和信号探测器，样品台除了能夹持一定尺寸的样品，还能使样品作平移、倾斜、转动等运动，同时样品还可在样品台上加热、冷却和进行机械性能试验（如拉伸和疲劳）。

2. 扫描系统

扫描系统的作用是提供入射电子束在样品表面上以及阴极射线管电子束在荧光屏上的同步扫描信号。它由扫描信号发射器、放大控制器等电子学线路和相应的扫描线圈所组成。

一般根据操作需要采用如图 10－19 所示的双偏转系统来控制电子束在样品表面作光阑扫描或角光阑扫描。上偏转线圈装在末级聚光镜的物平面上。当上、下偏转线圈同时起作用时，电子束在样品表面作光栅扫描，若下偏转线圈不起作用，而末级聚光镜起着第二次偏转作用，则使电子束在样品表面作角光阑扫描。

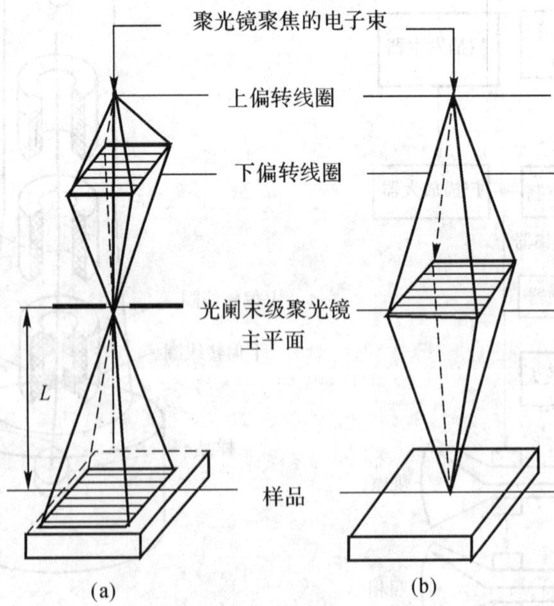

图 10－19　电子束在样品表面的扫描方式

(a)光阑扫描；(b)角光阑扫描

扫描电镜的倍率放大是通过改变电子束偏转角度来实现放大倍率的调节。因为观察用的荧光屏尺寸是一定的，所以电子束偏转角越小，在试样上扫描面积越小，其放大倍率 M 越大。

$$M=\frac{A_C(\text{CRT 上扫描振幅})}{A_S(\text{电子束在样品表面扫描振幅})}$$

扫描电镜的放大倍率一般是 $20\sim20\times10^4$ 倍。

3. 信号检测、放大系统

样品在入射电子作用下会产生各种物理信号，有二次电子、背散射电子、特征 X 射线、阴极荧光和透射电子。不同的物理信号要用不同类型的检测系统。它大致可分为三大类，即电子检测器、阴极荧光检测器和 X 射线检测器。今主要介绍二次电子的信号检测与放大系统。

常用的检测系统为闪烁计数器，它位于样品上侧，由闪烁体、光导管和光电倍增器所组成，如图 10－20 所示。闪烁体一端加工成半球形，另一端与光导管相接，并在半球形的接收端上喷镀几百埃厚的铝膜作为反光层，既可阻挡杂散光的干扰，又可作为高压电极加 6～10 kV 的正高压，吸引和加速进入栅网的电子。另外在检测器前端栅网上加 250～500 V 正偏压，吸引二次电子，增大检测有效立体角。这些二次电子不断撞击闪烁体，产生可见光信号沿光导管进到光电倍增器进行放大，输出电信号 10 mA 左右，再经视频放大器稍加放大后作为调制信号，最后转换为在阴极射线管荧光屏上显示的样品表面形貌扫描图像，供观察和照相记录。通常荧光屏有两个，一个供观察用，一个供照相用；或者一个供高倍观察用，一个供低倍观察用。

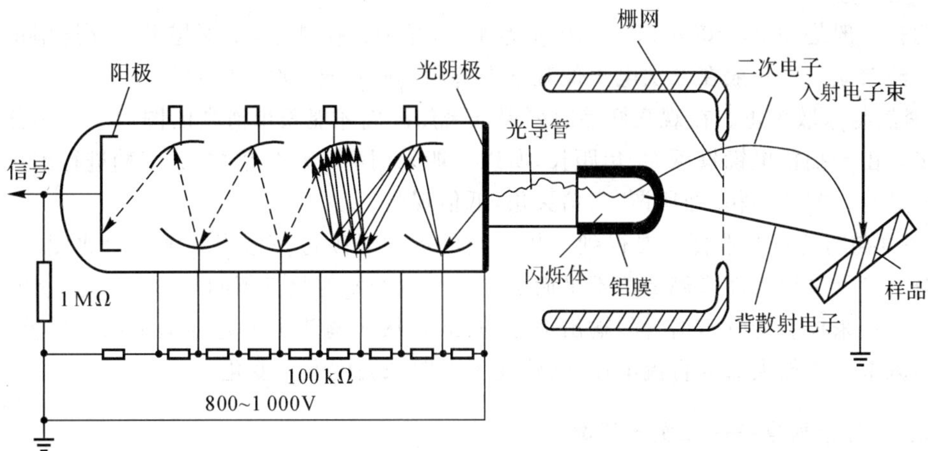

图 10－20　电子检测器

4. 真空系统

镜筒和样品室处于高真空下，一般不得高于 1×10^{-2} Pa，它由机械真空泵和油扩散泵来实现。现开机械泵抽低真空，20 min 后再开扩散泵，片刻达到所需真空度之后方可开机。在更换试样时，用阀门使样品室与镜筒部分隔开；更换灯丝时也可以将电子枪室与整个镜筒隔开，这样保持镜筒部分真空不被破坏。试样或灯丝更换后，几分钟即可抽到高真空。

5. 电源系统

由稳压、稳流及相应的安全保护电路所组成，提供扫描电镜各部分所需要的电源。

10.3.2　扫描电镜的调整

扫描电镜的调整通过①电子束合轴；②放入试样；③图像调整完成。

1. 电子束合轴

处于饱和的灯丝发射出的电子束通过阳极进入电磁聚光镜系统。通过三级聚光镜及光阑照射到试样上，只有在电子束与电子光路系统中心合轴时，才能获得最大亮度。通常以在荧光屏上得到最亮的图像为止。

2. 放入试样

将试样固定在试样盘上，并进行导电处理，使试样处于导电状态。将试样盘装入样品更换室，预抽 3 min，然后将样品更换室阀门打开，将试样盘放在样品台上，在抽出试样盘的拉杆后关闭隔离阀。

3. 图像调整

(1) 高压选择。

扫描电镜的分辨率随加速电压增大而提高，但其衬度随电压增大反而降低，并且加速电压过高污染严重，所以一般在 20 kV 下进行初步观察，而后根据不同的目的选择不同的电压值。

(2) 聚光镜电流的选择。

聚光镜电流与像质量有很大关系，聚光镜电流越大，放大倍数越高。同时，聚光镜电流越大，电子束斑越小，相应的分辨率也会越高。

(3) 光阑选择。

光阑孔一般是 400μ、300μ、200μ、100μ 等 4 档，光阑孔径越小，景深越大。分辨率也越高，但电子束流会减少。一般在二次电子像观察中选用 300 μ 或 200 μ 的光阑。

4) 聚焦与像散校正。在观察样品时要保证聚焦准确才能获得清晰的图像。聚焦分粗调、细调两步。由于扫描电镜景深大、焦距长，所以一般采用高于观察倍数二、三档进行聚焦，然后再回过来进行观察和照相，即所谓"高倍聚焦，低倍观察"。

5) 亮度与对比度的选择。要得到一幅清晰的图像必须选择适当亮度与对比度。二次电子像的对比度受试样表面形貌凸凹不平而引起二次电子发射数量不同的影响。通过调节光电倍增管的高压来控制光电倍增管的输出信号的强弱，从而调节了荧光屏上图像的反差。亮度的调节是调节前置放大器的直流电压，使荧光屏上图像亮度发生变化。

10.3.3 形貌衬度——二次电子像

1. 二次电子像衬度原理

表面形貌衬度是利用对样品表面形貌变化敏感的物理信号作为调制信号得到的一种像衬度。因为二次电子信号主要来自样品表层 5～10 nm 深度范围，它的强度与原子序数没有明确的关系，但对微区刻面相对于入射电子束的位向却十分敏感。二次电子像分辨率比较高，所以适用于显示形貌衬度。

在扫描电镜中，若入射电子束强度 i_p 一定时，二次电子信号强度 i_s 随样品表面的法线与入射束的夹角(倾斜角)θ 增大而增大。或者说二次电子产额 $\delta\left(\delta=\frac{i_s}{i_p}\right)$ 与样品倾斜角 θ 的余弦成反比，即

$$\delta=\frac{i_s}{i_p}\propto\frac{1}{\cos\theta}$$

如果样品是由 10-21(a)所示那样的三个小刻面 A、B、C 所组成，由于 $\theta_C>\theta_A>\theta_B$，所以

$\delta_C > \delta_A > \delta_B$，如图 10 - 21(b)所示，结果在荧光屏上 C 小刻面的像比 A 和 B 都亮，如图 10 - 21(c)所示。因此在断口表面的尖棱、小粒子、坑穴边缘等部位会产生较多的二次电子，其图像较亮；而在沟槽、深坑及平面处产生二次电子少，图像较暗，由此而形成明暗清晰的断口表面形貌衬度。

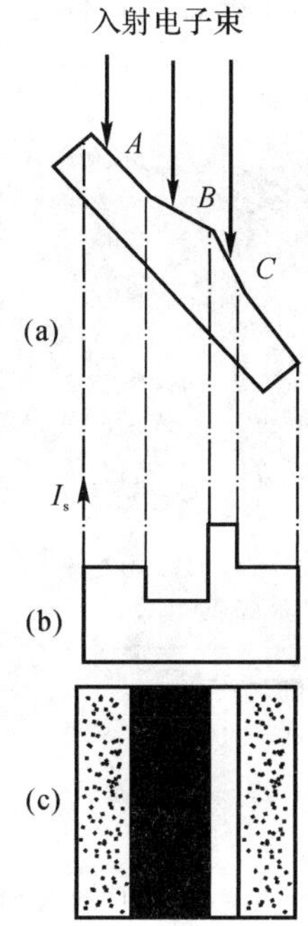

图 10 - 21　形貌衬度原理

10.4　X 射线衍射仪

图 10 - 22 是丹东衍射仪器集团公司生产的 Y - 4Q 全自动 X 射线衍射仪。它可精确的测定晶体的点阵参数、单晶定向、晶粒度测定、物相的定性分析和定量分析以及晶体缺陷的分析和应力分析等。

它是由 X 射线发生器、测角仪、信号检测系统、计算机系统、数据处理和应用软件等构成。

应用软件可进行衍射线条的指标化、物相定性分析、计算非晶体材料径向分布函数、X 射线衍射线性分析等。总之，Y - 4Q 衍射仪目前已具有采集衍射资料、处理图形数据、查找管理文件以及自动进行物相定性分析等功能。

图 10 - 23 为丹东产 Y - 4Q 全自动 X 射线衍射仪整体图及工作原理方框图。

图 10 - 24 是 X 射线衍射仪的中心部分一测角仪示意图。D 为平板试样，它安装在试样台 H 上，试样台可围绕垂直于图面的轴 O 旋转。S 为 X 射线源，也就是 X 射线管靶面上的线状焦斑，它与图面相垂直，与衍射仪轴相平行。由射线源射出的发散 X 射线，照射试样后即形成一根收敛的衍射光束，它在焦点 F 处聚集后射进计数管 C 中。

F 处有一接收狭缝，它与记数管同安装在可围绕 *O* 旋转的支架 *E* 上，其角位置 2θ 可从刻度尺 K 上读出。衍射仪的设计使 *H* 和 *E* 的转动保持固定的关系，当 *H* 转过 θ 度时，*E* 即转过 2θ 度。这种关系保证了 X 射线相对于试样的"入射角"与"反射角"始终相等，使得从试样产生的衍射线都正好能聚焦并进入记数管中。记数管能将 X 射线的强弱情况转化为电信号，并通过记数率仪、电位差计将信号记录下来。当试样连续转动时，衍射仪就能自动描绘出衍射强度随 2θ 角的变化情况。

图 10－22　Y－4Q 全自动 X 射线衍射仪

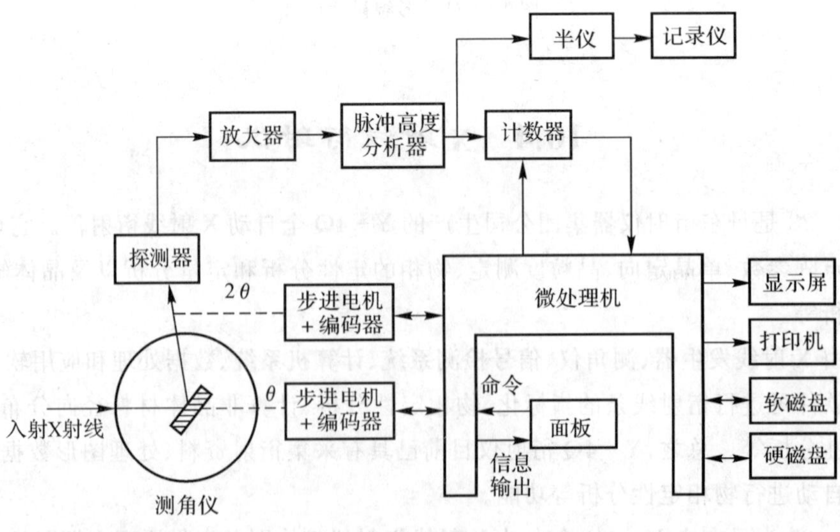

图 10－23　Y－4Q 衍射仪工作原理方框图

测角仪的光学布置也在图 10－24 中展示。*S* 为靶面的线焦点，其长轴方向为竖直。入射线和衍射线要通过一系列狭缝光阑。*K* 为发散狭缝，*L* 为防发散狭缝，*F* 为接受狭缝，分别限制入射线和衍射线束在水平方向的发散度。防散射狭缝还可排斥非试样的辐射，使峰底比得到改善。S_1、S_2 为梭拉狭缝，是由一组相互平行的金属薄片所组成，相邻两片间的空隙在 0.5 mm 以下，薄片厚度大约为 0.05 mm，长为 60 mm。梭拉狭缝可以限制入射线及衍射线束在垂直方向的发散度大约 2°，衍射线在通过狭缝 L、S_2 及 F 后便可进入记数管 C 中。

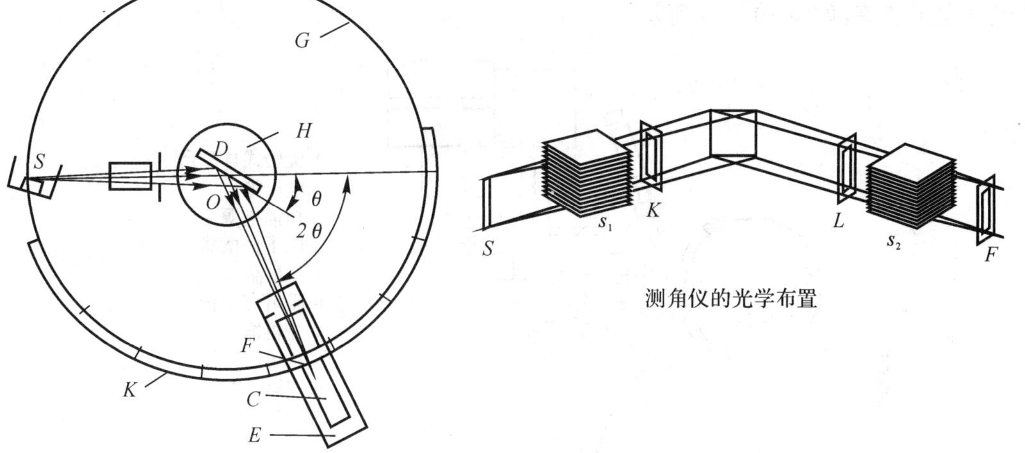

图 10 - 24　测角仪构造示意图

1. 物相的分析方法

物相的定性分析是 X 射线衍射分析中最常用的一项测试。Y - 4Q 衍射仪可按所给定的衍射条件进行衍射数据的自动采集、寻峰处理、并自动启动检索处理完成物相的定性分析。

虽然物质的种类很多，但却没有两种衍射花样完全相同的物质，鉴定物相可以从某种物质多晶体衍射线条的数目、位置、强度等这些特征进行标定。

2. 试验及分析过程

(1) 试样。

衍射仪一般采用块状平面试样，它可以是整块的晶体，也可以是压制好的晶体粉末。

(2) 测试参数的选择。

1) 测角仪狭缝光栅的选择。

2) 测角仪扫描速率的选择。

3) 记数率仪的时间常数选择。

4) 测试角度量程的选择。

其中，定速连续扫描为试样和接收狭缝以角速度比 1∶2 的关系匀速转动。在转动过程中，检测器连续地测量 X 射线的衍射强度，各晶面的衍射线依次被接收。计算机控制的衍射仪多数采用步进电机来驱动测角仪转动，因此实际上转动并不是严格连续的，而是一步一步地(每步 0.002 5°)跳跃式转动，在转动速度较慢时尤为明显。但是检测器及测量系统是连续工作的。连续扫描的优点是工作效率较高。例如以 2θ 每分钟转动 4°的速度扫描，扫描范围从 20°～80°的衍射图，几分钟即可完成，而且也有不错的分辨率、灵敏度和精确度，因而对大量的日常工作(一般是物相鉴定工作)是非常合适的。

10.5 俄歇电子能谱

俄歇电子能谱仪的构造主要有电子枪、样品台、溅射离子枪、电子能量分析器、显示记录系统及真空系统等，如图 10-25 所示。

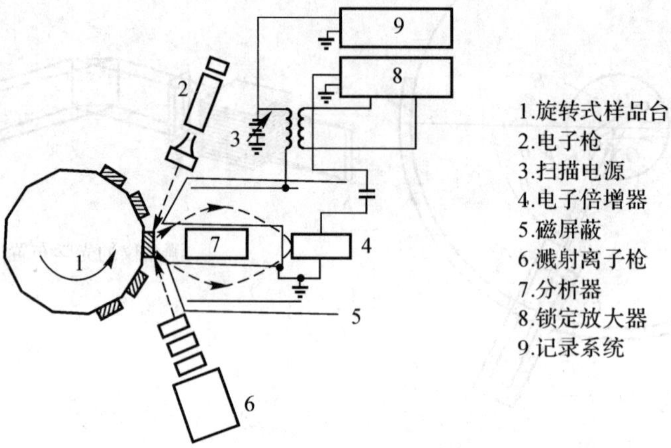

图 10-25 俄歇谱仪结构示意图

10.5.1 俄歇电子的产生

当原子内壳层电子因电离激发留下一个空位时，由外层电子向这一能级跃迁使原子释放能量的过程中，可发射一个具有特征能量的 X 射线光子，或者也可以将这部分能量交给另一个外层电子引起进一步的电离，发射一个具有特征能量的俄歇电子，如图 10-26 所示。

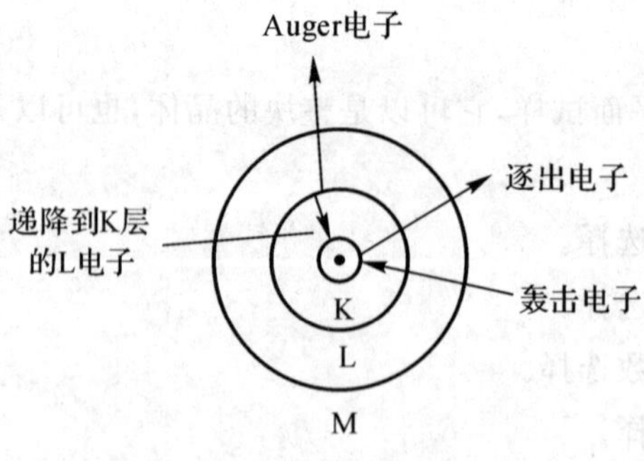

图 10-26 俄歇电子产生的示意图

如图 10-26 所示，发射的是一个 KL_2L_2 俄歇电子，其能量为

$$E_{KL_2L_2} = E_K - E_{L_2} - E_{L_2} - E_W$$

其中，E_K 为 K 层电子的能量；E_{L_2} 为 L_2 层电子的能量或 L_2 层的激发能；E_W 为样品电子的逸出功。

俄歇电子的能量一般为 50～1 500 eV，随不同元素、不同跃迁类型而异，如碳的 KL_2L_2 的俄歇电子能量为 267 eV,镁的 LMM 为 46 eV,铝的 LMM 为 46 eV,铝的 LMM 为 66 eV,硅的 LMM 为 92 eV,铁的 LMM 为 562 eV 等。图 10－27 给出各种元素在不同跃迁过程中发射的俄歇电子能量范围。

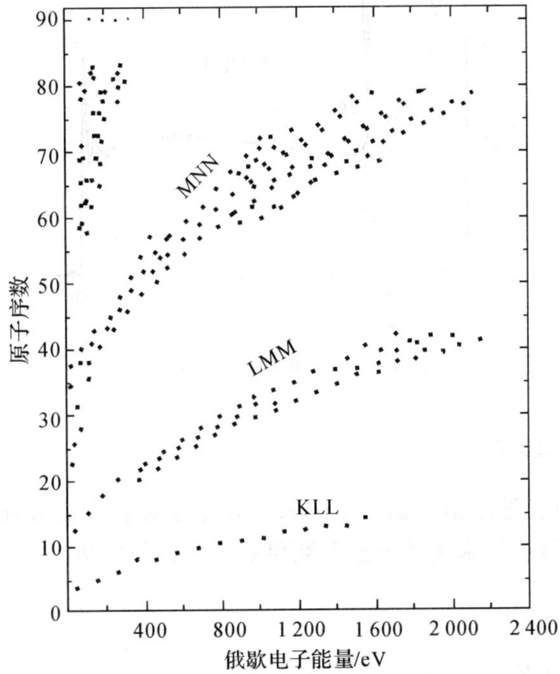

图 10－27　各种元素的俄歇电子能量

俄歇谱仪是用于表面成分分析的仪器,它的分辨率取决于入射电子束直径及俄歇电子发射深度。由于能够保持特征能量而逸出表面的俄歇电子,发射深度仅限于表面以下大约 1nm 以内的深度,相当于表面几个原子层,故使这一信息特别适用于用来分析晶界成分、表面氧化物或表面腐蚀产物。在这样浅的表层内,入射电子束的侧向扩展几乎不存在,其空间分辨率直接由入射电子束的直径决定。

10.5.2　俄歇电子的检测

为了增加检测体积,采用较小的入射角。一般来说,最佳的入射角约为 10°～30°,另外,为了增加俄歇信号和抑制本地信号,可采用能量分布的微分法,即以$\frac{dN(E)}{dE}$为纵坐标,以电子能量(eV)为横坐标作图,在微分曲线上本底信号变化平坦,而俄歇峰能更清楚的显示出来,如图 10－28 所示。

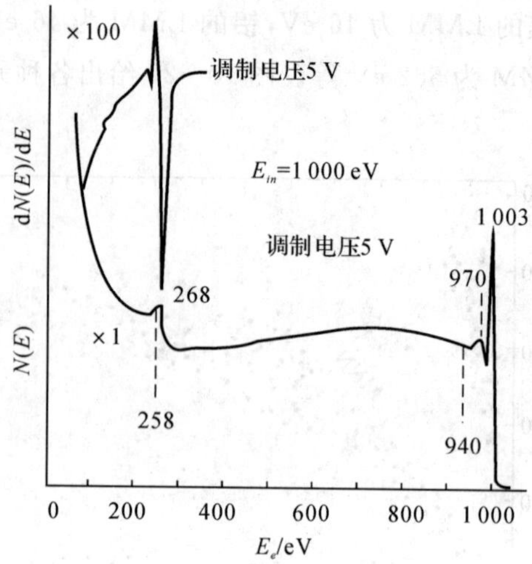

图 10-28　碳原子的俄歇能谱

10.5.3　测量与微量分析

将一次电子束斑直径缩小至 1 μm 以下，让一次电子束在样品表面上作照射位置扫描，同时同步的检测俄歇电子信号，采用此方法可获得如下多种分析功能：

1）微区元素分析；

2）二维元素分布分析；

3）三维元素分布分析；

4）四维元素分析。

10.6　X 射线光电子能谱分析

10.6.1　光电子能谱的结构及工作原理

X 射线光电子能谱仪的基本结构有样品室、样品导入机构、激发样品的射线源、光电子能量分析器、电子探测器、真空系统以及探测输入信号的整形系统和记录显示系统等。如图 10-29 所示。

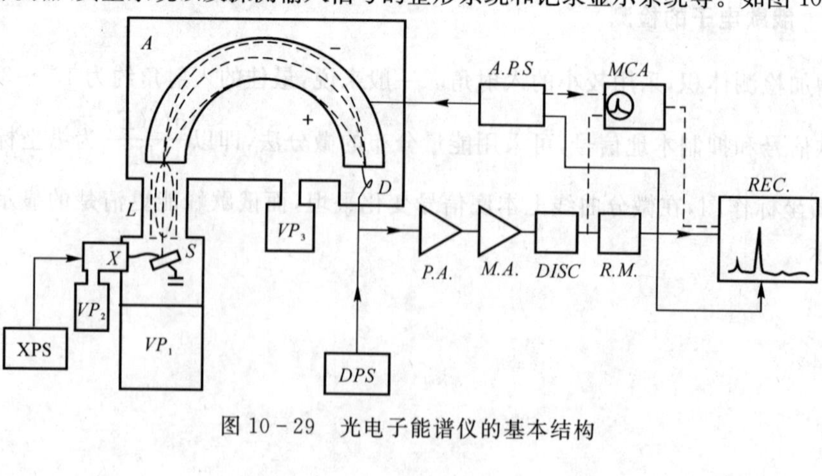

图 10-29　光电子能谱仪的基本结构

10.6.2　元素组成与化学状态的鉴定方法

XPS 分析主要是鉴定物质的元素组成及其化学状态。在一定的条件下它可以进行官能团和混合物的定性和定量分析。由于各种元素的原子结构不同，原子内层能级上电子的结合能是元素特性的反映。表 10 - 1 可以作为元素分析的“指纹”，而化学位移是 XPS 用作结构分析的基础，以此可标识 XPS 谱图。

表 10 - 1　各元素的电子结合能(E_h/eV)

	$1s_{1/2}$ K	$2s_{1/2}$ $L_Ⅰ$	$2p_{1/2}$ $L_Ⅱ$	$2p_{3/2}$ $L_Ⅲ$	$3s_{1/2}$ $M_Ⅰ$	$3p_{1/2}$ $M_Ⅱ$	$3p_{3/2}$ $M_Ⅲ$	$3d_{3/2}$ $M_Ⅳ$	$3d_{5/2}$ $M_Ⅴ$	$4s_{1/2}$ $N_Ⅰ$	$4p_{1/2}$ $N_Ⅱ$	$4p_{3/2}$ $N_Ⅲ$	$4d_{3/2}$ $N_Ⅳ$	$4d_{5/2}$ $N_Ⅴ$	$4f_{5/2}$ $N_Ⅵ$	$4f_{7/2}$ $N_Ⅶ$
1 - H	14															
2 - He	25															
3 - Li	55															
4 - Be	111															
5 - B	188															
6 - C	284			7												
7 - N	399			9												
8 - O	532	24		7												
9 - F	686	31		9												
10 - Ne	867	45		18												
11 - Na	1 072	63		21	1											
12 - Mg	1 305	89		52	2											
13 - Al	1560	118	74	73	1											
14 - Si	1 839	149	100	99	8		3									
15 - P	2 149	189	136	135	16		10									
16 - S	2 472	229	165	164	16		8									
17 - Cl	2 823	270	202	200	18		7									
18 - Ar	3 203	320	247	245	25		12									
19 - K	3 608	377	297	294	34		18									
20 - Ca	4 038	438	350	347	44		26		5							
21 - Sc	4 493	500	407	402	54		32		7							
22 - Ti	4 965	564	461	455	59		34		3							
23 - V	5 465	628	520	513	66		38		2							
24 - Cr	5 989	695	584	575	74		63		2							
25 - Mn	6 539	769	652	641	84		49		4							
26 - Fe	7114	846	723	710	95		56		6							
27 - Co	7 709	926	794	779	101		60		3							
28 - Ni	8 333	1 008	872	855	112		68		4							
29 - Cu	8 979	1 096	951	931	120		74		2							
30 - Zn	9 659	1 194	1 044	1 021	137		87		9							

续 表

	$1s_{1/2}$ K	$2s_{1/2}$ L_{I}	$2p_{1/2}$ L_{II}	$2p_{3/2}$ L_{III}	$3s_{1/2}$ M_{I}	$3p_{1/2}$ M_{II}	$3p_{3/2}$ M_{III}	$3d_{3/2}$ M_{IV}	$3d_{5/2}$ M_{V}	$4s_{1/2}$ N_{I}	$4p_{1/2}$ N_{II}	$4p_{3/2}$ N_{III}	$4d_{3/2}$ N_{IV}	$4d_{5/2}$ N_{V}	$4f_{5/2}$ N_{VI}	$4f_{7/2}$ N_{VII}
31 - Ga	10 367	1 298	1 143	1116	158	107	103		18			1				
32 - Ge	11 104	1 413	1 249	1217	181	129	122		29			3				
33 - As	11 867	1 527	1 359	1 323	204	147	141		41			3				
34 - Se	12 658	1 654	1 476	1 436	232	168	162		57			6				
35 - Br	13 474	1 782	1 596	1 550	257	189	182	70	69	27		5				
36 - Kr	14 326	1 921	1 727	1675	289	223	214	89		24		11				
37 - Rb	15 200	2 065	1 864	1 805	322	248	239	112	111	30	15	14				
38 - Sr	16 105	2 216	2 007	1 940	358	280	269	135	133	38		20				
39 - Y	17 039	2 373	2 115	2 080	395	313	301	160	158	46		26	3			
40 - Zr	17 998	3 532	2 307	2 223	431	345	331	183	180	52		29	3			
41 - Nb	18 986	2 698	2 465	2 371	469	379	363	208	205	58		34	4			
42 - Mo	20 000	2 866	2 625	2 520	505	410	393	230	227	62		35	2			
43 - Tc	21 044	3 043	2 793	2 677	544	445	425	257	253	68		39	2			
44 - Ru	22 117	3 224	2 967	2 838	585	483	461	284	279	75		43	2			
45 - Rh	23 220	3 412	3 146	3 004	627	521	496	312	307	81		48	3			
46 - Pd	24 350	3 605	3 331	3 173	670	559	531	340	335	86		51	1			
47 - Ag	25 514	3806	3 524	3 351	717	602	571	373	367	95	60	56	3			

10.6.3 根据内层能级电子结合能标识谱图

XPS定性分析的依据是在分子或固体中原子的内层电子能级能基本保持原子的特性，因此可以利用每个元素的特征电子结合能来标识元素。原子(或分子)相互结合成固体后，外层电子轨道相互重叠形成能带，但内层电子能级基本保持原子状态。XPS定性分析的依据是在分子或固体中原子的内层电子基本保持原子状态。当原子的化学环境变化时，可以引起内层电子结合能的位移。这可以是认为是对原子体系的微扰。在XPS定性分析中，根据化学位移可以定出元素的价态，计算分子中电荷的分布。

10.6.4 根据自旋-轨道耦合双线间距和强度比标识谱图

精确测定元素内层电子结合能是鉴定元素组成与化学状态的主要方法。在实际样品分析时，常常发现含量少的某元素的主峰与含量多的另一元素的较强峰的位置相近，在这种情况下，利用自旋-轨道双线间距和相对强度比是一种简便、可行的表征元素的辅助方法。

在XPS分析中，常用谱线双重线间的能量间距可查阅有关手册，而自旋-轨道双重线之间的相对强度比可用下式计算：

$$I_r = \frac{2\left(l + \frac{1}{2}\right) + 1}{2\left(l - \frac{1}{2}\right) + 1}$$

式中，I_r 为双重线间相对强度比；l 为角量子数。根据间距大小和相对强度，参照表 10－2 就能鉴定样品中存在的元素。

表 10－2　原子中主峰双垂线间能量间距

原子序数	元素	理论值	试验值
14	Si	0.70	1
15	P	0.99	1
16	S	1.35	1
17	Cl	1.81	2
18	Ar	2.23	2.2
19	K	3.05	2.8
20	Ca	3.88	3.5
21	Sc	4.87	4.3
22	Ti	6.04	6.15 5.7
23	V	7.41	7.7 7.5
24	Cr	9.00	9.3 9.7
25	Mr	10.8	11.25 11.7
26	Fe	12.9	13.2 13.6
27	Co	15.3	15.05 15.5
28	Ni	18.1	17.4 18.4
29	Cu	21.2	19.8 20.0
30	Zn	24.6	23.1 23
31	Go	28.5	
32	Ge	32.8	
33	As	37.5	

原子序数	元素	理论值	试验值
34	Se	0.97	1
35	Br	1.17	1
36	Kr	1.40	1
37	Rb	1.66	1
38	Sr	1.95	2
39	Y	2.23	1.75
40	Zr	2.65	2.4
41	Nb	3.06	2.8
42	Mo	3.51	3.15
43	Tc	4.01	
44	Ru	4.55	4.1
45	Rh	5.15	4.75
46	Pd	5.81	5.25
47	Ag	6.52	6.00
48	Cd	7.30	6.76
49	In	8.14	7.6
50	Sn	9.06	8.5
51	Sb	10.1	9.35
52	Te	11.1	10.34
53	I	12.3	11.52
54	Xe	13.5	12.6
55	Cs	14.9	13.9
56	Ba	16.3	15.4
57	La	17.8	16.8
58	Ce	19.5	18.3
59	Pr	21.3	
60	Nd	23.2	
61	Pm	25.2	
62	Sm	27.3	27.2
63	Eu	29.6	
64	Gd	32.0	

原子序数	元素	理论值	试验值
65	Tb	6.42	
66	Dy	6.79	
67	Ho	7.54	
68	Er	8.14	
69	Tm	8.78	
70	Yb	9.45	9
71	Lu	10.2	10

原子序数	元素	理论值	试验值
72	Hf	1.90	1.55
72	Ta	2.14	1.8
74	W	2.41	2.15
75	Re	2.69	2.4
76	Os	3.00	3.00
77	Ir	3.33	2.95
78	Pt	3.67	3.35
79	A	4.04	3.65
80	Hg	4.44	4.1
81	Tl	4.86	4.45
82	Pb	5.31	4.94
83	Bi	5.78	5.39
84	Po	6.29	
85	At	6.82	
86	Rn	7.39	
87	Fr	7.98	
88	Ra	8.61	
89	Ac	9.28	
90	Th	9.98	9.2 9.3
91	Pa	10.7	
92	U	11.5	10.05

10.6.5 根据俄歇化学位移标识谱图

有些金属元素化合物，其 XPS 内层电子的结合能化学位移很小，根据 XPS 谱线的结合能位移很难判定这些元素的化学状态。但是，对于许多化合物来说，X 射线激发的俄歇电子谱线往往有相当大的化学位移，且峰形较尖锐，强度也往往接近于光电子主峰的强度，因此，可以用俄歇谱线的化学位移(见表 10－3)来鉴定这些化合物中元素的化学状态。

表 10－3 某些化合物的光电子主峰和最强俄歇电子峰的化学位移

样品	化学位移 ΔE/eV	
	X 射线光电子 XPS 能谱	俄歇电子能谱
MgO	＋1.7	＋5.5
Al_2O_3	＋2.6	＋6.7
Cu_2O	＋0.4	＋1.9
ZnO	＋0.6	＋4.7
Ga_2O_3	＋1.8	＋5.6
GeO_2	＋3.0	＋7.2
As_2O_3	＋4.1	＋6.8
Na_2SeO_3	＋2.6	＋5.5
Ag_2SO_4	＋0.1	＋4.0
CdO	＋0.2	＋3.7
In_2O_3	0.0	＋3.7
Na_2SnO_3	＋1.7	＋5.7
Sb_2O_3	＋1.8	＋4.5
Na_2TeO_4	＋3.4	＋6.0

10.6.6 根据二维化学状态图标识谱图

采用俄歇参数法可以避开样品表面荷电效应的影响。俄歇参数就是一个元素的俄歇电子动能与光电子动能之差。因为俄歇谱线的化学位移和光电子谱线的化学位移有差别，所以元素不同，化合物的俄歇参数是不同的，可用作化学状态鉴定。

用俄歇参数法做出二维化学状态图，即把同一元素的不同化学状态的光电子结合能(横坐标)与它的俄歇电子动能(纵坐标)作图得到二维化学状态图，如图 10－30 所示。用于鉴定化学状态。

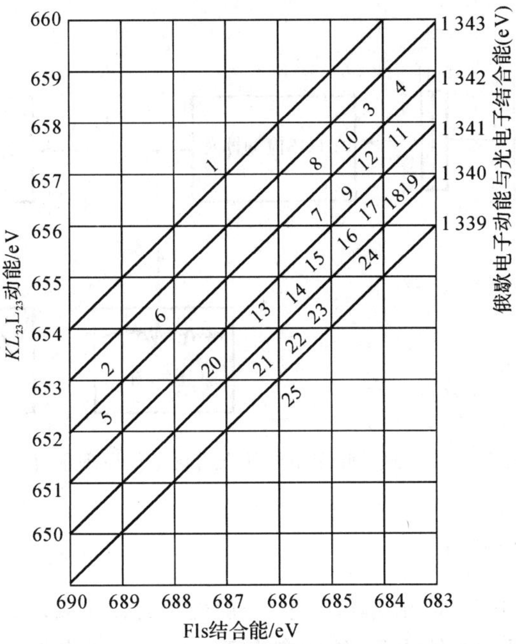

图 10－30　氟化物的二维化学状态图

10.6.7　伴峰的位置和相对强度

在 XPS 谱图中，伴峰的存在对元素组成和化学状态的鉴定是一种干扰。如果不小心，就很可能把伴峰错误地解释为化学位移效应。然而在许多情况下，伴峰也为研究化学状态提供重要信息，如图 10－31 所示。过渡元素和稀土元素如果没有振激伴峰存在，那就有可能是反磁性物质。如果有显著的振激伴峰存在就有可能是顺磁性物质。

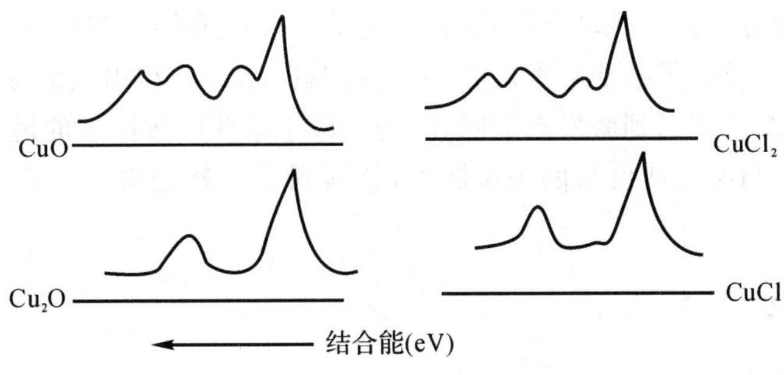

图 10－31　铜的氯化物和氧化物的 Cu2Pxps 谱图举例

10.7　红外光谱仪

红外光谱仪主要由光源、迈克尔逊干涉仪、检测器、计算机和记录仪等组成，如图 10－32 所示。

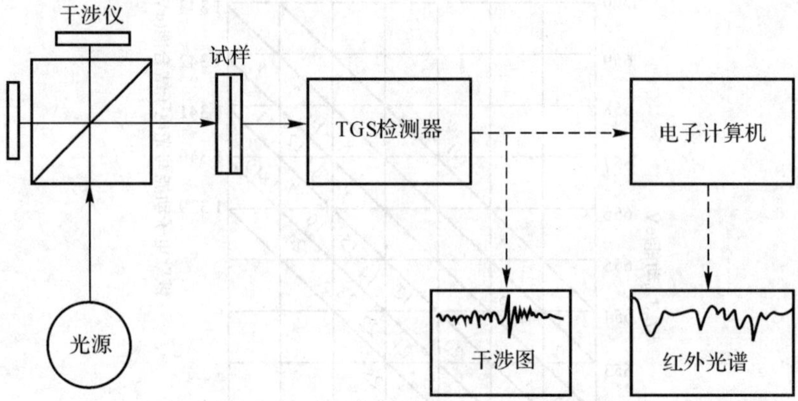

图 10-32 傅里叶变换红外光谱仪工作原理示意图

10.7.1 试样的处理与制备

红外光谱的试样可以是气体、液体和固体，一般应符合以下要求：

1）试样应该是单一组分的纯物质，纯度应大于 98%，这样才便于与纯化合物的标准光谱进行对照。

2）试样中不应含游离水。水本身有红外吸收，会产生光谱干扰，而且会侵蚀吸收池的盐窗。

3）试样的浓度和样品的厚度应适当，应使光谱图中大部分吸收峰的透射比处于 10%～80%的范围内。

10.7.2 红外光谱的应用和分析方法

红外光谱又称为分子振动转动光谱，也是一种分子吸收光谱。当样品受到频率连续变化的红外光照射时，分子吸收了某些频率的辐射，并有其振动或转动引起偶极矩的净变化，产生分子振动和转动，能级从基态到激发态的跃迁，使相应于这些吸收区域的透射光强度减弱。记录红外的百分透射比与波数或波长的关系曲线，就得到了红外光谱。红外光谱可以进行定性和定量分析。

10.7.3 定性分析

（1）已知物的鉴定。

将试样的谱图与标准的谱图进行对照，如果两张谱图各吸收峰的位置与形状完全相同，峰的相对强度一样，就可认为样品是该种标准物。

（2）未知物结构的测定。

未知物红外谱图的解析一般先从基团频率区的最强谱带入手，推测未知物可能含有的基团，不可能含有的基团。再从指纹区的谱带来进一步验证，找出可能含有基团的相关峰，用一组相关峰来确认一个基团的存在。对于简单化合物，确认几个基团之后，便可初步确定分子结构，然后查对标准谱图核实。

10.7.4 定量分析

红外光谱定量分析的理论基础是 Lambert－Beer 定律，依据物质组分吸收峰强度来进行的。红外光谱定量时吸光度的测定常用基线法，如图 10－33 所示。假定背景的吸收在试样吸收峰两侧不变，可用画出的基线来表示该吸收峰不存在时的背景吸收线，图中 I 与 I_0 之比就是透射比(T)，一般用校准曲线法或者标准比较来定量。

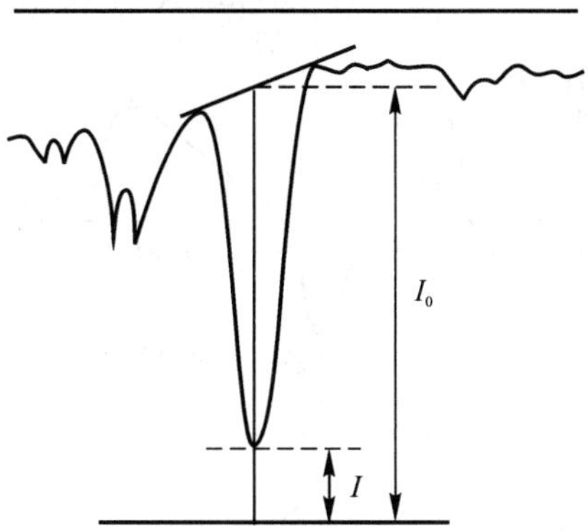

图 10－33　基线的画

10.8　差热分析

10.8.1　差热分析的原理及设备

差热分析是在程序控温条件下，测量试样与参比的基准物质之间的温度差与环境温度的函数关系，其工作原理如图 10－34 所示。

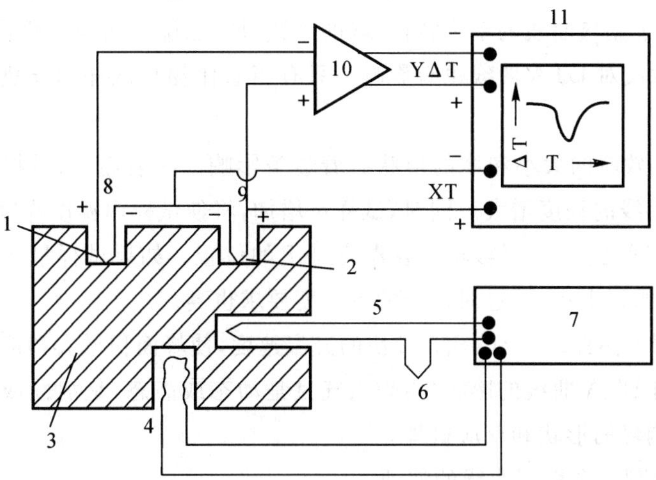

图 10－34　DTA 的工作原理图

试验中用两个尺寸完全相同的白金坩埚，一个装参比物(一种在测量温度范围内没有任何热效应发生的惰性物质，如 α－Al_2O_3 及 MgO)；另一个坩埚装欲测样品。将两只坩埚放在同一条件下受热，样品若有热效应发生，而参比物是无热效应的，这样就必然出现温差。

10.8.2 DTA 曲线分析

DTA 曲线是以温度为横坐标，以试样和参比物的温差 ΔT 为纵坐标，以显示试样在缓慢加热和冷却时的吸热和放热过程，吸热时呈谷峰，放热时呈高峰，如图 10－35 所示。

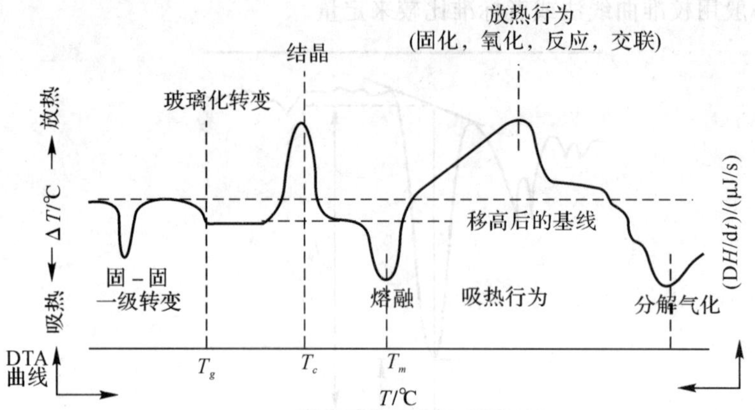

图 10－35　高聚物的 DTA 和 DSC 曲线的示意图(固-固一级转变)

当加热温度超过了某点后，试样发生了某种吸热反应，ΔT 不再是定值，而随温度的升高急剧增大。由于环境提供热量的速度有限，吸热使试样的温度上升变慢，从而使 ΔT 增大。达到 b 点时出现极大值，吸热反应开始变缓，直到 c 点时反应停止，试样自然升温。

10.8.3 DTA 曲线的影响因素

1）样品因素中主要是试样的物理和化学性质，特别是它的密度、热容、导热性、反应类型和结晶等性质决定了差热曲线的基本特征、峰的个数、形状、位置和峰的性质。

2）参比物的性质对 DTA 曲线也有影响。只有当参比物与试样的导热系统相近时，使其基线接近。

3）试样量对热效应的大小和峰的形状有着显著影响。一般而言，试样量增加，峰面积增加，并使基线偏离零线的程度增大。同时，试样量增加，将使试样内温度梯度增大，并相应地使变化过程所需的时间延长，从而影响峰在温度轴上的位置。如果试样量小，差热曲线出峰明显，分辨率高，基线漂移也小，不过对仪器的灵敏度要求也高。

4）升温速率对差热曲线也有影响，较快的升温速度，使峰面积增大和使峰顶移向高温。

5）炉内气氛对 DTA 曲线的影响是：炉内气氛是动态或静态，是活性或惰性，是常压或高压、真空等都会影响峰的形状和反应机理。

6）试样的预处理也会引起曲线的波动。

7）加热方式、炉子形状和大小以及样品支持器决定了炉内传热方式、热容量和热分布等，它们影响了差热曲线基线的平直和稳定，以及差热线形的形状、峰面积的大小和位置。

8）温差检测灵敏度、热电偶及记录速度对差热的峰形均产生影响。温度检测灵敏度高，微小的温度差可以获得较明显的峰，但这可能使基线漂移。

10.8.4　示差扫描量热法

1. 示差扫描量热仪的结构和工作原理

示差扫描量热仪分功率补偿型和热流型两种。

1）功率补偿型 DSC 仪的工作原理如图 10－36 所示。整个仪器由两个交替工作的控制回路组成。平均温度控制回路通过温度程序控制器发出一个与预期试样温度 T_P 成比例的信号，此电信号先于 T_P 的电信号比较后再由放大器输出一个平均电压。这一电压同时加到设在试样和参比物支持器中的两个独立的加热器上，加热器中加热电流随加热电压的改变而改变，消除了 T_P 和 $T_{P'}$ 之差，试样和参比物均按预定的速率线性升温和降温。温度控制器的电信号同时输入到记录仪中，作为 DSC 曲线的横坐标信号。保持试样和参比物支持器的温度差为零，将差示功率成正比的电信号同时输入记录仪，得到 DSC 曲线的纵坐标。

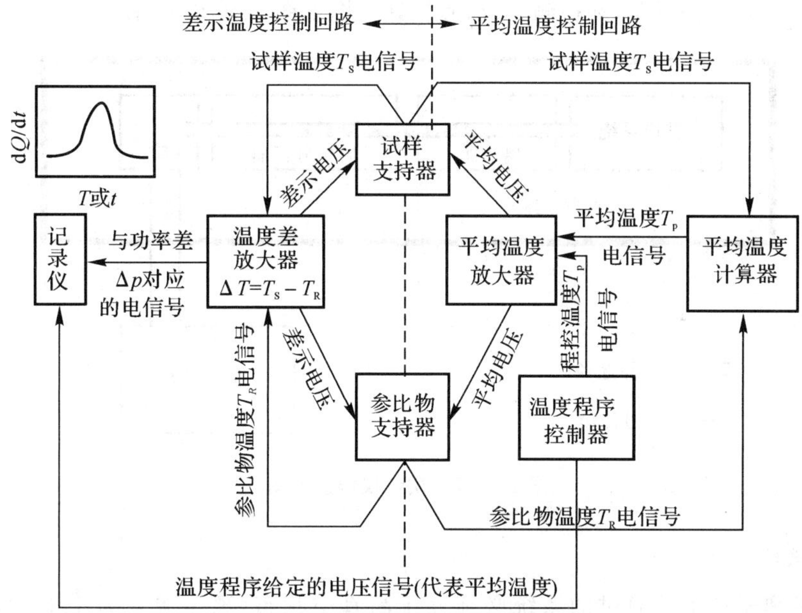

图 10－36　功率补偿型 DSC 仪的工作原理

2）热流型 DSC 仪的测温技术与 DTA 仪一样，也是测量试样和参比物的温度差与温度的关系。但它的定量测量性能好。这类仪器用差热电偶或差热电堆测量温度差，并用外加热炉实现程序升温。

2. DSC 曲线的影响因素

1）样品因素。样品因素中主要是试样性质、粒度及参比物的性质。

2）试验条件。试验条件中主要是升温速率，它影响 DSC 曲线的峰温 T_P 和峰型。

3. DSC 的试验方法

1）DSC 的操作参数。关键参数是试样量（通常在 10 mg 以下）、升温速率和气氛（通常动态气氛优于静态气氛，采用动态气氛时，气体的流量一般为 20 ml/min）。

2）坩埚的选择与装样。常用的坩埚有敞口式和密封式。液态试样和蒸汽压高的固态试样用完全密封坩埚。对易氧化的试样，用惰性气体封装。对于固体样品易制成薄膜、薄片或细小颗粒。

3）仪器校准、标定和检查。DSC 曲线的温度轴也需校正。通过校正，获得温度修正值与温度的关系曲线。试验前还应检查仪器的分辨率、基线的漂移和噪声、升温的线形度等仪器的主要性能。

10.9 质　谱

10.9.1 质谱仪的基本结构和工作原理

质谱仪是通过对样品电离后产生的具有不同 m/z 的离子来进行分离分析的。它有进样系统、电离系统、质量分析器、和检测系统，其构造框图如图 10－37 所示。

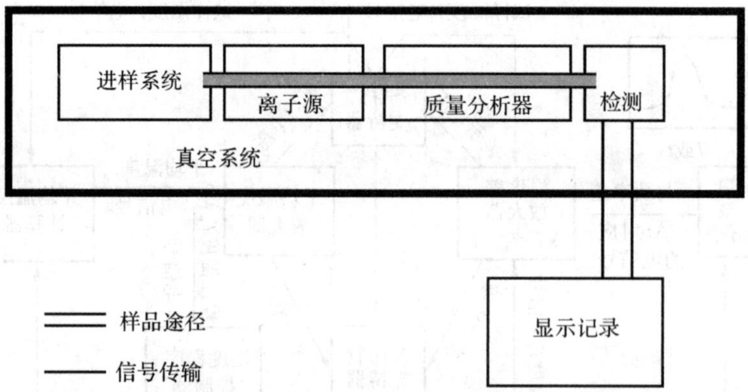

图 10－37　质谱仪构造框图

1. 真空系统

质谱仪的离子产生及通过的系统必须处于高真空状态（离子源处为 1.3×10^{-4} ～ 1.3×10^{-5} Pa，能量分析器中为 1.3×10^{-6} Pa），一般由机械泵或分子泵实现高真空度。

2. 进样系统

一般质谱仪配有间歇式进样系统和直接探针进样系统以适应不同样品的需要。

3. 离子源

离子源是质谱仪的心脏，可以将离子源看作是比较高级的反应器，样品在离子源中发生一系列的特征降解反应，分解作用在很短的时间（约 1 μs）内发生，所以可快速获得质谱。常用的有下列几种离子源：①电子轰击源；②化学电离源；③场离子源；④火花源。

4. 质量分析器

质量分析器是依据不同的方式将样品的离子按质荷比 m/z 分开。质量分析器的主要类型是：

1）磁分析器。常用的是磁扇形分析器，离子经加速后飞入磁极间的弯曲区。

2）飞行时间分析器。这种分析器是基于从离子源飞出的离子的动能基本一致，在飞出离子源后进入一长约 1 m 的无场漂移管，然后被加速。

3）四极滤质器。四级滤质器由四根平行的金属杆组成，其排布见图 10－38。被加速的离子束穿过对准四根极杆之间空间的准直小孔。

5. 离子阱检测器

离子阱是一种通过电场或磁场将气相离子控制并储存一段时间的装置，常见的形式如图 10－39，它是由一环形电极和在环形电极上下两端各加一端罩电极所构成。

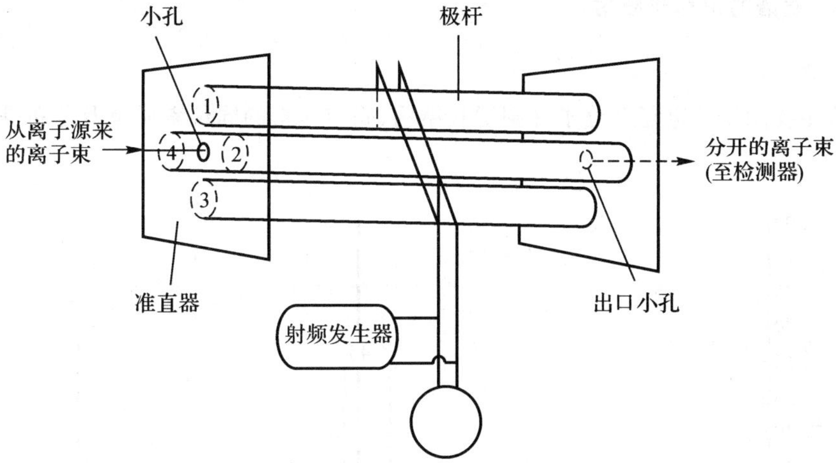

图 10－38　四极滤质器示意图

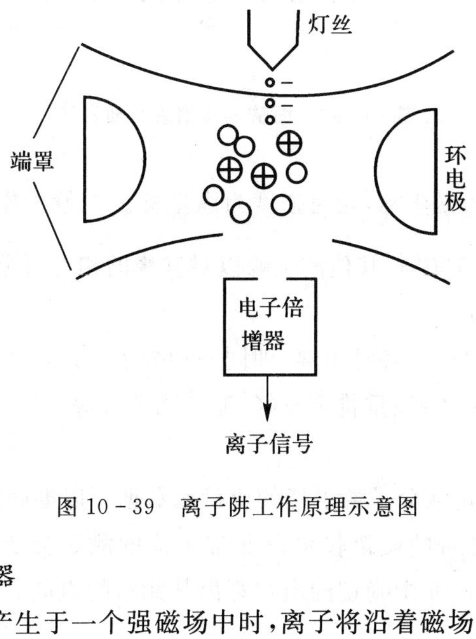

图 10－39　离子阱工作原理示意图

6. 离子回旋共振分析器

当一气相离子进入或产生于一个强磁场中时，离子将沿着磁场垂直环形路径运动，称之为回旋，其频率 ω_c 可用下式表示：

$$\omega_c = \frac{v}{r} = \frac{zeB}{m}$$

式中，ω_c 为回旋频率；B 为磁感应强度；ze 为电荷；v 为离子的运动速率；m 为离子质量；r 为曲率半径。

由此可见，回旋频率 ω_c 只与 $\frac{z}{m}$ 有关。

7. 检测与记录

质谱仪常用的检测器有法拉第杯、电子倍增器、闪烁计数器、照相底片等。

10.9.2 质谱的识别与应用

1. 质谱图

质谱法主要用于鉴定复杂分子并阐明其结构、确定元素的同位素质量及分布等，如图 10 - 40 所示。

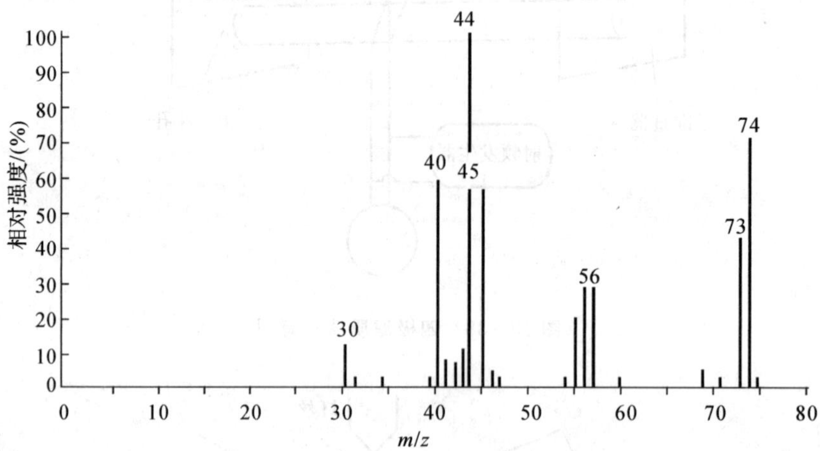

图 10 - 40 丙酸的质谱表与质谱图

质谱图是以质核比 $\frac{m}{z}$ 为横坐标，相对强度为纵坐标。一般将原始质谱图上最强的离子峰定为基峰，并定为相对强度 100%，其他离子峰以对基峰的相对百分数表示。

2. 离子峰的种类与识别

分子在离子源中可以产生各种电离，即同一种分子可以产生多种离子峰，主要有分子离子峰、同位素离子峰、碎片离子峰、重排离子峰、亚稳离子峰等。

3. 质谱的定性分析

1）相对分子质量的测定从分子离子峰的质荷比数据可以准确地测定其相对分子质量。

2）化学式的确定，高分辨的质谱仪可以非常精确的测定分子离子或碎片离子的质荷比（误差$<10^{-5}$），可利用表 10 - 4 中确切的质量算出其元素的组成。

表 10-4 几种常见元素同位素的确切质量及天然丰度

元素	同位素	确切质量	天然丰度/(%)	元素	同位素	确切质量	天然丰度/(%)
H	^{1}H	1.007 825	99.98	P	^{31}P	30.973 763	100.00
	$^{2}H(D)$	2.015 102	0.015	S	^{32}S	31.972 072	95.02
C	^{12}C	12.000 000	98.9		^{33}S	32.971 559	0.85
	^{13}C	13.003 355	1.07		^{35}S	33.967 868	5.21
N	^{15}N	15.003 075	99.63		^{35}S	35.967 079	0.02
	^{15}N	15.000 109	0.37	Cl	^{35}Cl	35.968 853	75.53
O	^{16}O	15.995 915	99.76		^{37}Cl	36.965 903	25.57
	^{17}O	16.999 131	0.05	Br	^{79}Br	78.918 336	50.55
	^{18}O	17.999 159	0.20		^{81}Br	80.916 290	59.56
F	^{19}F	18.998 503	100.00	I	^{127}I	126.905 577	100.00

(3) 结构的鉴定通过对谱图中各种碎片离子、亚稳离子、分子离子的化学式、m/z 相对峰高等信息，根据各类化合物的分裂规律，找出各碎片离子产生的途径，并拼凑出整个分子结构。另一种方法就是与相同条件下获得已知物质标准谱图比较来确认样品分子结构。

10.9.3 质量定量分析

质谱检出的离子流强度与离子数目成正比，因此通过离子流强度测量可以进行同位素、无机痕量以及混合物的定量分析。

利用质谱峰可进行各种混合物组分分析。

10.10 核磁共振原理

核磁共振试验装置方框图如图 10-41 所示。它由固定磁场及其电源、扫场线圈及其电源、探头(包括样品)、边限振荡器、频率计、示波器、数字万用表、高斯计等组成。

1. 固定磁场

对固定磁场的要求是稳定性高，并且样品所在的范围内均匀性好。一般固定磁场由稳压电源供电。

2. 旋转磁场 B_1 的产生

将边限振荡器的线圈放置在 x 方向，震荡时沿线圈轴线 x 方向就产生了一个交变的磁场

$$B_x = 2B_1\cos\omega t$$

对这个线偏振磁场，我们可以分解成两个方向相反的圆偏振磁场，如图 10-42 所示，对 γ 为正的系统，在 $x-y$ 面上沿顺时针方向旋转的磁场，当其 $\omega=\omega_0=\gamma B_0$ 时将发生共振吸收；而对于相反方向旋转的磁场，由于频率为 $-\omega$，与 ω_0 相差很大，它的影响很小。

3. 边限振荡器

边限振荡器是指该振荡器调节至震荡与不震荡的边缘，当样品吸收的能量不同，振荡器的振幅将有较大变化。

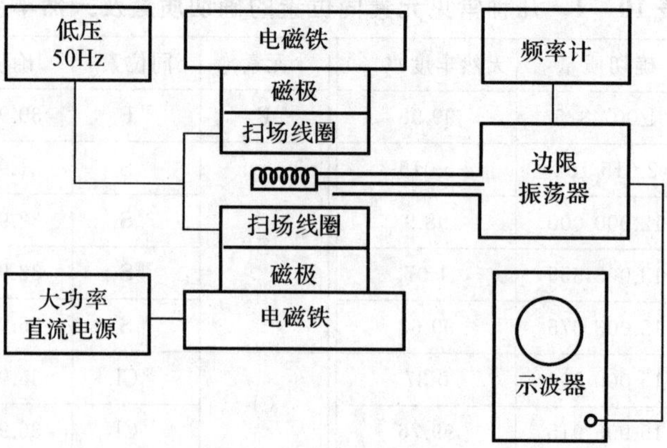

图 10－41　核磁共振试验装置方框图

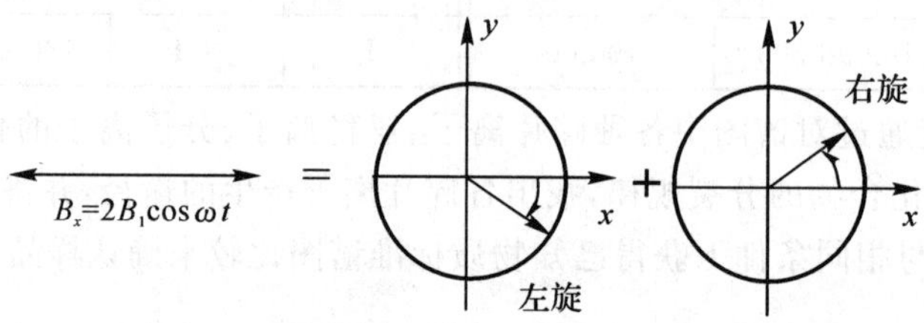

图 10－42　旋转磁场的产生

4. 扫场

观察核磁共振吸收信号有两种方法：一种是磁场 B_0 固定，让交变场 B_1 的频率 ω 连续的变化，通过共振区域，当 $\omega=\omega_0=\gamma B_0$ 时出现共振峰，称为扫频的方法；另一种是把交变射频场的频率 ω 固定，而让磁场B_0连续变化，通过共振区域，称为扫场的方法。两者显示的都是共振吸收与频率差$(\omega-\omega_0)$之间的关系曲线。

5. 顺磁离子的影响

顺磁离子是指具有电子磁矩的粒子，如过渡族金属的离子、自由基等。因为电子的磁矩比核磁矩大 3 个数量级，因此，在样品中只有少数的顺磁离子，它附近的局部场大大增强，就会对核磁的弛豫作用产生巨大的影响，从而使 T_1 和 T_2 都大为减少。

第11章 金属材料

11.1 金属材料概论

金属是人类最早认识和利用的材料之一，在人类已发现的106种元素中金属有81种。金属通常可分为黑色金属与有色金属两大类，黑色金属包括铁、锰、铬及它们的合金，主要是铁碳合金；有色金属通常是指钢铁之外的所有金属。黑色金属常作为结构材料使用，而有色金属多作为功能材料使用。

有色金属大致上按其密度、价格、在地壳中的储量及分布情况，被人们发现和使用的早晚等分为五大类：

1）轻有色金属。一般指密度在4.5 $g \cdot cm^{-3}$以下的有色金属，包括铝、镁、钾、钠、钙、锶、钡。这类金属的共同特点是密度小，化学性质活泼，与氧、硫、碳和卤素的化合物都相当稳定。

2）有色金属。一般指密度在4.5 $g \cdot cm^{-3}$以上的有色金属，其中有铜、镍、铅、锌、钴、锡、锑、汞、镉、铋等。

3）贵金属。这类金属包括金、银和铂族元素。由于它们在地壳中含量少，开采和提取比较困难，故价格比一般金属贵，因而得名贵金属。它们的特点是密度大(10.4～22.4 $g \cdot cm^{-3}$)，熔点高(1 189～3 273K)，化学性质稳定。

4）准金属。一般指硼、硅、锗、硒、砷、碲、钋，其物理化学性质介于金属和非金属之间。

5）稀有金属。通常是指在自然界中含量很少，分布稀散，发现较晚，难以从原料中提取的或在工业上制备及应用较晚的金属。这类金属包括锂、铷、铯、铍、钨、钼、钽、铌、钛、铪、铼、钒、镓、铟、铊、稀土元素及人造超铀元素等。

11.2 金属的结构与物性

1. 金属键

金属原子很容易失去其外层价电子而具有稳定的电子层，形成带正电荷的阳离子。当许多金属原子结合时，这些阳离子常在空间整齐地排列，而远离核的电子则在各正离子之间自由游荡，形成自由电子。金属键是化学键的一种，主要在金属中存在。由自由电子及排列成晶格状的金属离子之间的静电吸引力组合而成。由于电子的自由运动中，金属键没有固定的方向。正离子之间改变相对位置并不会破坏电子与正离子间的结合力，因而金属具有良好的塑性。另外，金属的导电性、导热性等都是由金属键的特点所决定的。

2. 金属的晶体结构

金属键由数目众多的 s 轨道所组成，s 轨道是没有方向性的，它可以和任何方向的相邻原子的 s 轨道重叠，而且相邻原子的数目在空间因素允许的条件下并无严格限制，为了使各个 s 轨道得到最大程度的重叠，金属离子应按最紧密的方式堆积起来，形成金属最为稳定的结构，所以金属键没有方向性和饱和性。

金属的正离子可以视为圆球，一个圆球周围最靠近的圆球数叫作配位数。等径圆球的最紧密堆积方式有两种，如图 11-1 所示。第一层圆球的最紧密堆积只有一种方式，每一个球都和六个球相切。第二层球再堆上去时，为了保持最紧密堆积，应放在第一层的空隙上，但这只能用去空隙的一半，因为一个球周围有六个空隙，只能有三个空隙被第二层球占用，如图11-2所示。

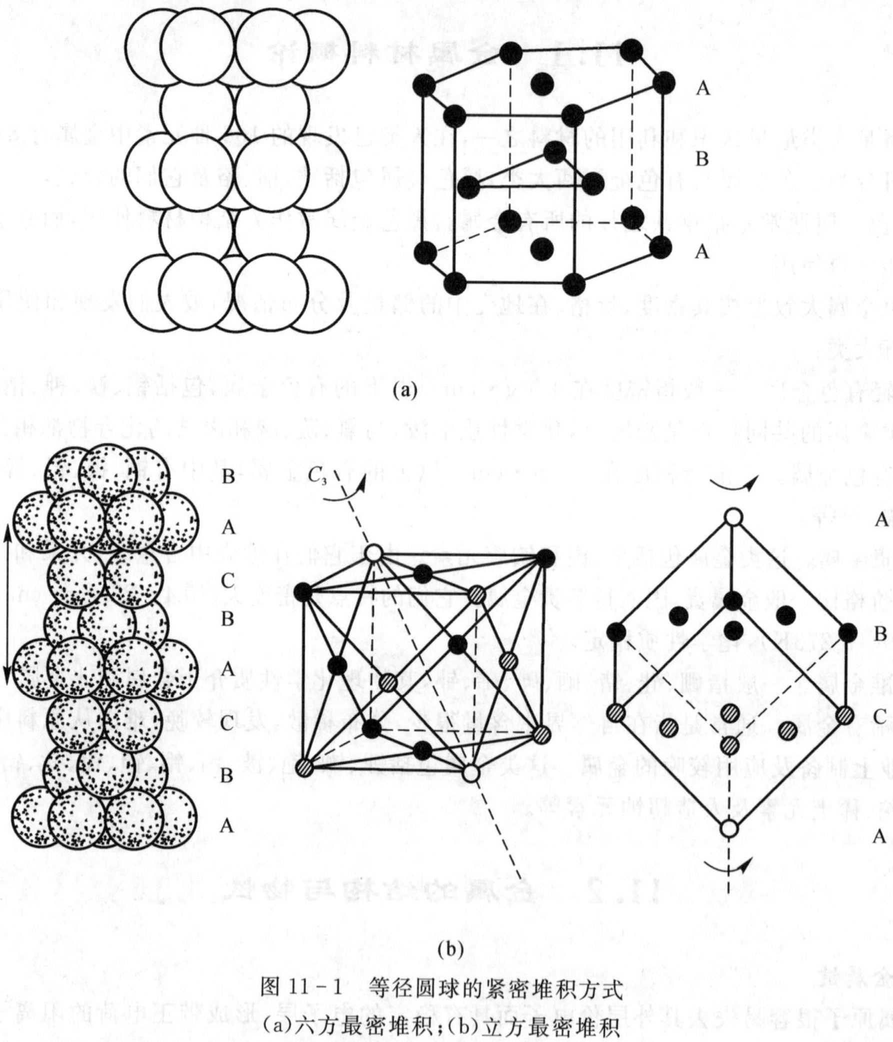

图 11-1　等径圆球的紧密堆积方式
(a)六方最密堆积；(b)立方最密堆积

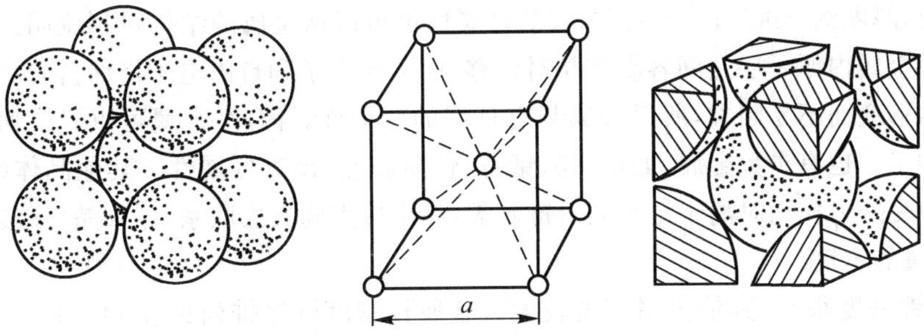

(a)　(b)　(c)

图 11-2　体心立方堆积

第三层球的放法有两种：一种是每个球正对着第一层球，这叫作 AB 堆积，以后的堆积则按 ABAB……重复下去；另一种放法是将第三层球放在正对第一层球未被占用的空隙上方，这叫作 ABC 堆积，以后的堆积则按 ABCABC……重复下去。在这两种最紧密的堆积中，每个圆球都和 12 个球相接触，配位数为 12，空间利用率均为 74.05%。AB 堆积叫作六方密堆积，从中可以取出一个六方晶胞，通常用符号 A_3 表示；从 ABC 堆积中可以取出一个立方面心晶胞，这种堆积称立方密堆积，通常用 A_1 表示。

除了 A_1、A_3 两种最密堆积外，还有一种配位数等于 8 的次密堆积方式，如图 11-2(c)所示，与这种堆积方式相对应的晶胞为立方体心。这种次密堆积的空间利用率为 68.02%，用符号 A_2 表示。

11.3　金属的物理性质

自由电子的存在和紧密堆积的结构使金属具有许多共同的性质，如良好的导电性、导热性、延展性和金属光泽。

(1) 金属光泽。

当光线投射到金属表面时，自由电子吸收所有频率的光，然后很快放出各种频率的光，这就使绝大多数金属呈现钢灰色以至银白色光泽。金属呈现不同的颜色是因为它们较易吸收某一频率的光所致。金属在整块时能够表现出金属的光泽，粉末金属一般都呈暗灰色或黑色。因为在粉末状时，晶格排列不规则，把可见光吸收后辐射不出去，所以为黑色。

许多金属在光的照射下能放出电子，这种现象称为光电效应；另一些金属在加热到高温时能放出电子，这种现象称为热电现象。

(2) 金属的导电性和导热性。

当金属导线接到电源正、负两极时，有了电势差，自由电子会沿着导线从负极移向正极，形成电流，显示出金属的导电性。当温度升高时，金属离子和金属原子的振动增加，自由电子运动受阻碍程度增加，金属的导电性能降低。

金属的导热性也与自由电子的存在密切相关，当金属中有温度差时，运动的自由电子不断与晶格结点上振动的金属离子相碰撞而交换能量，因此，金属具有较高的导热性。

(3) 金属的延展性。

金属有延性，可以抽成丝(最细的白金丝直径约 0.000 2 mm)。金属又有展性，可以压成薄片

(最薄的金箔,厚度约 0.000 1 mm)。金属的延展性也可以从金属的结构得到说明。当金属受到外力作用时,金属内原子层之间容易作相对位移,而金属离子和自由电子仍保持着金属键的结合力,金属发生形变而不易断裂,所以金属具有良好的变形性。因此,金属可以经受切削、锻压、弯曲、铸造等加工。也有少数金属,如锑、铋、锰等,性质较脆,没有延展性。其他晶体(如离子晶体和原子晶体)受外力作用时离子键和共价键破裂,晶格接点间失去联系,导致晶格破裂。

(4) 金属的密度。

锂、钠、钾密度很小,其他金属密度较大。金属按密度顺序排列见表 11-1。

表 11-1　金属的密度

金属	锇	铂	金	汞	铅	银	铜	镍	
密度/($g \cdot cm^{-3}$)	22.57	21.45	19.32	13.6	11.35	10.5	8.96	8.9	
金属	铁	锡	锌	铝	镁	钙	钠	钾	锂
密度/($g \cdot cm^{-3}$)	7.87	7.3	7.13	2.7	1.74	1.55	0.97	0.86	0.53

(5) 金属的硬度。

金属的硬度一般都较大,但它们之间有很大差别。有的坚硬如钢、铬、钨等,有的很软如钠、钾等。现以金刚石的硬度为 10,下表是一些金属按相对硬度排序如表 11-2 所示。

表 11-2　金属的硬度

金属	铬	钨	镍	铂	铁	铜	铝	银	锌	金	镁	锡	钙	铅	钾	钠
相对硬度	9	7	5	4.3	4～5	3	2.9	2.7	2.5	2.5	2.1	1.8	1.5	1.5	0.5	0.4

(6) 金属的熔点。

金属的熔点差别很大,钨的熔点最高,熔点最低的是汞。几种金属在一个大气压下的熔点见表 11-3。

表 11-3　金属的熔点

金属	钨	铼	铂	钛	铁	镍	铍	铜	金	银
熔点/℃	3 410	3 080	1 772	1 668	1 535	1 453	1 278	1 083	1 064	962
金属	钙	铝	镁	锌	铅	锡	钠	钾	镓	铯	汞
熔点/℃	839	660	649	420	327	232	98	64	30	28	−39

(7) 金属的内聚力。

内聚力是物质内部质点间的相互作用力。金属的内聚力是金属键的强度。金属的内聚力可以用它的升华热衡量。升华热是指 1 mol 金属由晶态转变为自由原子($M_{晶体} \rightarrow M_{气体}$)所需的能量,即拆散金属晶格所需的能量。一些金属在 25℃时的升华热 $\Delta_{sub}H_m^{\ominus}$ 列在表 11-4 中。

表 11-4　升华热 $\Delta_{sub}H_m^{\ominus}$

金属	$\Delta_{sub}H_m^{\ominus}$/$kJ \cdot mol^{-1}$	熔点/K	沸点/K
Li	161	454	1 620
Na	108	371	1 156

续 表

金属	$\frac{\Delta_{sub}H_m^\ominus}{kJ \cdot mol^{-1}}$	熔点/K	沸点/K
K	90	337	1 047
Rb	82	312	961
Cs	78	302	951
Be	326	1 551	3 243
Mg	149	922	1 363
Ca	177	1 112	1 757
Sr	164	1 042	1 657
Ba	178	998	1 913
B	565	2 573	2 823
Al	324	933	2 740
Ga	272	303	2 676
Sc	326	1 812	3 105
Ti	473	1 941	3 560
V	515	2 173	3 653
Cr	397	2 148	2 945
Mn	281	1 518	2 235
Fe	416	1 808	3 023
Co	425	1 768	3 143
Ni	430	1 726	3 005
Cu	340	1 356	2 840
Zn	131	693	1 180

从表 11-4 中看出，从 Li 到 Cs 升华热是递减的，这是因为从 Li 到 Cs，原子半径增大，金属堆积的核间距变大，原子核对电子的束缚力下降，拆散金属晶格所需的能量降低，升华热下降。

在同一周期中，硼族金属的升华热大于碱土金属，碱土金属又大于碱金属，说明金属键的强度与价电子的数目有关。过渡金属除 s 层电子参与形成金属键外，次外层 d 轨道上的电子也可参与成键，所以过渡金属金属键的强度都较大，内聚能都较高，都具有较高的硬度和较高的熔、沸点，并且能彼此间以及与非金属材料间组成具有多种特性的合金，过渡金属及合金可广泛地用作结构材料。另外，过渡金属由于其 d 轨道上具有未成对的孤对电子，金属及其氧化物也可作为磁性材料使用。铍、镁、铝等轻金属也可用作结构材料，金、银、铜、铂等有色金属可用作导体材料，铝密度小、导电性能好、价格便宜，也大量用作导体材料。钽、钨、铌、镓、铟、铊、锗等其他金属及合金，常用作功能材料。

11.4　金属的化学性质

金属元素的原子最外层的价电子较易失去或向非金属元素的原子偏移。过渡金属还能失去部分次外层的 d 电子。

金属最主要的共同化学性质是都易失去最外层的电子变成金属正离子，即 $M \rightarrow M^{n+}$（$n=1,2,3$），因而表现出较强的还原性。

各种金属原子失去电子的难易很不相同，因此金属还原性的强弱也大不相同。在水溶液中金属失去电子的能力可用标准电极电势来衡量。

（1）金属的氧化反应。

金属与氧气等非金属反应的难易程度，和金属活动顺序大致相同。位于金属活动顺序表前面的一些金属很容易失去电子，常温下就能被氧化或自燃，铜、汞等后面的一些金属加热后才能与氧结合。铝、铬等金属由于表面形成氧化膜紧密覆盖在金属表面，钝化（氧化物的保护作用）防止了金属继续氧化。所以常将铁等金属表面镀铬、渗铝使金属美观且防腐。在空气中铁表面生成氧化物，结构疏松，因此铁在空气中易被腐蚀。

（2）金属与水、酸的反应。

金属与水、酸反应的情况：①与反应物的本性有关，即和金属的活泼性及酸的性质有关。②与生成物的性质有关。③与反应温度、酸的浓度有关。

有的金属如铝、铬、铁等在浓 HNO_3、浓 H_2SO_4 中由于钝化而不发生作用。

（3）金属与碱的反应。

金属除了少数显两性以外，一般都不与碱作用，锌、铝与强碱作用，生成氢和锌酸盐或铝酸盐，反应如下：

$$Zn + 2NaOH + 2H_2O = Na_2[Zn(OH)_4] + H_2\uparrow$$

$$2Al + 2NaOH + 6H_2O = 2Na[Al(OH)_4] + 3H_2\uparrow$$

铍、镓、铟、锡等也能与强碱反应。

11.5　金属的提炼

矿石是工业上提炼金属的原材料，矿石中所含欲提取的金属都是以化合物的形式存在，如氧化物、硫化物、氢氧化物、碳酸盐、硅酸盐等，如表 11-5 所示。

表 11-5　一些重要的金属及其所含的金属量

金属	矿物名称	含金属的化合物	矿石中金属的质量分数/(%)
铁	赤铁矿	Fe_2O_3	40～60
	45～70	磁铁矿	Fe_3O_4
	30～45	褐铁矿	$2Fe_2O_3 \cdot 3H_2O$
	25～40	菱铁矿	$FeCO_3$
铝	铝土矿	$Al(OH)_3$	20～30
铜	辉铜矿，黄铁矿	Cu_2S，$CuFeS$	0.5～5
钛	金红石	TiO_2	40～50

矿石一般除以表11－5所列化合物形式存在外，还含有杂质，也称为脉石(其主要成分为石英、石灰石和长石等)。矿石提炼金属一般经过三大步骤：①采矿、选矿；②冶炼；③精炼。

选矿是把矿石中大量的脉石除去，提高矿石中有用成分的含量的预先处理矿石的步骤。选矿的方法包括简单的手选(根据矿石的颜色、光泽、形状等不同特征)、水选、磁选及浮选(根据矿石中有用成分与矿石密度、磁性、黏度、熔点等性质不同)。

从矿石提炼金属的基本原理是用还原的方法使金属化合物中的金属离子得到电子变成金属原子。工业提炼金属的方法如下：

1. 热分解法

有一些金属可以通过简单加热矿石的方法得到。大多数矿石氧化物直到1 000℃还是稳定的，但金属活动顺序中氢后面的金属氧化物受热容易分解。例如，HgO和AgO加热发生下列分解反应：

$$2HgO = 2Hg + O_2\uparrow$$

$$2Ag_2O = 4Ag + O_2\uparrow$$

$$HgS(\text{辰砂}) + O_2 = Hg + SO_2\uparrow$$

2. 热还原法(火法冶金)

热还原法用碳、一氧化碳、氢把金属从金属氧化物矿石中还原出来的方法。大量的冶金过程都是使用这种方法进行的(一般反应需要高温，常在高炉和电炉中进行)。

(1) 用碳作还原剂，例如，从锡石(SnO_2)和赤铜矿(Cu_2O)制取锡和铜。

$$SnO_2 + 2C = Sn + 2CO\uparrow$$

$$Cu_2O + C = 2Cu + CO\uparrow$$

如果矿石的主要成分为碳酸盐，也可以用这种方法冶炼。例如：

$$ZnCO_3 = ZnO + CO_2\uparrow$$

$$ZnO + C = Zn + CO$$

如果矿石是硫化物，那么先在空气中煅烧使它变成氧化物，再用碳还原，例如：

$$2PbS + 3O_2 = 2PbO + 2SO_2\uparrow$$

$$PbO + C = Pb + CO\uparrow$$

(2) 用氢气作还原剂，例如，用纯度很高的氢和纯的金属氧化物为原料，可以制取很纯的金属。例如：

$$WO_3 + 3H_2 = W + 3H_2O$$

(3) 用比较活泼的金属作还原剂。

活泼金属还原剂的选择条件：①还原力强；②容易处理；③不与产品金属生成合金；④可以得到高纯度金属；⑤还原产物容易与生成金属分离；⑥成本尽可能低。例如：

$$Cr_2O_3 + 2Al = 2Cr + Al_2O_3$$

$$TiCl_4 + 4Na = Ti + 4NaCl$$

$$RECl_3 + 3Na = RE + 3NaCl(RE = \text{稀土})$$

$$TiCl_4 + 2Mg = Ti + 2MgCl_2$$

3. 电解法

在铝前面的几种轻金属是很活泼的金属，它们都很容易失去电子，所以不能用一般的还原剂把它们从化合物中还原出来，这些金属(如铝、钙、镁等)用电解法制取最适宜。电解是最强的氧化还原手段。

电解质是氧化铝和冰晶石(Na_3AlF_6)的混合物，因为氧化铝的熔点特别高(2 050℃)，为了降低熔化温度，加入冰晶石是必要的，电解是在 1 000℃以下进行。电解反应如下：

$$2Al_2O_3 = 2Al^{3+} + 2AlO_3^{3-}$$

阴极：$2Al^{3+} + 6e^- = 2Al$

阳极：$2AlO_3^{3-} = Al_2O_3 + O_2 + 6e^-$

总反应：$2Al_2O_3 = 4Al + 3O_2$

金属的提炼方法大体可概括如下：

(1) 活泼的金属主要用熔盐电解法提炼。

(2) 以含氧的阴离子或二氧化物存在的，对氧有较强的亲和力、正电荷高的活泼金属用电解法或还原法来制备，特别是用活泼金属置换法来制备。

(3) 以硫化矿存在的元素通常要先焙烧，使之变成氧化物，然后用热还原法或热分解法处理。

(4) 元素在容易分解的化合物中存在时，可以用热分解方法处理。

11.6 金属还原过程热力学

金属还原过程热力学的讨论是依据矿石中金属氧化物还原反应的 Gibbs 自由能变化值的大小来判断某一金属从化合物中还原出来的难易及还原剂的选择等问题。金属氧化物的生成 Gibbs 自由能越负，则该氧化物越稳定，而金属就越难被还原。

艾林汉姆在 1944 年第一次将氧化物的标准 Gibbs 自由能对温度作图，随后又对硫化物、氯化物、氟化物等做类似的图，这种图称为 Gibbs 自由能图。

从图 11-3 氧化物的自由能图可以得到如下结论：

1) 在标准压力下，一个反应要能进行，其 $\Delta_r G_m^{\ominus}$ 必须为负值。从图中可以看出，凡 $\Delta_r G_m^{\ominus}$ 为负值区域内的所有金属都能自动的被氧气氧化，凡在这个区域以上的则不能，例如银。

2) 某些金属随温度的升高，$\Delta_r G_m^{\ominus}$ 负值减小，当直线相交并越过 $\Delta_r G_m^{\ominus}=0$ 这一条线时，标志着 $\Delta_r G_m^{\ominus} \geqslant 0$，这意味着超过这个温度氧化不能自发进行。相反在这个区域内生成的氧化物不稳定，会自发分解。

3) 反应 $2C(s) + O_2(g) = 2CO(g)$ 的直线向下倾斜，即具有负的斜率，这对于火法冶金有很大的实际意义，这使得大部分金属-金属氧化物直线在高温下都能与 C-CO 直线相遇，即许多金属氧化物在高温下能够被 C 还原。

4) 从图还可看到，低于 973K 时 CO 在热力学上是比碳更佳的还原剂。

5) 所有的 H_2-H_2O 直线以上的氧化物能被氢还原，例如在 973K 时 CoO 能被 H_2 还原。和碳相比，H_2 作为还原剂应用范围就小得多，这不仅因为 H_2 生成氧化物的直线位置较高，随温度升高直线向上倾斜，因而减少了与一些金属线相交的可能性，还由于使用上的安全以及在高温形成金属氢化物等原因。

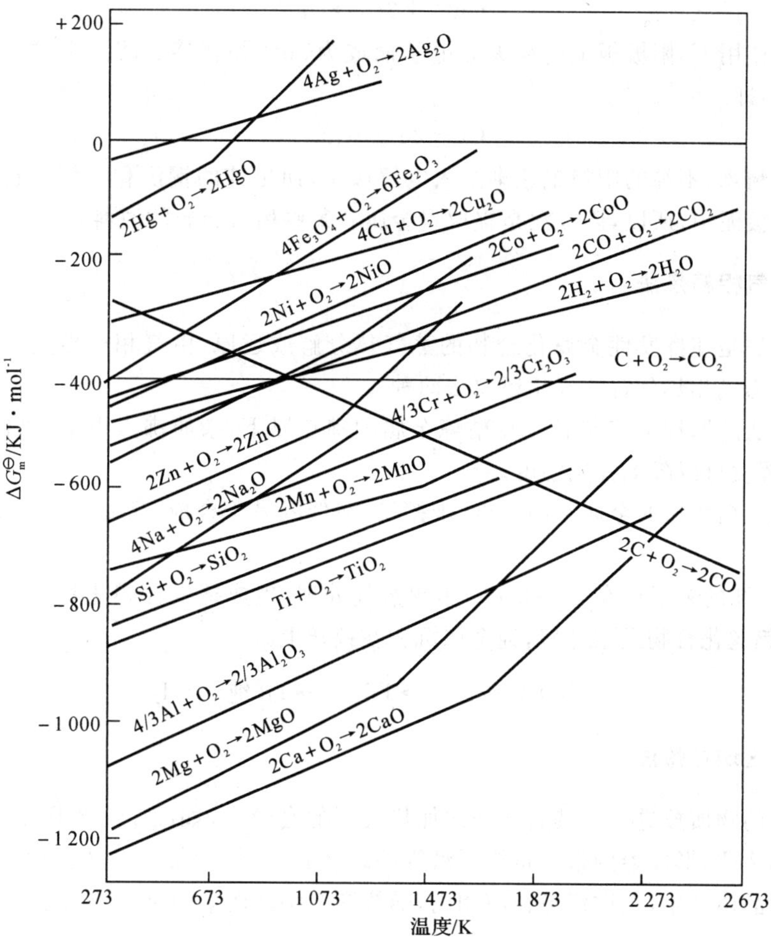

图 11-3　氧化物的 Gibbs 自由能图

11.7　金属的精炼

一般工业制得的金属都含有各种杂质，不能适应现代科学技术发展的需要，下面是几种常见的金属精炼方法。

11.7.1　电解精炼法

对铜而言，一般火法精炼的铜，大约含 99.5%～99.7%的铜和 0.3%～0.5%的杂质，这种铜的导电性还不够高，不符合电气工业的要求。电解精炼法可以获得高导电性的更纯的铜和提取贵重金属。电解是在电解槽中进行。

电解铜步骤如下把火法精炼铸造的铜阳极板悬挂在电解槽内，用导线与直流电源的正极相连。将电解铜制成的薄阴极板，悬挂在电解槽内，用导线与直流电源的负极相连，电解槽内装入 10%～16%的硫酸铜水溶液与 10%～17%(质量分数)的硫酸组成的电解液。

通电进行电解时，Cu^{2+} 在阴极上得到电子成为金属铜，沉积在阴极板上，即

$$Cu^{2+} + 2e^- \rightarrow Cu$$

在电流的作用下，阳极板上的铜失去电子而成为Cu^{2+}并转移到溶液中，即阳极板不断溶解于电解液内，即

$$Cu - 2e^- \rightarrow Cu^{2+}$$

通过电解精炼，不纯的阳极铜逐渐溶入电解液中，而更纯的铜沉积在阴极板上，杂质分别进入溶液和阳极泥中，所以，阳极泥是提取贵金属和某些稀有金属的原料。

11.7.2 气相精炼法

气相精炼法是使挥发性金属化合物的蒸气热分解或还原，由气相析出金属的蒸气方法。按反应方法分为气相热分解和气相还原法两种。

气相精炼法的原理是控制温度在精炼金属的沸点以下，杂质沸点以上，可使杂质挥发除去，采用真空挥发可以降低挥发温度。

适于用气相精炼法的金属须高熔点、难挥发，在低温易于合成，高温易于分解的挥发性化合物的金属。

例如，将不纯的金属钛在 50～250℃用碘蒸气处理，生成挥发性碘化物，将碘化物蒸气通过 1 400℃的钨丝化合物发生分解，纯金属沉积在钨丝上。

$$Ti(\text{不纯}) + 2I_2 \longrightarrow TiI_4 \longrightarrow Ti(\text{纯}) + 2I_2$$

11.7.3 区域熔炼法

将要提纯的物质放进一个装有移动式加热线圈的套管内，如图 11-4 所示。强热融化掉一个小区域的物质，形成熔融带。将线圈沿管路缓慢移动，熔融带随线圈移动。这样，熔融带末端有纯物质晶体产生，杂质汇集在液相内，随线圈的移动而集中于管子末端而除去。

杂质在固相中的含量对其在液相中含量的比值称为分配系数 K，$K=\dfrac{C_s}{C_l}$，K 值越小，固相越容易纯化。

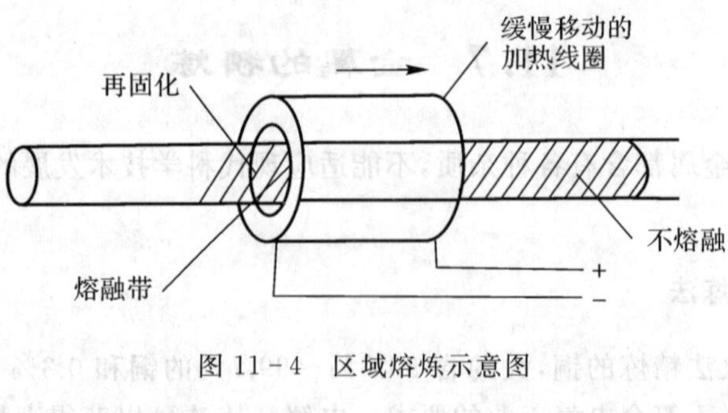

图 11-4 区域熔炼示意图

例如，把含铅的固体锡料做成长条状，使其缓慢的通过一个很短的加热区域。因铅在锡中的分配系数 $K=0.067\,9$，说明在平衡条件下结晶时，铅在固相锡中的含量很少了，可以得到较纯的锡晶体，铅则富集在液体中。经过多次熔区提纯之后，长条状锡锭一端被提纯，另一端富集杂质。此法生产高纯锡质量分数达到 99.999 8%。

11.8　合　金

合金是具有金属特性的多种元素的混合物。例如，金属在熔化状态时可以相互溶解或相互混合，形成合金；金属与某些非金属也可以形成合金。合金比纯金属具有许多更优良的性能，合金的性质与其化学组成和内部结构有密切关系。合金的结构比纯金属复杂，一般有以下三种基本类型：

1. 低共熔混合物

低共熔合金是两种金属的非均匀混合物，它的熔点总比任一纯金属的熔点要低。低共熔合金的熔点与组成的关系可用图 11－5 的熔度图（Bi－Cd 体系的相图）表示。铋镉合金的最低熔化温度是 140℃，这个温度称为最低共熔温度，而组成对应于这一温度的合金称为低共融熔合物。

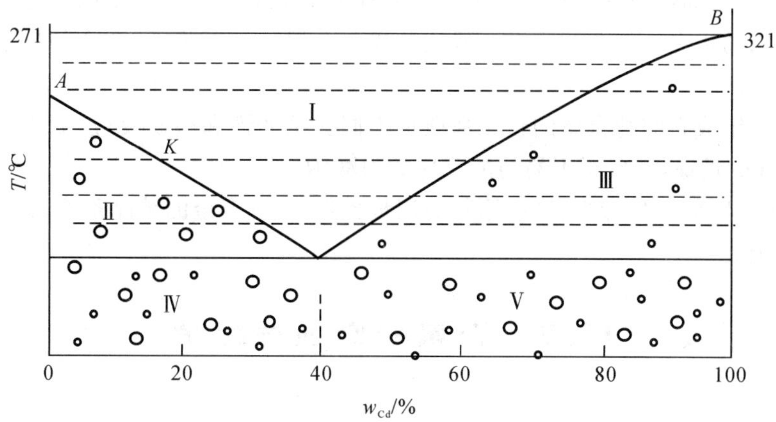

图 11－5　Bi－Cd 体系的相图

例如，焊锡是锡、铅之低共熔合金。纯铅在 327℃熔化，纯锡在 232℃熔化，含 $\omega_{Sn}=63\%$之低共熔混合物，则在 181℃熔融。

2. 金属固溶体

固溶体是一种均匀的组织。合金组成物在固态下彼此相互溶解而形成晶体，称为固溶体。

固溶体中被溶组成物可以有限地或无限地溶于基体组成物的晶格中。根据溶质原子在晶体中所处的位置，固溶体分为置换固溶体、间隙固溶体和缺位固溶体。

在置换固溶体中，溶剂金属保持其原有晶格，溶质金属原子取代了晶格内若干位置。

在间隙固溶体中，溶质原子分布在溶剂原子晶格的间隙中。只有当溶质原子半径很小时，才能形成。例如，碳溶入 $\gamma-Fe$ 中所形成的间隙固溶体称为奥氏体。

缺位固溶体都是化合物，只是其中有一部分按照定组成定律来说是过量的，这过剩的原子占据着化合物晶格的正常位置，而另一部分的原子在晶格中应占据的位置却有一部分空起来了，也就形成了空位。

3. 金属化合物

当两种金属元素的电负性、电子层结构和原子半径差别较大时，则易形成金属化合物。它又分为两类:“正常价”化合物和电子化合物。

“正常价”化合物其化学键介于离子键与金属键之间。由于键的这种性质,所以“正常价”的化合物的导电性和导热性比各组分金属低。

大多数金属化合物是电子化合物。它们以金属键相结合,故不遵守化合价规则。其特征是化合物中价电子数与原子数之比有一定值,每一比值都对应一定的晶格类型。现以铜锌合金为例,如表 11-7 所示。

表 11-7 铜锌合金的晶体结构

价电子数/原子数	晶格类型	实 例
3/2 或 21/14	体心立方晶格	CuZn
21/13	复杂立方晶格	Cu_3Zn_3
7/4 或 21/12	六方晶格	$CuZn_3$

除密度外,合金的性质并不是它各成分金属性质的总和。多数合金的熔点低于组成它任何一种成分金属的熔点。合金的硬度一般比各成分金属的硬度都大,合金的导电性和导热性比纯金属低得多。

有些合金与组成它的纯金属的化学性质也不同。例如铁和酸易反应,如果在普通钢里加入 25%的 Cr 和少量镍,就成了不易与酸反应的耐酸钢。

总之,使用不同的原料,改变这些原料的用量比例,控制合金的结晶条件,就可以制得具有各种特性的合金。

11.9 金属的腐蚀与防护

11.9.1 金属的腐蚀

当金属和周围气态或液态介质接触时,常常由于化学作用和电化学作用而引起破坏的过程称为金属的腐蚀。一般把金属腐蚀分为化学腐蚀和电化学腐蚀。

1. 化学腐蚀

金属直接与介质起化学反应而引起的腐蚀称化学腐蚀。金属发生了化学腐蚀时,金属的表面上会生成相应的化合物,如氧化物和硫化物等。这些形成的金属化合物通常形成一层薄膜,膜的性质对金属的进一步腐蚀有很大影响。一般来说,金属的硫化物膜的保护作用不如氧化物膜。金属表面的化学腐蚀在常温下进行的比较慢,但在高温时比较显著。

2. 电化学腐蚀

电化学腐蚀是金属和外界介质的电化学反应而产生的腐蚀。在发生化学反应的过程中有电流的产生,形成原电池,所以又叫原电池作用。

钢铁和一般的固体一样,暴露在空气中就会吸附水汽形成水膜,因为空气中的 CO_2、SO_2、O_2 等气体溶入水膜,使水膜的导电性增加。即

$$H_2O+CO_2=H_2CO_3=H^++HCO_3^-=2H^++CO_3^{2-}$$

钢铁是铁和碳(石墨或 Fe_3C)的合金,吸附水气后这相当于铁和碳浸在一个有电解质的水膜中,形成了很多微小的原电池(微电池)。在微电池中,Fe 作为阳极,石墨或 Fe_3C 作为阴极。

阳极和阴极是直接相通的，电子可在其中自由流动。阳极的铁失去电子成为 Fe^{2+} 进入水膜，电子转移到石墨或 Fe_3C 上，水膜中的氢离子可以从阴极上获得电子成为 H_2，也可能是溶解于水膜中氧获得电子。

阳极　　　　　　　　　$Fe-2e^- = Fe^{2+}$

阴极　　　　　　　　$O_2+2H_2O+4e^- =4OH^-$

上述过程可以用图 11-6 表示。

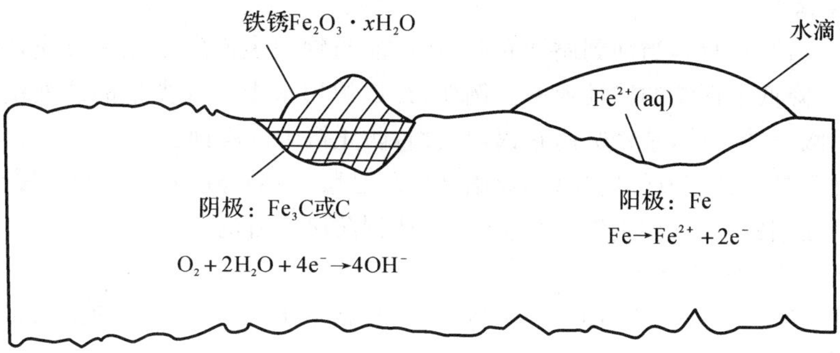

图 11-6　钢铁电化学腐蚀示意图

如果在钢铁附近有较多的酸性气体存在，水膜吸附了酸性气体后，酸性增强，H^+ 浓度较大，这时从石墨上夺取电子的主要是 H^+。

无论是氧还是氢获得电子，其结果都是水膜中的 OH^- 离子的浓度相对的增加，OH^- 和 Fe^{+2} 结合生成氢氧化亚铁 $Fe(OH)_2$，又可进一步氧化成 $Fe(OH)_3$。

铁的氢氧化物与空气中的 CO_2 作用，可转变为各种碱式碳酸铁、氢氧化铁，又可失去水分而变成氧化铁，所有这些物质就构成了铁锈的主要成分。一般用 $Fe_2O_3 \cdot xH_2O$ 表示。

从本质看，电化学腐蚀和化学腐蚀都是金属失去电子的氧化过程，但是，电化学过程伴有电流的产生，而化学腐蚀没有电流的产生。在一般情况下，电化学腐蚀与化学腐蚀往往同时存在。

11.10.2　金属的防护

金属的腐蚀带来的损失是很严重的，全世界每年生产的金属大约有 1/10 消耗在因腐蚀而造成的损失上。所以，防腐是一个很重要的课题。防腐的方法如下：

1. *覆盖保护层法*

就是在金属的表面涂上一层保护层，使金属避免与周围介质作用。

1) 非金属保护层。将非金属（例如漆、沥青、塑料、搪瓷）涂一层在金属的表面。短期的防腐可涂机油、凡士林、石蜡等物质。

2) 金属保护层。用耐酸性较强的金属和合金保护层覆盖耐蚀性较弱的金属。这种保护法在机械、仪器及船舶制造上很普遍。

金属保护层分阳极覆盖层和阴极覆盖层两种。阳极覆盖层的金属的电极电势比主体金属的电极电势更负。如镀锌铁，在腐蚀介质中锌作为阳极，铁作为阴极，通过溶解锌从而保护铁。而阴极覆盖层的金属的电极电势比主体金属的电势更正，如马口铁（镀锡铁），当锡层破坏时，铁溶解。

覆盖金属保护层的防法，主要是电镀法、热镀法和渗镀法。

3）氧化膜保护层。不少金属的氧化物薄膜能很好地保护金属，工业上也常用这种方法防腐。例如工业上的“发蓝”是把清洁过的钢铁制品放在温度约140℃的浓碱（NaOH）和氧化剂（$NaNO_2$ 或 $NaNO_3$）溶液中处理，在钢铁表面便盖上一层致密的蓝色或黑色氧化物（Fe_3O_4）保护薄膜，从而进行防锈。

2．使用缓蚀剂

缓蚀剂是一种添加剂，当加到腐蚀介质中时，能与钢铁表面发生化学反应，吸附在钢铁表面，从而阻止和降低了钢铁的腐蚀速率。例如，在锅炉用水中加入少量的磷酸钠，与锅炉的亚铁离子生成磷酸亚铁沉淀，紧密吸附在锅炉表面，防止锅炉的腐蚀。

气相缓蚀剂是一种挥发性物质（如亚硝基二环己胺、碳酸环己胺等），气相缓蚀剂在室温下挥发而被吸附在钢铁表面，使钢铁与介质分离，达到防腐的目的。

3．改变钢铁的内部组织结构

炼钢时加入某些合金元素（如铬、钼、钒、钛），从根本上改变碳素钢的组织结构，起到防腐蚀的作用，例如，不锈钢。

4．电化学保护

电化学保护是根据电化学原理而采取的方法。例如在需要防腐的钢铁设备上连接一种比钢铁电势更负，更易失去电子的金属材料，此法称阴极保护。

5．电镀

电镀的目的可以是保护金属或合金不生锈（镀锌、镍、铬），使金属表面美丽而有光泽（镀铜、银），增加电学设备表面的导电能力（镀铬、银）。电镀是利用电解的原理，在一种金属或合金的表面沉积覆盖一层光滑、均匀，而且质地紧密有牢固结合力另一种金属的过程。

电镀前，金属表面需要经过机械加工、化学或电化学处理，使被镀金属平整并除去油污和锈蚀物，呈现金属的结晶组织。电镀时，被镀金属作为阴极，镀层金属作为阳极，含镀层金属的盐溶液作为电镀液。在保持一定的pH值、温度等条件和直流电的作用下，阳极发生氧化反应，金属失去电子而成正离子进入溶液，阴极发生还原反应，金属正离子在阴极上获得电子，沉积成镀层。

11.10 钢铁的冶炼原理

钢铁是铁和碳的合金体系总称。钢铁具有强度高、价格便宜、应用广泛的特点，其中 $\omega_C>2.0\%$ 为生铁，$\omega_C<0.02\%$ 为纯铁，$0.02\%<\omega_C<2.0\%$ 为钢（其中 $\omega_C<0.25\%$ 为低碳钢，$0.25\%<\omega_C<0.6\%$ 为中碳钢，$\omega_C>0.6\%$ 为高碳钢）。

11.10.1 铁的冶炼原理

铁在地壳中的含量按质量分数约为5.63%，地壳中的铁主要以氧化物、硫化物和碳酸盐的形式存在。重要的矿石有赤铁矿（Fe_2O_3）、磁铁矿（$FeO \cdot Fe_2O_3$）、褐铁矿（$Fe_2O_3 \cdot 2Fe(OH)_3$）、菱铁矿（$FeCO_3$）、黄铁矿（FeS_2）组成。炼铁的原理是铁矿石在还原剂的作用下还原成单质铁。

高炉（依据逆流反应器原理建造的竖式鼓风炉，炉壳是钢板制成，内部用耐火砖砌成）炼铁大致过程如下：将矿石、焦炭、助熔剂等按一定的比例组成炉料，由高炉顶部加入，并由上向下沉降。从炉下风嘴处吹入预热至 800～1 000℃的热空气，焦炭在炉的下部燃烧成 CO_2，它与红热的焦炭接触转变成 CO，即

$$C+O_2=CO_2$$

$$CO_2+C=2CO$$

由于焦炭燃烧，产生高温和 CO，向上扩散时把热量传给从上而下的炉料，使炉料预热。铁矿石在下降的过程中遇到 CO，约在 500～1 000℃被还原，CO 的还原称为间接还原。

$$3Fe_2O_3+CO=2Fe_3O_4+2CO_2$$

$$Fe_3O_4+CO=3FeO+CO_2$$

$$FeO+CO=Fe+CO_2$$

当炉料下降至更高炉温区域时，矿石可与焦炭发生直接还原反应，但焦炭是固体与氧化铁表面直接接触发生化学反应是有限的，铁的还原主要靠 CO 实现。熔化的铁液从出铁口定时排出，其中的碳以 Fe_3C 的形式存在，待铁液慢慢冷却，Fe_3C 则分解成铁和石墨，此时的铁断口呈灰色，故称灰口铸铁。灰口铸铁柔软，有韧性，可以切削加工或浇铸零件。如果将铁液快速冷却，Fe_3C 来不及分解而保留下来，铁的断口呈白色，称白口铸铁。白口铸铁质硬且脆，不宜加工，一般用来炼钢。如果在铁液中加入 Mg($\omega_{Mg}=0.05\%$)，使生铁中的碳变成球状，获得球墨铸铁。球墨铸铁具有高的强度、塑性、韧性和热加工性能，可使灰口铸铁的强度提高一倍，塑性提高 20 倍，并保留了灰口铸铁易切削加工等优点，综合性能好，工业应用广泛。

11.10.2　钢的冶炼原理

高炉出来的铁水中含 $\omega_C=4.3\%$，凝固时生铁中将生成 6.5%(体积比)的渗碳体 Fe_3C，还含有 Mn、Si、P、S 等杂质，材料的性能不能满足现代技术要求，故必须精炼。生铁炼钢是把铁中的含碳量降低到一定水平并除去其他有害杂质。

炼钢的化学过程和炼铁的化学过程刚好相反，炼铁是用碳除去氧化铁中的氧，而炼钢是用氧气除去碳同时须避免金属铁再度被氧化成氧化铁。

目前，炼钢技术已十分成熟，主要采用氧气顶吹法，借一水冷喷嘴由顶部直接向铁液中吹纯氧，净化反应过程为

$$2C+O_2=2CO$$

$$2Mn+O_2=2MnO$$

$$Si+O_2=SiO_2$$

$$S+O_2=SO_2$$

$$4P+5O_2=2P_2O_5$$

炼钢炉中加入石灰也是为了除去 S、P 等杂质：

$$P_2O_5+3CaO=Ca_3(PO_4)_2$$

$$SiO_2+CaO=CaSiO_3$$

$$SO_2+2CaO+O_2=2CaSO_4$$

氧化后生成的 CO 是气体很容易除去，其他氧化物在熔剂作用下变成熔渣可除去。所有的氧化反应都是强放热反应，能保持氧化过程的高温而无须另外加热。

炼钢的最后阶段须加入脱氧剂(如锰、硅、铝)，把钢液中多余的氧除掉，即

$$Si+2FeO=SiO_2+2Fe$$

$$Mn+FeO=MnO+Fe$$

$$2Al+3FeO=Al_2O_3+3Fe$$

达到要求后，把钢液铸成钢锭，再轧成钢材。

11.10.3 钢铁的结构

钢铁的性能与其化学组成、结构及物相的组成和分布有关。在炼钢过程中可通过改变钢铁的化学组成、调节和控制钢中的相组成和分布，获得所需的钢材。纯铁($\omega_{Fe}=99.9\%$)以上。纯铁呈银白色，有金属光泽，性软，有延展性，熔点 1 535℃，沸点 3 000℃。纯铁在室温下是体心立方结构，称为 α-铁。将纯铁加热，当温度到达 910℃时，由 α-铁转成 γ-铁，是面心立方结构；继续升高温度，到达 1 390℃时，γ-铁转化成 δ-铁。

金属单质的结构大都采取面心立方(A1)、体心立方(A2)、六方(A3)三种最密堆积形式，在这些结构中存在许多四面体和八面体空隙，使半径较小的非金属原子如硼、碳、氢等可填入空隙中，形成金属间隙化合物或金属间隙固溶体，统称为金属间隙结构。在具有这类结构的物质中同时存在金属键和共价键，原子间结合特别牢固，因此它们往往具有高强度、高熔点和高硬度等优异性能。

铁有 α-铁、γ-铁和 δ-铁三种同素异构体，小的碳原子可嵌入它们的空隙中，形成四种物相的金属间隙结构。

1) 奥氏体。它是碳在 γ-铁中的间隙固溶体，碳原子占据八面体空隙，如图 11-7(a)所示。

2) 马氏体。它是碳在 α-铁中的过饱和和间隙固溶体，铁原子按体心立方分布，碳原子填入变形八面体空隙中，如图 11-7(b)所示。

3) 铁素体。它是碳在 α-铁中的间隙固溶体，由于铁素体含碳量很少，与纯铁甚为相近。

4) 渗碳体。它是铁与碳形成的硬而脆的化合物，化学式为 Fe_3C。

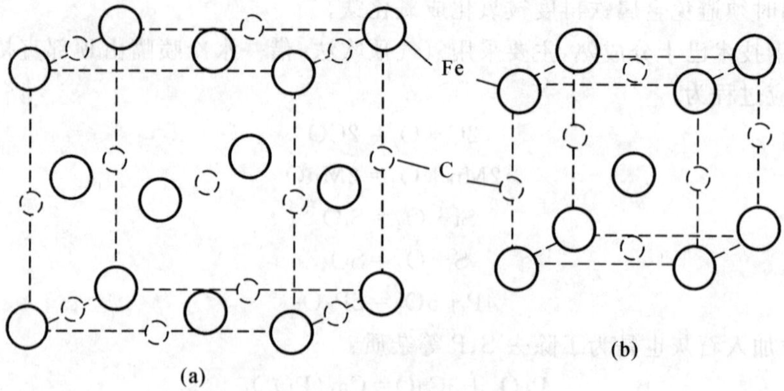

图 11-7 奥氏体和马氏体的结构

(a)奥氏体；(b)马氏体

第12章 非金属材料

非金属材料一般是指无机非金属陶瓷材料，陶瓷材料的出现比金属材料早得多。陶瓷材料的显微结构通常有三种不同的组成，即晶相、玻璃相和气相。晶相是陶瓷材料中最主要的组成相，决定陶瓷材料的物理化学性质主要是主晶相。

玻璃相是非晶态结构的低熔点固体，对于不同陶瓷材料的玻璃相的含量不同，日用瓷及电磁的玻璃相含量较高，高纯度的氧化物陶瓷中玻璃相含量较低。玻璃相的作用是充添晶粒间隙，粘接晶粒，提高陶瓷材料的致密程度，降低烧结温度，改善工艺，抑制晶粒长大。

12.1 非金属材料的化学键

1. 金属材料的化学键

非金属材料是以离子键、共价键以及离子键与共价键的混合键结合在一起。

(1) 离子键。

电离能小的金属原子与电子亲和能大的非金属原子，在相互靠近时失去或获得电子生成具有稀有稳定电子结构的正、负离子，然后通过库仑静电引力生成离子化合物。这种正负离子之间的静电作用力称为离子键。库仑力的性质决定了离子键既没有方向性，也没有饱和性。所谓没有方向性，是指晶体中被看作带电小圆球的正、负离子在空间任何方向上吸引相反电荷离子的能力是等同的。所谓没有饱和性，是指一个离子除吸引最临近的异电荷离子外，还可吸引远层异电荷离子。正、负离子周围邻接的异电荷离子数主要取决于正、负离子的相对大小，与各自所带电荷的多少无直接关系。由于离子键没有方向性，只要求正、负离子相间排列，并尽量紧密堆积，因而离子晶体的密度及键强度较高。这类材料的强度大、硬度高，但脆性大。离子晶体固态绝缘，熔融后可导电。

(2) 共价键。

原子之间通过共用电子而形成的化学键称为共价键。共价键具有方向性和饱和性，这就决定了共价晶体中原子的堆积密度较小，共价晶体键强度较高，且具有稳定的结构，故这类材料熔点高，硬度大，脆性大，热膨胀系数小。共价晶体中束缚在相邻原子间的共用电子不能自由运动，熔融后也无载流子，故共价晶体在固态和熔融态一般均不导电。

(3) 离子键与共价键的混合键。

实际材料中单一结合键的情况不多，大部分材料的内部原子结合键往往是各种键的混合。由于周期表中同族元素的电负性自上至下逐渐下降，即失去电子的倾向逐渐增大，因此这些元素在形成共价键结合的同时，电子有一定的概率脱离原子成为自由电子，意味着存在一定比例的金属键,这正是过渡金属具有高熔点的内在原因。又如金属与金属形成金属间化合物,尽管组成元素都是金属,但是两者的电负性不一样,有一定的离子化倾向,于是构成金属键与离子键的混合键,两者的比例视组成元素电负性差异而定,因此,它们很脆,不具有金属特有的塑性。

陶瓷等非金属化合物中出现离子键与共价键混合的情况更是常见,通常金属正离子与非金属离子所组成的化合物中离子键的比例取决于组成元素的电负性差,电负性相差越大,离子键比例越高。因为陶瓷等非金属化合物是离子键与共价键混合物,往往很脆。

另一种混合键表现为两种类型键独立存在。例如石墨碳的片层上为共价结合,而片层间则为范德华力结合。

2. 离子晶体中正负离子的堆积方式

无机非金属材料主要由金属元素和非金属元素通过离子键或兼有离子键和共价键的方式结合起来,多数无机非金属材料可以看成由带电的离子而不是由原子组成。大多数无机非金属材料中的晶相都属于离子晶体。

(1) 配位多面体规则。

在离子晶体中,阴离子半径通常大于阳离子半径,阴离子在阳离子周围组成配位多面体,阴离子的配位数决定于阴、阳离子半径之比。

(2) 电价规则。

在一个稳定的离子化合物结构中,每个阴离子的电价数等于或近似于相邻各阳离子到该阴离子各静电键强度 S 的总和。

电价规则有助于推测阴离子多面体的连接方式,这对于了解硅酸盐等晶体结构非常有益。硅酸盐的基本结构单元是$[SiO_4]^{4-}$四面体,可以认为它由 Si^{4+} 和 4 个 O^{2-} 粒子组成。Si^{4+} 离子位于由四个 O^{2-} 组成的四面体空隙中,Si^{4+} 给予每个 O^{2-} 离子的静电键强度 $S=4/4=1$,而 O^{2-} 的电价为 -2,所以每个 O^{2-} 离子还可以与另一个$[SiO_4]^{4-}$四面体 Si^{4+} 离子结合,即两个$[SiO_4]^{4-}$四面体共用一个 O^{2-} 离子。

(3) 阴离子多面体共用顶点、棱和面规则。

L. Paoling 第三规则指出:在一个配位体结构中,配位多面体共用的棱,特别是共用面的存在,会降低这个结构的稳定性,尤其是对电价高、配位数低的阴离子,这个效应更显著。当阴、阳离子半径接近于稳定多面体下限时,该效应特别大。

(4) Paoling 第四规则。

在含有一种以上阳离子的晶体中,电价高而配位数低的阳离子,配位多面体倾向于互不连接,即尽可能不共用顶点、棱和面。

(5) Paoling 第五规则。

在同一晶体中,不同组成的结构单元的数目趋向于最少。

Paoling 规则只适用于离子型晶体,不适用于以共价键结合的晶体。它是经验规则。

3. 简单氧化物的晶体结构

金属材料中,一般只考虑体心立方、面心立方和密排六方这三种最重要的晶体结构,非金属材料则要复杂得多,其中立方、四方与六方晶系也是最重要的。在非金属材料中,某些晶体结构用典型化合物的名字表示。

（1）NaCl 型结构；

（2）CsCl 型结构；

（3）CaF_2 型结构；

（4）闪锌矿型。

4. 比较复杂氧化物的晶体结构

（1）TiO_2 型；

（2）尖晶石型。

5. 共价晶体的晶体结构

（1）金刚石结构；

（2）石墨结构。

12.2　陶瓷的化学组成

大多数非金属材料(如陶瓷、玻璃、水泥、耐火材料等)都是由石英、黏土、长石三部分组成，只是由于各组分的含量及加工工艺不同，因而其性能和用途各异。石英、黏土、长石这三种矿物在自然界广泛存在。

1. 石英

石英的化学组成为 SiO_2，石英不受 HF 以外的所有无机酸的侵蚀，在室温下与碱不发生化学反应，硬度较高，所以石英是一种具有耐热性、耐蚀型、高硬度等特征的优异物质。在陶瓷中，石英构成陶瓷制品的骨架，赋予制品耐热、耐蚀等特性。

石英在加热的过程中发生晶型转变。即

$$
\begin{array}{c}
\alpha\text{-石英} \leftrightarrow \alpha\text{-磷石英} \leftrightarrow \alpha\text{-方石英} \leftrightarrow \text{熔融态石英} \\
\downarrow\uparrow \\
\beta\text{-石英} \leftrightarrow \beta\text{-磷石英} \leftrightarrow \beta\text{-方石英} \leftrightarrow \text{石英玻璃} \\
\downarrow \\
\gamma\text{-磷石英}
\end{array}
$$

石英晶型的转变会引起一系列物理变化(如体积、密度、强度等)，其中对陶瓷生产影响较大是体积变化。石英黏性小，无可塑性，无法做成制品的形状，使其成型须加入黏土。

2. 黏土

黏土是含水铝硅酸盐矿物，常见的黏土矿物为高岭土、多水高岭土、叶蜡石、蒙托石、云母等。主要化学成分为 SiO_2、Al_2O_3、H_2O、Fe_2O_3、TiO_2 等，黏土具有独特的可塑性与结合性，可加水和成软泥，塑造成型，烧结后变得致密坚硬。

3. 长石

长石是一族矿物的总称，为架式硅酸盐结构，长石分为四种类型：钠长石($Na_2O \cdot Al_2O_3 \cdot 6SiO_2$)、钾长石($K_2O \cdot Al_2O_3 \cdot 6SiO_2$)、钙长石($CaO \cdot Al_2O_3 \cdot 6SiO_2$)、钡长石($BaO \cdot Al_2O_3 \cdot 6SiO_2$)。长石在高温下为有黏性的熔融液体，并润湿粉体，冷却至室温后，可使粉体中的各组分牢固地结合，成为致密的陶瓷制品。

陶瓷制品中使用的长石是几种长石的互溶物，并含有其他杂质，所以没有固定的熔融温度，它只是在一个温度范围内逐渐软化熔融，成为乳白色黏稠玻璃态物质。熔融后的玻璃态物质能够溶解一部分黏土分解物及部分石英，促进成瓷反应的进行，并降低烧成温度，长石的这种作用称为助熔作用。冷却后以长石为主的低共熔体以玻璃态存在于陶瓷制品中，构成陶瓷的玻璃基质。

石英、黏土、长石构成传统的三组分瓷，其中石英为耐高温的骨架成分，黏土提供可塑性，长石为助熔剂。应该指出，上述三组分中，真正不可少的组分只有骨架成分，其余两个组分的存在，破坏了骨架成分所具有的耐高温、耐腐蚀、高硬度等特性。

12.3 陶瓷制造过程的化学变化

经过成型的坯料，必须最后通过高温烧成才能获得陶瓷特性。烧成也称烧结，目的是去除坯体内所含溶剂、黏结剂、增塑剂等，并减少坯体中的气孔，增强颗粒间的结合强度。

普通陶瓷一般采用窑炉在常压下进行烧结，坯体在烧结过程中发生一系列物理化学变化，不同阶段的变化决定了陶瓷的质量和性能，该过程大致分为如下四个阶段：

1. 蒸发期（室温～300℃）

此阶段不发生化学变化，主要是排除坯体内的残余水分。

2. 氧化物分解和晶型转化期（300～950℃）

此阶段发生较复杂的化学变化，这些变化主要包括黏土中结构水的排除，碳酸盐的分解，有机物、碳素、硫化物的氧化，以及石英的晶型转变。（β石英↔573℃↔α-石英）。

3. 玻化成瓷期（950℃～烧结温度）

这是烧结过程的关键，坯体的基本原料长石和石英、高岭土在三元相图上的最低共熔点为985℃，随着温度的升高，液相量逐渐增多，液相使坯体致密化。同时，液相析出新的稳定相莫来石，莫来石晶体的不断析出和线形尺寸的长大，交错贯穿在瓷坯中起骨架作用，使瓷坯强度增大，最终，莫来石、残留石英及瓷坯内其他组分借助玻璃状物质而连接在一起，组成了致密的瓷坯。

4. 冷却期（止火温度～室温）

冷却过程中，玻璃相在775～550℃之间由塑性状态转变为固态，残留石英在573℃由α-石英转变为β石英。在液相固化温度区间必须减慢冷却速率，以避免结构变化引起较大的内应力。

12.4 水泥

水泥是水硬性胶凝材料，具有良好的黏结性，凝结硬化后有很高的机械强度，是基本建设中不可缺少的建筑材料。广泛应用于工业建筑、民用建筑、道路、桥梁、水利工程、地下工程及国防工程中。

水泥的品种很多，大多是硅酸盐水泥，其主要化学成分是钙、铝、硅、铁的氧化物，其中绝大部分是 CaO，约占60％以上；其次是 SiO_2，约占20％以上；剩下的部分是 Al_2O_3、Fe_2O_3 等。水泥中的 CaO 来自石灰石；SiO_2 和 Al_2O_3 来自黏土；Fe_2O_3 来自黏土和氧化铁粉。

水泥的生产过程是将黏土、石灰石和氧化铁粉等按一定的比例混合磨细，制成水泥生料，送进回转窑里进行煅烧。其主要反应如下：

在 750～1 000℃下：

$$CaCO_3 = CaO + CO_2$$

在 1 000～1 300℃下：

$$2CaO + SiO_2 = 2\ CaO \cdot SiO_2 \quad \text{(硅酸二钙)}$$

在 1 000～1 300℃下：

$$3\ CaO + Al_2O_3 = 3CaO \cdot Al_2O_3 \quad \text{(铝酸三钙)}$$

在 1 000～1 300℃下：

$$4CaO + Al_2O_3 + Fe_2O_3 = 4CaO \cdot Al_2O_3 \cdot Fe_2O_3 \quad \text{(铁铝酸四钙)}$$

在 1 300～1 400℃下：

$$CaO \cdot SiO_2 + 2CaO = 3CaO \cdot SiO_2 \quad \text{(硅酸三钙)}$$

经过上述变化，生料即烧结成块，从窑中出来的产品就是熟料。将熟料磨成细粉，加入少量石膏，即成硅酸盐水泥。

水泥的凝结和硬化是很复杂的物理化学变化过程，水泥与水作用时，颗粒表面的成分很快与水发生水化或水解作用，产生一系列新的化合物，反应如下：

$3CaO \cdot SiO_2 + nH_2O = 2CaO \cdot SiO_2 \cdot (n-1)H_2O + Ca(OH)_2$

$2CaO \cdot SiO_2 + mH_2O = 2CaO \cdot SiO_2 \cdot mH_2O$

$3CaO \cdot Al_2O_3 + 6H_2O = 3CaO \cdot Al_2O_3 \cdot 6H_2O$

$4CaO \cdot Al_2O_3 \cdot Fe_2O_3 + 7H_2O = 3CaO \cdot Al_2O_3 \cdot 6H_2O + CaO \cdot Fe_2O_3 \cdot H_2O$

从上述反应可以看出，硅酸盐水泥和水反应后，形成四个主要化合物：氢氧化钙、含水硅酸钙、含水铝酸钙和含水铁酸钙。这几种主要的化合物决定了水泥硬化过程中的一些特性。

水泥凝结硬化过程大致分为三个阶段：溶解期、胶化期、结晶期。

水泥硬化后，生成的游离氢氧化钙微溶于水，但空气中的 CO_2 能和 $Ca(OH)_2$ 作用生成一层 $CaCO_3$ 硬壳，可防止氢氧化钙溶解。

水泥凝结硬化的快慢与水泥的组成、细度、加水量及硬化时的温度和湿度等因素有关。

12.5　特种陶瓷的工艺过程

特种陶瓷区别于普通陶瓷的主要特征是：①原料系人工合成而非天然；②制品基本上由骨架成分构成。特种陶瓷的原料纯度高，颗粒细小，只加入很少甚至完全不加入助熔剂与提高可塑性的添加剂。

1. SiC

SiC 原料的生产方法主要有两种。一种是将硅石(石英)、焦炭等配料直接加热。

在 1 900～2 000℃下，

$$SiO_2 + 3C = SiC + 2CO\uparrow$$

最终得到 β－SiC 与 α－SiC 的混合物。α－SiC 呈六方结构，为高温下的稳定相；β－SiC 呈立方结构，为低温下的稳定结构。

另一种方法是在 1 000～1 400℃下硅与碳直接进行反应如下：

$$Si + C = SiC$$

2. Si_3N_4

直接氮化法是将细硅粉在 N_2 气或 NH_3 气体中进行反应。

在 1 200～1 500℃下，

$$3Si+2N_2=Si_3N_4$$

反应结束后，进行粉碎和必要的精处理。

氯化硅法是采用了 $SiCl_4$ 为原料，在 NH_3 中进行反应。

在 1 100～1 200℃，

$$3SiCl_4+4NH_3=Si_3N_4+12HCl\uparrow$$

反应后得到的非晶态的氮化硅，再经 1 500～1 600℃加热处理后，得到 $\alpha-Si_3N_4$。

此法得到的氮化硅纯度较高，其反应如下：

$$3SiCl_4+2N_2+6H_2=Si_3N_4+12HCl$$

3. 氧化锆(ZrO_2)

ZrO_2 有多种晶型转变，1 600℃左右，$m-ZrO_2$ 可以转变成 $t-ZrO_2$，1 600℃左右的晶型的转变会引起很大的体积变化，从而导致制品的开裂。2 300℃左右，$t-ZrO_2$ 可以转变成 $c-ZrO_2$。

4. Al_2O_3

Al_2O_3 性能优良，制造成本低，是应用最为广泛的特种陶瓷材料。成型主要采用模压成型、挤压成型、注射成型等。高温下不出现或仅出现极少量的液相。

SiC、Si_3N_4 等机械强度高、硬度大、导热性好、热膨胀系数低、化学稳定性高，是很好的高温结构陶瓷材料。

12.6 半导体材料

用作半导体材料的硅和锗必须具有极高的纯度，否则将大大降低其性能。由于不存在天然的纯硅和纯锗，所以只能从含锗和含硅的矿物中提取锗和硅，再用适当提纯的方法制得纯硅和纯锗。

12.6.1 超纯锗的制备

1. 锗的资源

在地壳中，锗的含量约占百万分之二，并不比锌和铅少。然而，锗在自然界中非常分散，锗的提取和制备相当困难，因此被认为是一种稀有元素。

锗的资源主要有三个方面：

1) 煤，通常一吨煤中只含有几克锗。从煤中提取锗的重要途径有两种：一种是从煤燃烧产物烟道灰中提取；另一种是从煤干馏的副产物煤焦油和氨水中提取。

2) 在锗石矿和硫银锗矿等矿石中含锗较多，最多的含锗量可达 10%，但这些矿石是极罕见的。

3) 在一些锌、铜、银等金属矿中，含有微量的锗，含量为 0.01%～0.1%

2. 锗的制备和化学提纯

制备化学纯锗的流程如下：

锗矿石→富集→转化粗 GeO_2→HCl 处理粗 $GeCl_4$→精馏法提纯 $GeCl_4$→水解纯 GeO_2→还原(H_2 或 Zn)化学纯锗。

1）使含锗的矿石或原料转变成粗二氧化锗 GeO_2。

2）用盐酸将二氧化锗变成四氯化锗。

$$GeO_2+4HCl=GeCl_4+2H_2O$$

加热和使用过量的盐酸可使平衡向右移动，得到更多的 $GeCl_4$，为了避免氯化氢气体大量溢出，反应温度一般控制在盐酸的恒沸点(110℃)以下。

3）用精馏的方法提纯四氯化锗。$GeCl_4$ 在常温下是液体，沸点较低，易蒸发，因此蒸馏时可使 $GeCl_4$ 与其他金属的氯化物分离。

4）用纯水进行水解得到高纯度的 GeO_2，即

$$GeCl_4+4H_2O=GeO_2\cdot 2H_2O+4HCl$$

$$GeO_2\cdot 2H_2O=GeO_2+2H_2O$$

5）用氢气或锌还原二氧化锗，得到纯锗(99.99%)。

$$650℃, GeO_2+2H_2=Ge+2H_2O$$

$$950℃, GeO_2+2Zn=Ge+2ZnO$$

3. 区域熔炼法提纯

用化学法提纯的锗，再经过区域熔炼法可使锗的纯度提高到8～9个9。区域冶炼法工艺如下：

先将化学纯的锗熔化成长条形的锗锭放入高纯度的石墨舟皿或石英舟皿中，再把舟皿放入石英管内，向管内通入可使锗在高温下不发生化学变化的保护性气体，管外用一组通有高频电流的线圈加热。这时在线圈包围着的锗处就形成一个狭窄的熔化状态的区域，而其余部分的锗仍保持固体状态。将高频线圈缓慢地沿石英管向一个方向移动，这时原先处于熔化状态的锗就逐渐凝固，而原先处于凝固状态的锗就逐渐溶入熔区。如果线圈从管的左端逐渐移向右端，则锗的熔区也逐渐从左端移向右端。由于锗中大多数杂质在液相中的溶解度比在固相中的大，所以当锗凝固时就使一部分杂质留在熔区内，而使凝固出来的锗得到纯化。随着熔区的移动，熔区里的杂质越来越多，聚集到锗锭的一端。让线圈从左到右反复多次，杂质就被集中到锗锭的右端，将右端或两端切除，获纯锗(99.999 999 9%)。

12.6.2　超纯硅的制备

1. 硅的资源

硅是地壳中分布最广的元素，含量达25.8%，由于硅的熔点较高(熔点：硅为1 423℃，锗为960℃)，而且熔融时硅的化学性质较活泼，所以，提纯硅比提纯锗困难得多。

2. 硅的制备和化学提纯

首先在高温电炉中用焦炭将石英还原成纯度为97%的粗硅，反应式为

$$SiO_2+3C=SiC+CO\uparrow$$

$$2SiC+SiO_2=3Si+CO\uparrow$$

目前化学提纯有以下三种方法：

(1) 三氯化硅还原法。

先使粗硅与干燥的氯化氢气体在300℃左右的温度下进行反应，可得到三氯氢硅

$SiHCl_3$，即

$$Si + HCl = SiHCl_3 + H_2\uparrow$$

三氯氢硅是无色透明的油状液体，它的沸点较低(31.5℃)，可用精馏的方法提纯。纯化后的三氯氢硅放于还原炉中，在1 050～1 150℃的温度下用氢气还原，即可得到纯度较高的硅，即在1 050～1 150℃下，

$$SiHCl_3 + H_2 = Si + 3HCl$$

在还原炉中三氯氢硅的转化率较低，一般只达到10%～20%。

(2) 四氯化硅还原法。

粗硅与氯气可直接反应生成四氯化硅，即

$$Si + 2Cl_2 = SiCl_4$$

这一反应是放热反应，温度通常控制在450～500℃之间，温度过高，杂质生成氯化物，四氯化硅纯度降低；温度过低，四氯化硅收率降低。

四氯化硅是无色透明的液体，沸点为57.6℃，可用精馏方法提纯。四氯化硅用锌和氢还原，方程如下：在950～1 000℃下，

$$SiCl_4(g) + 2Zn(s) = Si(s) + 2ZnCl_2(g)$$

在1 100℃下，

$$SiCl_4(g) + 2H_2 = Si + 4HCl$$

(3) 硅烷热分解法。

硅烷热分解法是制备高纯度硅很有前途的一种方法。制备硅烷的方法很多，一般先合成硅化镁，将硅粉和镁粉按一定比例混合，在真空或氢气流中加热到500～550℃，即得到硅化镁。

$$2Mg + Si = Mg_2Si$$

在加热到850℃的锌镁合金中，通入含足量氢气的四氯化硅蒸汽，也可生成硅化镁。

$$2Mg + SiCl_4 = Si + 2MgCl_2$$

$$2Zn + SiCl_4 = Si + 2ZnCl_2$$

$$2Mg + Si = Mg_2Si$$

硅化镁与浓盐酸或液氨介质中与氯化铵反应即得到甲硅烷(SiH_4)。

$$Mg_2Si + 4HCl = SiH_4 + 2MgCl_2$$

在NH_3中，

$$Mg_2Si + 4NH_4Cl = SiH_4 + 4NH_3\uparrow + 2MgCl_2$$

甲硅烷是无色有特殊气味的有毒气体，沸点−112℃，在空气中易自燃。硅烷的提纯方法有物理吸附、预热分解和精馏等。物理吸附法是利用分子筛有巨大的吸附表面，能选择性的吸附杂质，从而达到吸附的目的。

提纯后的甲硅烷在加热到800～850℃时即分解，得到纯硅，即

$$SiH_4 = Si + 2H_2\uparrow$$

硅烷热分解法所得的产品纯度高，硅的收率达99%以上；缺点是硅烷的制备和提纯较困难。

3. 悬浮区域熔融法提纯

化学提纯法能得到纯度6～7个9的硅，一般可满足半导体器件的生产要求。为了得到更

高纯度的硅，采用无容器的悬浮区域熔融法，即用上下两夹头把化学提纯的硅棒竖直固定于石英管内，用高频电流加热，使硅棒的下端先形成窄的熔区（熔融硅有较大的表面张力，可以克服重力，不使硅从熔区中流下来）。随着加热器自下而上移动，熔区也自下而上移动，这种区域提纯的高纯硅的纯度为11个9。

4. 硅单晶制备

硅单晶的制备中采取直拉法和区域熔炼法生长硅。直拉法是在单晶炉内将一小块预制好的硅单晶（籽晶）和石英坩埚中的熔体接触，籽晶以一定速率旋转并缓慢提升，熔体内和籽晶接触的原子会按照籽晶中原子排列方式不断的生长在籽晶上，直到坩埚中的熔体被拉完为止。只要控制适当的温度、籽晶的转速和提升速率，就能用一小块单晶拉出较粗的棒状单晶。

12.6.3　砷化镓的制备

除了硅、锗单质可作半导体材料外，砷化镓也是很重要的半导体材料，它有许多锗、硅所不及的性能。

现在制备砷化镓单晶的方法主要是水平区熔法。这一方法是按合成、提纯、拉单晶的顺序，在同一设备中完成制得单晶进程。先把高纯度的镓和砷分开放入石英封闭管内，镓放在石英舟皿内，置于1 250℃的高温区，砷置于约610℃的低温区。不断蒸发出的砷蒸气进入镓中，与镓化合成砷化镓熔体，然后，进行区域提纯和拉单晶。

第13章　高分子材料

高分子材料主要包括塑料、橡胶、纤维、涂料、黏合剂等。高分子材料的原料丰富，制造方便，加工成型容易，性能变化大，在尖端科学、工农业生产、日常生活中都具有广泛的用途，是20世纪提高人类生活质量的主要物质基础之一。

13.1　高分子材料概论

高分子一般是指相对分子质量大于10^4、链的长度在10^3～10^5 Å甚至更大的分子。高分子材料一般是指那些天然和人工合成的在一定条件下可以满足一定使用要求的有机高分子物质。

生成高分子化合物的那些低分子原料称为单体，合成的高分子化合物称为高聚物，高分子材料可通过原料单体聚合反应而获得。例如，由四氟乙烯$CF_2=CF_2$单体，聚合生成聚四氟乙烯$[-CF_2-CF_2-]_n$。又如分别由己二酸$HOOC-(CH_2)_4-COOH$和己二胺$H_2N-(CH_2)_6-H_2N$单体合成尼龙66。

单体或单体混合物变成聚合物的过程称为聚合。例如，在常温常压下将氯乙烯(g)聚合形成聚氯乙烯(s)。

$$nCH_2=CHCl \rightarrow \sim CH_2-CHCl-CH_2-CHCl-CH_2-CHCl\sim$$

这种很长的聚合物分子，通常称为分子链。聚合物分子中重复连接的原子团称结构单元，结构单元在高分子链中又称为链节。形成高聚物的结构单元数目称为聚合度。高分子的聚合度和相对分子质量都是一个平均值。一般常用数均相对分子质量表示高分子相对分子质量的大小。数均相对分子质量M_n定义为

$$M_n=\frac{n_1M_1+n_2M_2+n_3M_3+\cdots}{n_1+n_2+n_3+\cdots}=\sum n_iM_i/\sum n_i$$

式中，M_i为相对分子质量；n_i为相对分子质量为M_i的物质的量。M_n可通过测高分子稀溶液的黏度或依数性(渗透压、沸点升高等)来确定。平均聚合度可由平均相对分子质量及结构单元的相对分子质量求得。

高分子材料根据其来源不同可分为天然高分子材料和合成高分子材料。例如，天然高分子材料有天然橡胶、虫胶、棉麻纤维、蚕丝、土漆等；合成高分子材料有聚乙烯、聚丙烯、聚苯乙烯、氯丁橡胶、丁腈橡胶、尼龙、涤纶等。从用途上分类，聚合物分为塑料、橡胶、纤维、涂料、黏合剂。塑料以合成树脂为基础，加入各种助剂和填料可塑制成型的材料。塑料按热性能分为热塑性和热固性两种。热塑性材料为受热软化或熔化，冷却后定型，这一过程可反复进行，热

塑型塑料是线形或支链型聚合物。热固性塑料是经过加工成型后再受热也不软化，形成体型聚合物。橡胶是具有可塑形变的高弹性聚合物材料，在很小的外力作用下，形变可达 1 000%，而外力去除后，又可复原。纤维是纤细而柔软的丝状物，分天然纤维和化学纤维，化学纤维分人造纤维和合成纤维。人造纤维是将天然纤维经过化学加工重新抽丝制成的纤维(如黏胶纤维)，合成纤维是全人工合成的线形聚合物抽成的纤维。

13.2　高分子材料的合成方法

13.2.1　缩合聚合-缩聚

缩聚反应是具有两个或两个以上反应官能团的低分子化合物相互作用而生成大分子的过程。这里有反应官能团的置换-消去反应，即在生成大分子的同时生成低分子的化合物。

缩聚反应最重要的特征是大分子链的增长是一个逐步的过程。以聚酯为例：

$$HOR'OH + HOOCRCOOH \rightarrow HOR'OCORCOOH + H_2O$$

$$HO-R'OCORCOOH + HO-R'OH \rightarrow HO-R'OCORCOO-R'OH + H_2O$$

$$HOOCRCOO-R'OH + HOOCRCOOH \rightarrow HOOCRCOO-R'OCORCOOH + H_2O$$

$$HO-R'OCORCOO-R'OH + HOOCRCOO-R'OCORCOOH \rightarrow$$

$$HO-R'OCORCOO-R'OCORCOO-R'OCORCOOH + H_2O$$

$$HO-R'O\left[CORCOO-R'O\right]_x-CORCOOH + HO-R'O-$$

$$\left[CORCOO-R'O\right]_y CORCOOH \rightarrow$$

$$HO-R'O-\left[CORCOO-R'O\right]_{x+y+1} CORCOOH + H_2O$$

缩聚反应依据反应的性质可分为可逆缩聚反应和不可逆缩聚反应。就可逆缩聚反应来说，其链的增长不仅是一个逐步的过程，而且是一个可逆的过程。如上面所提到的酯化反应就是一个可逆反应，生成的酯还可以被水解为醇和酸。生产上经常采用如下的措施：

(1) 改变原料的当量比。

如果使其中某一官能团适当过量，则有利于另一官能团作用完全，最后使大分子两端均为同样的一种官能团，这样的大分子之间就不会再继续反应下去而使相对分子质量稳定下来。

(2) 向反应体系中加入单官能团的活性物质，以此来控制缩聚产物的相对分子质量。

反应不可逆的原因在于：①不可逆缩聚反应的单体的反应活性足够大，使反应可能在很低的温度下进行，在这样的条件下通常不可能发生逆反应；②生成的高聚物分子结构非常稳定，在反应的过程中不与低分子产物或原料发生降解反应。例如，Kevlar－29 纤维：

$$nH_2N-C_6H_4-H_2N + ClCO-C_6H_4-COCl \rightarrow \left[NH-C_6H_4-NH-CO-C_6H_4-CO\right]_n + 2nHCl$$

Kevlar－29 纤维的最大特点是高强度和高模量。它的强度相当于钢丝的 6～7 倍，模量为钢丝和玻璃纤维的 2～3 倍。它的熔点高达 550℃，在高温下的强度保持率也非常高，是制作高性能复合材料、高速轮胎帘子线、特种缆绳的重要原料。

13.2.2　加成聚合

加成聚合绝大多数是由烯类单体出发，通过链锁加成作用生成高聚物。依其反应历程的不同,可分为三大类:游离基加聚反应、离子型加聚反应和配位离子加聚反应。其中游离基加聚反应是合成高聚物的一大类重要方法,聚乙烯、聚氯乙烯、聚苯乙烯、聚四氟乙烯、聚甲基丙烯酸甲酯、聚丙烯腈、聚丁二烯、聚异戊二烯等都是通过游离基加聚反应合成的,其中有塑料、纤维和橡胶。游离基加聚反应主要包括链引发、链增长、链转移和链终止四个步骤。下面以高压聚乙烯的合成来说明这个过程。

(1) 链引发。

在高温高压下,氧与乙烯反应生成过氧化物引发剂,进而热分解成为初级游离基,它能再与乙烯分子作用生成单体游离基,进行链的引发,即

$$O_2+CH_2=CH_2\rightarrow R-O-O-R$$

$$ROOR\rightarrow 2RO\cdot\rightarrow 2R\cdot+O_2$$

$$R+CH_2=CH_2\rightarrow R-CH_2-CH_2.$$

如用过氧化物引发剂,则先分解生成初级游离基,即

$$ROOR\rightarrow 2RO\cdot$$

(2) 链增长。

链引发产生的单体游离基具有高度反应活性,能与乙烯作用产生二聚体游离基,它仍具有活性,便再与乙烯作用。这样反复多次的进行连锁反应,便产生大分子链游离基,进行链的增长过程,即

$$\underset{\text{(单体游离基)}}{R-CH_2-CH_2\cdot}+CH_2=CH_2\rightarrow \underset{\text{(二聚体游离基)}}{R-CH_2-CH_2-CH_2-CH_2\cdot}$$

$$R-CH_2-CH_2-CH_2-CH_2\cdot+CH_2=CH_2-R\leftarrow\!\!\!-(CH_2-CH_2)_2-CH_2-CH_2\cdot\rightarrow\cdots$$

$$\rightarrow R\!\left(CH_2-CH_2\right)_{n+1}CH_2-CH_2\cdot$$

(大分子链自由基)

(3) 链转移。

链增长中的游离基,在达到一定聚合度后还可进行链转移反应,主要有三种转移方式:

1) 向大分子转移,产生支链大分子。

2) 链自由基内转移,产生短支链大分子。

3) 向小分子转移,产生无支链大分子。

(4) 链终止。

当链增长到一定程度后,链游离基之间相碰便可能发生链终止反应,有两种终止方式:①双基结合终止;②双基岐化终止。

13.3 高分子材料的结构与性能

高分子材料的物理状态是由高分子聚集而成,高分子链是以特定的基本链接构成的。高聚物结构是多层次的,按层次可以分为下面三级结构:

一级结构是指一个高分子链接的化学结构、空间构型、链接序列及链段支化度及其分布,并包括高分子的立体化学问题,这是最基本的高分子结构。

二级结构是指一个高分子链由于主链价键的内旋转和链段的热运动而产生的各种构象。

无定形高聚物的构象是长程无序的，结晶高聚物的构象是长程有序的，呈现一定的空间规整性和重复性。

三级结构也就是聚集态结构，许多高分子链聚集时，其链段之间的相对空间位置有紧密和疏松、规整和凌乱之分，链段间相互作用力也会不同。聚合物按聚集态的紧密和规整程度可分为无定形、介晶（包括液晶）和结晶三类相态。

高聚物各级结构综合决定了其各种物理状态及物性，一级结构主要由单体经聚合反应制取高分子化学过程所决定。二、三级结构主要因温度、压力及成型加工过程的外界条件影响。

13.3.1　高分子链的化学结构与构型

1. 链节的化学组成与结构

高分子材料是由无数高分子链聚集而成的，高分子链的结构单元是链节，不同链节的高聚物具有不同的性质，因此高分子链的结构须首先从链节结构分析。表 13－1 列举了一些高聚物的链结构与一般物理性能的关系。高聚物使链节连接成高分子链，使链节不再是单一孤立的分子，其性质也就发生了根本的变化。

表 13－1　高聚物的链结构与一般物理性能的关系

高聚物名称	链　节　结　构	分子链柔顺性	室温时的一般物性	应　用
聚乙烯	$-CH_2-CH_2-$	+	软、韧	纤维、塑料
聚丙烯（等规）	$\left[CH_2-CH(CH_3)\right]_n$	+	硬、韧	纤维、塑料
聚氯乙烯（无规）	$\left[CH_2-CH(Cl)\right]_n$	+	硬、韧	纤维、塑料
聚苯乙烯（无规）	$\left[CH_2-CH(C_6H_5)\right]_n$	+	硬、脆	塑料
聚苯乙醇	$\left[CH_2-CH(OH)\right]_n$	+	硬、脆	纤维
聚丙烯腈	$\left[CH_2-CH(CN)\right]_n$	+	硬、韧	纤维
聚甲基丙烯酸甲酯（PMMA）	$\left[CH_2-C(CH_3)(COOCH_3)\right]_n$	+	硬、脆	塑料
聚己二酸己二胺（尼龙 66）	$\left[NH-(CH_2)_n-NH-\overset{O}{\overset{\Vert}{C}}-(CH_2)_n-\overset{O}{\overset{\Vert}{C}}\right]_n$	+	硬、韧	纤维、塑料
聚对苯二甲酸乙二醇（涤纶）PET	$\left[\overset{O}{\overset{\Vert}{C}}-C_6H_4-\overset{O}{\overset{\Vert}{C}}-O-(CH_2)-O\right]_n$	+	硬、韧	纤维、塑料

续表

高聚物名称	链 节 结 构	分子链柔顺性	室温时的一般物性	应 用
聚碳酸酯	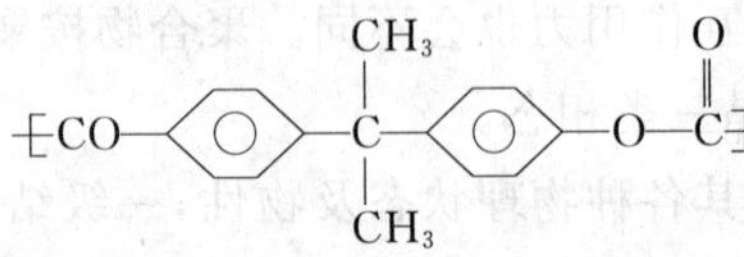	—	硬、韧	塑料
聚对苯二甲酰对苯二胺(Kevlar)	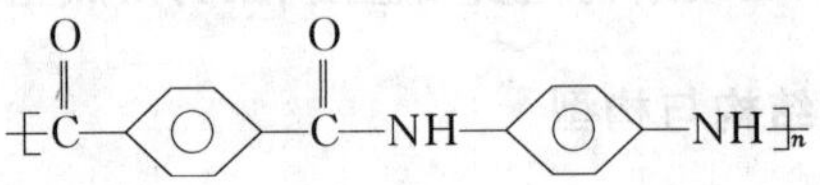	+	硬、韧	纤维、塑料
聚醚醚酮(PEEK)	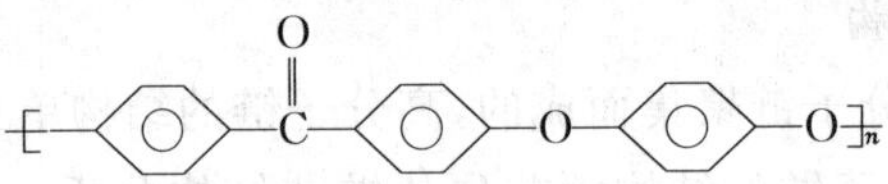	+	硬、韧	纤维、塑料
天然橡胶	$\lbrack CH_2C(CH_3)=CHCH_2 \rbrack_n$	+	软、弱	橡胶
聚二甲基硅氧烷(硅橡胶)	$\lbrack Si(CH_3)_2—O \rbrack_n$	—	软、弱	橡胶

2. 链节的构型——高分子链的立体化学

高分子链节结构随链节构型的不同而有立体结构存在，主要有有规立构，顺、反立构，旋光立构。

(1) 有规立构高分子。

例如，聚丙烯有 D-和 L-两种链接构型，当聚丙烯的高分子链全部由 D-链节(或全部由 L-链节)构成时，称为等规聚丙烯或全同聚丙烯。若由 D-链节和 L-链节交替相间连接时，称为间规聚丙烯或间同聚丙烯；若由 D-链节和 L-链节无规则连接时，称为无规聚丙烯。

(2) 顺、反立构高分子。

从单体丁二烯用配位聚合的方法，可合成两类聚丁二烯聚合物，每一类都可能存在立体异构。

(3) 旋光立构高分子。

聚乳酸是以乳酸为原料制备的。由石油化工途径生产的乳酸为等量 D、L 构型的外消旋体。发酵法制得的乳酸主要为 L 型的乳酸，由乳酸缩合制得的聚乳酸也存在聚 D-乳酸、聚 L-乳酸以及聚 D、L—乳酸。

3. 高分子链段中链节序列、支化和交联

两种链接的连接序列不同，所得到的也是性能完全不同的聚合物，共有以下几种：

(1) 交替共聚物：

…ABABABAB…

(2) 无序共聚物：

…ABAAABABBABBBB…

(3) 嵌均共聚物：

$$\cdots ABB[A]_m BAABBB[A]_n B\cdots$$

(4) 嵌段共聚物：

$$\cdots[A]_m-[B]_n-[A]_k-[B]_l\cdots$$

(5) 接枝共聚物：

$$\begin{array}{c}\cdots AAAAAAAAAAAAA\cdots \\ \quad | \qquad\quad | \\ \quad [B]_m \quad [B]_n\end{array}$$

13.3.2 高分子链的构象与柔顺型

无论是低分子或高分子链，凡是由分子中键的内旋转所形成的各种立体形态，均叫作构象。一个高分子链能形成的构象越多，即表示越柔顺。影响高分子链柔顺性的因素有以下几点：

1) 主链的结构、长短及交联度的影响。主链上有环状结构链节的，柔顺性下降。

2) 分子间作用力的影响。分子间的吸引力越小，链的柔顺性越大，因此，非极性主链比极性主链柔顺；侧链基团极性较小时，它们之间的吸力降低，内旋转容易，柔顺性也较好，如聚乙烯比聚氯乙烯柔顺。

3) 结晶度的影响。高分子链处于结晶态时，链之间受晶格能的束缚，相互作用力很大，故几乎没有柔顺性。在晶格中高分子链的构象是规整的锯齿形伸展链或是螺旋形旋转链，后者在主链上的每一个键都有一定的旋转角。

13.3.3 高分子的聚集态结构

高分子材料是由许多高分子链聚集而成，聚集起来的链与链的形态和结构称为聚集态结构，可分为无定形态、结晶态和半结晶态结构。对高分子材料的性能影响最大的是高分子晶态结构。通常将高聚物含晶体结构的质量分数，称为高聚物的结晶度。结晶度为零时是指纯粹的无定形态，结晶度为100%时是指纯粹的理想结晶体。

1. 高聚物的结晶条件

金属材料、无机非金属材料和高分子材料都有晶态结构，但高分子材料的特点是有很长的分子链，高聚物的晶格排列正在研究中，高聚物结晶度的大小是受内在的高分子链化学结构因素和外在的温度、应力等因素的影响。

(1) 高分子链化学结构的影响。

凡是高分子链的化学结构越简单的，主链的立体构型规整性及对称性越大的，主链上侧链基团的空间位阻越小的，以及主链上有一定的极性基团能增大链间作用力或形成氢键的都有利于结晶。即凡高分子链间能紧密而又规整的排列的结构因素，都有利于结晶。

(2) 温度的影响。

为使结晶过程能顺利进行，高分子链必须有足够的活动性，温度过低，链段运动被“冻僵”；温度过高，链段运动过剧，均不利于结晶。因为在玻璃化温度 T_g 与熔点 T_m 之间有一个结晶最适温度 T_k，该时结晶速率最快。T_k 大致可用经验公式表示，即

$$T_k=0.5(T_g+T_m)$$

(3) 拉应力的影响。

拉伸能促使高分子链取向、排列较紧密且增大链间作用力。如将涤纶拉伸长4倍，结晶度可从3%增至41%。

(4) 成核剂的影响。

成核剂起着晶种的作用，能大大加快结晶的速率，并可得到微晶结构的薄膜材料。这种微晶由于尺寸小于光的波长，故既能提高薄膜的机械强度又能提高透明度。

2. 高聚物结晶链的构象

高聚物结晶链的构象是很规整的，在晶相中长程有序地排列着。构象的形态，根据X射线衍射法的结果，有如下几种形状：

1) 平面锯齿形构象。如聚乙烯主碳链在晶相中的重复周期等于2.52Å，相当一个平面锯齿的距离。聚乙烯结晶链的三维空间排列也非常规整，属于正交晶系，晶胞参数为 $a=7.45$ Å，$b=4.97$ Å，$c=2.52$ Å，夹角 $\alpha=\beta=\gamma=90°$。

2) 螺旋形构象。如等规聚丙烯、等规聚苯乙烯结晶链，由于侧基团间的相互排斥，其主体构象形如螺旋，重复周期为6.5 Å，包括三个单体链节，每个链节的轴转向120°。

3) 缩聚物结晶链的构象。缩聚物结晶以聚酯与聚酰胺为典型，它们的结晶链构象都是平面锯齿形的。

例 乙二醇的聚酯，当酸中碳的数目为奇数时(如聚壬二酸乙二醇酯)，晶胞包含一个结构单元；当酸中碳数为偶数时(如聚癸二酸乙二醇酯)，晶胞包含两个重复单元。

3. 高聚物的结晶形态及结晶过程

结晶形态是高分子材料聚集态结构中的重要形式，不同的高分子、不同的结晶条件及结晶过程，生成的结晶形态不同，主要有以下几种：

1) 单晶。是最完整的一种晶态结构，多从线形高分子的稀溶液中培养而得。例如，在78℃，聚乙烯可从0.1%二甲苯溶液中慢慢生成菱形晶片，并可叠起成多层。单晶片边长最长可达50 μm，每片厚度约为100 Å，且与相对分子质量无关。

晶片的成型过程是聚乙烯构象的规整化及聚集态结构的规整化过程。无规线团的高分子链的构象先行伸直取向成锯齿形并互相有序地排列成链束，链束可再折叠起来形成折叠带，折叠带又进一步合成晶片。

2) 球晶。线形高分子聚合物从熔融态慢慢冷却下来，生成球晶，夹杂在无定形区中，对提高高分子材料的强度和耐热性等有重要作用。如聚乙烯的注射成型制品中便含有球晶。球晶是有球形界面内部组织复杂的多晶。有些高聚物的球晶，直径达到几十甚至几百微米，呈散射形结构，用偏光显微镜可容易辨认。

3) 柱晶。球晶受到突然的变化的机械应力时会破损或界面会发生滑动破裂，球晶纤维晶片缺陷会断裂成柱晶。

4) 纤维链束与无定形区连接的半晶态结构。是指没有条件形成折叠链晶片的聚集态结构，只有长程有序地排列成有隧纤维微束，并与无定形的无规线团连接交织在一起，形成多相结构。在有隧纤维微束中，高分子是处于有序构象排列的，进入无定形区后，则是无规线团。

5) 串晶。伸展链束与晶片区连接的晶态结构可称为串晶。折叠链晶片与晶片之间能存在许多伸展链纤维束结构。例如，将聚乙烯放在石蜡中一起结晶，再用溶剂抽提掉石蜡，留下的聚乙烯晶态结构，用电子显微镜观察，就有这种现象，晶片之间的伸展链可达数百埃(Å)或更长。

6) 单分子晶体及双股螺旋晶态结构。从 X 射线分析得知，天然高分子蛋白质多肽线性高分子一级结构能通过分子内部链接之间酰胺的 C=O 与— HN 基团氢键的作用，形成单一高分子链的 α-螺旋结构。螺旋每转一周相当于 3.6 个氨基酸，这种构象及规整的二级结构可视为分子链内部进行结晶过程中所得的“分子晶体”，是晶态结构的特殊形式。由于氢键作用，蛋白质即使在溶液中也能保持这种的稳定的螺旋结构。

许多蛋白质还有双股螺旋结构，这是三级结构。当它们再相互聚集起来变形成四级结构。这种反应聚集形态的结构亦称织态结构。血红蛋白、染色体等都可从电子显微镜中观察其形态，呈卷折或扭曲条状。

13.3.4　高聚物的结构因素对其性能的影响

高聚物的弹性模量依赖于结构因素，凡相对分子质量较大、柔顺性较小、极性较大、结晶度较大和交联度较大的高聚物，其弹性模量 E 值均较大。高聚物的其他力学性能与弹性模量之间有相互对应的关系。凡弹性模量较大的高聚物，其抗冲击强度就较小，但硬度、挠曲强度、抗压强度较大。抗冲击强度是高分子材料的重要使用性能，凡能提高大分子链柔顺性的，就可以提高抗冲击强度。各种结构因素对高聚物性能的影响。

1. 链节结构的影响

为了提高高分子材料的强度，可以在聚合物分子的链节中引入极性基团（如－CN、－OH、－Cl），环状结构（如苯环），能生成氢键的基团（如－CONH－及稠环基团等），以增加高分子链间的作用力及适当的提高高分子链的僵硬性。

橡胶类高聚物则相反，表现为柔软，因为它们的重复结构单元是$\left[CH_2-CR=CH-CH_2 \right]_n$，R 代表 H－、$CH_3$－、Cl－等，虽然双键是不能转动的，但在它旁边的单键由于位阻比较小而容易转动，有利于大分子的链段运动，从而增加了柔顺性，所以不用多大的外力便能使之产生高弹形变，因此较软，屈服点低，弹性模量小。

除了橡胶大分子的双键之外，大分子主链上还有一些基团能使高聚物变软而韧，例如，聚醚主链上的醚基，聚酯主链上的酯基。适当的引入醚基和酯基，就可能提高材料的抗冲击强度或降低弹性模量和抗拉强度。

2. 交联、结晶及取向的影响

体形高聚物如酚醛树脂、脲醛树脂、三聚氰胺树脂等具有体型网状结构，这种高度交联的结构，使形变困难、抗弯强度高、弹性模量大，缺点是脆性也大，在形变很小时就断裂。

线性高聚物通过化学变化使大分子间形成适当的交联桥键，则可以防止大分子在受外力作用时彼此发生滑动，从而增大高聚物的抗拉强度和弹性。但如果含硫量太多，交联度太大，就变成了硬橡皮。共聚物交联度太高，会逐步过渡到热固性塑料，所以要控制交联度。

高聚物大分子经过取向及结晶的物理作用，都会增加大分子间的作用力，从而限制链段的运动，提高聚合物的强度。

3. 相对分子质量及其分布的影响

高聚物必须具有某一最低限度的相对分子质量。在一定范围内，伸长率或冲击韧度随相对分子质量的增大而增大。这是因为当相对分子质量较小时，断裂主要是由于外力作用下大分子间发生滑动。

4. 分子链结构对气密性及耐油性的影响

橡胶类高聚物，分子链的柔顺性较大的，透气性较好，气密性则较差，这是因为气体分子易钻入链间空隙。当分子链的僵硬性较大时，气体分子不易穿透进去，气密性便较好。

耐油方面，因为氯丁橡胶、丁腈橡胶和氟橡胶的大分子链上有—Cl、—CN、—F等极性基团，耐油性要比天然橡胶和丁苯橡胶好。

5. 高聚物的物理状态及其与结构的关系

材料的物理状态随温度而变化，可处于固态、液态和气态，但高聚物的物理状态只有固态和液态。固态高聚物中可分结晶性和无定形两种聚集态。在结晶性高聚物中晶区与无定形区是相互交织在一起的，随结晶性晶区大小不同，其力学性质和热行为与无定形高聚物不同。液态高聚物是具有黏性流动的熔融体，故又称为黏流态。

(1) 无定形高聚物的物理状态的转变。

无定形高聚物的物理状态及力学性质随温度的转变可用图13-1来表示。图13-1中T_g为玻璃化温度，T_f为黏流温度，T_B为脆点温度。玻璃态和高弹态均属固态，两态之间相互转变的温度叫玻璃化温度T_g，无定形高聚物的软化温度T_s与玻璃化温度T_g相接近，而结晶性高聚物软化温度T_s则与其熔点温度T_m相接近。

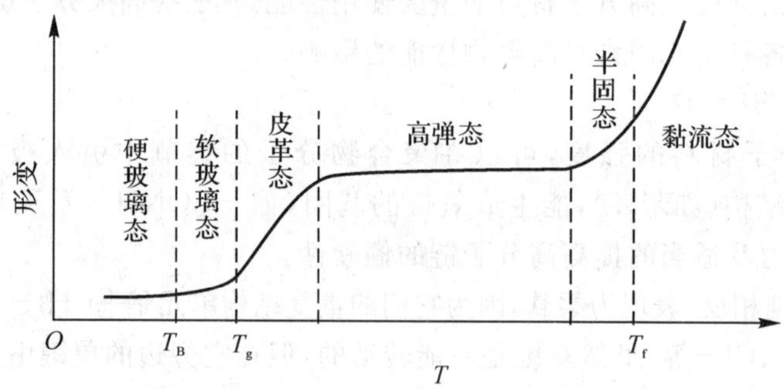

图13-1 线形无定型高聚物的热-形变曲线

(2) 结晶性高聚物的物理状态转变。

一般高结晶度的高聚物，大分子链受晶格能的束缚，链段难于自由运动，故只能处于玻璃态。如图13-2(a)所示，在玻璃化温度以下是硬玻璃态，玻璃化温度以上是软玻璃态，当温度达到熔点附近和更高时，大分子突破晶格结构的限制，软化熔融为黏流态，故熔点温度也就是黏流温度($T_m=T_f$)。如图13-2b所示，结晶性高聚物的相对分子质量极大，到达熔点时先转化为无定形的高弹态，温度再上升至黏流温度时才转变为黏流态。相对分子质量越大，黏流温度越高。

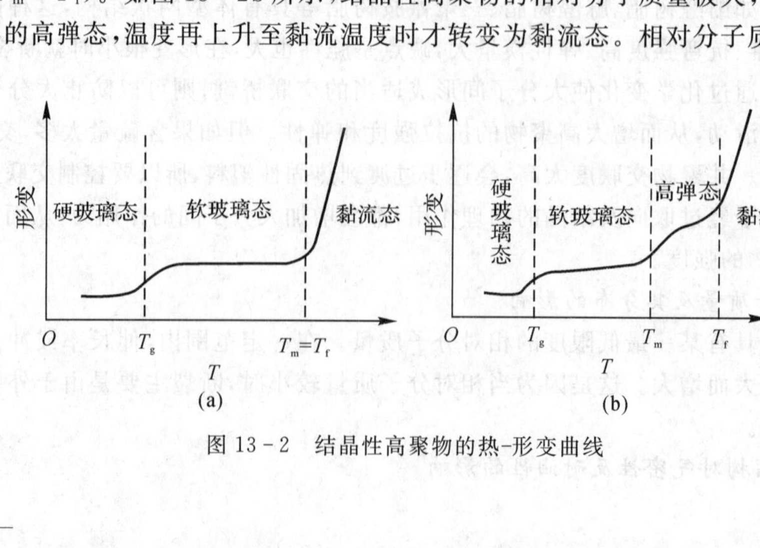

图13-2 结晶性高聚物的热-形变曲线

(3) 玻璃化温度、熔点与高聚物结构的关系。

1) 相对分子质量的影响。相对分子质量对物理状态转变温度的影响可用图 13-3 表示。无定型高聚物相对分子质量相对的很小时，链的末端数目增多，链的排列较松，有利于链段运动而不易“冻结”，故 T_g 和 T_f 温度较低。

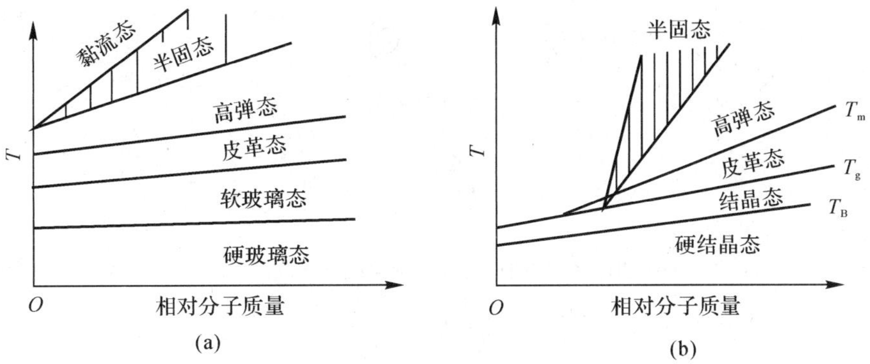

图 13-3　高聚物的物理状态与相对分子质量、温度关系示意图

(a)线性无定形高聚物；(b)结晶性高聚物

2) 分子链柔顺性的影响。柔顺性越大，T_g 越低，因链段运动容易，需在更低温度下，链段才会被“冻结”，成为僵硬的玻璃态。

链的柔顺性主要受大分子链的大侧基空间位阻和链间作用吸力两因素影响。侧基越大，链段运动位阻越大，柔顺性越低，T_g 便越高。

含极性基团的高聚物，大分子链间吸力增大，易“冻结”，柔顺性降低，所以 T_g 也较高。

3) 共聚的影响。两种以上单体无规共聚物，由于结构规整性降低，链的排列较松，链间吸力较低，柔顺性较大，链段运动较各自的均聚物链段为易，故 T_g 较低。

4) 交联的影响。大分子间的交联限制了链段运动，使 T_g 增高。交联度很大时，链段运动几乎完全被抑制，则不出现高弹态。

13.4　聚合物材料的合成方法

大多数高分子化合物在常温、常压的条件下对大气、水分等稳定，但是，在高温、强酸、强碱、长时间光照、高能射线等条件下也可发生化学反应，这些化学反应有些发生在高分子侧链基团上，有些发生在高分子主链上。研究聚合物的化学转变，可以改性高分子材料，还可以了解聚合物的分子结构和稳定性的关系，设法延缓高分子材料的老化，延长使用寿命或者利用其破坏因素，回收、再生废料，综合利用，防止公害。

13.4.1　聚合物侧链的反应及应用

某些高分子化合物不能直接由低分子化合物制备，这是因为这些低分子化合物反应活性很差，不稳定。但可以通过聚合物的化学转变得到它们。下面这些高分子材料都是通过聚合物侧链反应制备的。

1. 离子交换树脂

离子交换树脂在水处理、医药、化工等领域具有广泛的用途。例如，以苯乙烯与二乙烯苯的共聚物为母体，通过磺化反应而制成阳离子交换树脂，通过氯甲基化和胺化两步反应而制得阴离子交换树脂。其反应过程如下：

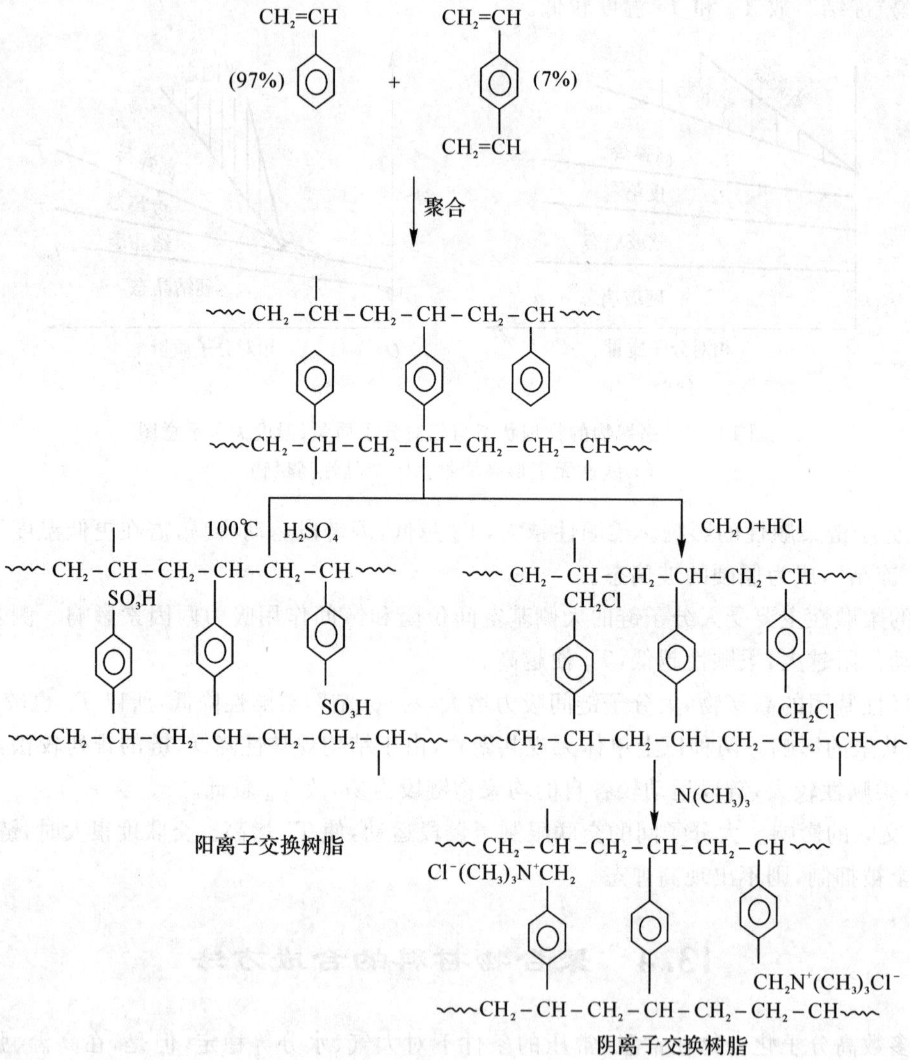

2. 维尼仑

维尼仑是重要的合成纤维之一，但它并不是直接通过单体合成的，而是由聚乙烯醇的缩醛化反应制备的。聚乙烯醇是制备维尼仑的直接原料，也是优良的乳化剂和黏合剂。目前是由乙酸乙烯酯先制得聚乙酸乙烯酯，再进行醇解反应。生成的聚乙烯醇可用水为溶剂进行纺丝，所得的聚乙烯醇纤维因大分子上有许多羟基，是亲水性高分子，能溶于热水中，故不能直接使用。但大分子链上所具有的这种1,3-二醇结构可以和醛类进行缩醛反应，生成六元环的缩醛结构。聚乙烯醇缩醛化后便可得到非水溶性的维尼仑。

3. 碳纤维

碳纤维是近几十年来发展起来的一种高强度、高模量纤维，它与树脂、金属、陶瓷等复合后，可得到强度高、模量高、密度小、抗疲劳、耐腐蚀的复合材料，因此在航空、航天、航海、化工等领域具有重要的用途，可取代或部分取代某些金属或非金属作为结构材料使用。

碳纤维也是高分子反应生产的，这些纤维（聚丙烯腈纤维、黏胶纤维、沥青纤维、维尼龙纤维）在加热中不会熔融，因此在整个碳化过程中每一根纤维都保持它原来的形态。

用聚丙烯腈纤维（PAN）制造碳纤维大体上经过以下三个阶段：

1）在 200～300℃预氧化，此时纤维的力学性能有所降低。

2）在 800～1 900℃碳化，其中在 1 300～1 700℃之间抗拉强度最高。

3）在 2 500℃以上石墨化，此时纤维的弹性模量也随之提高。

PAN 经预氧化及环化，生成能耐高温的梯形高聚物，然后进一步在高温下进行碳化和石墨化。

13.4.2　聚合物的交联与降解

线性大分子链之间以新的化学键连接，转变为三维网状或体形结构的反应。称为交联反应。交联反应常被应用于高聚物的改性，适当交联的高聚物在机械强度、耐寒性、耐溶剂性、化学稳定性等方面都比相应的线性高聚物有所提高。例如，聚乙烯在过氧化物存在的条件下利用高能射线照射或加热均可实现交联。高密度聚乙烯的使用温度 100℃左右，经辐射交联使用温度可提高到 135℃，无氧条件下，使用温度高达 200～300℃，故辐射交联提高了聚乙烯的耐热性，还可提高耐环境应力开裂的性能。

橡胶的硫化是指用元素硫使橡胶转变为适量交联键的网状高聚物的化学过程。经过硫化后橡胶的弹性、稳定性和抗张强度得到改善。

橡胶硫化的简单机理如下：

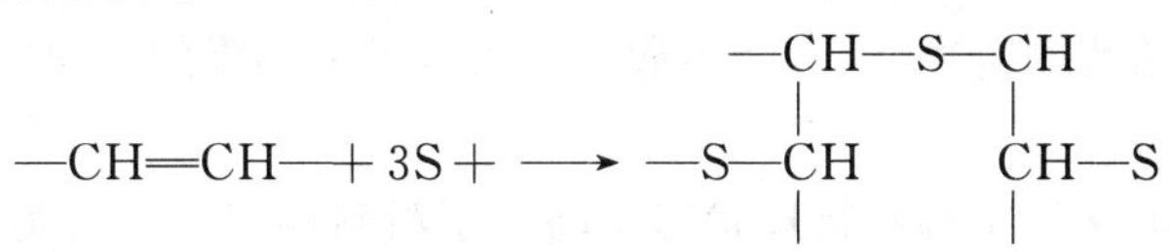

现在的硫化是指由化学因素或物理因素引起的弹性体交联的总称。例如，用过氧化物、重氮化物及其他金属氧化物使橡胶分子交联的化学反应也称之为硫化。像氟橡胶、硅橡胶的硫化是用氧化物和过氧化物作为硫化剂。

降解是分子链的主链断裂引起聚合物相对分子质量下降的反应。聚合物的降解反应多数情况下往往是物理因素和化学因素共同起作用的结果，如热氧化、光氧化。

化学降解是有选择性的。杂链化合物化学降解（水解、酸解、胺解或醇解）较为突出，其结果是引起碳杂原子键的断裂，最终产物是单体。例如，纤维素或淀粉水解的最终产物是葡萄糖。

聚酰胺的水解，可用酸和碱作为催化剂，链节经水解后产生$-NH_2$及$-COOH$。

聚酯同样可用酸或碱作为催化剂进行水解，产物的端基为$-OH$和$-COOH$。

热降解：加热使高聚物降解是物理降解方式中最常用的一种，同时高聚物的热稳定性往往在裂解条件下进行研究，近代技术要求耐高温材料，所以研究在热的作用下高聚物被破坏的行为很重要。高聚物的热稳定性与其含有各种化学键的分解能有关，如加入足够的能量，主链可断裂。分子链中最薄弱的环节首先破坏。高聚物的结构是决定其裂解行为的主要因素。共聚物热裂解时键的稳定次序如下：

C－F＞C－H＞C－C＞C－Cl

主链中各种C—C键的相对强度如下：

聚亚甲基＞聚乙烯＞聚丙烯＞聚异丁烯，因此聚异丁烯、聚甲基丙烯酸甲酯、聚α-甲基苯乙烯等有很高的分解速率。

光降解：聚合物在紫外线照射下会发生光化学反应而老化，因为紫外线的能量足以引起聚合物发生化学变化。引起光化学反应的条件是物质首先吸收光能，使分子和原子处于激发态，从而进行化学反应。物质按其分子结构来吸收特定范围波长的光，例如，醛、酮羰基强烈吸收2 500～3 200Å的光，涤纶强烈吸收2 800 Å的光，主要降解产物为CO、H_2、CH_4等。

高能辐射降解：在高能射线的作用下，聚合物的结构会发生很大变化，导致离子化作用和游离基产生，使聚合物的主链断裂，侧基脱落，或互相交联成网状，对其物理状态和力学性能均有很大影响。

13.4.3 聚合物的老化和防老化

老化是指高分子材料在加工使用过程中，由于受各种环境因素的作用而性能逐渐变坏，以致丧失了使用价值的现象。例如，农用薄膜经日晒雨淋，发生变色、变脆和透明性下降；有机玻璃观察窗用久后透明度下降并出现银纹；轮胎在储存和使用中发生龟裂。

老化包括内因和外因，内因有组成高分子材料的基本成分、高分子化学结构、聚集状态和配方条件等，外因有物理（热、光、电、高能辐射）、化学（氧化、酸、碱、水）、生物霉菌及加工成型等因素。高分子材料由于受到外界因素的影响使得大分子的分子链发生裂解，材料发黏变软；或者由于大分子分子链间产生交联作用材料变僵变脆，丧失弹性。

老化机理主要是游离基的反应过程。当高分子材料受到大气中氧、臭氧、光、热等作用时，高分子的分子链产生活泼的游离基，从而引起整个大分子链的降解和交联或侧基反应，最后导致高分子材料老化变质。

高分子材料本身的化学结构和物理状态是高分子材料耐老化性能好坏的基本因素，其他如高分子的聚集状态、结晶度、立体构型的规整性、取向性、交联度、链的不饱和度、相对分子质量大小和分布情况都会影响到高分子材料的老化性能。

老化是高分子材料的普遍现象，由于聚合物的组成结构、加工条件、使用环境等不同，老化速率快慢也不同。高分子材料防老化途径如下：

1）添加各种稳定剂，如抗氧剂、光稳定剂。

2）施行物理防护，如表面涂层和表面保护膜。

3）改进聚合条件和聚合方法，改进后处理工艺，减少聚合物中残留催化剂等。

4）改进加工成型工艺。

5）改进聚合物的使用方法。

6）进行聚合物的改性，如改进大分子结构、共混、共聚、交联等。

第14章 复合材料

14.1 复合材料概论

1. 复合材料的定义和发展

复合材料是由两种或两种以上的单一材料,用物理或化学的方法经人工复合而成的一种新型材料。复合材料不仅具有原组成材料的特点,而且通过各组分的相互补充与叠加还可以获得比原组分更优的性能。

复合材料作为一门学科,一般是指由增强纤维和材料基体构成的复合材料。复合材料发展历程大致分为三个阶段。20 世纪 40 — 60 年代是复合材料的第一代,以开发重量轻、强度高、价格便宜的复合材料为中心,是玻璃纤维增强树脂的时代。20 世纪 60 — 80 年代,人们开发了一批如碳纤维、碳化硅纤维、氧化铝纤维、硼纤维、芳纶纤维、高密度聚乙烯纤维等高性能增强材料,并使用高性能树脂、金属与陶瓷为基体,制成先进复合材料。这种先进复合材料比玻璃纤维复合材料性能更好,可用于飞机、火箭、卫星、飞船等航空、航天飞行器。第三代许多不以强度和刚度为主要设计目标功能性复合材料得到充分发展。

2. 复合材料的种类

按照复合材料基体种类的不同,一般将复合材料分为金属基复合材料、陶瓷基复合材料、聚合物基复合材料和碳碳复合材料。按增强纤维的种类不同可将复合材料分为玻璃纤维增强复合材料、碳纤维增强复合材料、芳纶纤维增强复合材料、聚乙烯纤维增强复合材料等。复合材料也可按功能分为结构复合材料和功能复合材料。结构复合材料主要是关注力学性能,功能复合材料是除力学性能外的其他性能,如耐热、透波、吸波等。

3. 复合材料的组成

复合材料从结构和功能上来看是由基体、增强纤维及二者之间的界面层三部分组成的。复合材料的基体是复合材料中的连续相,起到黏结增强体作用,并赋予复合材料一定形状、传递外界应力、保护增强材料免受外界环境侵蚀的作用。增强纤维在复合材料中起着增加强度、改善性能的作用。复合材料中基体与增强纤维之间是一层具有一定厚度(纳米以上)的界面相,界面相是与基体和增强材料存在明显差异的新相,界面相具有传递应力、阻断应力和防止基体与增强纤维之间的化学反应的作用。复合材料的最终性能由基体、增强纤维及界面层三部分的组成比例、结构及性能特点共同决定。

14.2 基体材料

复合材料的基体可分为金属基、陶瓷基和聚合物基。聚合物基体材料由于具有质轻和纤维的黏接力强及结构可设计等特点，成为研究领域最广、用量最大的结构复合材料的基体。由于聚合物基复合材料的功能叠加效应最为突出，在航空、航天、导弹、轮船、汽车、建筑、家具等领域应用广泛。

14.2.1 环氧树脂

环氧树脂是指有2个或2个以上的环氧基、脂肪族、脂环族或芳香族缩聚产物为主链的高分子预聚物。环氧树脂根据分子结构大体可分为五大类：①缩水甘油醚类环氧树脂；②缩水甘油酯类环氧树脂；③缩水甘油胺类环氧树脂；④线性脂肪族类环氧树脂；⑤酯环族类环氧树脂。

经过多次重复就可生成两端保留有环氧基的大分子。根据需要可以调整环氧树脂的相对分子质量。随着相对分子质量的不同，聚合物可以是黏稠的液体，或是具有脆性的固体。

由环氧树脂的结构特点，环氧树脂具有以下特性：

1）黏结强度高。环氧树脂的结构中有羟基、醚键和活性极大的环氧基，它们使环氧树脂的分子和相邻界面产生的电磁吸附和化学键，因此环氧树脂型基体黏结性特别强。

2）固化收缩率低。环氧树脂的固化主要依靠环氧基的开环加成聚合，因此固化过程中不产生低分子物，再加上环氧基固化时派生的部分残留羟基，它们的氢键缔合作用使分子排列紧密，因此环氧树脂的固化收缩率是热固性树脂中最低的品种之一。

3）稳定性好。环氧树脂的储存寿命长，固化后主链是醚键和苯环，三向交联结构致密又封闭，因此它既耐酸又耐碱。

4）良好的加工工艺性。

5）优良的电绝缘性能和力学性能。

工业上作为树脂的控制指标如下：

1）环氧值。环氧值是鉴别环氧树脂性质最主要的指标，工业环氧树脂型号就是按环氧值不同来区分的。环氧值是指每100 g树脂中所含环氧基的物质的量。

2）无机氯含量。树脂中的氯离子能与胺类固化剂起络合作用而影响树脂的固化，同时也影响固化树脂的电性能，因此氯含量也是环氧树脂的一项重要指标。

3）有机氯含量。树脂中的有机氯含量标志着分子中未起闭环反应的那部分氯醇基团的含量，它的含量应尽可能地降低，否则影响树脂的固化及固化物的性能。

4）挥发分。

5）黏度和软化点。

14.2.2 酚醛树脂

酚醛树脂是用酚类与醛在酸性或碱性介质中缩聚而得的产物。

酚醛树脂虽然是最古老的一类热固性树脂，但由于它原料易得、合成方便以及酚醛树脂具有良好的机械强度和耐热性能，尤其具有突出的瞬时耐高温烧蚀性能，而且树脂本身又有广泛的改性余地，酚醛树脂复合材料尤其在宇航工业方面作为瞬时耐高温和烧蚀的结构材料有着非常重要的用途。

1. 酚醛树脂的合成

酚醛树脂可分为两类：热固性酚醛树脂和热塑性酚醛树脂。热固性树脂是由苯酚在碱性的情况下与过量的甲醛发生反应而成；热塑性树脂是苯酚在酸性的情况下与少量的甲醛反应生成。

(1) 热固性酚醛树脂的合成反应。

热固性酚醛树脂的缩聚反应一般在碱性催化剂作用下进行的，常用的催化剂为氢氧化钠、氢氧化钡、氨水、氢氧化钙、氢氧化镁、碳酸钠、叔胺等。总的反应过程可分为两步，即甲醛与苯酚的加成反应和羟甲基化合物的缩聚反应。

1) 甲醛与苯酚的加成反应。用氢氧化钠为催化剂时，首先苯酚与甲醛进行加成反应，生成多种羟甲基，并形成一元酚醇和多元酚醇的混合物。这些羟甲基苯酚在室温下是稳定的，呈液态、半固态或固态，可溶于乙醇、丙酮、乙酸乙酯类等。缩合的结果形成以含亚甲基为主的二聚、三聚体，亚甲基醚的数量较少；甲醛越多，多羟基甲基苯酚含量越高，相应的醚键化合物就多。二聚体可以进一步缩合，得到多聚体的初级缩合物。它们的结构特点是：分子为线形和支链形结构，其中仍有未被缩聚的羟甲基，相对分子质量不高；冷时性脆，热时成弹性体，不熔化但软化，在乙醇等有机溶剂中不溶解，仅能溶胀；加热或加酸可获得 C 阶段的体形缩聚物。

2) 羟甲基化合物的缩聚反应。羟甲基化合物的缩合的结果形成以含亚甲基为主的二聚、三聚体，亚甲基醚的数量较少；甲醛越多，多羟基甲基苯酚含量越高，相应的醚键化合物就多。二聚体可以进一步缩合，得到多聚体的初级缩合物。

(2) 热塑性酚醛树脂的合成反应。

热塑性酚醛树脂的缩聚反应一般是在强酸性催化剂存在下，甲醛和苯酚的物质的量之比小于 1 进行的。其反应过程可分为两个步骤：

1) 羟甲基苯酚的形成。在酸存在下，醛的亲电能力增强，从而易与芳环上电子云密度较高的位置发生亲电取代反应，形成以一羟甲基苯酚为主的产物。

2) 羟甲基苯酚的缩合反应。酸不但能催化醛的反应，还能活化羟甲基苯酚的反应。在热塑性酚醛树脂中加入过量的甲醛或六次甲基四胺，可使它转变成为不溶不熔的 C 阶段树脂。

(3) 影响酚醛反应的因素。

1) 苯酚取代基的影响。苯酚的酚羟基的邻、对位上有三个活性点，官能度为 3。取代酚有几种情况：

a.当苯酚的邻、对位取代基位置上三个活性点全部被 R 基取代后，一般就不能再和甲醛发生加成缩合反应。

b.若苯酚的邻、对位取代基位置上二个活性点被 R 基所取代，则其和甲醛反应只能生成低相对分子质量的缩合物。

c.若苯酚的邻、对位取代位置上的一个活性点被 R 基取代，其和甲醛反应只可生成线性酚醛树脂。

d.若苯酚的邻、对位取代位置上三个活性点都未被取代，则它与甲醛反应可以生成交联体形结构的酚醛树脂。

2) 单体物质的量的比的影响。从碱性催化的热固性酚醛树脂固化后的理想结构来看，只有当一个苯酚环分别和三个次甲基的一端相连接，即甲醛和苯酚的物质的量之比为 1.5 时，固化后才可得到这种体形结构整齐的酚醛树脂。当用碱作催化剂时，会因甲醛量超过苯酚量而使初期的加成反应有利于酚醇的生成，最后可得到热固性树脂。

3）催化剂的影响。在制造酚醛树脂的过程中，催化剂的影响也是一个重要因素。常用的催化剂有下列三种：

a.碱性催化剂。最常用的碱性催化剂是氢氧化钠，它的催化效果好，用量可小于1%，但反应结束后树脂需用酸中和。反应可得热固性树脂，但由于中和生成的盐的存在，使树脂电性能较差。

b.碱土金属氧化物催化剂。常用的有BaO、MgO、CaO，催化效果比碱性催化剂差，但可形成高邻位的酚醛树脂。

c.酸性催化剂。盐酸是常用的酸性催化剂，具有良好的催化效果，用量在0.05%～0.3%之间。当醛和酚的物质的量之比小于1时，可得热塑性酚醛树脂。

4）反应介质pH值的影响。有人认为反应介质的pH值对产品性质的影响比催化剂的影响还大。当甲醛与苯酚的物质量之比小于1时，在强酸性催化剂的存在下，反应产物为热塑性树脂；在弱酸性或中性碱土金属催化剂的作用下，可得高邻位线性酚醛树脂。当甲醛与苯酚物质的量之比大于1时，在碱性催化剂的作用下，可得热固性树脂。

5）其他因素的影响。当甲醛大大过量时，邻或对甲基苯酚与甲醛反应也可得到热固性树脂，因为只要有极少数的间位取代反应就已足够引起交联而形成体形结构的树脂。同时，甲醛过量时，在强酸性催化剂存在下会发生次甲基之间的交联反应。

2. 酚醛树脂的改性

普通酚醛树脂脆性大、韧性差、耐热性不足，限制了其在汽车、电子、航空、航天等高新技术领域的应用，通过对酚醛树脂改性，提高其韧性和耐热性是发展方向。

（1）酚醛树脂的增韧改性途径。

①在酚醛树脂中加入外增韧物质，例如天然橡胶。②在酚醛树脂中加入内增韧物质，例如使酚羟基醚化。这些改性在提高酚醛树脂韧性的同时，有可能会降低其耐热性。

1）橡胶改性酚醛树脂。橡胶增韧酚醛树脂效果显著，是兼顾增韧、耐热、价格等综合性能最有效的途径之一。橡胶增韧酚醛是最常见的增韧体系，多选用丁腈、丁苯、天然橡胶对酚醛树脂增韧。橡胶增韧酚醛树脂在物理参混改性，固化过程中橡胶与树脂间可能发生接枝反应，增韧效果除与酚醛橡胶间发生反应程度有关外，还与两组分相容性、共混物形态结构、共混比例等因素有关。

2）环氧改性酚醛树脂。用40%的A阶热固性酚醛树脂和60%的二酚基丙烷型环氧树脂混合物制成的复合材料具有环氧树脂优良的黏接性和酚醛树脂优良的耐热性，这种改性是通过酚醛树脂中的羟甲基与环氧树脂中的羟基及环氧基进行化学反应，最后交联成复杂的体形结构来达到。

3）聚乙烯醇缩醛改性酚醛树脂。工业上应用的最多的是用聚乙烯醇缩醛改性酚醛树脂，它不仅改善酚醛树脂的脆性，还可提高树脂对玻璃纤维的黏接力，增加复合材料的力学强度，降低固化速率，从而有利于降低成型压力。用作改性的聚乙烯醇缩醛是一个含有不同比例羟基、缩醛基及乙酰基侧链的高聚物，其性质取决于：①聚乙烯醇缩醛的相对分子质量；②聚乙烯醇缩醛分子链中羟基、乙酰基和缩醛基的相对含量；③所用醛的化学结构。

4）腰果壳油改性酚醛树脂。腰果壳油是一种天然产物，是从成熟的腰果壳中萃取而得的黏稠性液体，其主要结构是在苯酚的间位上带一个15个碳的单烯或双烯烃长链。因此腰果壳油有脂肪化合物的柔性和酚类化合物的特征，用其改性酚醛树脂属化学改性，是分子内增韧。

改性产物用于摩擦材料中，摩擦性能优良，摩擦材料表面的组成和发热状态均匀，保证了稳定的摩擦性能。

5）桐油改性酚醛树脂。桐油是天然树脂，其主要成分是 9，11，13 -十八碳三烯酸的甘油酯。桐油改性酚醛树脂系化学改性，其改性树脂固化后，不但硬度降低，韧性提高，耐热性也有一定改善，热分解活性较改性前提高了 60％～80％，耐热指数提高了 30％。

6）新型固化剂改性酚醛树脂。酚醛树脂固化剂除用六次甲基四胺外，工业上还尝试用三羟甲基苯酚、多甲基三聚氰胺及多羟甲基双氰胺、环氧树脂等。所得到的固化物在保持难燃、低烟、耐热性高的同时，也可提高树脂的韧性。

（2）酚醛树脂的耐热改性。

酚醛树脂结构上的薄弱环节是酚羟基和亚甲基容易氧化，耐热性受到影响。改善酚醛树脂耐热性通常采用化学改性途径，如将酚醛树脂的酚羟基醚化、酯化、重金属螯合以及严格后固化条件，加大固化剂用量等。

1）钼改性酚醛树脂。钼酚醛树脂是在普通酚醛树脂中引入钼的一种改性酚醛树脂，是通过化学反应的方法，使过渡性金属元素钼以化学键的形式键合于酚醛树脂分子的主链中。钼-酚醛树脂的热分解温度和耐热性比酚醛树脂提高很多。

2）有机硅改性酚醛树脂。有机硅改性酚醛树脂具有耐热性高、热失重小、韧性高等优异性能。改性的方法主要有两种：一是将酚醛树脂与含有烷氧基有机硅化合物进行反应，形成含硅氧键结构的立体网络，反应过程中存在着酚醛自聚的竞争反应，因此两种反应之间的竞聚就成了改性成败的关键；二是采用烯丙基化的酚醛树脂与有机硅化合物反应，形成耐热性能优异的有机硅改性酚醛树脂。

3）聚酰亚胺改性酚醛树脂。PI 是由芳香族二胺与二酐缩合而成，具有优异的耐热性和阻燃性，可显著提高酚醛树脂的耐热性。

4）磷改性酚醛树脂。磷化合物改性酚醛树脂，具有优异的耐热性和突出的抗火焰性。常用的磷化物有磷酸、磷酸酐、氧氯化磷等。

5）硼酸改性酚醛树脂。采用硼化合物对酚醛树脂改性，是提高其耐热性能的有效方法之一。其热分解温度比普通酚醛树脂可提高 100～140℃，它在 700℃的分解残留物还有 63％。

6）纳米材料改性酚醛树脂。纳米材料粒子由于尺寸小、表面积大，因而与酚醛树脂基体结合能力强，可克服常规刚性粒子不能同时增强、增韧的缺点，提高酚醛树脂的韧性、强度和耐热性。

14.2.3　聚酰亚胺

聚酰亚胺是一类主链上含有酰亚胺环的高分子材料，具有突出的耐温性能和优异的力学性能，还具有突出的介电性能与抗辐射性能，可作为先进的复合材料的基体，是目前树脂基复合材料中耐温性最高的材料之一、微电子信息领域最好的封装和涂覆材料之一。聚酰亚胺还可用作胶黏剂、纤维、塑料和光刻胶等。

1. 缩聚型聚酰亚胺（C 型 PI）

缩聚型聚酰亚胺是由芳香族二酸酐和芳香二胺合成的。反应物可在室温下于极性溶剂中反应，常用的溶剂有二甲基甲酰胺、二甲基乙酰胺或 N -甲基吡咯烷酮等。

选用不同的单体可以制备具有不同性能的缩聚型聚酰亚胺。表 14 - 1 给出了用于缩聚型聚酰亚胺的代表性的芳香族二酸酐和芳香族二胺。

表 14-1 用于缩聚型聚酰亚胺的代表性的芳香碳二酸酐和芳香族二胺

名 称	芳香族二酸酐	名 称	芳香族二胺
均苯四甲酸二酐(PMDA)	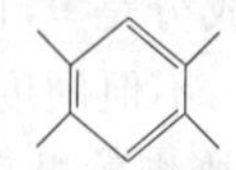	间或对苯二酸	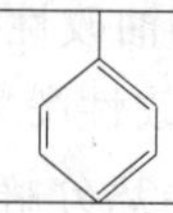
2,3,6,7-苯四酸二酐	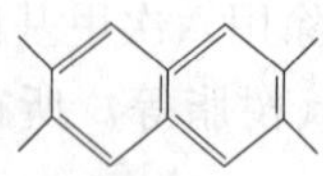	1,5-二氨基苯	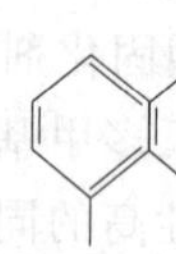
3,3',4,4'-二苯基四酸二酐	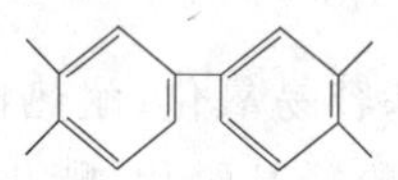	间或对苯二甲胺	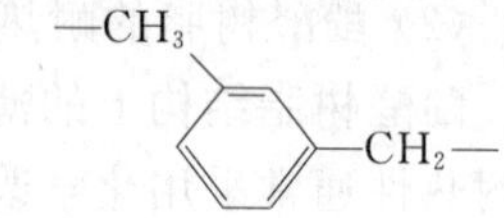
3,3',4,4'-二苯甲酮四酸二酐(BTDA)	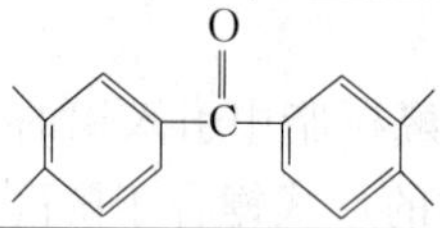	4,4'-二氨基二苯醚(DAPE)	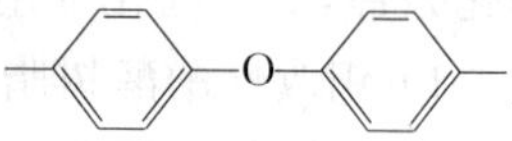
二(3,4-二酸苯基醚二酐)	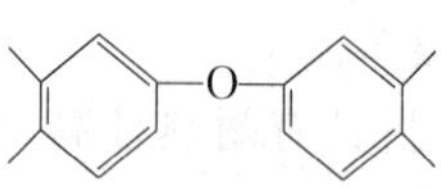	4,4'-二氨基二苯基甲胺(DADM)	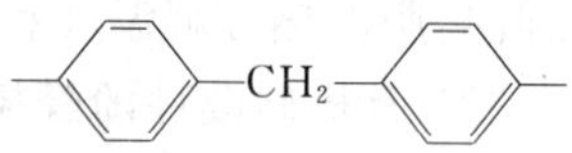
2,2二(3,4-二酸苯基)六氨异丙烷二酐(HFDA)	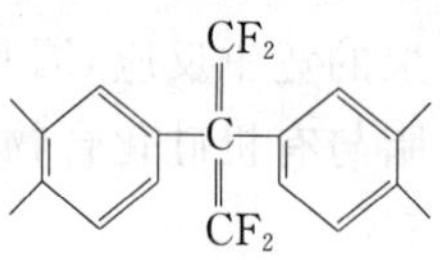	4,4'-二氨基二苯硫醚	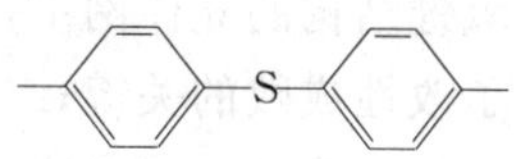
		4,4'-二氨基二苯硫砜	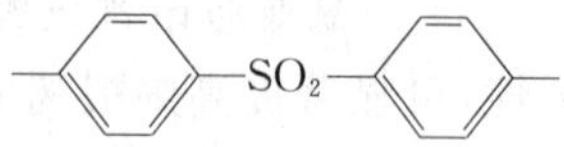
		2,2-(4-氨基苯)丙烷	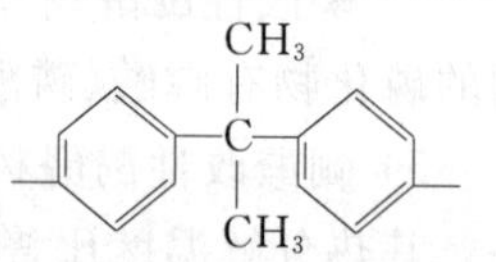
		2,2-二(4-氨基苯)六氟丙烷	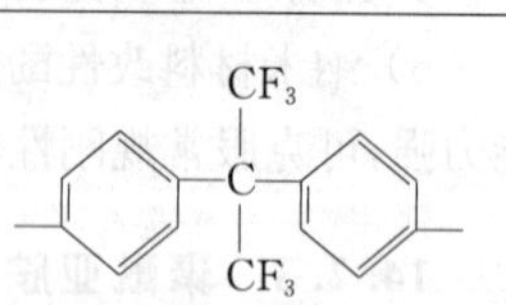

2. 加聚型聚酰亚胺(A 型 PI)

加聚型聚酰亚胺的开发是为了克服缩聚型聚酰亚胺在复合材料使用上的缺点,如双马来酰亚胺、降丙片烯封端酰亚胺、乙炔封端酰亚胺等。这些材料一般都是端部带有不饱和基团的低相对分子质量聚酰亚胺。应用时,不饱和端基再进行加成聚合,可以均聚,也可以共聚。

14.2.4 氰酸酯树脂

1. 氰酸酯树脂

氰酸酯树脂(CE)是一类分子中含有—OCN 基团的化合物,其结构通式可用 NCO—R—OCN 表示,其中 R 可根据需要有多种选择。

表 14－2 为几种商品化的氰酸酯树脂。氰酸酯树脂在常温下多为固态或半固态物质，可溶于常见的溶剂如丙酮、氯仿、四氢呋喃、丁酮等，与增强纤维如玻璃纤维、Kevlar 纤维、碳纤维等有良好的浸润性，表现出优良的黏性、涂覆性及流变学特性。

表 14－2　几种商品化的氰酸酯树脂

结　构　式	牌号	供应商	相态	熔点/℃
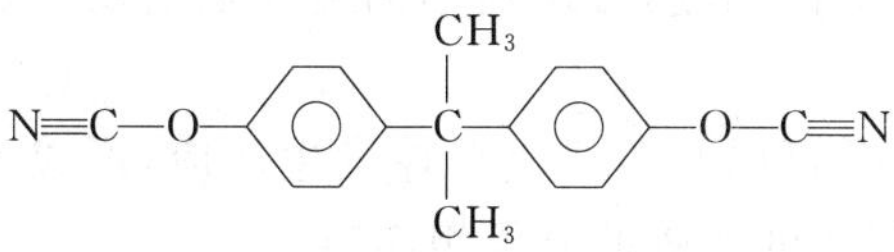	AROCY－B BT－2000	Ciba－Ceigy Mitsubishi CC	晶体	79
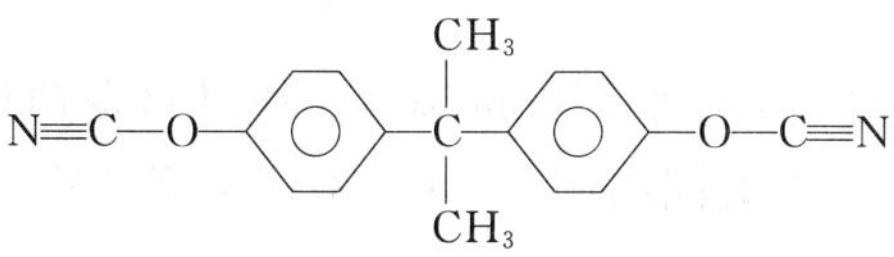	AROCY－M	Ciba－Ceigy	晶体	106
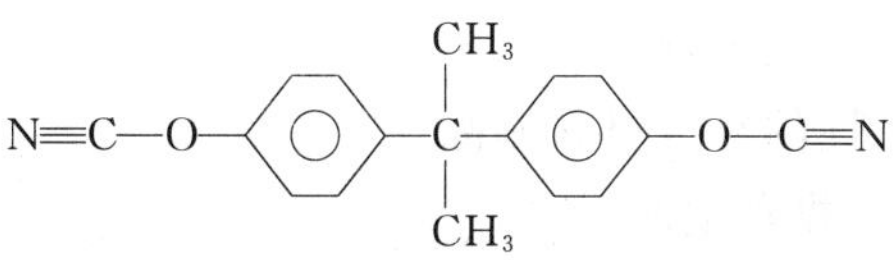	AROCY－F	Ciba－Ceigy	晶体	86
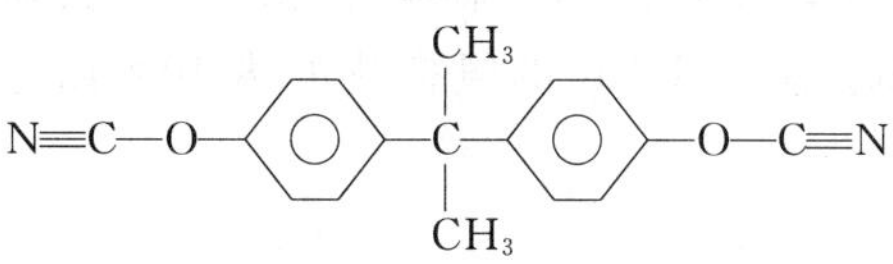	AROCY L－10	Ciba－Geigy	液体	
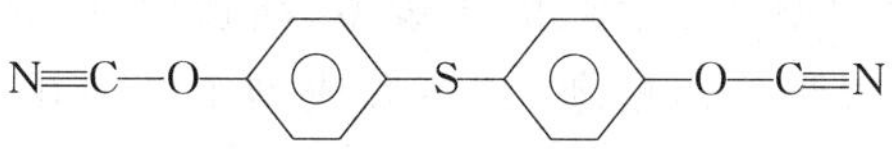	RTX－366	Ciba－Geigy	半固态	
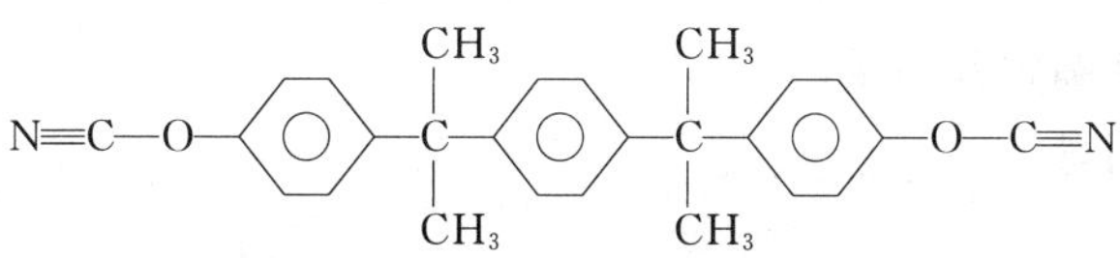	Primasf PT REX－371	Allied－Signal Ciba－Geigy	半固态	
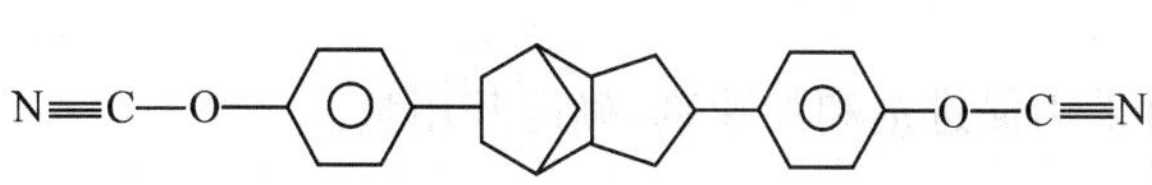	XU－71787	Dow Chemical	半固态	

2. 氰酸酯树脂复合材料

氰酸酯树脂是一种耐热性处于 BMI 和环氧树脂之间的热固性树脂，固化后的氰酸酯树脂具有良好的力学性能和热学性能、优异的介电性能和耐湿性能和环氧树脂相类似的成型加工性能及较高耐空间环境能力，被认为是最有可能替代环氧树脂而成为下一代结构用复合材料的树脂基体。

14.2.5　不饱和聚酯树脂(UPR)

不饱和聚酯树脂一般是指分子链上有不饱和键的脂类聚合物，由不饱和二元酸、饱和二元酸与二元醇或多元醇经缩聚而成，并在缩聚反应结束后趁热加入一定量的乙烯基类单体，形成具有一定黏度的液体树脂。

1. UPR的结构及其特点

UPR是热固性树脂中用量最大的品种,约占85%~90%,也是复合材料制品生产中用得最多的树脂。由于UPR的生产工艺简便,原料易得,耐化学腐蚀,力学、电学性能优良,最重要的是可以常温、常压固化而具有良好的施工工艺性能,故广泛用于结构、防腐、绝缘复合材料的产品。

不饱和聚酯树脂分子结构中含有非芳香族的不饱和键,可用适当的引发剂引发交联反应而成为一种热固性塑料。

在引发剂、促进剂的作用下,这种长链形的分子可以与乙烯类单体发生反应,形成不均匀的连续网状结构,在密度较大的连续网之间有密度较低的链形分子相连接。

UPR具有以下优点:

1)成型工艺性良好。黏度、触变性、适用期、空气干燥性等都可调节。通过引发剂种类和数量的选择,可以从常温到160℃的任意温度下任意的时间内固化,并且不产生副产物。

2)有较好的力学性能、耐蚀性能及电气性能。

3)着色自由,易涂饰和加胶衣层,使产品外表颜色多种多样。

4)易与不同增强材料、填料组合,得到不同特性的复合材料制品。

5)价格低廉并有降低成本的一系列办法,易于投资生产。

UPR的缺点有:含有较多的苯乙烯,对人眼、气管和黏膜都有刺激,阻燃性差,收缩率大。目前可以通过改进配方得到低苯乙烯含量的UPR。阻燃UPR的氧指数可达40%以上,也可生产低收缩率的UPR。

2. UPR配方设计

由于UPR用途广泛,有通用型、耐热型、耐化学型、阻燃型、耐气候型、高强型、胶衣型、片状模塑料或团状模塑料专用型,还有缠绕、注射、树脂传递模塑、拉挤等成型工艺专用UPR。以下几点,在配方设计中应加以考虑:

1)选择合适的饱和与不饱和二元酸,并确定其用量。

2)选择合适的二元醇组分,并确定其用量。

3)交联单体种类及用量。

4)聚酯分子链的平均相对分子质量。

5)选择合适的引发剂和阻聚剂,必要时采用促进剂和加速剂,确定其用量。

6)选择其他辅助添加剂,确定其用量。

3. UPR固化特性

UPR的固化过程是UPR分子链中的不饱和双键与交联单体发生自由基交联聚合反应,从而形成三维网络结构的过程。在这一固化过程中,存在三种可能发生的化学反应,即①苯乙烯(ST)与UPR之间的反应;②ST与ST之间的反应;③UPR与UPR之间的反应。

很多单体可在紫外线照射下直接进行聚合,一般速度很慢,可加入适当的光敏剂,使光聚合加速。光敏剂实际是光聚合引发剂,主要有:过氧化物,如过氧化氢、过氧化二苯甲酰、过氧化二叔丁酯等;羰基化合物,如二乙酰、二苯酰、二苯甲酮、苯醌、蒽醌、安息香醚等;偶氮化合物、如偶氮二异丁腈、偶氮苯等。

4. UPR使用中常见的问题

①易出现白色混浊和产生白色沉淀;②水、醇等杂质混入树脂中;③树脂不到存放期即固

化；④制成的复合材料产品发白、发黏、有气泡等。

5. 今后的发展方向

目前及今后 UPR 的发展有以下几方面：

1）用乙烯基、聚氨酯、聚氰酸酯、环氧树脂等接枝改性 UPR，提高其力学、耐化学介质、电性能等。

2）改进和开发低挥发苯乙烯的 UPR。

3）低成本 UPR 的研究和开发，如采用双环戊二烯等应用到 UPR 生产中，得到低成本的 UPR，并提高产品质量，从而降低了树脂成本。

4）高阻燃 UPR 的开发和研究。

5）环境友好，再生利用方面的开发研究。一方面是 UPR 生产中的环保、节能、再利用的开发研究，另一方面是复合材料的再生利用。

6）纳米改性方面。主要用纳米填料改性 UPR 复合材料，提高力学、阻燃等性能，降低收缩率。

14.3　增强纤维

按照纤维的化学组成，复合材料的增强纤维可分为无机纤维和有机纤维两大类。无机纤维主要有玻璃纤维、碳纤维、氧化铝纤维、氧化硅纤维和硼纤维；有机纤维主要有芳纶纤维、尼龙纤维和聚烯烃纤维等。目前用于复合材料的增强纤维主要有玻璃纤维、有机芳纶纤维、碳纤维、硼纤维及碳化硅纤维。

玻璃纤维生产成本低，与树脂黏接性强，制成的复合材料拉伸强度高于 Al 合金和 Ti 合金，但由于玻璃纤维拉伸模量低，密度大，制成的复合材料比模量比铝合金和 Ti 合金差。碳纤维复合材料、Kevlar 有机纤维复合材料、硼纤维复合材料和碳化硅纤维复合材料具有较高的比强度、比模量及小的 CTE，是航空航天结构件的理想材料。几种高性能增强体的性能列于表 14-3 中。

表 14-3　高性能增强体的性能

高性能增强体名称	直径/μm	密度/($g\cdot cm^{-3}$)	拉伸强度/MPa	拉伸模量/GPa
T300(PAN 基、中强型)	6～7	1.76	3 500	230
M40(PAN 基、高模型)	6～7	1.81	2 700	390
T1000(PAN 基、超高强型)	6～7	1.72	7 200	220
P120(沥青基、超高模型)	7	2.18	2 100	810
E-130(沥青基、超高模型)		2.19	3 930	900
Kevlar-19(聚芳酰胺)	12	1.54	3 900	120
Kevlar-149(聚芳酰胺)	12	1.54	3 100	146

续 表

高性能增强体名称	直径/μm	密度/(g·cm^{-3})	拉伸强度/MPa	拉伸模量/GPa
Borsic(B、W 芯 CVD 法)	147	3.44	3 240	400
SCS-6(SiC、C 芯 CVD 法)	142	2.55	2 400	365
Niealce(SiC、先驱体法)	10～15	2.40	3 000	200
Tyranno(含 Ti 的 SiC、先驱体法)	9		3 000	220
SiC 晶须(β 晶形)	0.1～1	3.19	70 000	>6 000

14.3.1 玻璃纤维

1. 玻璃纤维的分类和特点

玻璃纤维按其原料组成可分为碱性玻璃纤维和特种玻璃纤维两大类；还可以按单丝直径分为粗纤维、初级纤维、中级纤维、高级纤维；根据纤维本身的性能可分为高强玻璃纤维、高模量玻璃纤维、耐高温玻璃纤维、耐碱玻璃纤维、耐酸玻璃纤维、普通玻璃纤维等。

玻璃纤维的主要成分是 SiO_2 和金属化合物，表 14-4 列出了常用玻璃纤维的主要成分。

表 14-4 玻璃纤维的主要成分

成分	种类							
	国内			国外				
	无碱 1 号	无碱 2 号	中碱 5 号	A	C	D	E	S
SO_2	54.1	54.5	67.5	72.0	65.0	73	55.2	65
Al_2O_2	15.0	13.8	6.6	2.5	4.0	4	14.8	25
B_2O_2	9.0	9.0		0.5	5.0	2.3	7.3	
CaO	16.5	16.2	9.5	9.0	14.0	4	18.7	
MgO	4.5	4.0	4.2	0.9	3.0	4	3.3	10
Na_2O	<0.5	<0.2	11.5	12.5	8.5	4	0.3	
K_2O			<0.5	1.5		4	0.2	
Fe_2O_3				0.5	0.5		0.3	

注：A 为普通纤维；C 为耐纤维；D 为低介电常数纤维；E 为无碱玻璃纤维，电绝缘性能好；S 为高强度玻璃纤维。

玻璃纤维是非结晶型无机纤维，具有成本低、不燃烧、耐热、耐化学腐蚀性好、拉伸强度和冲击强度高、断裂伸长率小、绝热性和绝缘性好等特点，是纤维增强复合材料中应用最广泛的增强体。

2. 玻璃纤维的制造方法

玻璃纤维的制造方法主要有玻璃球法和直接熔融法。

1) 玻璃球法。又称坩埚法，是将沙、石灰石和硼砂与玻璃原料干混后，在大约 1 260℃ 的熔炼炉中熔融后，流入造球机制成玻璃球，把玻璃球再在坩埚中熔化拉丝而得。

2) 直接熔融法。又称池窑拉丝法，该法是将熔炼炉中熔化的玻璃直接流入拉丝炉中拉丝，省去了制球工序，提高了热能利用率，生产能力大，成本低。

3. 玻璃纤维的性能

玻璃纤维的物理性能如表 14－5 所示。

表 14－5　玻璃纤维的物理性能

物理性能		种类					
		A	C	D	E	S	R
抗拉强度(原纱)/GPa		3.1	3.1	2.5	3.4	4.6	4.4
弹性模量/GPa		73	74	55	71	85	86
伸长率/(%)		3.6			3.4	4.6	5.2
密度/($g \cdot cm^{-3}$)		2.46	2.46	2.14	2.55	2.5	2.55
比强度/($MN \cdot kg^{-3}$)		1.3	1.3	1.2	1.3	1.8	1.7
比模量/($MN \cdot kg^{-3}$)		30	30	26	28	34	34
线膨胀系数/($10^{-6}K^{-1}$)			8	2～3			4
折光指数		1.520			1.548	1.523	1.541
介电损耗角正切(10^6 Hz)				0.000 5	0.003 9	0.007 2	0.001 5
介电常数	10^{10} Hz				6.11	5.6	
	10^6 Hz			3.85			6.2
体积电阻率/($\Omega \cdot m$)		10^8			10^{13}		

玻璃纤维具有较高的抗拉强度，直径为 3～9 μm 的玻璃纤维的抗拉强度高达 1 500～4 000 MPa，一般玻璃的抗拉强度只有 40～100 MPa。无碱玻璃纤维存放两年强度基本不变，有碱玻璃纤维强度不断下降，一般说来，含碱量越高，强度越低。

14.3.2　碳纤维

1. 碳纤维的种类及特点

碳纤维是由不完全石墨结晶沿纤维轴向排列的一种多晶的新型无机非金属材料，化学组成中碳的质量分数达 95%以上。碳纤维根据其强度和模量的高低分为通用型(GP)、高强型(HT)、高模型(HM)和高强高模型(HP)，如表 14－6 所示。

表 14－6　碳纤维的规格与性能

性能指标	规格			
	高强型(HT)	通用型(GP)	高模型(HM)	高强度模型(HP)
直径/μm	7	10～15	5～8	9～18
抗拉强度/MPa	2 500～4 500	420～1 000	2 000～2 800	3 000～3 500
弹性模量/GPa	2 000～2 400	3 800～4 000	3 500～7 000	4 000～8 000
伸长率/(%)	1.3～1.8	2.1～2.5	0.4～0.8	0.4～0.5
密度/($g \cdot cm^{-3}$)	1.78～1.96	1.57～1.76	1.4～2.0	1.9～2.1

碳纤维的化学性能与碳十分相似，在空气中当温度高于 400℃时即发生明显的氧化，氧化产物 CO_2、CO 在纤维表面散失，所以其在空气中的使用温度不能太高，一般在 360℃以下，当隔绝氧时，使用温度可提高到 1 500～2 000℃，碳纤维的径向强度不如轴向强度。

2. 碳纤维的制造工艺

碳纤维的制造工艺分为先驱体法和气相生长法。有机先驱体法制备的碳纤维是由有机纤维经高温固相反应转变而成，应用的有机纤维主要有聚丙烯腈纤维、人造丝和沥青纤维。

沥青基体纤维的制备过程和 PAN 碳纤维的制造工艺类似，生产工艺为沥青经调制得中间相沥青，再经熔融纺丝得沥青纤维，再稳定化 250～400℃得不熔化纤维，再在惰性气体中碳化 1 000～1 400℃，得碳纤维，再在惰性气中石墨化 2 500～3 000℃得石墨纤维。

3. 碳纤维的应用领域

碳纤维可以和树脂、金属、陶瓷、碳、水泥等基体构成碳纤维增强复合材料，是先进复合材料的代表。碳纤维增强复合材料不仅质轻、耐高温，而且有很高的抗拉强度和弹性模量，是航空、航天工业中不可缺少的工程材料，另在交通、机械、体育娱乐、休闲用品、医疗卫生和土木建筑方面有广泛的应用。

14.3.3 硼纤维

硼纤维是重要的高科技纤维之一。硼纤维是用化学气相沉积法使硼沉积在钨丝或其他纤维状的芯材上制得的连续单丝，芯丝的直径一般为 3.5～50 μm，通过反应管由电阻加热，三氯化硼和氢气的化学混合物从反应管的上部进口流入，被加热至 1 300℃，经过化学反应，在干净的钨丝表面就沉积了一层硼，制成的硼纤维被导出后缠绕在丝筒上。硼纤维的抗压强度是其抗拉强度的 2 倍，目前已有的增强纤维均不具备这样的特性。

硼纤维抗拉强度约为 3.6 GPa，拉伸弹性模量约为 400 GPa，密度约为 2.57 g/cm^3。由此可知硼纤维的突出优点是密度低、力学性能好。硼纤维与金属 Al 及环氧树脂制成的复合材料已广泛地应用于航天飞行器结构件中。

14.3.4 SiC 纤维

SiC 增强体主要分连续纤维和晶须。SiC 晶须是尺寸细小的高纯度单晶短纤维，直径为 0.1～1 μm，长为 20～50 μm。连续 SiC 纤维是近年来受材料界关注的高性能陶瓷纤维，是重要的先进复合材料用高科技纤维之一。其生产方法主要有化学气相沉积法和先驱体法。

SiC 纤维不仅密度小、比强度大、比模量高、线性膨胀系数小，还具有耐高温氧化性能，与金属、陶瓷、聚合物具有很好的复合相容性，是高性能复合材料的理想增强纤维。

SiC 纤维复合材料的特点有：

1）比强度和比模量高。

2）高温性能好。

3）尺寸稳定性好。

4）不吸潮、不老化，使用可靠。

5）优良的抗疲劳和抗蠕变性。

6）较好的导热、导电性。可避免静电和减少温差。

14.3.5　芳纶纤维

芳香族聚酰胺纤维是指分子链上至少含有 80%的直接与两个芳香环相连接的酰胺基团的聚酰胺以溶液纺丝所得到的合成纤维，统称芳纶纤维。

1. 芳纶纤维的合成方法

1）界面缩聚法。

2）直接低温法制备。

3）低温溶液缩聚法。

4）酯交换反应。

5）气相聚合法。

6）其他一些方法。

2. 芳纶纤维的纺丝工艺

1）两步法工艺。

2）一步法制备工艺。

3）芳纶浆粕型纤维的制备工艺。

3. 芳纶纤维的性能和应用

对位芳纶聚对苯二甲酰对苯二胺是一种溶致液晶型高分子。该纤维具有高强度、高模量、耐高温、耐酸碱、耐大多数有机溶剂腐蚀的特性，其比强度是钢丝的 5～6 倍，比模量是钢丝的 2 倍，分解温度高达 560℃，纤维不熔化和燃烧，低于－196℃也不发生明显的脆裂。对位芳纶的上述优点使得它在航天工业、轮胎、帘子线、通信电缆及增强复合材料等方面得到了广泛的应用。

作为复合材料的新型增强体，主要是利用其力学性能、耐热性能和复合性能，有些应用领域还要求耐化学腐蚀性能和耐辐射性等。

14.3.6　超高相对分子质量聚乙烯纤维

超高相对分子质量聚乙烯(UHMWPE)纤维兼有高强度、高模量两大特性，被称为高强高模纤维，也称超高模聚乙烯纤维或伸长链聚乙烯纤维，它是继碳纤维、芳纶纤维之后的第三代高性能纤维。

1. UHMWPE 纤维的性能

1）优良的物理力学性能。

2）优越的耐化学介质性和环境稳定性。

3）优异的耐冲击性和防弹性能。

4）其他性能。

2. UHMWPE 纤维增强复合材料的基体树脂

1）聚氨酯。

2）橡胶。

3）热固性乙烯基酯树脂。

4）聚乙烯树脂。

LDPE 树脂作为基体，可分别加工成软质和硬质防弹复合材料。弹道冲击试验表明，硬质防弹复合材料由于整体性较好、纤维的协同效应更明显而表现出更高的防弹性能。

3. UHMWPE 纤维增强复合材料的应用

UHMWPE 纤维增强复合材料与其他纤维增强复合材料相比，具有质量轻、耐冲击、介电性能高等优点，在武器装备、航空、航天、体育、工农业生产、医疗卫生等领域有着广阔的应用前景。

14.4 复合材料界面的化学问题

复合材料的界面是指基体和增强物之间化学成分有显著变化的、构成彼此结合的、能起载荷传递作用的微小区域。界面虽然很小，但它是有尺寸的，约几个纳米到几个微米，是一个区域或一个带或一层，厚度不均匀，它包含了基体和增强物的部分原始接触面、基体与增强物相互作用生成的反应产物、此产物与基体及增强物的接触面，基体和增强物的互扩散层、增强物上的表面涂层、基体和增强物上的氧化物及它们的反应产物等。界面上的化学成分和相结构是很复杂的。在化学成分上，除了基体、增强物及涂层中的元素外，还有基体中的合金元素和杂质及由环境带来的杂质。

可将界面的机能归纳为以下几种效应：

1）传递效应。界面能传递力，即将外力传递给增强物，起到基体与增强物之间的桥梁作用。

2）阻断效应。结合适当的界面有阻止裂纹扩展、中断材料破坏、减缓应力集中的作用。

3）不连续效应。在界面上产生物理性能的不连续性和界面摩擦出现的现象，如抗电性、电感应性、磁性、耐热性、尺寸稳定性等。

4）散射和吸收效应。光波、声波、热弹性波、冲击波等在界面产生散射和吸收，如透光性、隔热性、隔声性、耐机械冲击及耐热冲击等。

5）诱导效应。一种物质的表面结构使另一种与之接触的物质的结构由于诱导作用而发生改变，由此产生一些现象，如强的弹性、低的膨胀性、耐冲击性和耐热性等。

界面上产生这些效应，是任何一种单体材料所没有的，它对复合材料具有重要的作用。

界面效应既与界面结合状态、形态和物理－化学性质等有关，也与界面两侧组分材料的浸润性、相容性、扩散性等密切相连。

复合材料中的界面并不是一个单纯的几何面，而是一个多层结构的过渡区域。基体和增强物通过界面结合在一起，构成复合材料整体，界面结合的状态和强度无疑对复合材料的性能有重要影响，因此对于各种复合材料都要求有合适的界面结合强度。界面的结合强度一般是以分子间力、溶解度指数、表面张力等表示的。而实际上还有许多因素影响着界面结合强度，如表面的几何形状、分布状态、纹理结构、表面吸附气体程度、表面吸水情况、杂质存在、表面形态，在界面的溶解、浸透、扩散和化学反应，表面层的力学特性，润湿速率等。

由于界面区相对于整体材料所占比例很小，欲单独对某一性能进行度量有很大困难，因此常借用整体材料的力学性能来表征界面性能，如层间抗剪强度等。界面性能较差材料大多呈剪切破坏，且在材料的断面可观察到脱黏、纤维拔出、纤维应力松弛等现象。但界面间黏结过强的材料，呈脆性也降低了材料的复合性能。界面最佳态的衡量是当受力发生开裂时，这一裂纹能转化为区域化而不产生进一步界面脱黏，即这时的复合材料具有最大的断裂能和一定的韧性。

由于界面尺寸很小且不均匀、化学成分及结构复杂、力学环境复杂，故对于界面的结合强度、界面的厚度、界面的应力状态尚无直接的、准确的定量分析方法，对于界面结合状态、形态、结构以及它对复合材料性能的影响尚没有适当的试验方法，需要借助拉曼光谱、质谱、红外、X衍射等试验逐步摸索和统一认识。

14.4.1　复合材料的界面

1. 聚合物基复合材料的界面

(1) 界面的形成。

对于聚合物基复合材料，其界面的形成可以分成两个阶段。

第一阶段是基体和增强纤维的接触与浸润过程。

第二阶段是聚合层的固化阶段。在此过程中聚合层通过物理和化学的变化而固化，形成固定的界面层。

界面层的结构大致包括界面的结合力、界面的区域和界面的微观结构等几个方面。界面结合力存在于两相之间，并由此产生复合效果和界面强度。

(2) 界面的作用机理。

界面层使纤维与基体形成一个整体，并通过它传递应力。

若纤维与基体之间的相容性不好，界面不完整，则应力的传递面仅为纤维总面积的一部分。

界面作用的机理是指界面发挥作用的微观机理，目前理论如下：

1) 界面浸润理论。

2) 化学键理论。

3) 物理吸附理论。

4) 变形层理论。

5) 拘束层理论。

6) 扩散层理论。

7) 减弱界面局部应力理论。

2. 金属基复合材料的界面

在金属基复合材料中往往由于基体与增强物发生相互作用生成化合物，基体与增强物的互扩散而形成扩散层，增强物的表面预处理涂层，使界面的形状、尺寸、成分、结构等变的非常复杂。

(1) 界面的类型与结合形式。

对于金属基纤维复合材料，其界面比聚合物基复合材料复杂得多。

金属基纤维复合材料的界面结合可以分成以下几点形式：

1) 物理结合。

2) 溶解和浸润结合。

3) 反应结合。

(2) 影响界面稳定性的因素。

影响界面稳定性的因素包括物理和化学两个方面。与聚合物基复合材料相比，耐高温是金属基复合材料的主要特点。物理方面的不稳定因素主要指在高温条件下增强纤维与基体之间的熔融。化学方面的不稳定因素主要与复合材料在加工和使用过程中发生界面化学作用有关。它包括连续的界面反应、交换式界面反应和暂稳态界面变化等几种现象，其中连续界面反应对复合材料力学性能的影响最大。这种反应有可能发生在增强纤维一侧，或发生在基体一侧。

交换式界面反应导致界面的不稳定因素主要出现在含有两种或两种以上合金的基体中。增强纤维优先与合金基体中的某一元素反应，使含有该元素的化合物在界面层富集，而在界面层附近的基体中则缺少这种元素，导致非界面化合物的其他元素在界面附近富集。

界面结合状态对金属基复合材料沿纤维方向的抗拉强度有很大影响。对抗剪强度、疲劳性能等也有不同性能的影响。界面结合强度过高或过低都不利，适当的界面结合强度才能保证复合材料具有最佳的抗拉强度。在一般情况下，界面结合强度越高、沿纤维方向的抗剪强度越大。在交变载荷的作用下，复合材料界面的松脱会导致纤维与基体之间摩擦生热而加剧破坏过程。

(3) 残余应力。

在金属基复合材料结构设计中，除了要考虑化学方面的因素外，还应注意增强纤维和金属基体的物理相容性。物理相容性要求金属基体有足够的韧性和强度，以便能够更好地通过界面将载荷传递给增强纤维，还要求在材料中出现裂纹和位错的一种缺陷，其特征是两维尺度很小而第三维尺度很大、金属发生塑性变形时伴随着位错移动时基体上产生的局部应力不在增强纤维上形成高应力。物理相容性中最重要的是要求纤维与基体的热膨胀系数匹配。如果基体的韧性较强，热膨胀系数也较大，复合后容易产生拉伸残余应力，而增强纤维多为脆性材料，复合后容易出现压缩残余应力。

3. 陶瓷基复合材料的界面

在陶瓷基复合材料中，增强纤维与基体之间形成的反应层质地比较均匀，对纤维和基体都能很好地结合，但通常它是脆性的。因增强纤维的横截面多为圆形，故界面反应层多为空心圆筒状，其厚度可以控制。第一临界厚度是指当反应层达到某一厚度时，复合材料的抗拉强度开始降低，此时的反应层厚度。第二临界厚度是指如果反应层厚度继续增大，材料强度亦随之降低，直至达到某一强度时不再降低。

例如，氮化硅具有强度高、硬度大、耐腐蚀、抗氧化和抗热震性能好等特点，但断裂韧性较差，使其特点发挥受到抑制。如果在氮化硅中加入纤维和晶须，可有效的改进其断裂韧性。

14.4.2 增强材料的表面处理

通常，增强纤维的表面比较光滑，比表面积小，表面能较低，具有活性的表面一般不超过总面积的 10%，呈现憎液性，所以这类纤维较难通过化学或物理的作用与基体形成牢固地结合。

1. 玻璃纤维

玻璃钢(玻璃纤维增强塑料)具有质轻、高强、耐腐蚀、绝缘性好等优良性能，已被广泛地应用于航空、汽车、机械、造船、建材和体育器材等方面。

(1) 有机铬类化合物表面偶联剂。

它是有机酸和氯化铬的络合物。该类处理剂在无水条件下的结构式为 A。有机铬络合物的品种较多，其中以甲基丙烯酸氯化铬配合物应用最为广泛，其结构式为 B。

(2) 有机硅烷偶联剂。

它通常含有两类功能性基团，其通式为 R_nSiX_{4-n}。其中 X 指可与玻璃纤维表面发生反应的基团；R 代表能与树脂反应或可与树脂相互溶解的有机基团，不同的 R 基团适用于不同类型的树脂。

(3) 用表面剂处理玻璃纤维的方法。

1) 前处理法。这种方法是将即能满足抽丝和纺织工序要求，又能促使纤维和树脂浸润，用黏结的处理剂代替纺织型浸润剂，在玻璃纤维抽丝的过程中将处理剂涂覆到玻璃纤维上。

2) 后处理法。这是目前国内外普遍采用的处理方法。处理过程分两步进行：第一步，先除去抽丝过程涂覆在玻璃纤维表面的纺织浸润剂；第二步，纤维经处理剂浸渍、水洗、烘干，使玻璃纤维表面覆上一层处理剂。

3) 迁移法。此方法是将化学处理剂加入到树脂胶黏剂中，在纤维浸胶过程中处理剂与经过热处理后的纤维接触，当树脂固化时产生偶联作用。

2. 碳纤维

由于碳纤维本身的结构特征，使其与树脂的界面黏结力不大，因此用未经表面处理的碳纤维制成的复合材料其层间抗剪强度较低。可用于碳纤维表面处理的方法较多，如氧化、沉积、电聚合与电沉积、等离子体处理等方法。

(1) 氧化法。

该方法较早采用的碳纤维表面处理技术，目的在于增加纤维表面粗糙度和极性基含量。

(2) 沉积法。

该方法一般指在高温或还原性气氛中，使烃类、金属卤化物等，以碳、碳化物的形式在纤维表面形成沉积膜或生长晶须，从而实现对纤维表面进行改性的目的。

(3) 电聚合法。

该方法是将碳纤维作为阳极，在电解液中加入带不饱和键的丙烯酸酯、苯乙烯、醋酸乙烯、丙烯腈等单体，通过电极反应产生自由基，在纤维表面发生聚合而形成含有大分子支链的碳纤维。

(4) 电沉积法。

该方法与电聚合法类似，利用电化学方法使聚合物沉积和覆盖于纤维表面，改变纤维表面对基体的黏附作用。

(5) 等离子体技术。

近年来等离子体技术在处理碳纤维表面方面得到应用。等离子体是含有离子、电子、自由基、激发的分子和原子的电离气体，它们都是发光和电中性的，可由电学放电、高频电磁振荡、激波、高能辐射等方法产生。

3. Kevlar 纤维

与碳纤维相比，适于 Kevlar 纤维表面处理的方法不多，目前，主要是基于化学键理论，通过有机化学反应和等离子体处理在纤维表面引进或产生活性基团，从而改善纤维与基体之间的界面黏结性能。

4. 超高相对分子质量聚乙烯纤维

超高相对分子质量聚乙烯纤维是继碳纤维、Kevlar 纤维之后又一种力学性能优异的高强、高模纤维。聚乙烯分子中只含有C和H两种元素，所以这种纤维很难与基体形成良好的界面结合，影响了复合材料的整体力学性能。

5. 金属纤维

对于金属基复合材料，表面处理的目的主要是改善纤维的浸润性和抑制纤维与金属基体之间界面反应层的生成。

参考文献

[1] 曾兆华，杨建文. 材料化学[M]. 北京：化学工业出版社，2010.

[2] 沈培康，孟辉. 材料化学[M]. 中山：中山大学出版社，2012.

[3] 徐瑞，荆天辅. 材料热力学与动力学[M]. 哈尔滨：哈尔滨工业大学出版社，2003.

[4] 郑修麟. 材料的力学性能[M]. 西安：西北工业大学出版社，2001.

[5] 邱平善，王桂芳，郭立伟. 材料近代分析测试方法试验指导[M]. 哈尔滨：哈尔滨工程大学出版社，2001.

[6] 张志杰. 材料物理化学[M]. 北京：化学工业出版社，2006.

[7] 徐祖耀，李麟. 材料热力学[M]. 北京：科学出版社. 2000.

[8] 朱光明，秦华宇. 材料化学[M]. 北京：机械工业出版社. 2013.

[9] 朱艳，原帅. 物理化学导教、导学、导考[M]. 西安：西北工业大学出版社，2014.

[10] 王锋会，刘韦华，路民旭，等.陶瓷断裂韧性与缺口半径 Ⅰ.断裂韧性测试技术[J].无机材料学报，1997，12(1)：121－124.